한국산업인력공단 실기시험 집중 대비서

실내건축
기능사 실기

Craftsman Interior Architecture

백연우, 정범철 지음

제도를 처음 시작하는 비전공자와 실내건축기능사를 준비하는 예비 디자이너를 위해 제도의 기본적인 내용을 바탕으로 각 도면들의 과정을 순서대로 정리하였습니다.

각 도면의 제도 순서대로 제시하여 도면을 완성하도록 구성
주어진 시간에 완성도를 높이는 방법의 필수 요소 제시
기본적 내용에 비중을 두어 단계별 완성 및 자신감 고취

도서출판 엔플북스

들어가는 말

제도 강의 때 많이 받는 질문 중에 하나가 왜 수작업 제도를 해야 하는지에 대한 질문입니다. 자격증을 취득하기 위한 과정 정도로만 생각하는 경우가 대다수이기 때문입니다. 자격증을 취득하기 위해서 당연히 필요하기도 하지만 제도는 디자인을 계획하고 전개하거나 수정, 제안 등을 하기 위해 꼭 필요한 과정이기도 합니다. 실무를 하다 보면 도면대로 100% 결과물이 만들어지는 경우는 거의 없습니다. 현장에서의 여러 문제로 수정 보완하거나 디자인을 할 경우 대부분의 중간 과정들은 프리핸드로 그립니다. 이때 수작업의 기본기를 갖춘 경우라면 스케치를 체계적으로 배우지 않아도 표현의 기술은 부족하지만 적어도 자신의 생각을 전달하기 위한 혼자만의 그림이 아닌 도면으로 설명하기가 쉽습니다. 캐드의 편리함은 있지만 디자인 기획을 할 때 곧바로 캐드프로그램을 사용하여 디자인을 전개하지는 않습니다. 말하자면 인테리어, 건축분야를 시작하기 전 필수 과정이라고 볼 수 있으며 실내건축기능사는 결과물이라고 생각합니다.

이 책은 제도를 처음 시작하는 비전공자와 실내건축기능사를 준비하는 예비 디자이너를 위해 제도의 기본적인 내용을 바탕으로 각 도면들의 과정을 순서대로 정리하였습니다. 실내건축기능사의 출제 과제는 원룸으로 제한되지만 난이도가 높은 과제는 실내건축산업기사에 도전해도 될 만하다고 생각합니다. 결국 도면완성을 위해서도, 완성도를 높이기 위해서도 많은 연습기간이 필요합니다.

1장은 실내건축기능사의 시험 내용에 대한 설명과 제도작업에 필요한 제도 용구와 그 사용법에 대해 구성하였습니다.
2장은 기초제도과정으로 도면 작업에 앞서서 도면을 읽고 이해하고 표현하기 위한 준비과정으로 구성하였습니다.
3장은 완성도면 작업 전 필요한 각 요소들을 과정별로 따라 하며 작도할 수 있도록 구성하였습니다.
4장은 출제문제 중 하나의 과제를 각 도면의 제도 순서대로 제시하고 이를 바탕으로 도면을 완성할 수 있도록 구성하였습니다.
5장은 그동안 출제되었던 기출문제와 그 결과물을 실어 공간계획 등을 참조하고 최종정리하며 체크할 수 있도록 하였습니다.

이 책에 실린 도면들은 주어진 시간에 완성도를 높이는 방법으로 기능사 시험에서 꼭 필수적인 요소를 기준으로 제시하였습니다. 각 도면마다 다양한 디자인을 넣고 테크닉한 연출을 하는 것은 더 많은 시간과 노력이 요구되어 자칫 맘먹고 시작을 했다 포기하는 일이 생기지 않도록 기본적인 내용에 비중을 두어 단계별 완성을 통해 자신감도 얻고 자격취득의 결과물을 얻기 위한 저자의 바람입니다. 기본이 갖춰진 뒤에 각자의 디자인을 표현하고 제시한다면 디자인대로 전해질 것이며 도면은 나를 위해서가 아닌 다른 사람을 위한 것으로 이 목적에도 달성할 수 있을 것이라 생각합니다. 또한 시험은 결과입니다. 끝까지 결과를 이루시는 데 이 책이 많은 도움이 되기를 바랍니다.

저자 일동

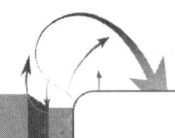

실내건축기능사 실기

• • 실내건축기능사 실기

PART 01 제도의 이해

제1장 실내건축기능사의 이해 / 9
    1. 실내건축기능사 시험 내용 / 9
    2. 도면작성 및 도면배치 / 10
    3. 채점기준 / 13

제2장 제도 공구 / 14
    1. 제도 공구의 종류 / 14
    2. 공구 사용법 / 18
    3. 제도 통칙 및 기본사항 / 20

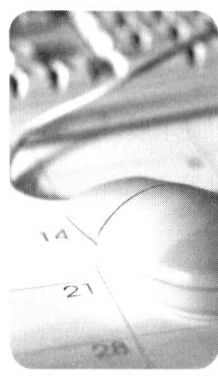

PART 02 제도의 기본

    1. 선 / 25
    2. 문자 / 28
    3. 치수 / 30

제2장 도면기호 / 32
    1. 일반 기호 / 32
    2. 재료 및 개구부 표시기호 / 35

PART 03 기본도면의 작도

제1장 가구도면 / 43
    1. 원룸가구 / 44
    2. 서재가구 / 45
    3. 거실&현관가구 / 46
    4. 주방가구 / 47
    5. 욕실가구 / 48

제2장 조명도면 / 58
    1. 실내건축기능사 시험 내용 / 58

• • 실내건축기능사 실기

제3장 벽 구조 / 61
    1. 조적식 구조 / 61
    2. 철근콘크리트 구조(철근콘크리트 옹벽 150mm) / 72

제4장 개구부 / 73
    1. 개구부의 종류 / 73

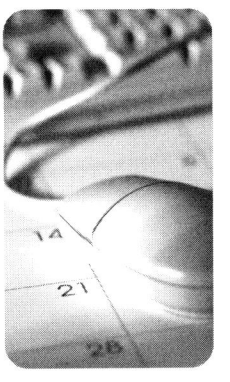

PART 04 도면의 완성

제1장 평면도 / 107
    1. 평면도의 개념 / 107
    2. 도면작업 / 109

제2장 천장도 / 124
    1. 천장도의 개념 / 124
    2. 도면작업 / 125

제3장 입면도 / 138
    1. 입면도의 개념 / 138
    2. 도면작업 / 139

제4장 투시도 / 146
    1. 투시도의 개념 / 146
    2. 도면작업 / 148
    3. 꺾인 벽 도면작업 / 172

제5장 컬러링 / 180
    1. 컬러링 요령 / 180
    2. 작업순서 / 181

PART 05 기출문제

    실기시험문제 / 189

PART 1

제도의 이해

CHAPTER 01
실내건축기능사의 이해

1. 실내건축기능사 시험 내용

1.1 출제 기준

① 시험 시간 : 5시간 30분(연장시간 없음)
② 출제 기준

구분	주요 항목	세부사항
작업도면	1. 일반 도면 작도	1. 평면도 2. 천장도 3. 입면도
	2. 실내투시도 작도	1. 실내투시도(1소점)
시험내용	원룸형 주택	
배점	총 100점 만점에서 60점 이상 합격	1. 평면도(40점) 2. 천장도 & 입면도(30점) 3. 투시도(30점) ※ 반드시 채색 작업 실시

1.2 수검자 유의사항

1) 지급된 켄트지는 받침용으로 사용한다.
2) 명기되지 않은 조건은 각종 규정, 건축구조, 건축제도 통칙을 준수한다.
3) 도면에 사용하는 용어는 국문, 영문(원어)을 혼용해도 된다.
4) 실내투시도의 채색 작업은 반드시 하여야 한다.
5) 지급된 재료 이외의 재료는 사용할 수 없으며 수검 중 재료교환은 일체 허용하지 않는다.
6) 타인과 잡담을 하거나 타인의 수검 사항을 참고할 경우 부정행위로 처리한다.
7) 다음과 같은 경우는 오작 및 미완성으로 채점대상에서 제외한다.
   가. 요구한 도면의 모든 도면을 완성하지 못한 경우(전체도면)

나. 구조적 또는 기능적으로 사용 불가능한 경우

다. 각 부분이 미숙하여 시공 제작할 수 없는 경우

라. 주어진 조건을 지키지 않고 작도한 경우

8) 각각의 도면명은 아래 예시와 같이 순서대로 도면의 중앙 하단에 기입하고 일체의 다른 표기를 하여서는 안 된다.

"예 시"      S : N.S

9) 수검번호, 성명은 도면 좌측 상단에 매장마다 기입한다.

1.3 지급재료 목록

일련 번호	재 료 명	규 격	단 위	수 량	비 고
1	트레싱지	A2(420×594) 120g/m²	장	3	
2	켄트지	A1(594×841) 180g/m²	장	1	받침용

2. 도면작성 및 도면배치

2.1 작업시간

1) 작업시간 : 5시간 30분
2) 작업시간 배정
   - 평면도(2시간), 투시도(1시간 20분), 천장도&입면도(1시간 30분), 컬러링(30분), 도면검토(10분)
   - 평면도와 투시도에 많은 시간을 할애하고 천장도와 입면도는 기본만 작업한다.

2.2 도면작업 순서

1) 시험용 표제란에 종목 및 등급, 수검번호, 성명을 기입한다.
2) 문제를 받으면 요구조건(명기된 가구류) 및 요구도면의 축척, 입면도 방향, 투시도 방향(시험에 제시되었을 경우)을 체크한 후 실기시험에 임한다.
3) 문제에 제시된 평면도에 가구배치를 한 후 요구조건에서 빠진 가구가 있는지를 체크한다.
4) 각 도면(평면 작업 트레싱지, 천장&입면 작업 트레싱지)의 테두리선을 그린다.
5) 도면의 작업순서는 평면도 → 천장도 → 입면도 → 투시도 → 컬러링 순서로 작업한다.
6) 제출 전 여유시간을 만들어 도면을 검토한다.
    ※ 채점 기준표에 준해 자신만의 체크리스트를 작성해서 완성된 도면들을 검토해본다.

2.3 도면배치

1) 완성된 도면을 제출할 때에는 평면도, 천장도 및 입면도, 투시도 작업순으로 제출한다.

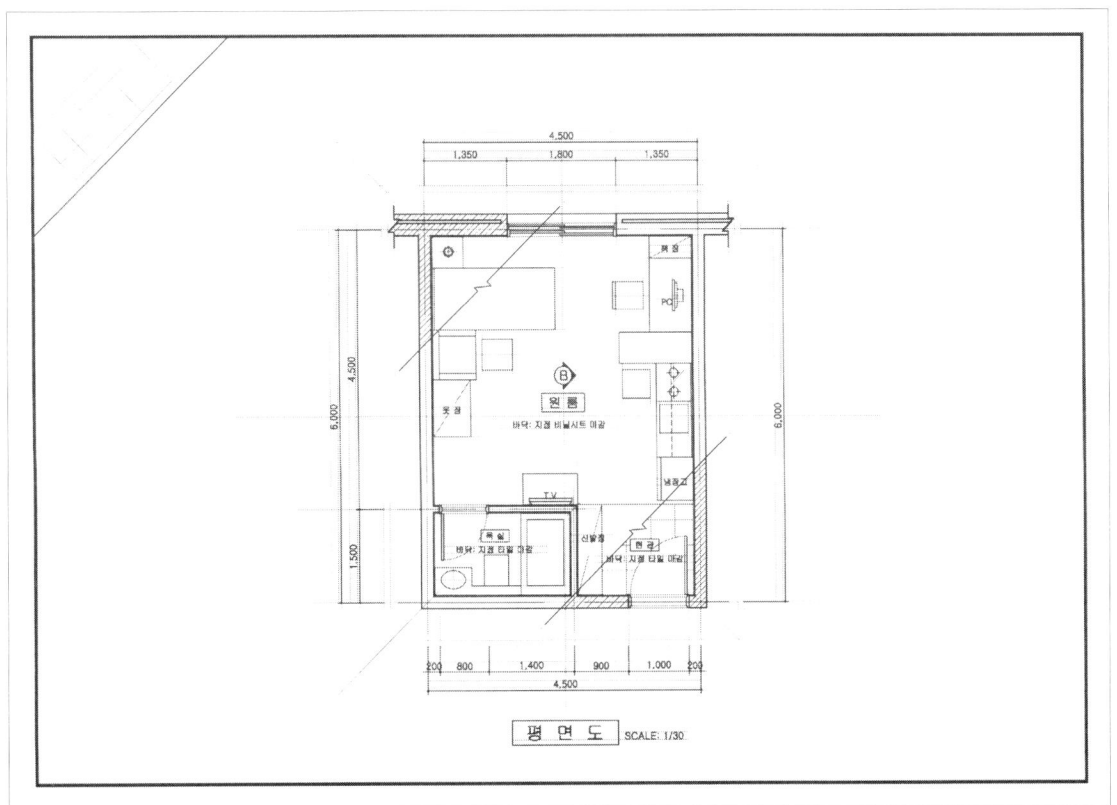

평면도

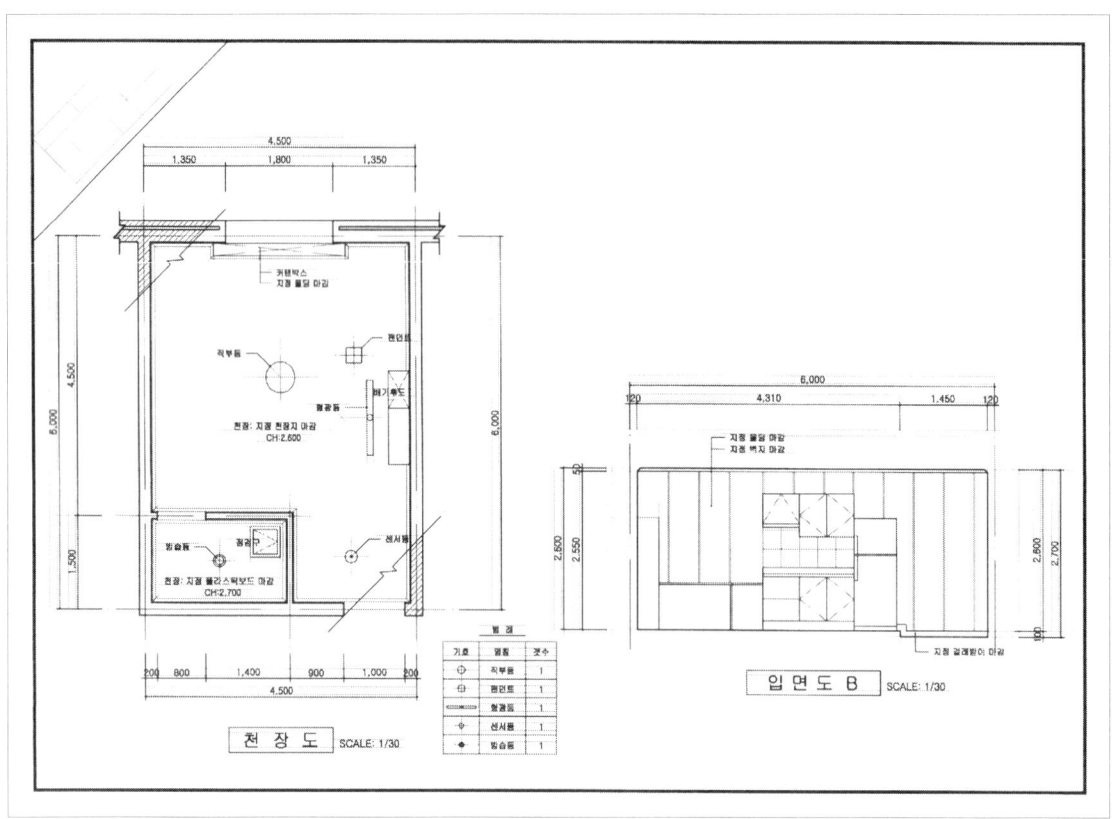

천장도 & 입면도

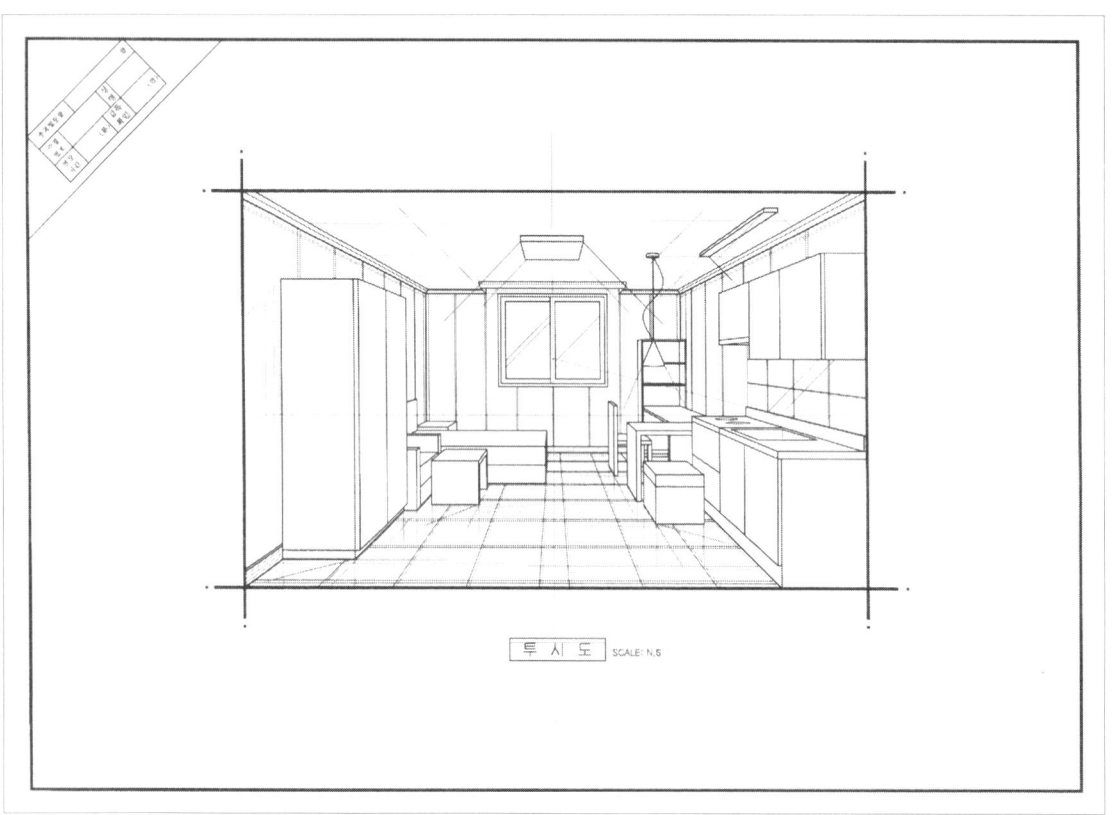

투시도 및 컬러링

3. 채점기준

배점이 높은 평면도와 투시도에 많은 시간을 배정하고 작업하는 것이 바람직하다.

도면 종류	세부항목	내용	배점
평면도	배치	제도용지의 사면 1cm의 테두리선 및 도면이 한쪽으로 치우치거나 균형이 맞는지를 확인	40점
	도식언어	도면 제도법에 준하여 작업하였는지를 확인	
	균형 및 동선	주어진 요구조건에 맞춰 계획되고 동선의 흐름에 무리가 없는 평면 계획인지를 확인	
	창의성	공간의 계획이 좋고 구성에 대한 창의성이 있는지를 확인	
	선의 굵기	용도에 맞는 선의 굵기 및 진하기 확인	
	문자 및 치수 표기	문자의 크기와 간격이 일정하고 같은 형식의 서체로 작업이 되어 있는지를 확인	
	마감재	주택에서 사용되는 적정 마감재의 표현인지를 확인	
	개폐 표기	개구부의 작도와 선의 굵기의 적정성을 확인	
	도면의 청결성	도면이 파손되거나 지저분한 곳이 있는지를 확인	
천장도 및 내부입면도	선 구별	선의 구별이 잘 되면 짜임새 있는 도면이 되므로 선의 표현이 적절한지를 확인	30점
	평면 일치	평면도를 기준으로 천장도의 일치 여부를 확인	
	불용 치수 표기	도면상 필요하지 않은 치수를 표기하였는지를 확인	
	집기 및 가구 높이	공간의 비례를 고려하여 가구 및 집기 등의 높이 등이 적정한지를 확인	
	평면일치	요구하는 내부 입면도 방향과 평면도 방향이 동일한 위치인지를 확인	
	벽체선	벽체선의 굵기와 천장선의 구별 여부	
	조명기구 및 설비	적정 조명기구 작도 및 범례표 작성 여부 확인	
투시도 및 컬러링	소점	세로선이 모두 소점에 접속하는지를 확인	30점
	원근법	평면, 입면의 가구나 집기 등이 투시도 원근법에 준하는지를 확인	
	공간의 비례	가구나 집기 등의 크기가 공간의 비례에 맞는지를 확인	
	질감 및 명암	질감과 명암의 표현의 여부	
	색채 표현	색채 표현이 적절한지를 확인	

CHAPTER 02
제도 공구

1. 제도 공구의 종류

제도를 하기 위해서는 도구 공구들이 준비되어 있어야 하며 각 도구들의 올바른 사용 방법을 익혀 완성도 높은 도면이 되도록 연습한다.

1.1 제도판

도면작업을 할 수 있는 작업대로 수평선을 긋거나 수직선을 제도할 때 삼각자를 지지하는 역할을 하는 수평자(I 자)가 부착되어 있는 것이 일반적인 형태이다.

제도판의 크기는 1,200×900, 1,050×750, 900×600, 600×450 등이 있으며 휴대용이나 연습용으로 사용하고자 한다면 A2사이즈에 꼭 맞는 600×450으로 구입하여 사용하면 좋다.

1.2 삼각자

삼각자는 수평자(I 자)와 함께 사용하여 수직선, 사선을 긋는 데 이용되며 일반적으로 등각삼각자인 45°와 직각삼각자인 30°, 60°의 2종류가 1세트로 되어 있는 것과 각도를 자유자재로 조정할 수 있는 각도삼각자가 있다. 꺾인 벽면이 많은 도면 작도 시는 각도삼각자를 이용하면 편리하게 작업할 수 있다.

PART 01 제도의 이해

1.3 스케일자

길이를 재거나 길이를 줄여 그을 때 쓰이는 제도 용구로 축척자라고도 하며 삼각 삼면에 1/100~1/600까지의 축척이 표기되어 있고 길이는 100, 150, 300mm의 세 종류가 있다.

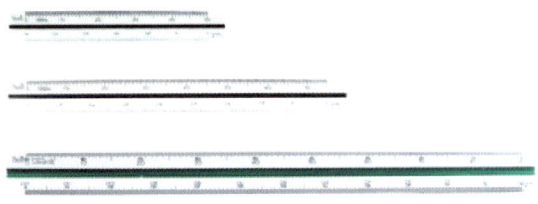

1.4 템플릿

크기가 다른 원, 타원, 사각, 다각형을 그릴 수 있는 것과 복잡한 형태의 화장실 기구와 설비, 영문 알파벳과 숫자를 그릴 수 있는 것도 있다. 화장실 기구나 가구 등의 템플릿은 스케일이 적혀 있어 작도해야 하는 스케일과 맞는지를 확인하며 기능사 도면의 경우 1/30 축척으로 크기가 맞지 않아 사용하지 않는다.
사용용도로는 둥근 형태의 가구, 조명기구, 입면도 표기, 개구부 등을 작도할 때 사용한다.

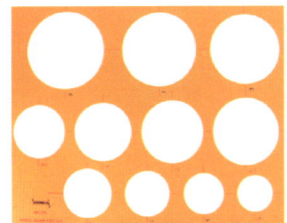
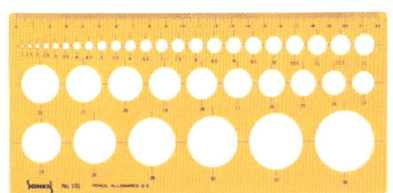

1.5 샤프 & 샤프심

제도용 샤프는 일반적으로 중간 굵기 0.5mm를 사용하며 선의 굵기에 따라 종류별로 샤프를 선택하여 사용하기도 한다. 샤프심은 농도에 따라 무른 것은 B단계에서 단단한 것은 H단계의 여러 종류가 있지만 HB샤프심을 사용하는 것이 무난하다.

실내건축기능사 실기

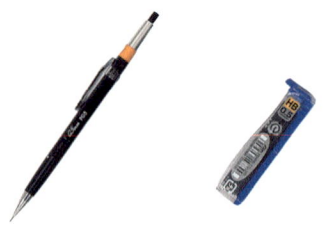

1.6 지우개판 & 지우개

지우개판은 지우고자 하는 부분에 판의 모양을 맞춰 놓고 그 부분만 깨끗이 지우고자 할 때 사용되며 지우개는 미술용 지우개보다는 플라스틱 지우개가 더 잘 지워진다.

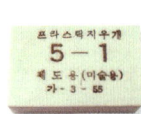 

1.7 제도비

지우개질을 하고 난 후 지우개 가루의 처리를 위해 필요하며 비의 결이 곧고 가는 것을 사용한다.

1.8 마스킹 테이프

테이프는 색상과 폭 등이 다양하지만 어느 것을 사용해도 된다.

1.9 채색도구

마커와 색연필, 파스텔을 사용하게 되며 마커의 경우 6색~12색 정도가 무난하고 다른 채색용 도구를 함께 써도 좋지만 짧은 시간에 완성도를 높이고자 한다면 마커로만 작업하며 익숙하지 않은 채색작업으로 인해 도면의 완성도를 떨어뜨리는 경우가 없도록 마커의 사용방법에 대해 반복 작업을 통한 감각을 키우기를 권한다.

1.10 도면파일(A2 사이즈), 도면통

작업한 도면이나 작업할 새 켄트지, 트레싱지, 제도용구 등을 보관하거나 휴대하기 위해 필요하며 도면은 접히거나 구겨지지 않도록 도면파일에 펼쳐서 보관하며 돌돌 말아서 도면통에 보관하기도 한다.

1.11 도면걸이

도면 작업할 때 제도용구를 걸어 두거나 시험문제, 완성된 도면 등을 걸어놓고 보면서 작업하기 편리하므로 사용한다.(단, 꼭 필요한 필수 공구는 아니므로 필요하다고 판단되면 구입한다.)

2. 공구 사용법

2.1 삼각자

제도판의 수평자(I자)에 삼각자를 정확히 붙인 후 수직선, 사선을 긋는다.

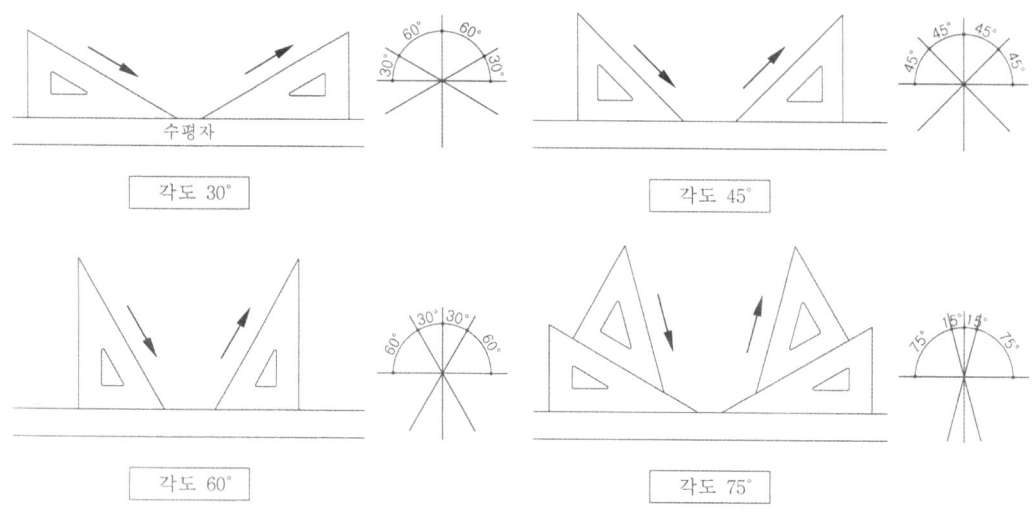

2.2 스케일자

1. 스케일 사용법(SCALE : 1/30)

삼각형 모양의 스케일은 6개의 면으로 각 면에 1/100~1/600의 축척 눈금이 있다. 각 눈금에 적힌 숫자는 단위가 m이며 1의 의미는 1m를 나타낸다. 축척 1/30의 도면은 1/300 스케일면의 눈금을 이용하고 1/300에서 분모의 0을 줄이면 숫자 10이 1로 되며 치수 1m가 된다.

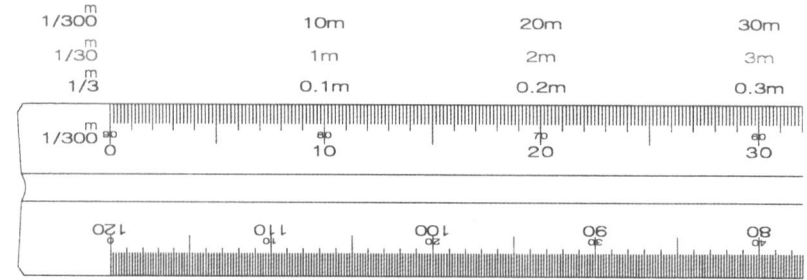

2. 문자 크기 스케일(SCALE : 1/1)

기입하고자 하는 문자의 높이 기준점을 찍고 그 위에 보조선을 긋는다.

기준점을 찍을 때는 샤프를 꾹 누른 상태에서 한 바퀴 돌려서 표기해야 보조선을 그었을 때 기준점이 안 보이게 된다. 점의 위치는 찍는 것이지 그리는 것이 아님을 유의하고 모든 도면의 위치점도 동일한 방법으로 작업한다.

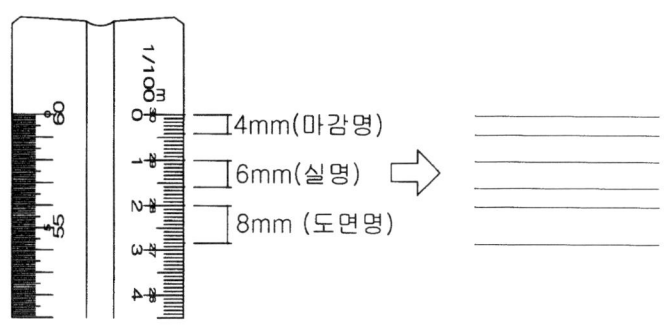

2.3 템플릿

원형 템플릿을 사용할 때는 중심선을 먼저 작업하고 스케일로 측정한 후 템플릿에 표시되어 있는 선에 맞추어 원을 그리며, 두 개의 원을 그릴 경우는 먼저 작은 원을 그린 후 큰 원을 그린다.

예) ϕ 500 작업

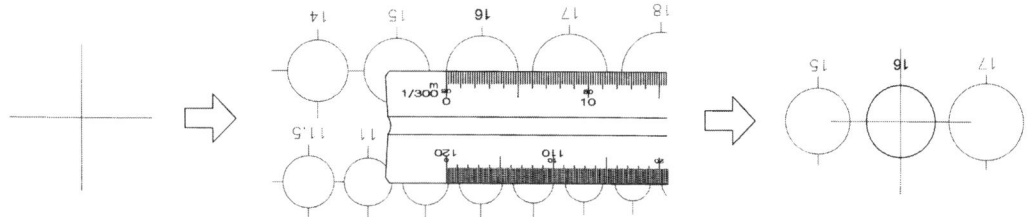

2.4 지우개판

지우고자 하는 부분에 지우개판의 모양을 맞춰 놓고 그 위에 지우개질을 하며 다른 선이 지워지지 않도록 작업한다.

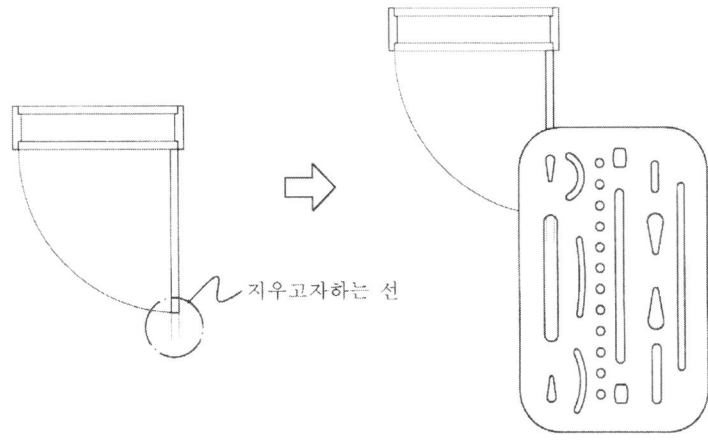

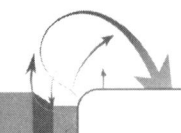

실내건축기능사 실기

3. 제도 통칙 및 기본사항

3.1 제도 통칙

도면은 각 나라별 규칙을 따라야 하는데 이는 국가별 규격과 국제 표준화 규격으로 나눌 수 있다.

국가 규격 명칭	기호
국제 표준화 기구(International Organization for Standardization)	ISO
한국 산업 규격(Korean Industrial Standards)	KS
영국 규격(British Standards)	BS
독일 규격(Deutsches Institut for Normung)	DIN
미국 규격(American National Standards)	ANSI
스위스 규격(Schweitzerish Normen – Vereinigung)	SNV
프랑스 규격(Norme Française)	NF
일본 산업 규격(Japanese Industrial Standards)	JIS

3.2 도면의 크기

도면의 크기는 KS A 5201에 규정되어 있으며 제도는 길이방향을 좌우 방향으로 놓는 위치를 정위치로 하며 A4 이하의 도면은 이에 준하지 않아도 된다.

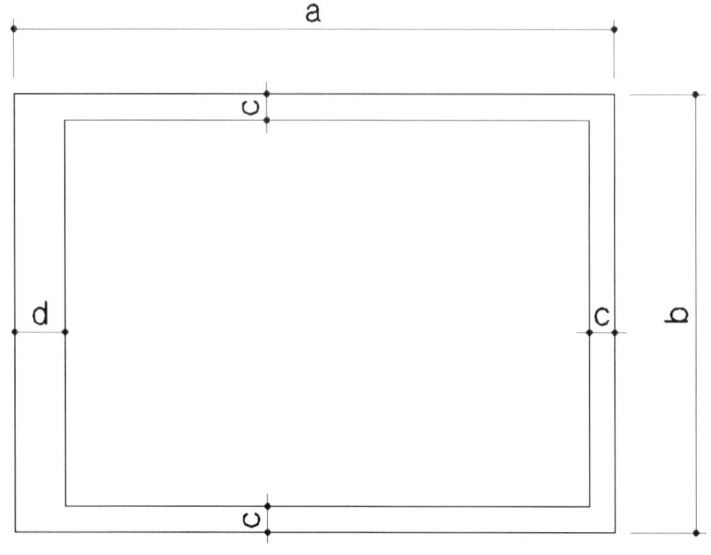
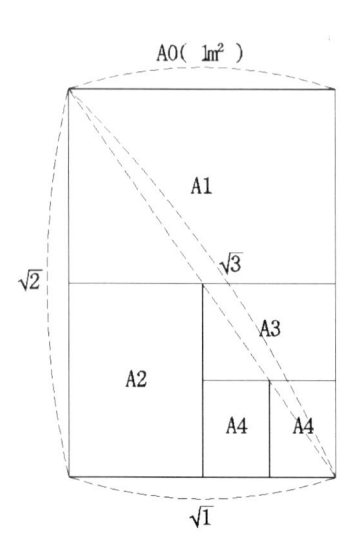

제도 용지의 크기

(단위 : mm)

제도 용지의 크기		A0	A1	A2	A3	A4	A5	A6
a×b		1189×841	841×594	594×420	420×297	297×210	210×148	148×105
c (최소)		10	10	10	5	5	5	5
d (최소)	철하지 않을 때	10	10	10	5	5	5	5
	철할 때	25	25	25	25	25	25	25

3.3 표제란

도면은 반드시 표제란을 설정해야 하며 표제란의 기재 사항으로는 도면번호, 공사명칭, 도면 축척, 책임자의 성명, 설계자의 성명, 도면 작성 년 월 일, 도면 분류번호 등이 있다.

학교 실습 도면용

도면명		축 척	
이 름		날 짜	
학 번		검 인	

회사 도면용 - 1

00 회사명			
공사명		도면번호	
도면명		축척	
		년 월 일	
설계자명		책임자명	

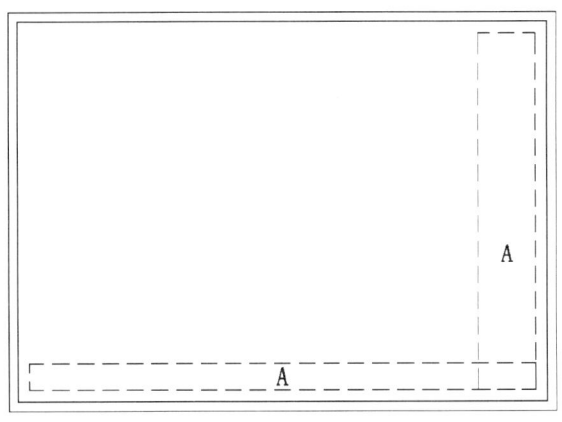

표제란의 위치

회사 도면용 - 2

00 회사명	Drawing NO	CLIENT	TITLE	APPROVE	CHECKED BY	SCALE	REVISION	
							20 . .	
	JOB NO			DRAWING BY	FILE NAME	DATE		

실내건축기능사용 (스템플러로 찍어나오기 때문에 내용만 기재한다.)

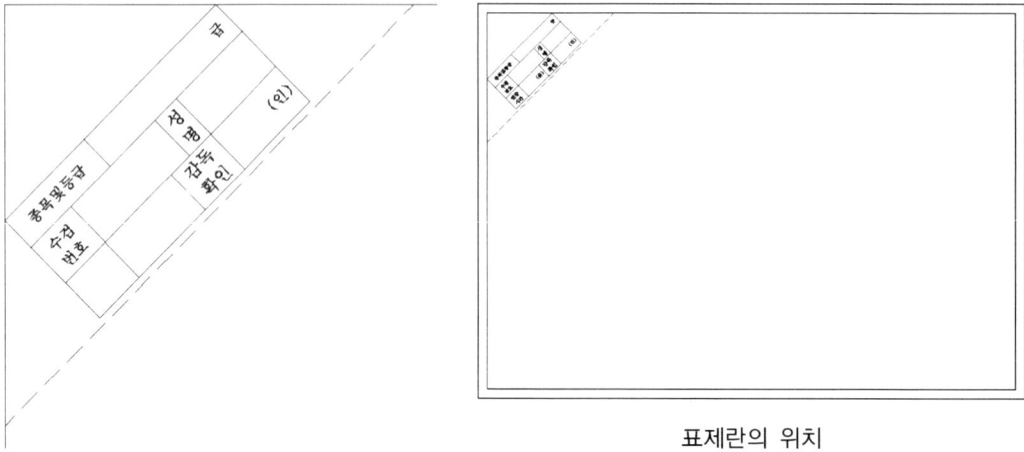

표제란의 위치

3.4 제도 용지 붙이기

제도판에 켄트지를 붙이고 그 위에 트레싱지를 붙인다. 이때 켄트지와 트레싱지는 수평자(I자)를 이용하여 수평을 맞춘 후 마스킹 테이프로 고정시킨다.

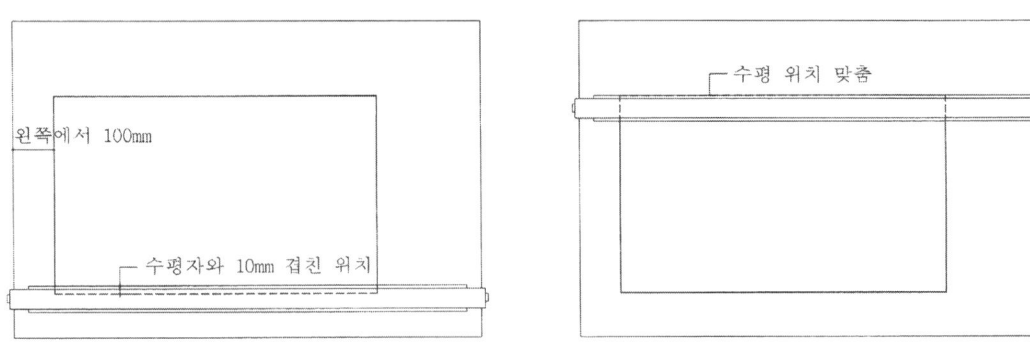

제도 용지 위치

테이프를 붙이는 방법은 먼저 제도지에 부착한 후 화살표 방향으로 당기면서 제도판에 붙인다. 제도지가 팽팽하게 붙어 있어야 선을 긋거나 문자 기입 시 제도선도 잘 그려지고 쉽게 찢어지지 않는다.

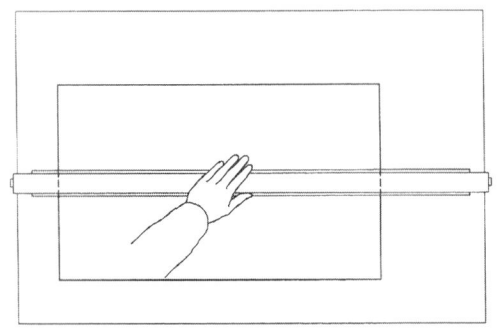 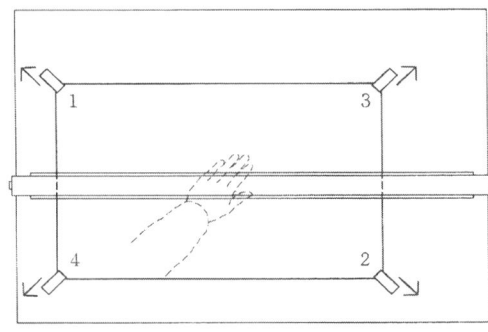

테이프 붙이는 방법

PART 2

제도의 기본

CHAPTER 01
제도의 기초

1. 선

1.1 선의 종류와 용도

선은 도면을 이해하고 해석하는 데 중요한 부분을 차지하므로 용도에 맞는 선의 굵기가 되도록 기본 도면작업에 앞서서 충분한 연습을 한다.

종류	명칭	굵기(mm)	용도	구분	내용
실선	굵은선	0.6	단면선 외형선	———	절단된 벽체의 단면을 표현하거나 도면의 테두리선 등을 작도할 때 쓰인다.
	중간선	0.4	가구선 치수선 개구부단면	———	가구, 조명 등 물체의 보이는 입면 외곽선을 그리거나 치수선, 개구부의 단면을 작도할 때 쓰인다.
	가는선	0.2	마감선 해치선 개구부입면	———	가구, 천장, 벽, 바닥의 재질, 무늬 등을 표현하거나 벽체 단면 마감 재료의 표기 및 개구부의 입면을 작도할 때 준한다.
	보조선	0.1 이하	밑그림선 글씨보조선	———	도면의 밑그림을 그릴 때, 치수선과 글씨높이의 보조선에 쓰인다.
일점쇄선	굵은선	0.6	절단선	—·—·—	연결된 벽체나 면적이 넓은 마감의 경우 일부를 절단하여 부분만 표기하고자 할 때 쓰인다.
	가는선	0.2	중심선	—·—·—	벽체 중간의 중심선이나 물체의 중심축, 대칭축을 표시할 때 쓰인다.
파선	중간선	0.4	가구선	— — — —	물체의 보이지 않는 부분의 모양을 표시하거나 평면도 기준으로 상부에 있는 가구 등을 그릴 때도 준한다.

1.2 선 긋기 예시

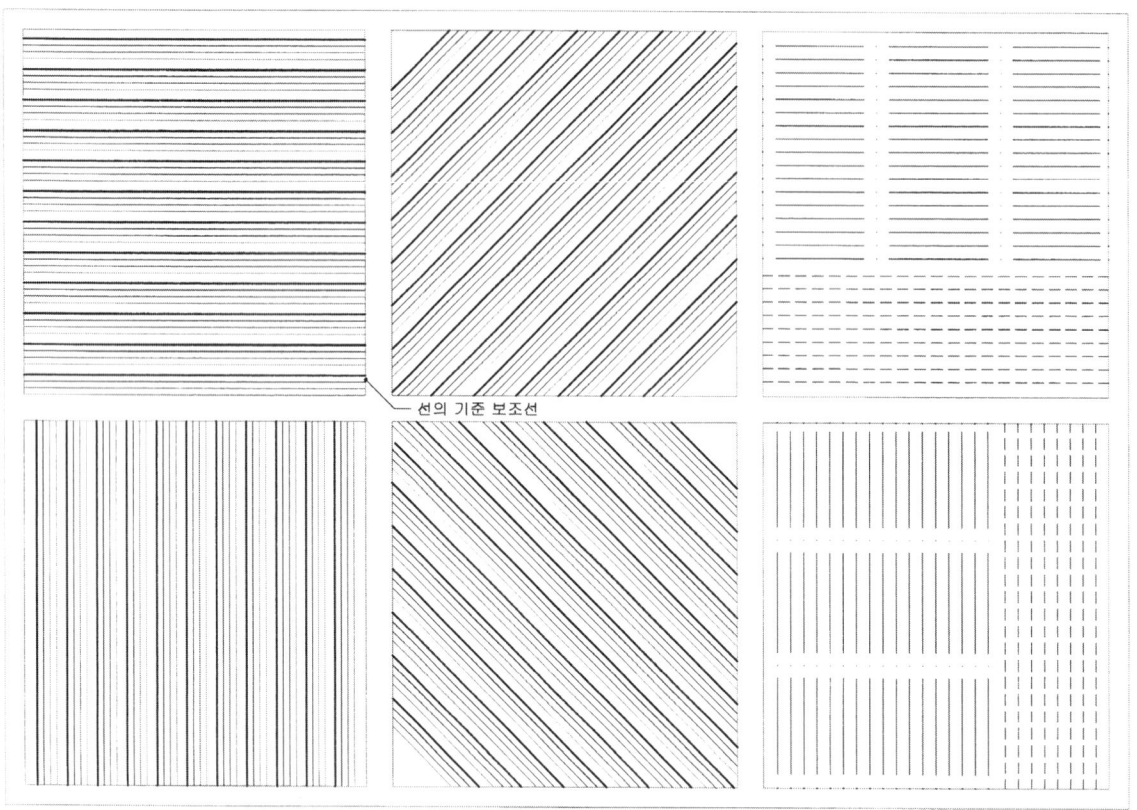

1.3 선 긋기 방법

1) 샤프는 각자 편안한 위치를 잡는다.
2) 선 긋는 방향으로 샤프를 돌리면서 긋는다.
3) 선은 시작 시점에서 끝 지점을 염두에 두고 긋는다.
4) 시작과 끝에 약간의 힘을 주어 긋는다.
5) 일점쇄선과 파선은 일정한 간격을 유지한다.
6) 각을 이루어 만나는 선들은 모서리가 교차되지 않도록 긋는다.

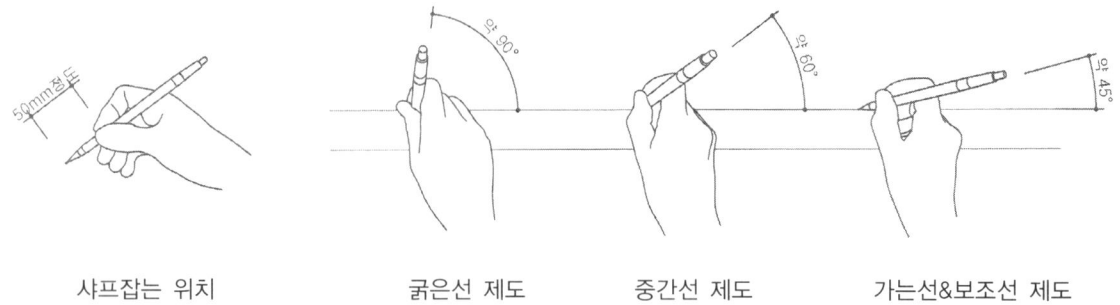

1.4 선 종류의 표현

선 종류	작업방향	예시
수평선	왼쪽에서 오른쪽 방향으로, 위에서 아래로 긋는다.	
수직선	아래에서 위 방향으로, 왼쪽에서 오른쪽으로 긋는다.	
사선	아래에서 위 방향으로, 왼쪽에서 오른쪽으로 긋는다.	
	위에서 아래 방향으로, 오른쪽에서 왼쪽으로 긋는다.	

1.5 도면의 선

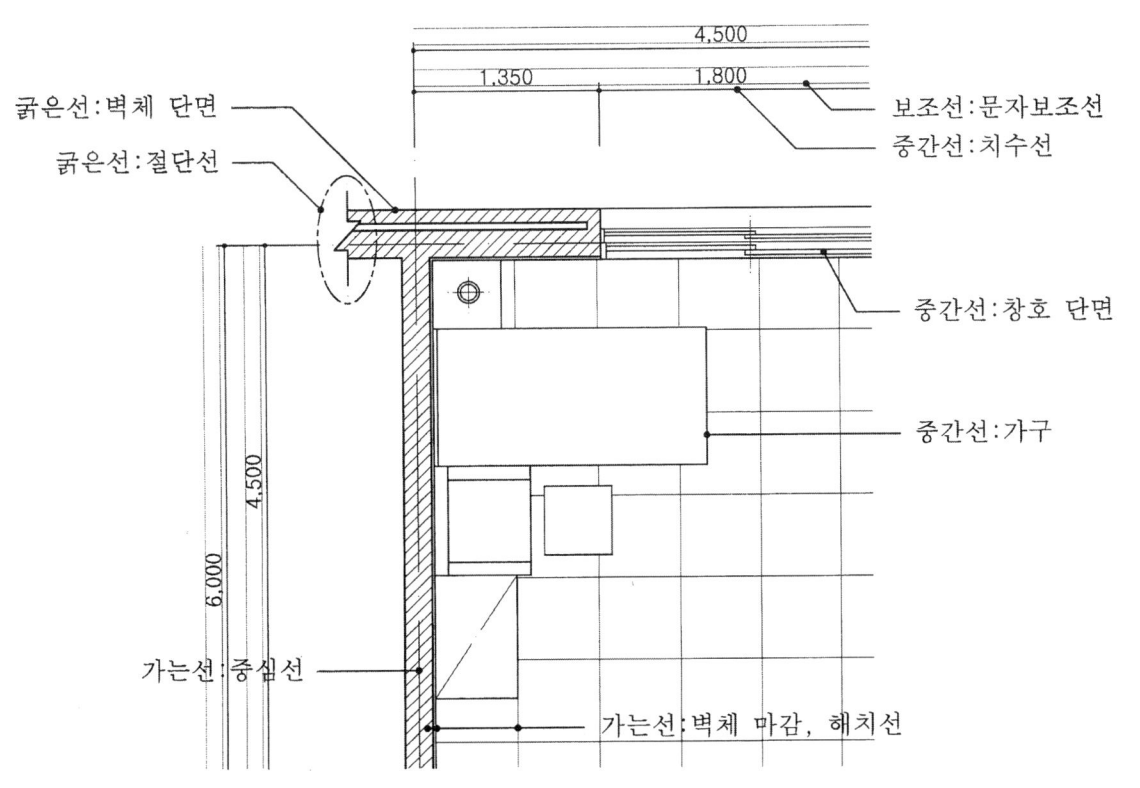

2. 문자

2.1 문자의 종류

문자는 높이를 기준으로 하며 문장으로서 내용 전달뿐만 아니라 도면 전체의 구성요소 중 선과 함께 큰 비중을 차지하므로 통일된 문자가 쓰여지도록 연습한다.

크기	종류	내용	도면표기
8mm	도면명	평면도, 천장도, 투시도 입면도-A 입면도-B 입면도-C 입면도-D	실무용: 평면도 SCALE : 1/30 (구분번호, 도면번호, Ø18, 적정 임의 치수) 시험용: 평면도 SCALE : 1/30 (적정 임의 치수)
6mm	전체 실명	원룸	원룸 (적정 임의 치수)
4mm	실명	욕실, 현관	욕실 / 현관 (적정 임의 치수)
4mm	마감	바닥 : 지정 장판지 마감 벽 : 지정 벽지 마감 천장 : 지정 천장지 마감	지정 장판지 마감 / APP' FLOORING FIN 옷장, 장식장, 서랍장
4mm	가구명 & 조명기구	옷장, 책장, 장식장, 서랍장, 에어컨, 신발장, 직부등, 펜던트, 센서등, 형광등, 방습등, 후드, 점검구등	직부등, 형광등
4mm	치수문자	1,200, 4,500, 120 등	지정 몰딩 마감 / 지정 벽지 마감
4mm	영문	TV, PC, A/C, REF SIDE TABLE 등	1,500 / 120 / 200 / 200

2.2 문자의 기입방법

1) 문자를 쓸 때는 반드시 문자높이의 보조선을 그린 후 쓰도록 한다.
2) 제도에 사용되는 문자는 국문, 영문을 함께 사용할 수 있다.
3) 문장은 왼쪽부터 오른쪽으로 가로쓰기를 원칙으로 한다.
4) 글자체는 고딕체로 쓰거나 15° 경사로 기울여 쓰는 것을 원칙으로 한다.
5) 숫자의 경우 소수점은 밑에 표기하며 4자리 수 이상의 경우 3자리마다 쉼표를 찍는다.

2.3 문자연습

침실 거실 주방 현관 욕실 세탁실 자녀방 응접실
지정 타일 마감 지정 플로어링 마감 지정 억사판 마감
지정 벽지 마감 지정 천장지 마감 지정 장판지 마감
가구명 조명기구 옷장 책장 장식장 서랍장 신발장
냉장고 싱글침대 1인용 소파 및 테이블 TV 및 테이블 트윈침대
직부등 펜던트 센서등 형광등 방습등 감지기 점검구
비상구 배기후드 가구배치 및 바닥마감재 표기 벽면재료 표기
조명기구 및 마감재료 표기 축척 설계면적 개구부 크기 벽체
외벽: 두께 1.5B의 붉은벽돌 공간쌓기 내벽: 시멘트벽돌 두께 1.0B 쌓기
욕실벽: 0.5B 쌓기 TV PC A/C SIDE TABLE SCALE
APP' FLOORING FIN' TOP VIEW FRONT VIEW SIDE VIEW
ISOMETRIC PESPECTIVE FLOOR PLAN CEILING PLAN
ELEVATION SECTION ROOM INTERIOR DESIGN ENT
1 2 3 4 5 6 7 8 9 10 2,500 1,000 3,800
6,600 1,520 450 13,500 780 9,450 1,300
절단선 방위표기 계단 및 경사로 입면도 방향 단면도 방향
단차이 지시선 개구부표기 철근콘크리트 기둥 및 철근 콘크리트 벽
철골기둥 장막벽 블록벽 벽돌벽 양쪽심벽 안심벽 블록
지반 잡석다짐 자갈 모래 석재 인조석 차단재 벽돌

평면도 천장도 입면도 A
입면도 B 입면도 C 입면도 D
단면도 투시도 상세도

실내건축기능사 실기

3. 치수

치수는 도면을 표현하는 중요한 기호 중의 하나이다.

치수는 3방향(도면의 좌측, 우측, 위쪽)을 기준으로 하며 도면의 아래쪽은 구조체가 있을 경우 4방향으로 치수를 기입한다. 기본적으로 치수선은 두 줄로 표기하나 이는 원칙은 아니므로 도면의 치수를 읽기에 쉽도록 표기하는 것이 바람직하다.

3.1 치수의 용어

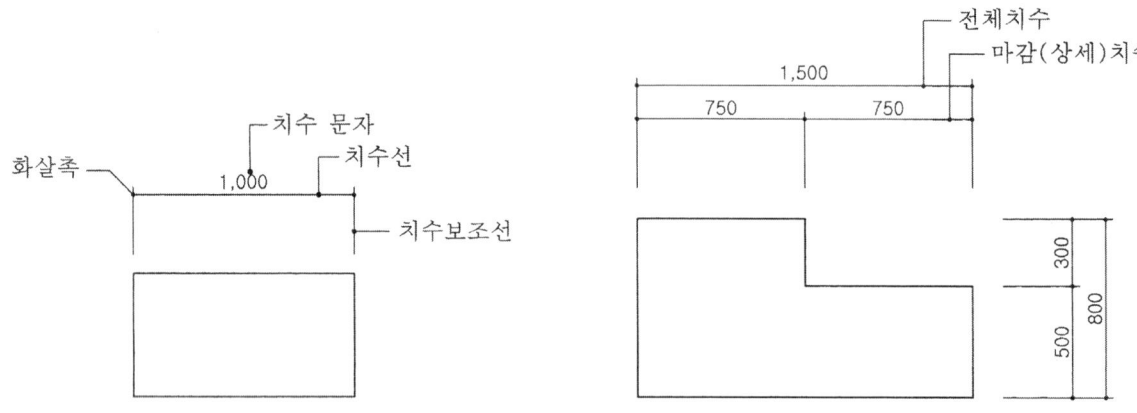

치수문자, 치수선 간격 스케일 : 1/1

3.2 치수의 표기방법

1) 도면에 기입하는 치수는 mm 단위로 단위기호는 생략하고 숫자만 기입한다.
2) 치수, 치수선, 치수문자의 간격은 스케일자 1 : 1을 기준으로 작도한다.
3) 치수선과 치수보조선이 만나는 부분은 점이나 짧은 대각선을 그린다.
4) 치수는 3방향을 기준으로 하며 도면의 아래쪽(남쪽)은 구조체가 있을 경우 4방향으로 기입한다.
5) 치수는 1,000 단위마다 쉼표(,)를 찍어준다.
6) 치수는 도면에 평행하게 쓰고 치수문자는 수평의 경우 치수선 위로, 수직일 경우는 왼쪽에 쓴다.
7) 치수문자를 기입할 여백이 없을 때에는 인출선을 그어 수평선을 긋고 그 위에 기입한다.
8) 치축선과 치수보조선의 간격은 모든 면에 일정하게 작도한다.

3.3 치수 연습

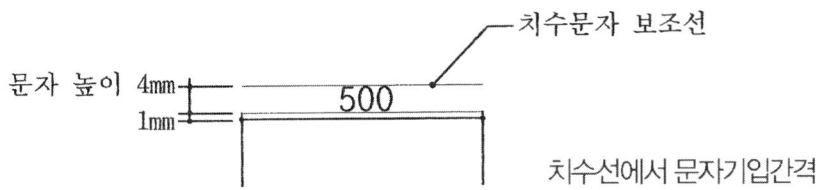

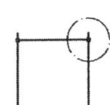
치수선에서 치수보조선 연장이 없는 경우(O)

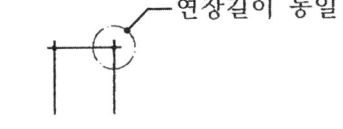
치수보조선을 연장하는 경우(O)

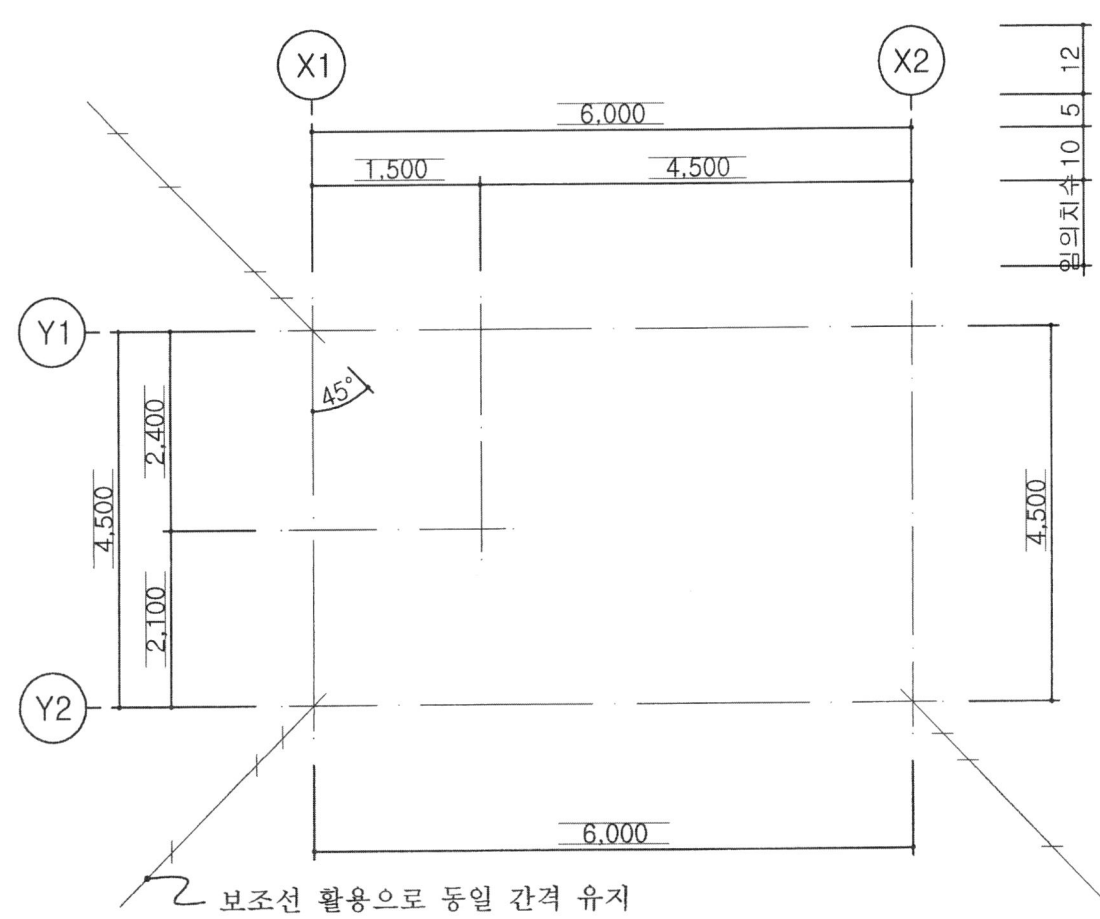

CHAPTER 02
도면기호

1. 일반 기호

제도에는 여러 가지 표시기호가 쓰이는데, 이는 한국산업규격(K.S)으로 다음과 같이 제정되어 있어 이에 준용하여 표시한다.

종류	분류번호	제정연도
평면 표시기호, 재료 표시기호	KS F 1501	1968
창호기호	KS F 1502	1971
용접기호	KS B 0052	1970
배관 표시기호	KS B 0051	1971
옥내 배선용 표시기호	KS C 0301	1968

1.1 약어 표기

도면에서의 외래어 표기를 나타낼 때 철자가 복잡하여 약어를 사용한다.

약호	원어	의미	약호	원어	의미
W	Width	너비	V.P	Vinyl Paint	비닐페인트
D	Depth	깊이	O.P	Oil Paint	유성페인트
H	Height	높이	W.P	Water Paint	수성페인트
@	At	간격	FIN	Finish	마감
#	Number	번호	G.L	Ground Level	지반선
THK	Thickness	두께	Wt	Weight	무게
R, r	Radius	반지름	APP	Appoint	지정
ϕ	Diameter	지름	REF	Refrigerator	냉장고
L	Length	길이	DWG	Drawing	도면
ENT	Entrance	출입구	DIM	Dimension	치수

약호	원어	의미	약호	원어	의미
AL	Aluminium	알루미늄	DN	Down	아래
C.H	Ceiling Height	천장고	UP	Up	위
CONC	Concrete	콘크리트	NO	Number	번호
N.S	Non Scale	축척에 준하지 않음	COL	Column	기둥
SH	Shelf	선반	QTY	Quantity	물량
MAX	Maximum	최대치	MIN	Minimum	최소치
EQ	Equal	동일	RM	Room	방
STL	Steel	스틸	SST	Stainless Steel	스테인리스 스틸

1.2 설계도면 기호

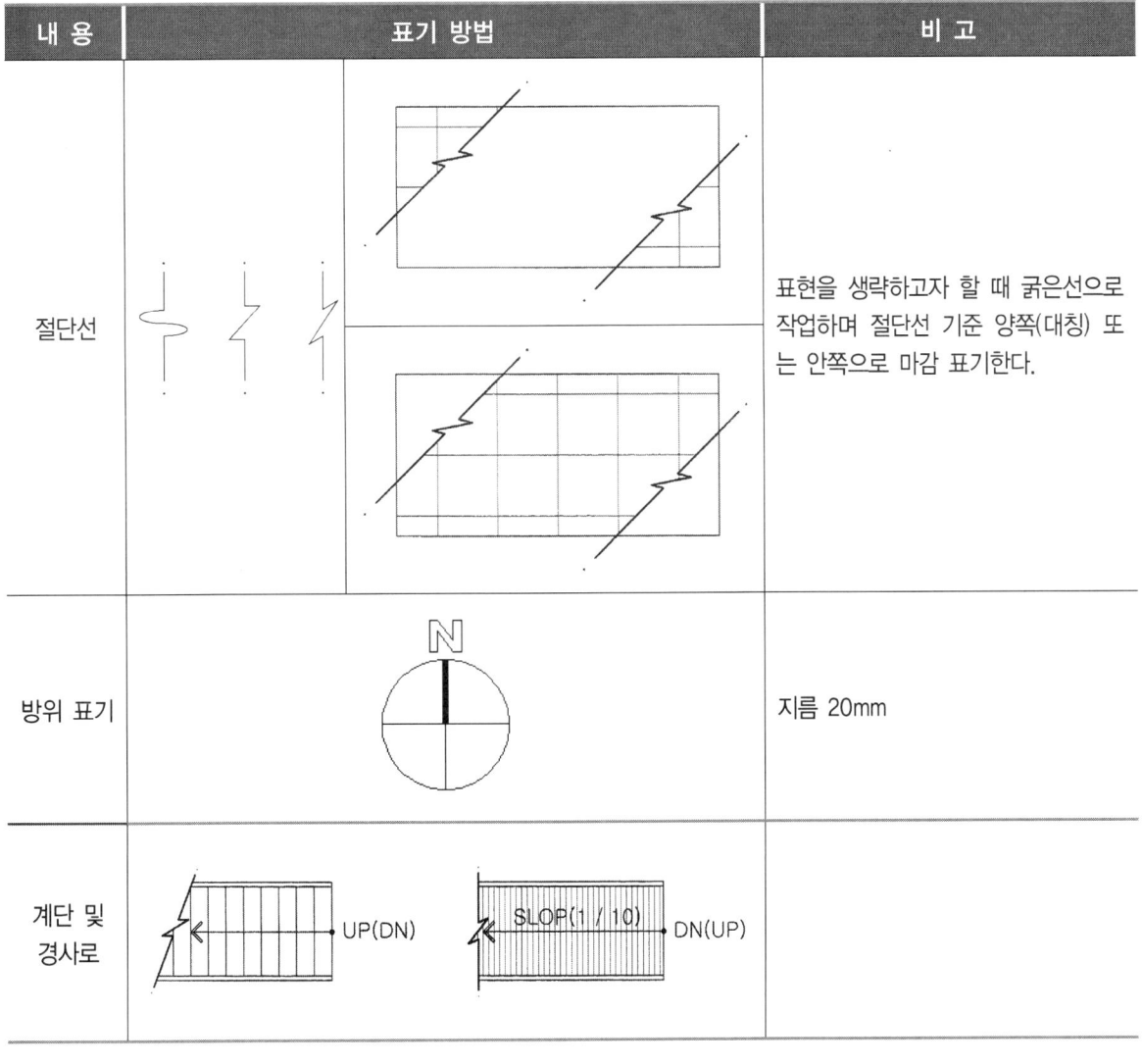

내용	표기 방법	비고
절단선		표현을 생략하고자 할 때 굵은선으로 작업하며 절단선 기준 양쪽(대칭) 또는 안쪽으로 마감 표기한다.
방위 표기		지름 20mm
계단 및 경사로	UP(DN) / SLOP(1/10) DN(UP)	

내 용	표기 방법	비 고
출입구	⇒ △ENT ◀ENT	ENT = ENTRANCE 주 출입구에 표기한다.
입면도 방향	(A/D·B/C 다이아몬드 기호)	지름 18mm
	(A/D·B/C 작은 기호 및 A B C D 개별 기호)	지름 12mm
단면도 방향	(A 단면 기호)	지름 12mm로 일점쇄선으로 표기
단 차이	F.L: ±0(기준) FL: +100 F.L: -100 F.L: ±0(기준)	F.L = FLOOR LINE 바닥의 높이 차를 표기
지시선	•—지시선 지시선 45° 지시선 60°	지시선의 끝은 점 또는 화살표로 표기한다.
개구부 표기	개방 개구부 / 작동 개구부	일점쇄선으로 표기하며 가는선으로 작업한다.

2. 재료 및 개구부 표시기호

2.1 재료 표시기호

재료의 표시 기호는 도면의 축척에 따라 표기 방법을 달리 적용해야 도면을 정확하게 이해할 수 있다.

평면용 표시기호

축척 정도별 구분표기 사항		축척 1/100 또는 1/200일 때	축척 1/20 또는 1/50일 때
벽 일반			
철근콘크리트 기둥 및 철근 콘크리트벽			
철근콘크리트 기둥 및 장막벽		재료 표시	
철골기둥 장막벽			
블록벽			
벽돌벽			
목조벽	안팎심벽 안심벽 밖심벽 안팎평벽		

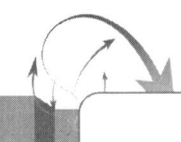

단면용 표시기호

표시사항 구분	원칙적으로 사용한다	준용 사용	비고
지반			
잡석다짐			
자갈, 모래			타재와 혼용될 우려가 있을 때에는 반드시 재료명을 기입한다.
석재, 인조석			
차단재 (보온, 흡음, 방수, 기타)			
콘크리트			A : 강자갈 B : 깬자갈 C : 철근배근일 때
벽돌			
블록			
목재 — 치장재			
목재 — 구조재			유심재와 거심재를 구별할 때

2.2 창 표시기호

창의 기호는 창의 형태와 유사하게 표기하며 평면과 입면상의 작동되는 보조선은 일점쇄선으로 표기한다.

명칭	평면	입면	입체
창 일반			
회전창			
오르내리창			
격자창			
쌍여닫이창			
망사창			
여닫이창			
셔터창			
미서기창			
붙박이창		FIX	

2.3 문 표시기호

문의 기호는 문의 형태와 유사하게 표기하며 평면과 입면상의 작동되는 보조선은 일점쇄선으로 표기한다.

명칭	평면	입면	입체
출입구 일반			
회전문			
쌍여닫이문			
접는문			
여닫이문			
주름문			
미서기문			
미닫이문			
셔터			

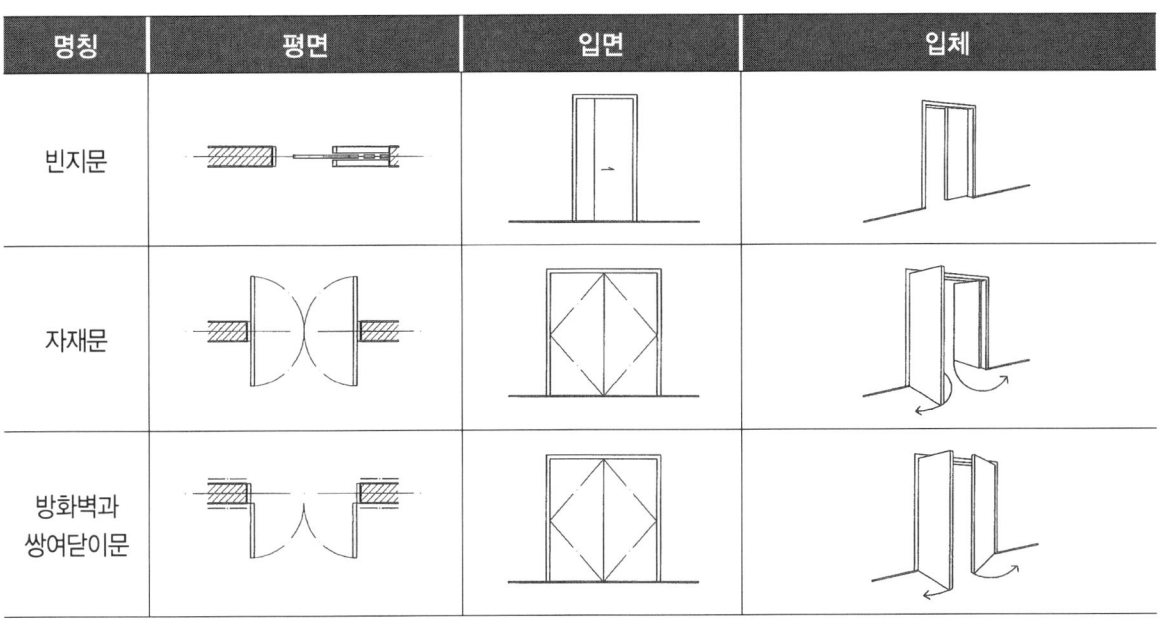

2.4 창호 표시기호

재료	창	문	비고
목재	1 / WW	2 / WD	창문번호 / 재료기호 | 창문셔터별 기호
철재	3 / SW	4 / SD	
알루미늄	5 / ALW	6 / ALD	창문번호는 같은 규격일 경우에는 모두 같은 번호로 기입한다.
플라스틱	7 / PW	8 / PD	창 : W 문 : D
스테인레스	9 / SsW	10 / SsD	셔터 : S

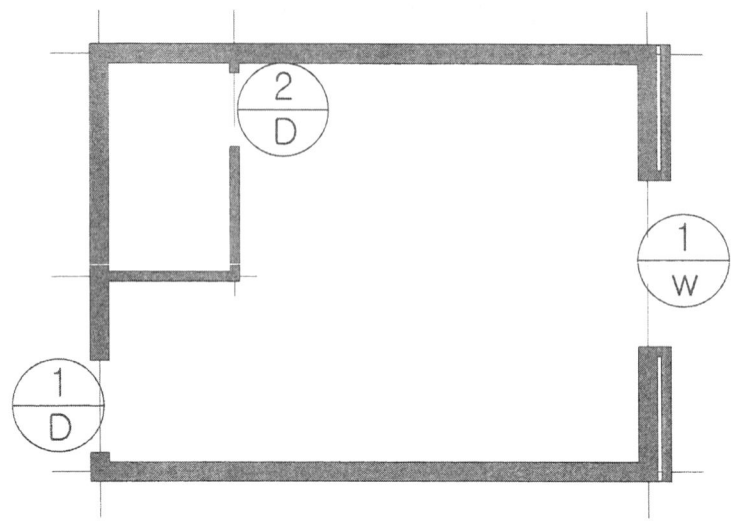

창호 위치도

기호	D1	D2	W1
형태	1,000 × 2,100	800 × 2,000	1,800 × 2,000
형식	여닫이 문(방화문)	여닫이 문	미서기 창(이중창)
재료	철재	목재	목재 & 알루미늄
유리			목재 : 3mm 불투명 유리 알루미늄 : 3mm 투명 유리
위치	현관	욕실	거실
개수	1	1	1
마감	지정색 래커	클리어 래커	클리어 래커
철물	경첩 3개, 실린더 1조	경첩 3개, 실린더 1조	레일, 크레센트

창호표

PART 3

기본도면의 작도

CHAPTER 01
가구도면

여기서 제시한 가구의 형태와 치수는 기능사 시험을 염두에 두고 직각인 형태가 주를 이루며 가구치수도 일반적인 치수를 기준으로 제시한 것으로 도면의 완성도를 높이거나 실무도면으로 활용하고자 한다면 주거용 가구, 조명기구 및 가전제품의 카탈로그를 참조하여 작업하기를 권한다. 그리고, 가구도면 작업에 앞서 휴먼 스케일에 대해 알아보고 이에 준해 가구도면에 활용한다.

휴먼 스케일(Human scale)은 물체나 공간의 크기를 인간의 체격을 기준으로 한 척도로 이 개념은 실내의 크기나 건축물의 크기, 직접적으로 이용되는 가구나 시설을 계획하고 설계하는데 중요하게 적용된다.

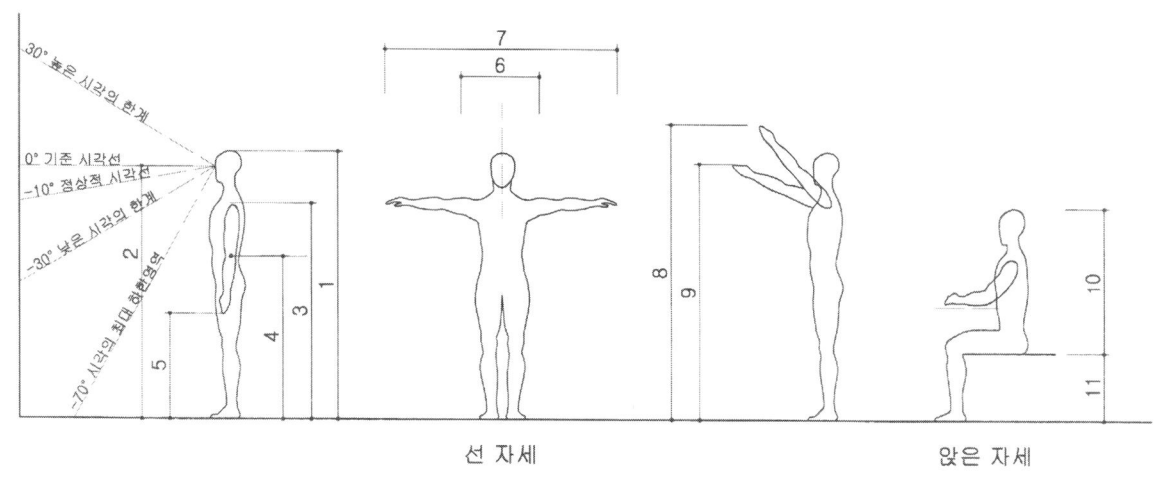

선 자세   앉은 자세

신체 치수

체위	비율	체위	비율
1. 신장	1	7. 팔을 벌렸을 때	1
2. 눈높이	11/12	8. 팔을 올린 높이(편안한 자세)	7/6
3. 어깨 높이	4/5	9. 팔을 올린 높이(손을 뻗은 자세)	4/3
4. 중심 높이	5/9	10. 의자에 앉은 높이	6/11
5. 손가락까지 높이	3/8	11. 하퇴부 높이	1/4
6. 어깨 너비	1/4		

신장을 기준으로 한 신체 각 부위의 치수

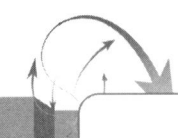

1. 원룸가구

1.1 침실가구

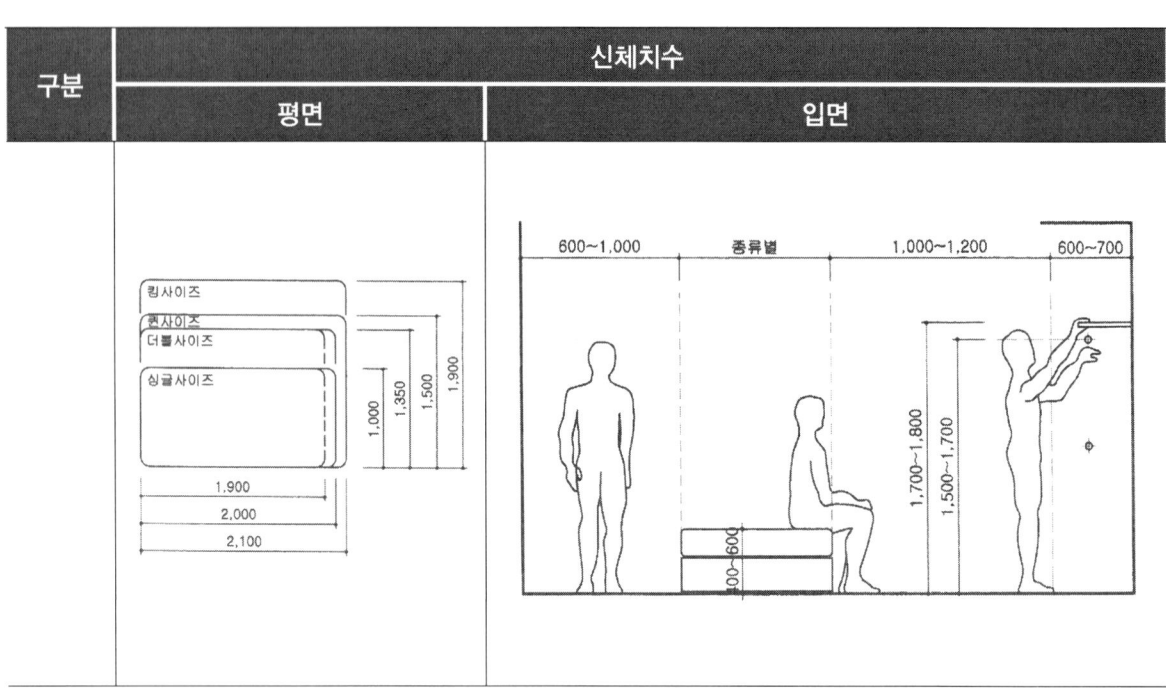

가구명 W×D×H	투상도
옷장 : 800(~1,000)×600×2,100 침대 : 싱글침대- 1,000×2,000×450 더블침대- 1,500×2,000×450 사이드테이블 : 500×500×400 (~500) 서랍장 : 600(~1,200)×450 (~600)×750(~1,000)	

2. 서재가구

구분	신체치수	
	평면	입면
	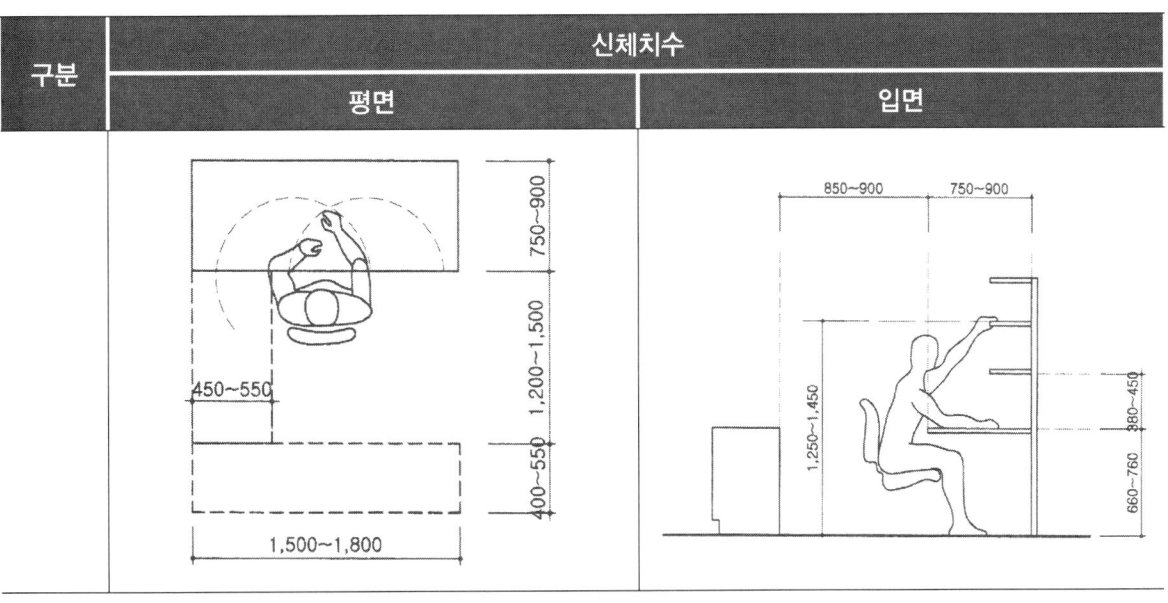	

가구명	투상도
W×D×H	
책장 : 600(~800)×300(~400)×1,500(~2,100) 책상 : 1,200(~1,800)×600(~800)×730 의자 : 450(~550)×500(~550)×450	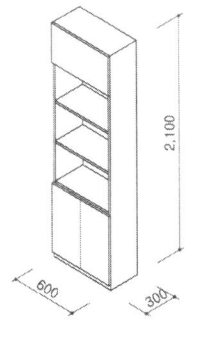 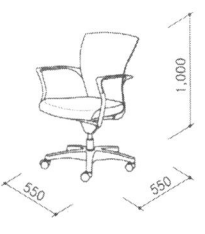 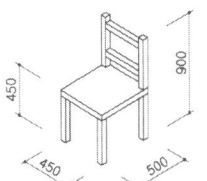 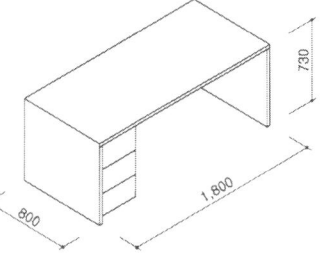 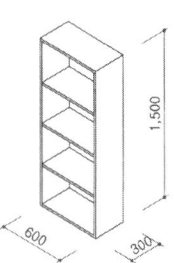 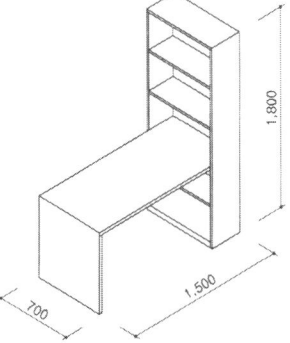

3. 거실 & 현관가구

구분	신체치수	
	평면	입면
	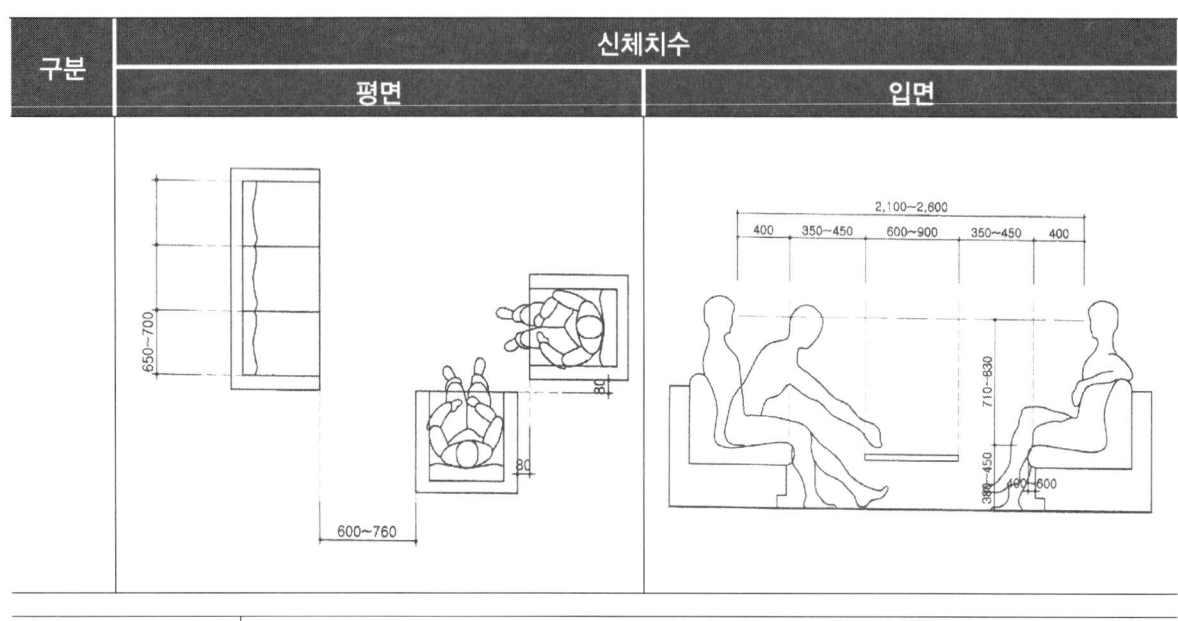	

가구명	투상도
W×D×H	

거실장 :
600(~800)×300×
1,500(~2,100)

1인 소파 :
800(~1,000)×700
(~900)×400

2인 소파 :
1,400(~1,800)×700
(~900)×400

1인 소파테이블 :
500(~600)×500(~
600)×250(~400)

2인 소파테이블 :
900(~1,200)×500
(~800)×250(~400)

신발장 :
설계치수×400(~500)
×1,200(~2,400)

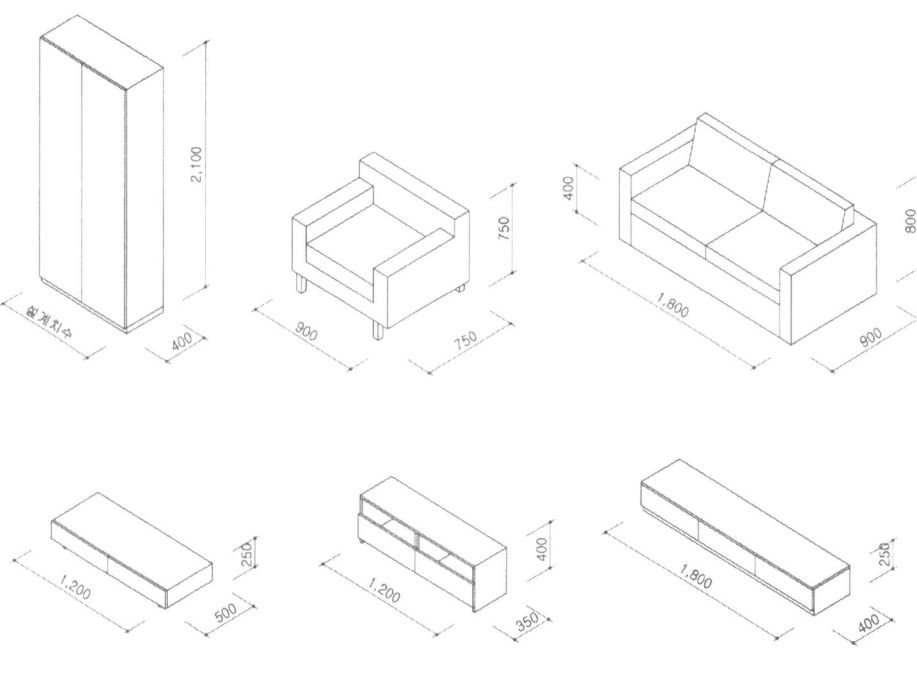

4. 주방가구

구분	신체치수	
	평면	입면

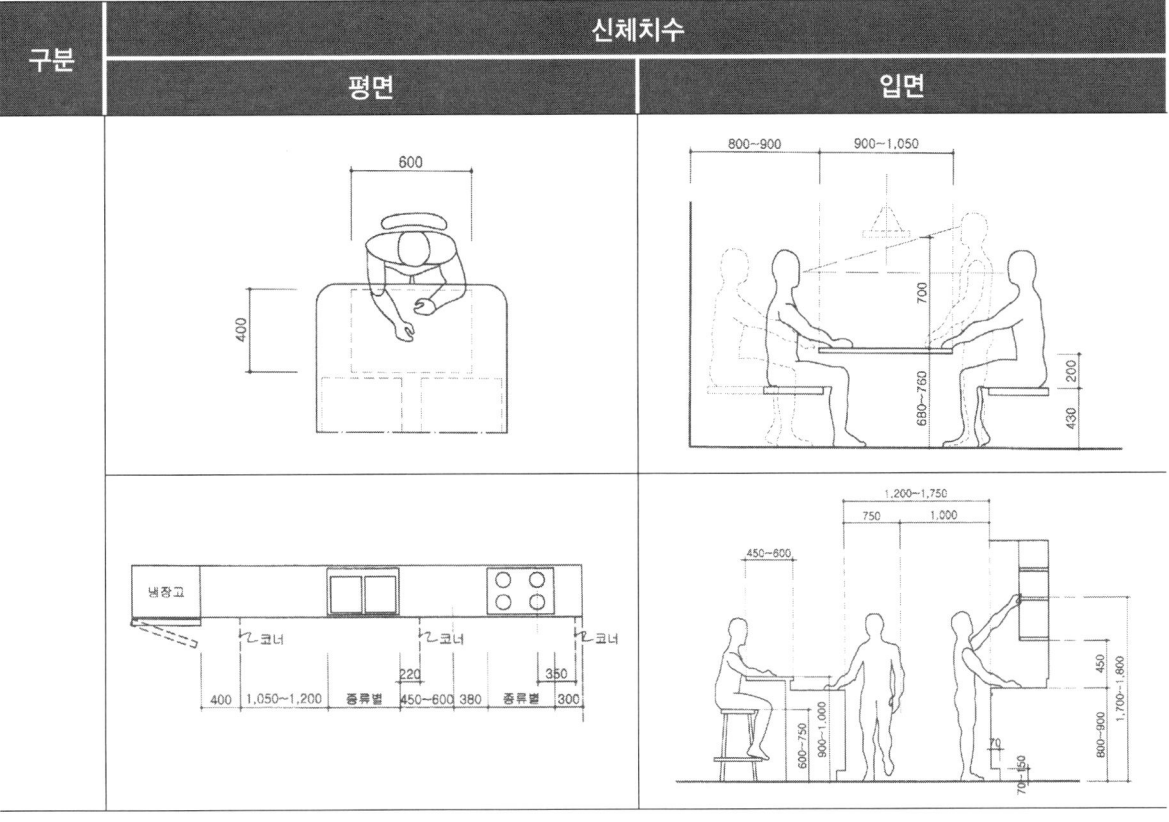

가구명 W×D×H	투상도
식탁 : 보조식탁- 1,200(~1,500)×500(~600)×730 2인 식탁- 600(~800)×600(~800)×730 의자 : 500×500(~550)×450 주방작업대 : 1,500(~1,800)×600×2,200 장식장 : 600(~800)×350(~500)×1,200(~1,800)	

5. 욕실가구

구분	신체치수	
	평면	입면
	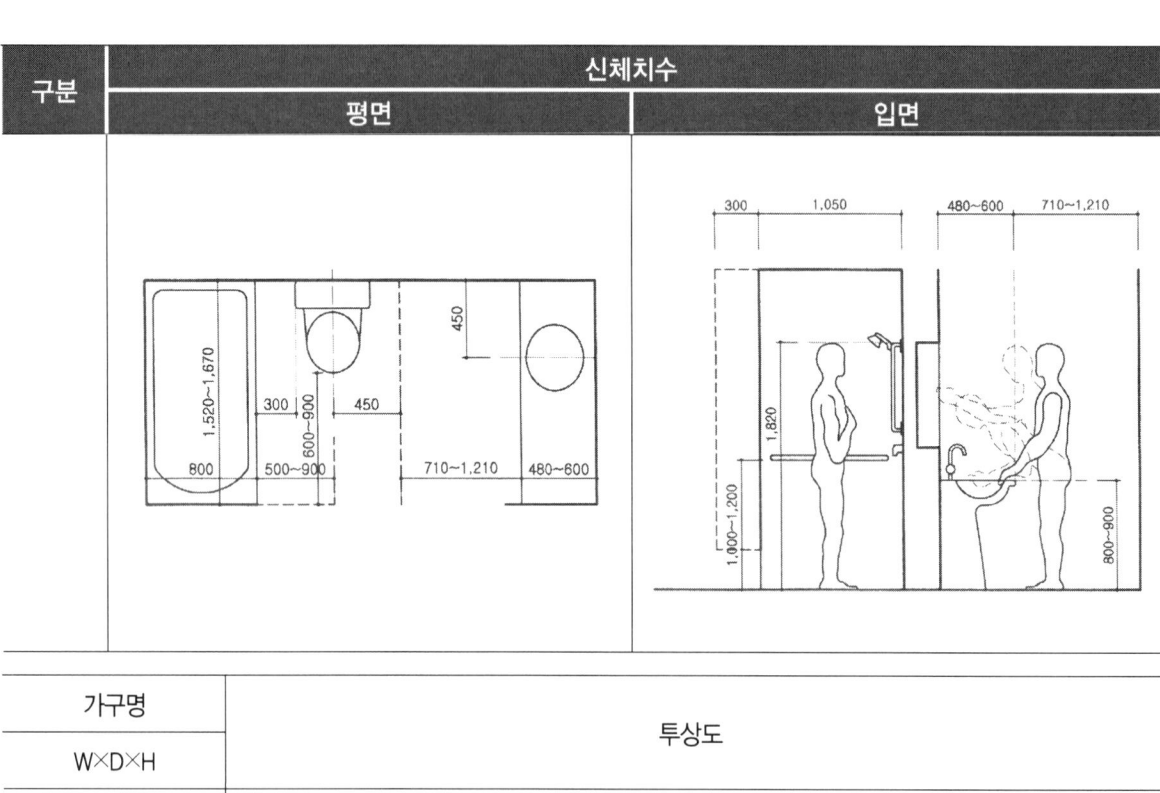	

가구명	투상도
W×D×H	
양변기 : 일체형- 550×650×400 분리형- 450×750×400 세면대 : 일체형- 설계치수×500 (~550)×720 단독형- 600(~650)×550× 720 욕조 : 설계치수×800×450	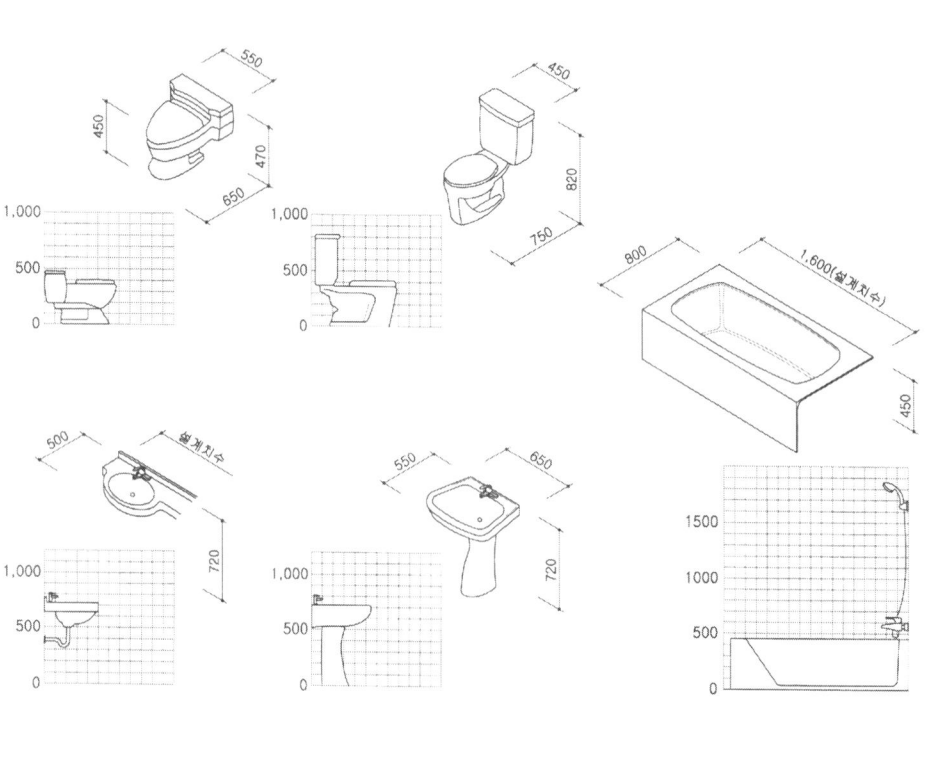

1.2 가구 도면작업(옷장)

가구도면은 투상법 중 정투상의 제3각법으로 작업한다.

투영법은 물체의 모양을 평면 위에 그리는 방법으로 투상을 받는 평면을 투상면, 투상면에 투상도가 그려진 것을 화면, 투상에 쓰이는 선을 투상선이라 한다. 계획이나 설계에 따른 도면은 모두 이차원의 평면상으로 작업하기 때문에 이들 설계도만으로 도면의 이해가 어려워 입체적으로 표현하는 것을 말한다.

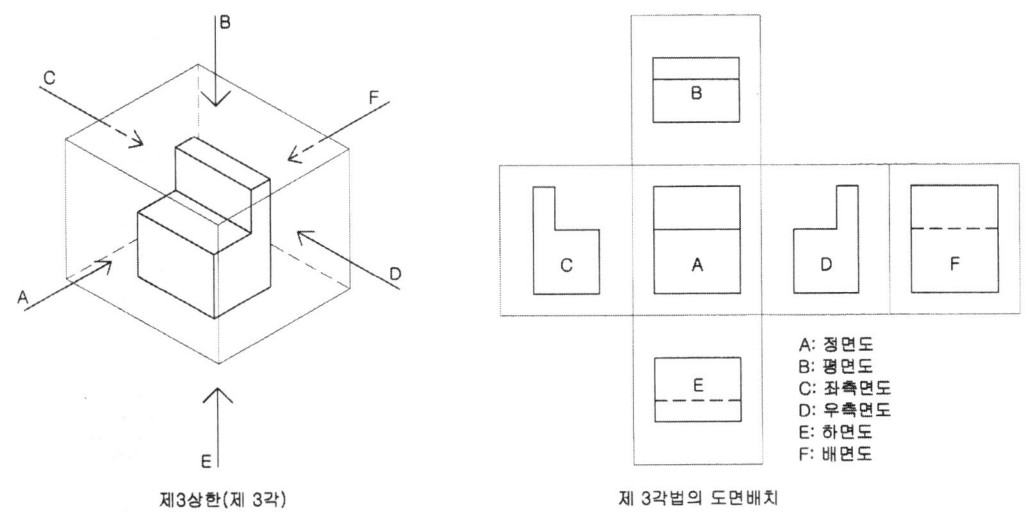

제3각법의 투상도

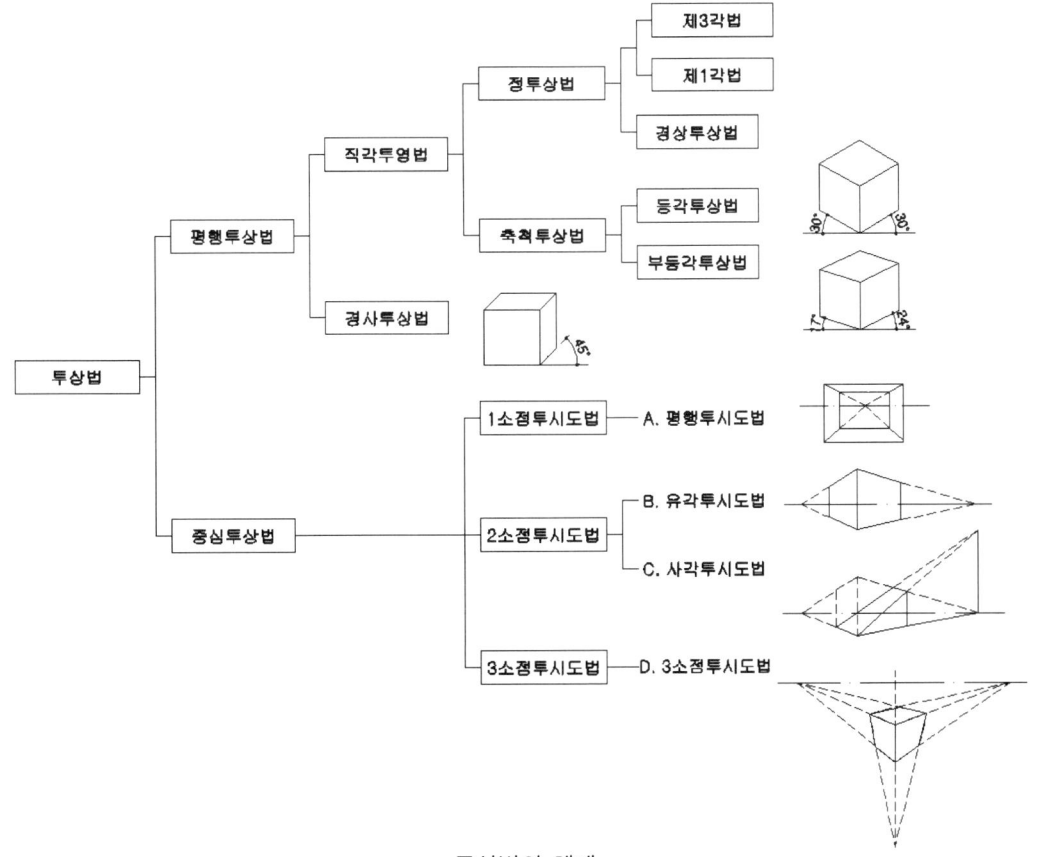

투상법의 체계

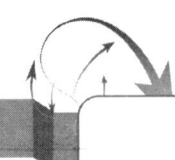

실내건축기능사 실기

■ 보조선으로 작업한다.

1. 도면의 위치를 잡는다.

직교하는 가로와 세로의 선을 그린다.

2. 가구 치수를 적용하여 그린다.(축척 : 1/30)

평면을 그린 후 정면, 측면의 순서대로 제3각 투상법에 준해 작업한다.

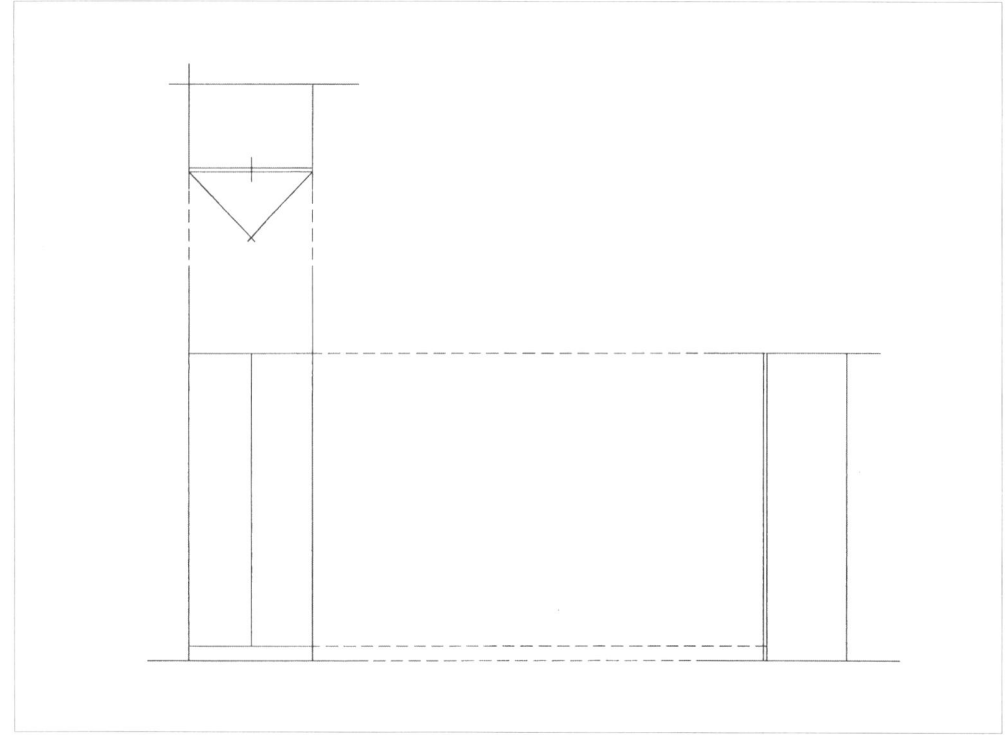

3. 치수선을 그린다.

전체 도면의 간격을 맞추며 작업한다.

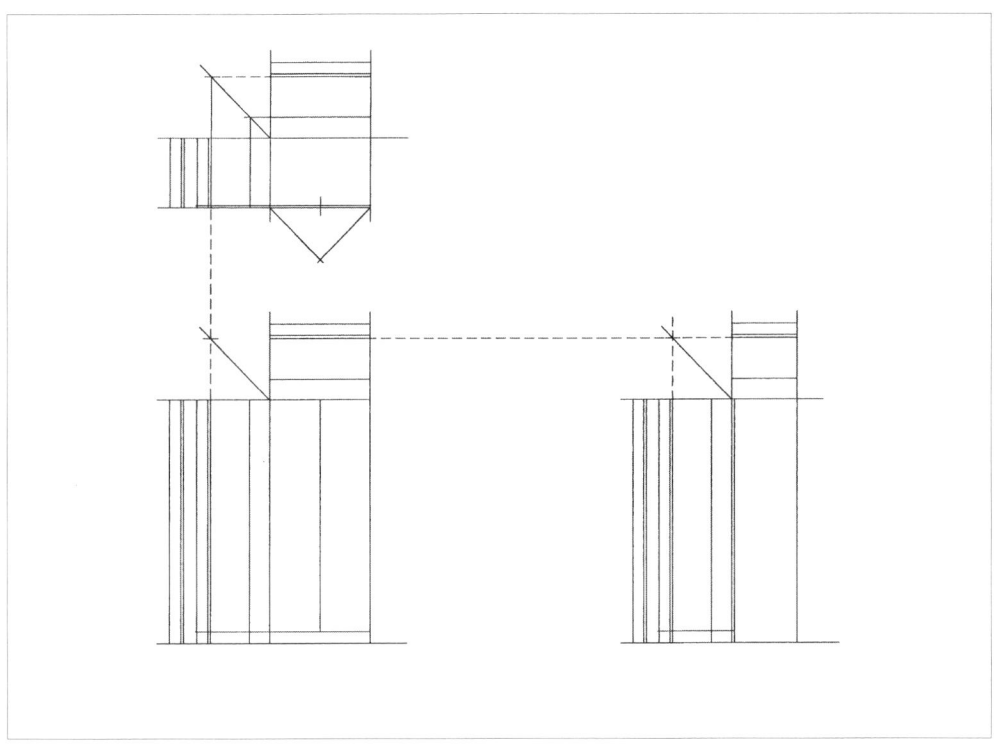

4. 도면명의 위치를 잡는다.

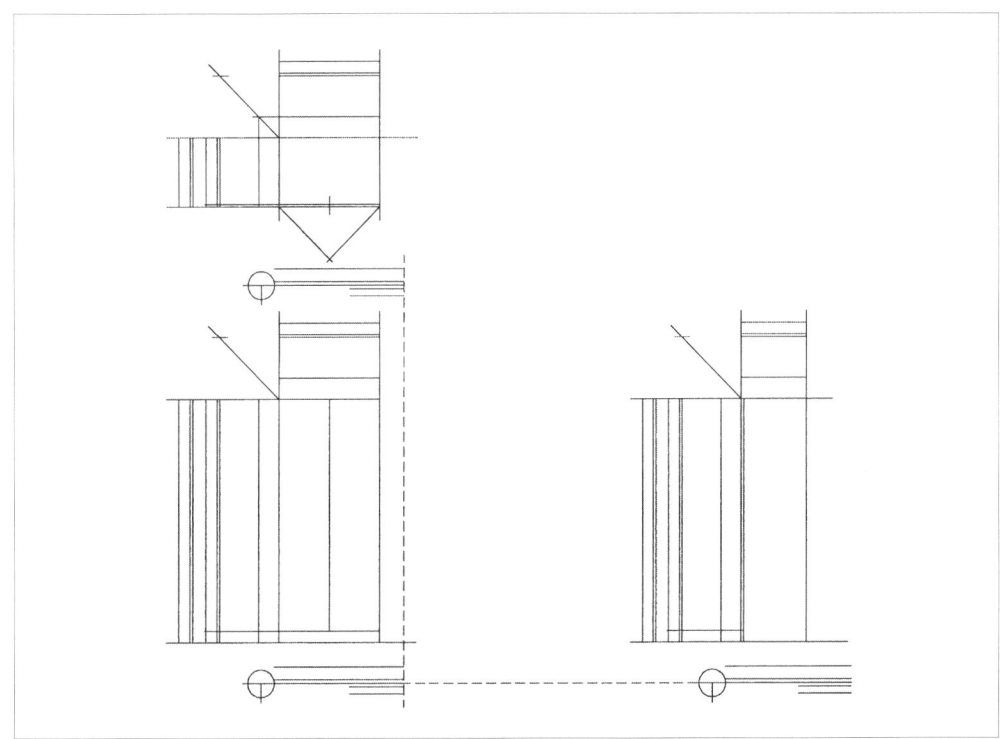

■ 본선으로 작업한다.

1. 가구선을 그린다.

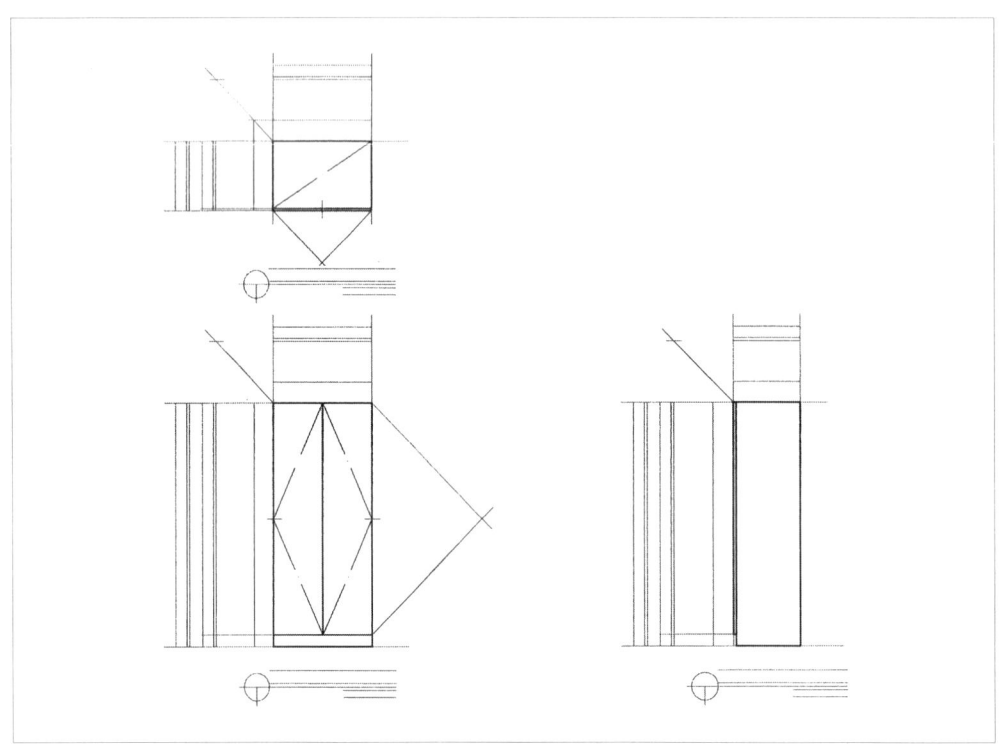

2. 치수선, 치수문자를 표기한다.

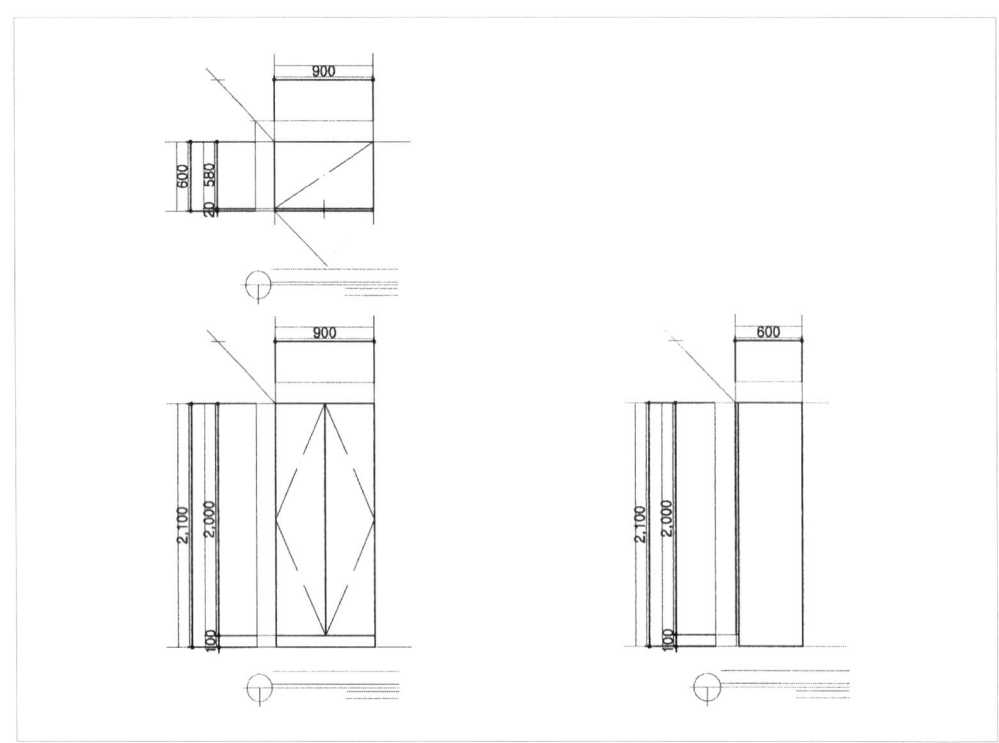

3. 도면명을 기입하고 완성한다.

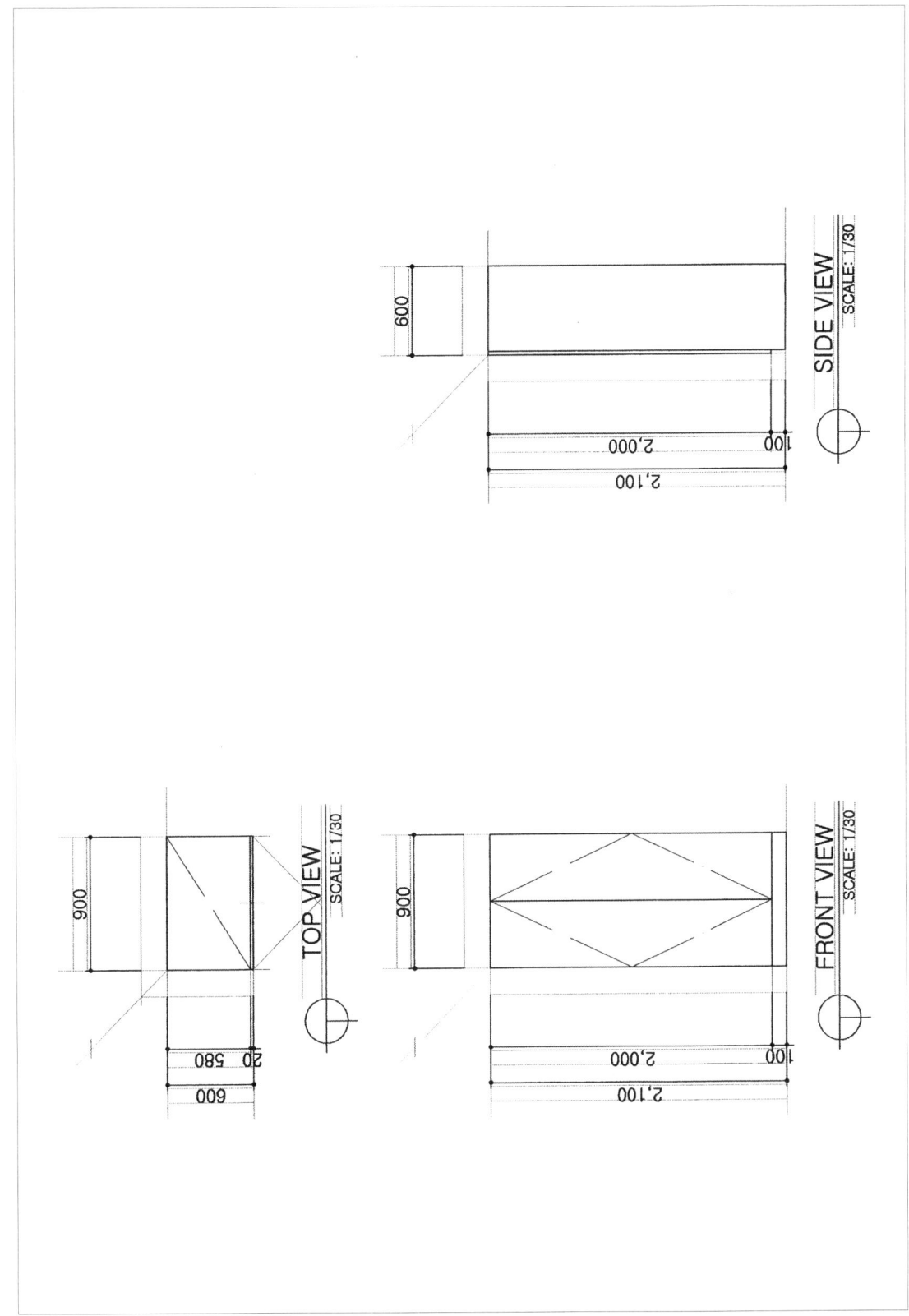

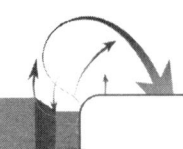

1.3 기타 가구도

1. 주방 작업대

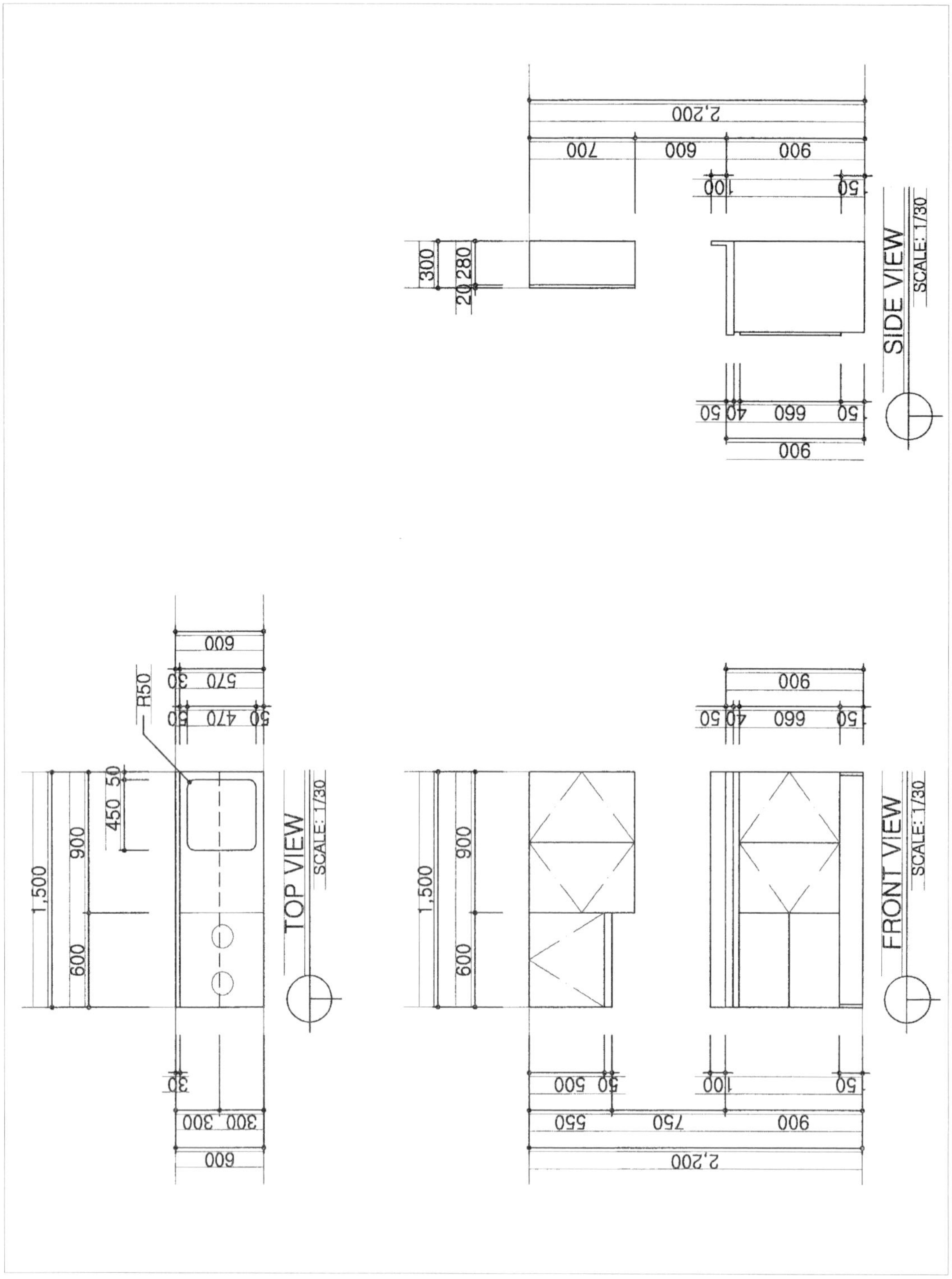

2. 2인 소파

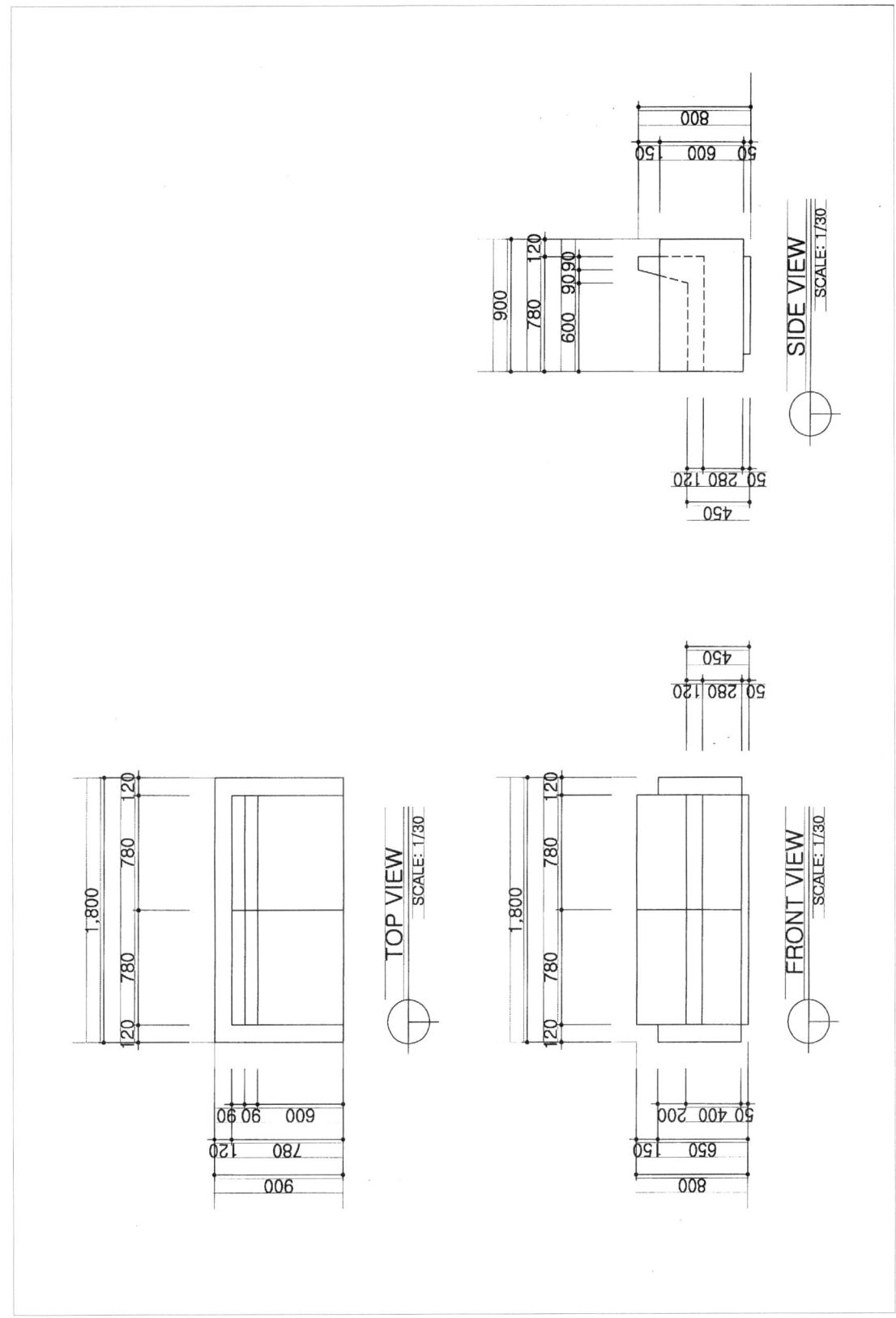

3. 책장 & 책상

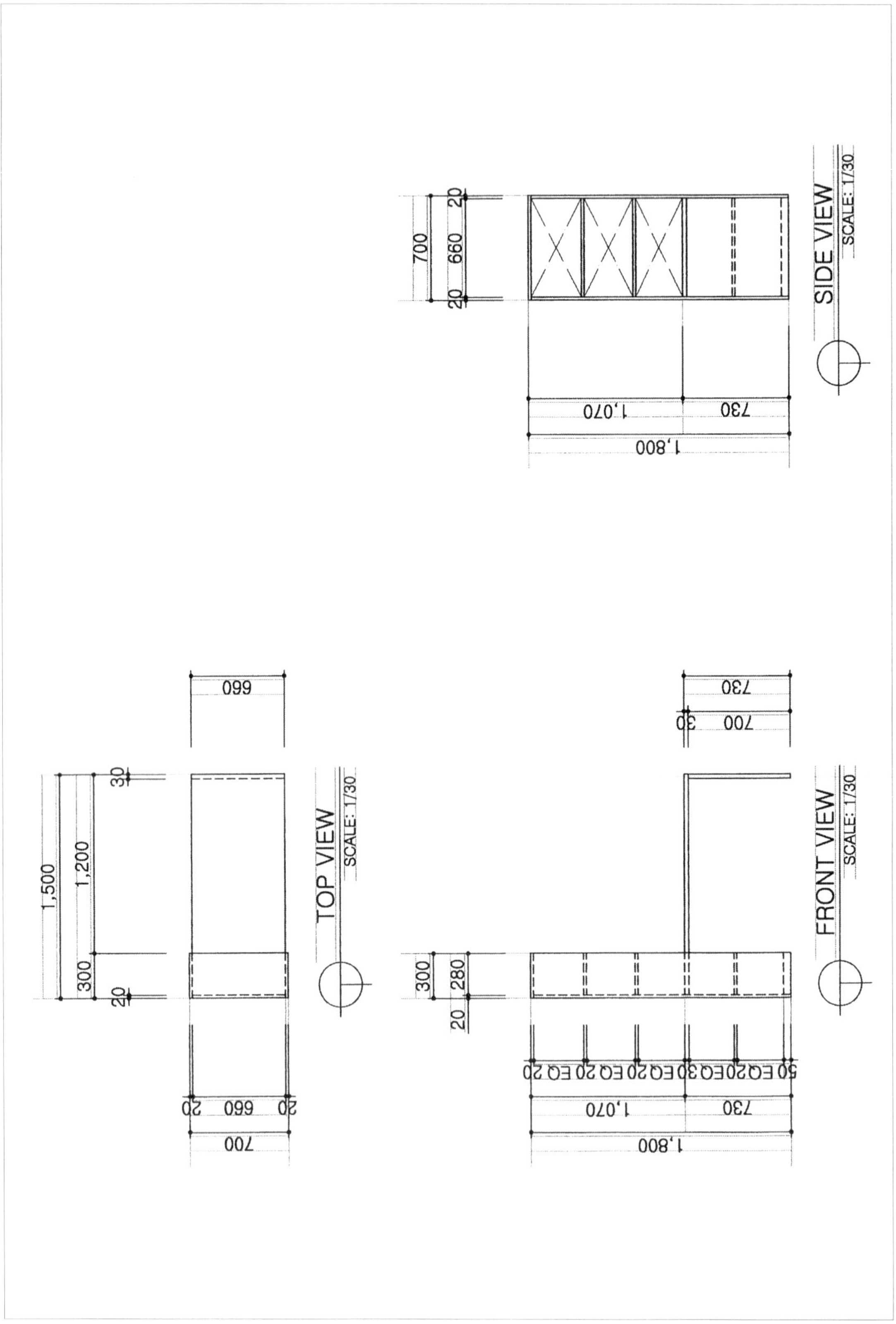

SIDE VIEW
SCALE: 1/30
TOP VIEW
SCALE: 1/30
FRONT VIEW
SCALE: 1/30
700
660
20
1,070
730
1,800
1,500
1,200
300
30
280

4. 싱글 침대

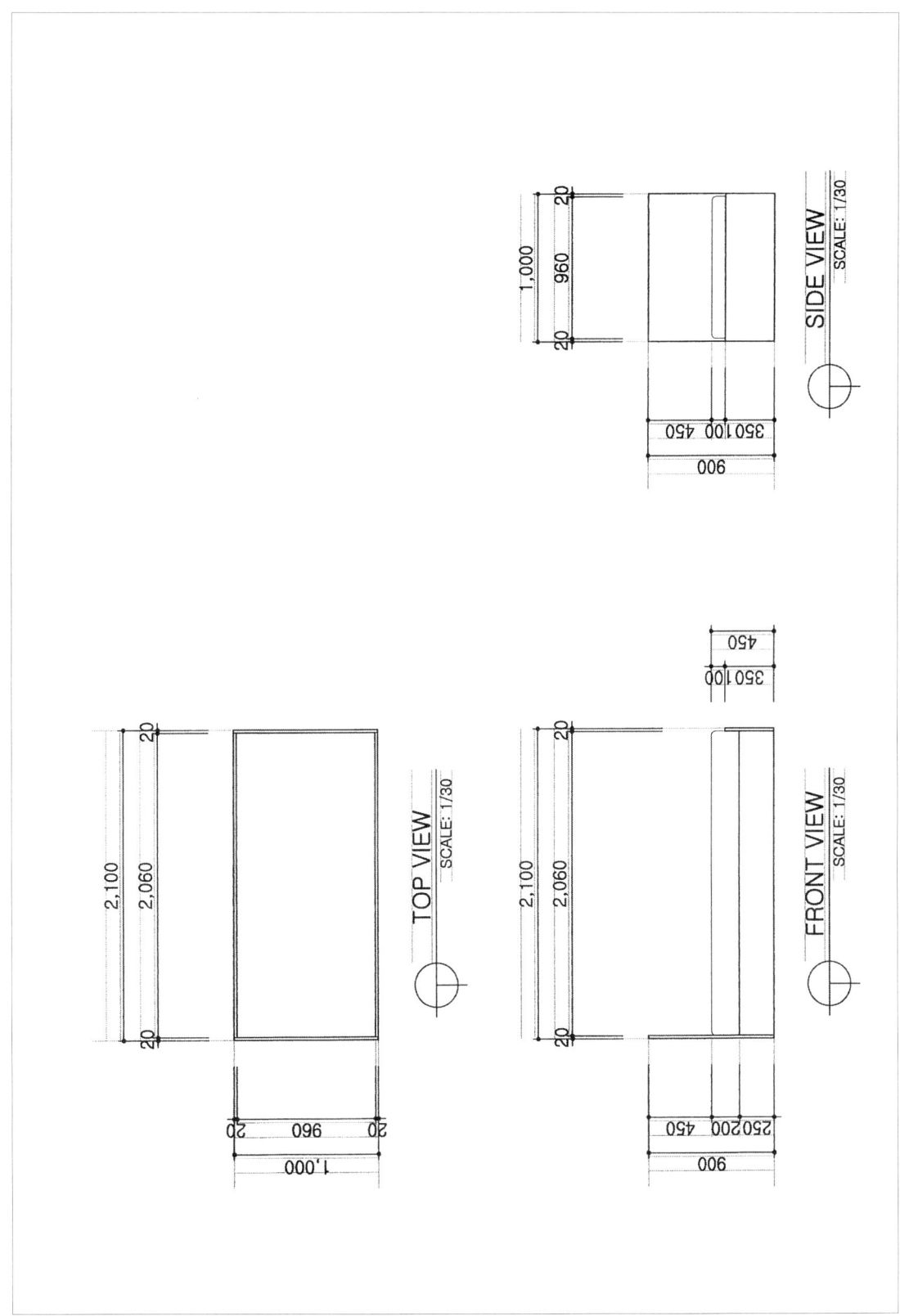

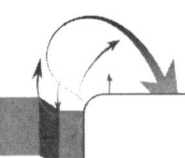
실내건축기능사 실기

CHAPTER 02
조명도면

1. 실내건축기능사 시험 내용

2.1 전등의 종류

종류	형태	설명
직부등 (CEILING LIGHT)		천장면에 바로 부착하는 조명기구
매입등 (DOWN LIGHT)		천장면 속에 매입된 조명기구
스포트라이트 (SPOT LIGHT)		어느 한 부분을 비춰주는 조명기구
펜던트등 (PENDANT LIGHT)		천장면에 달아 내린 조명기구
벽등 (WALL BRACKET)		벽에 부착한 조명기구
스탠드 (STAND)		테이블, 책상 등에 설치하는 부분조명의 조명기구
플로어 스탠드 (FLOOR STAND)		바닥에 놓는 부분조명의 조명기구

2.2 광원의 종류

종류	구분	형태				설명
형광등(FL)	직관형	단파장	삼파장	슬림램프		사무공간, 주거공간에 두루 사용되며 연색성이 다소 떨어지지만 연색성을 좋게 한 것도 있다
	환형	단파장	삼파장			
	전구형/컴팩트형	나선형	볼형	돌리는삼파장	꽂는삼파장	
백열등(IL)	전구형	일반형	촛대장식용	크립톤	볼형	광원 표면온도가 높아 발생열도 많지만 장식조명에 주로 사용
할로겐등	전구/직관형	반사경	핀용	직관타입	빔형	연색성이 좋아서 상업공간에 많이 사용
나트륨, 수은등 (HID)	전구형/컴팩트형	석영(HQI)	메탈할라이드	나트륨	수은	천장이 높은 옥내, 옥외 조명이나 도로 조명에 많이 사용
LED등	직관형					램프 효율이 높고 에너지 절감차원에서도 보편적으로 많이 사용
	전구형/컴팩트형	할로겐	백열/삼파장	촛대등	볼형	

2.3 조명기호

종류	기호	명칭	설명	비고
형광등	⊏─○─⊐	싱글		
	⊏──○──⊐	더블		
	⊏──○──⊐	20W	길이 600mm	
	⊏────○────⊐	40W	길이 1,200mm	
	⌐--○--⌐	매입형광등		
백열등	○	직부등	φ500(~600)mm	기호는 표준기호가 아니며 각 회사마다 다름 범례표나 지시선을 이용하여 조명기구의 명칭을 표기 도면축척에 비례하여 기호 크기도 수정하여 작업
	◇	방습등	φ200mm	
	⊕	센서등	φ200mm	
	☐	펜던트	250×250	
	◎	매입등	φ150mm	
	△	스포트등	φ150mm	
	⊢● ⊢◎	벽등	φ150mm	
	⊕	샹들리에	φ600mm	
	☒	점검구	450×450(내경)	설비를 점검할 수 있는 입출입구

※ 조명기호는 조명기구의 중심을 기준으로 등 간격치수를 표기하므로 중심위치에 십자선을 꼭 작업한다.

CHAPTER 03

벽 구조

벽 구조는 조적식 구조와 철근콘크리트 구조로 출제된다.

1. 조적식 구조

벽돌, 돌, 블록 등을 모르타르를 써서 쌓아 올린 형태를 조적식 구조라고 한다.
표준형 벽돌의 크기는 190×90×57mm이며 0.5B는 마구리면(90mm), 1.0B는 길이면(190mm), 1.5B 공간 벽은(350mm)이며, 제도할 때는 벽돌의 크기를 200×100×60mm로 작업한다.

벽돌의 규격 (단위 : mm)

종류/구분	길이	너비	두께
표준형(기본형)	190	90	57
재래형(기존형)	210	100	60

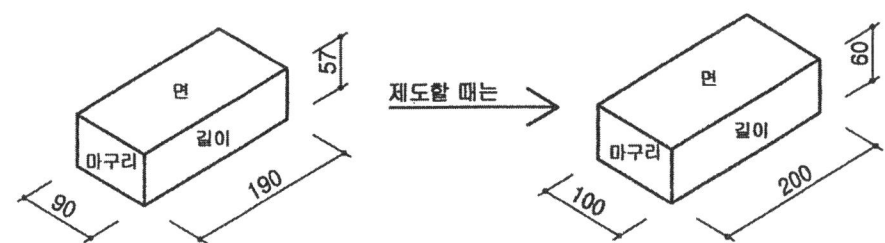

벽돌벽의 두께 (단위 : mm)

종류/두께	표준형	재래형
0.5B	90	100
1.0B	190	210
1.5B	290	320
2.0B	390	430

1.1 조적식 구조 벽의 종류

1) 0.5B(두께 100mm)

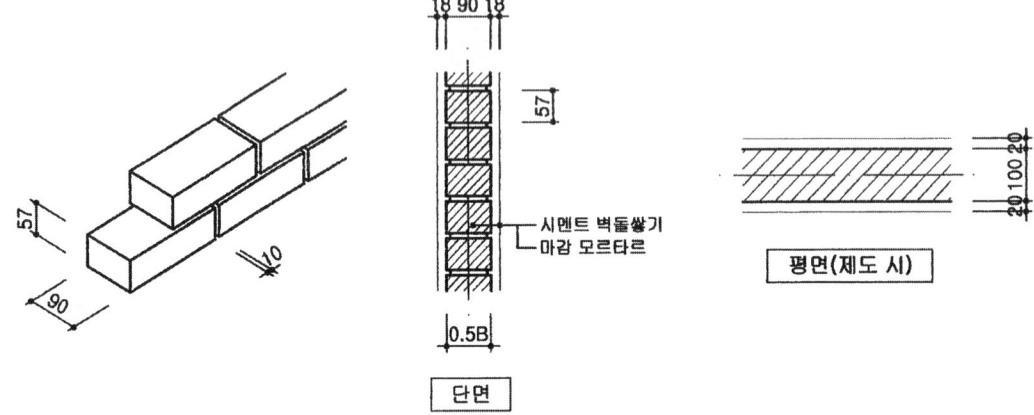

2) 1.0B(두께 200mm)

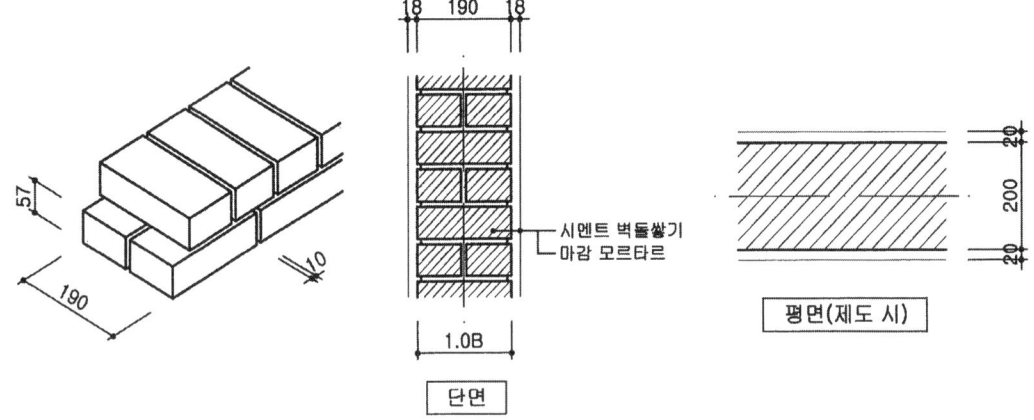

3) 1.5B 공간벽(두께 350mm)

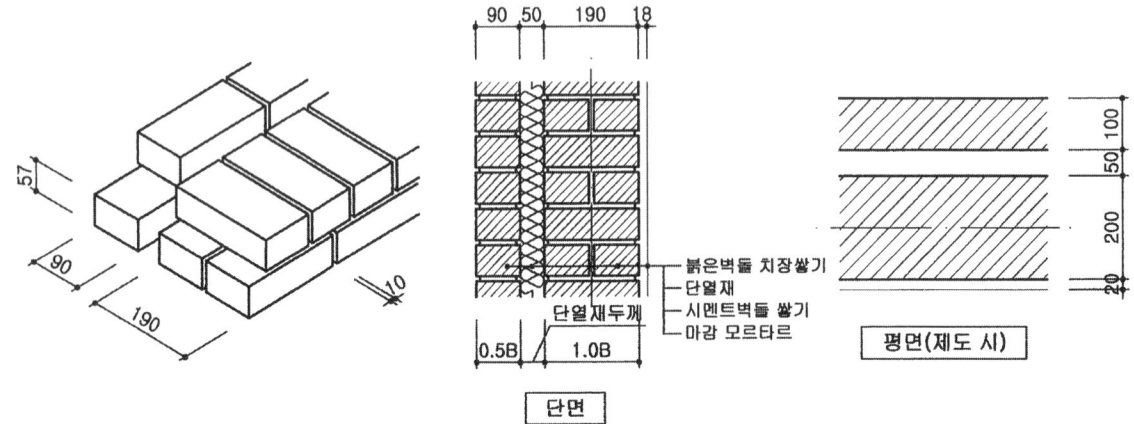

1.2 도면작업

1) 0.5B(두께 100mm)

■ 보조선으로 작업한다.

1. 도면의 위치를 잡는다.

벽체 중심선을 그린다.

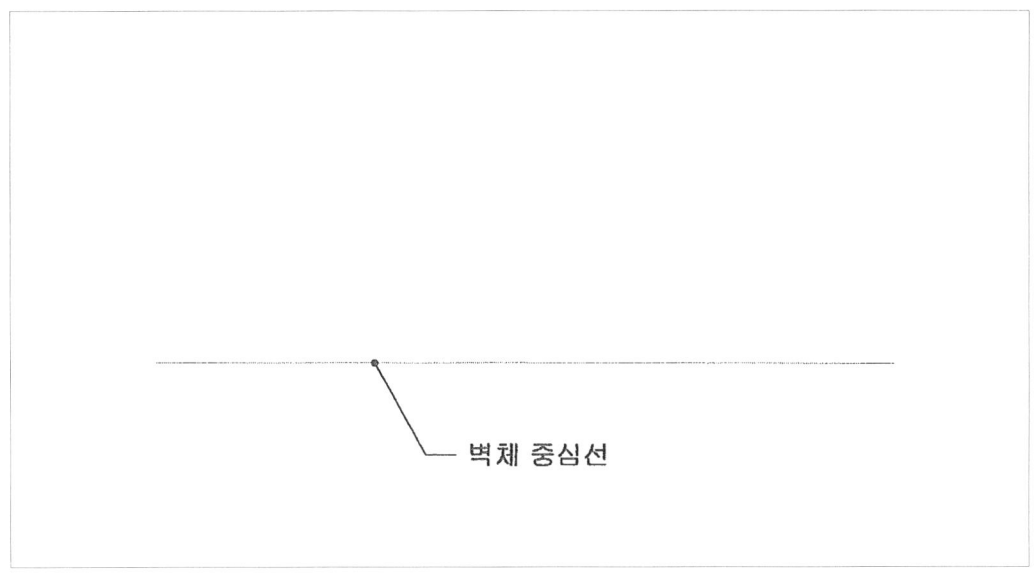

2. 벽체 길이를 정하고 절단선을 그린다.

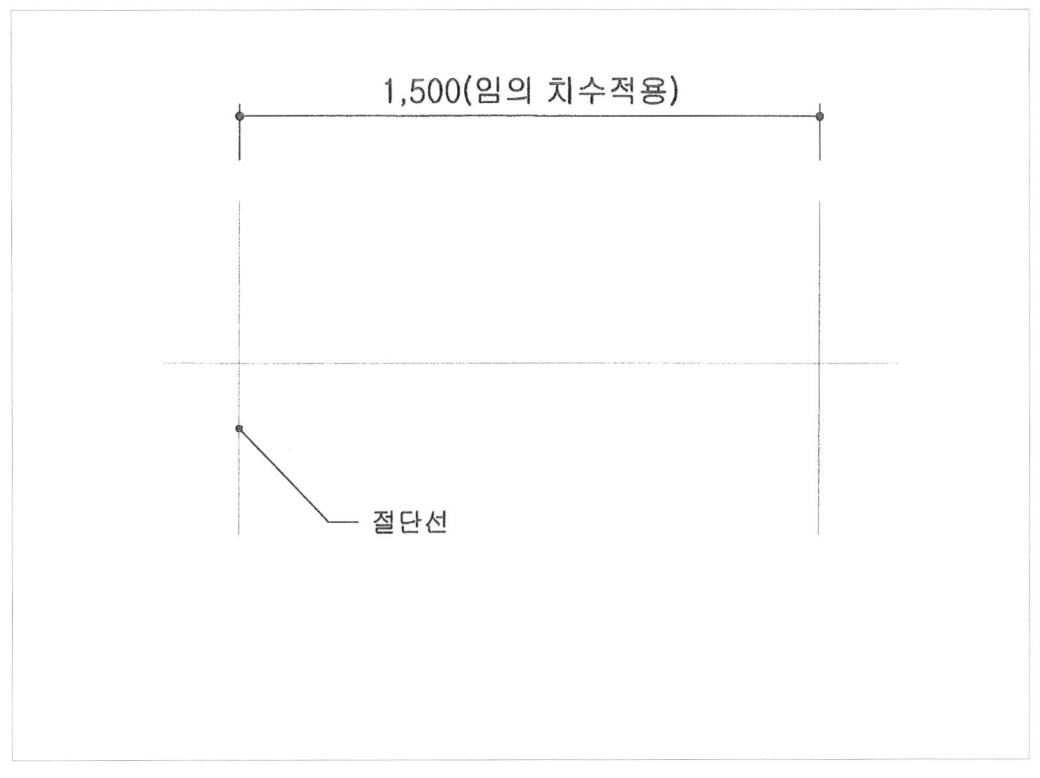

3. 벽체 두께, 모르타르선을 그린다.

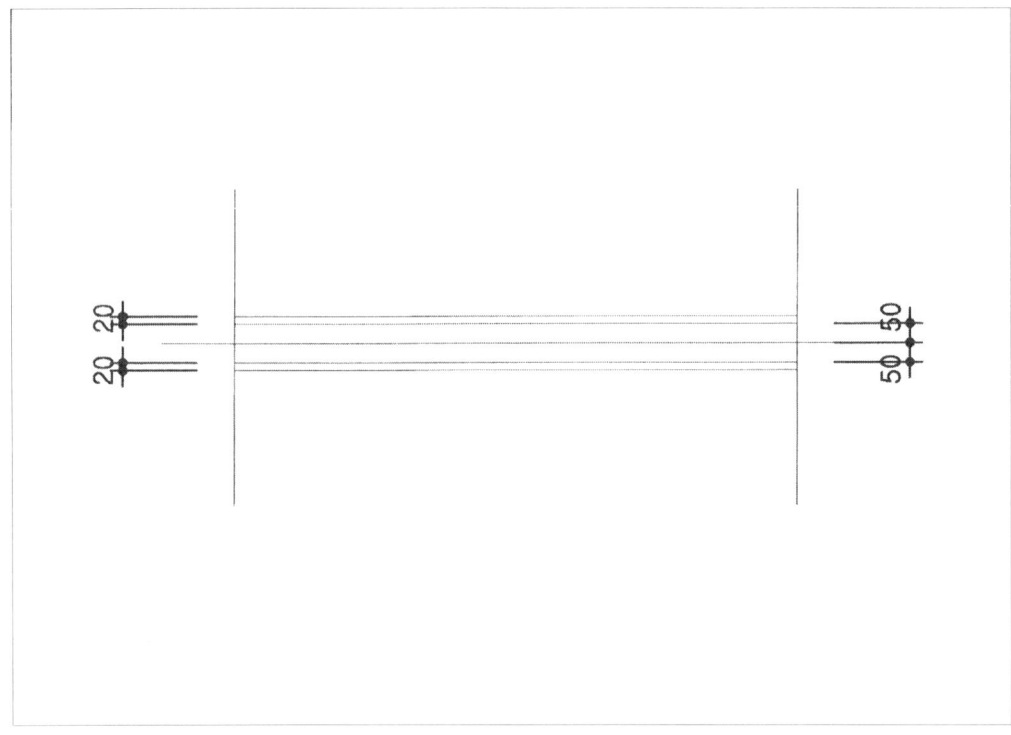

■ 본선으로 작업한다.

1. 절단선 길이를 정하고, 굵은선으로 작업한다.

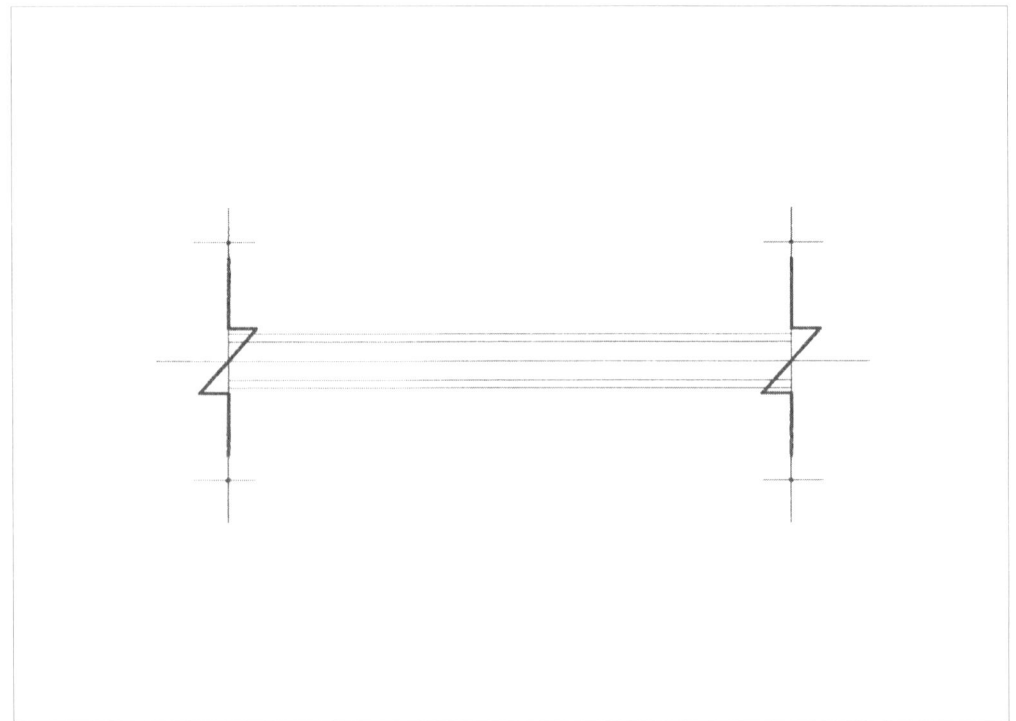

2. 벽체 중심선, 벽체선을 그린다.

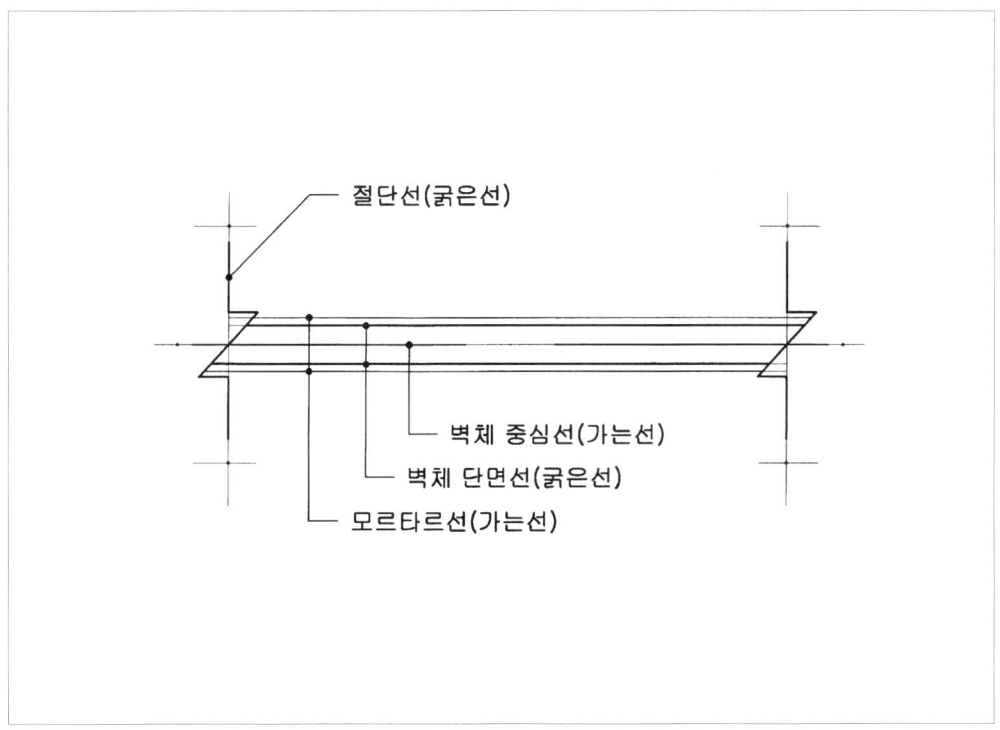

3. 단면 표기(해치) 작업하고 완성한다.

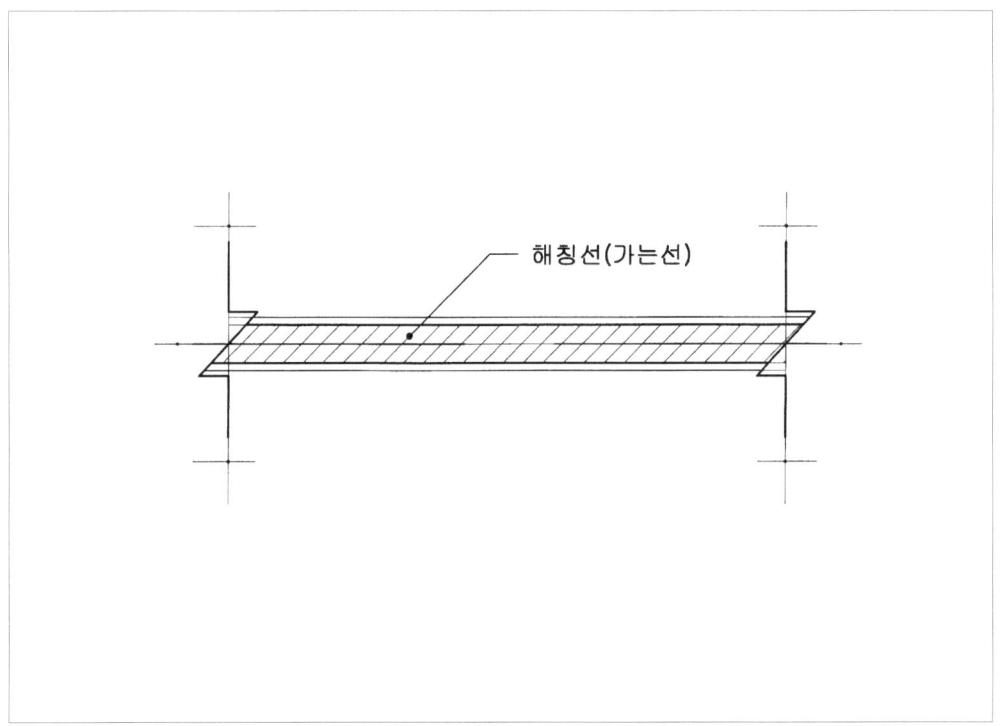

2) 1.0B(두께 200mm)

■ 보조선으로 작업한다.

1. 도면의 위치를 잡는다.

벽체 중심선을 그린다.

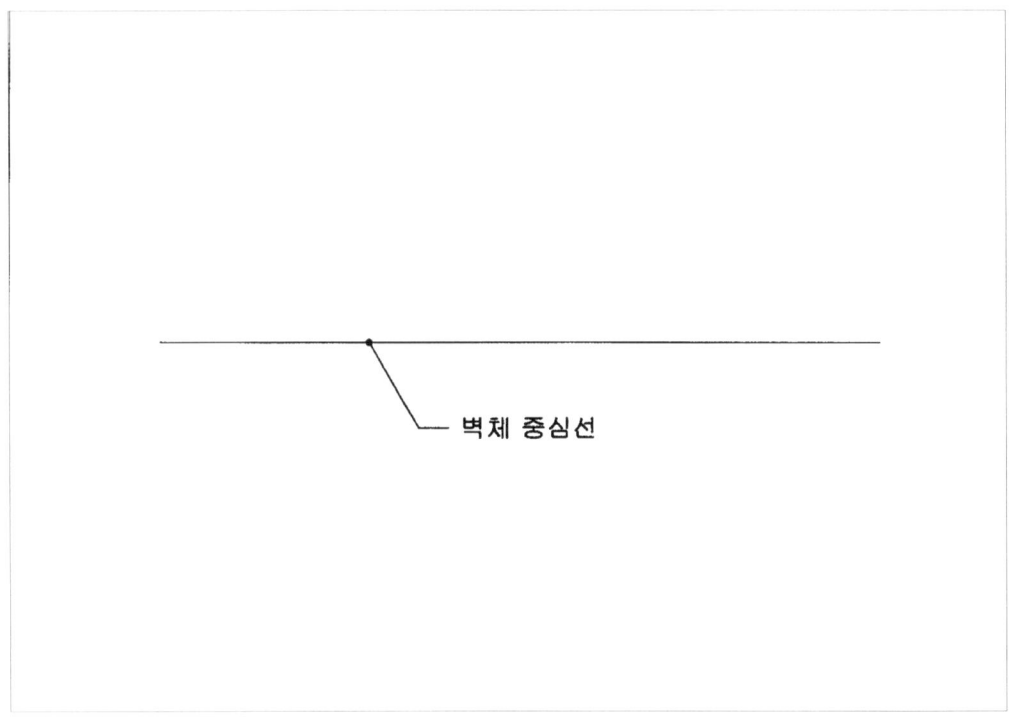

2. 벽체 길이를 정하고 절단선을 그린다.

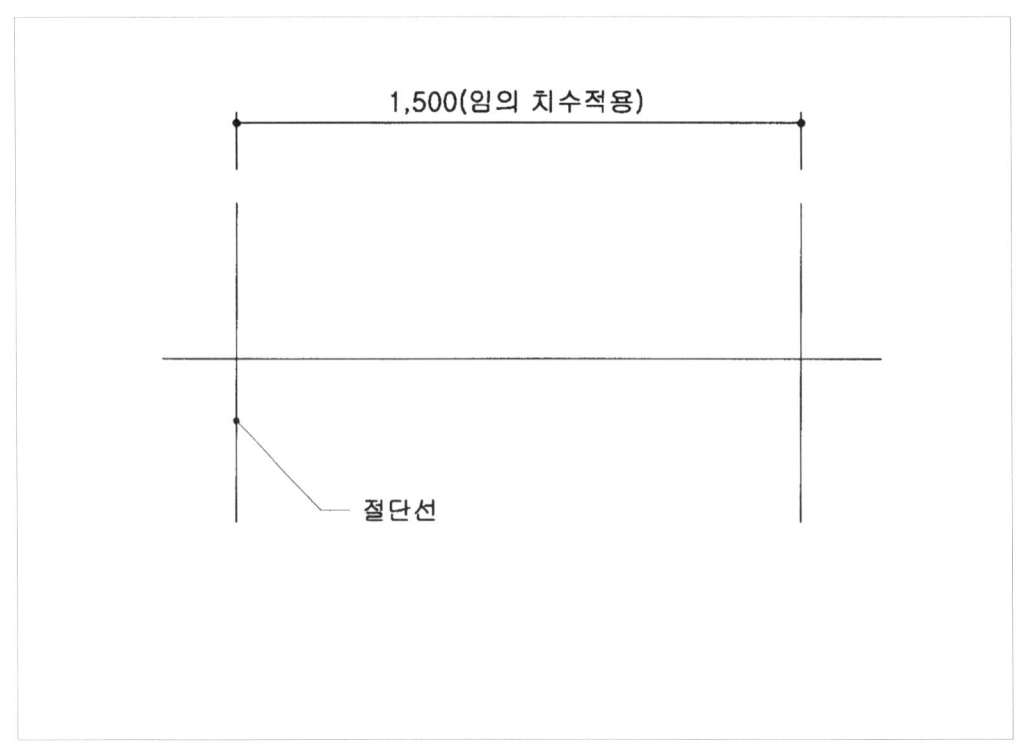

3. 벽체 두께, 모르타르선을 그린다.

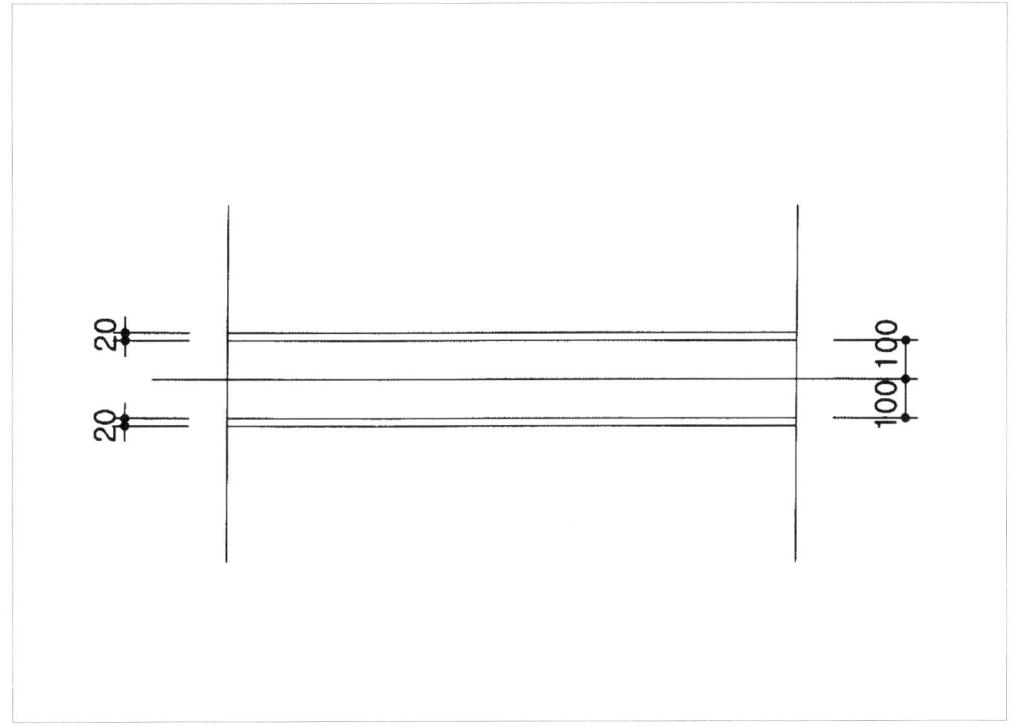

■ 본선으로 작업한다.

1. 절단선 길이를 정하고, 굵은선으로 작업한다.

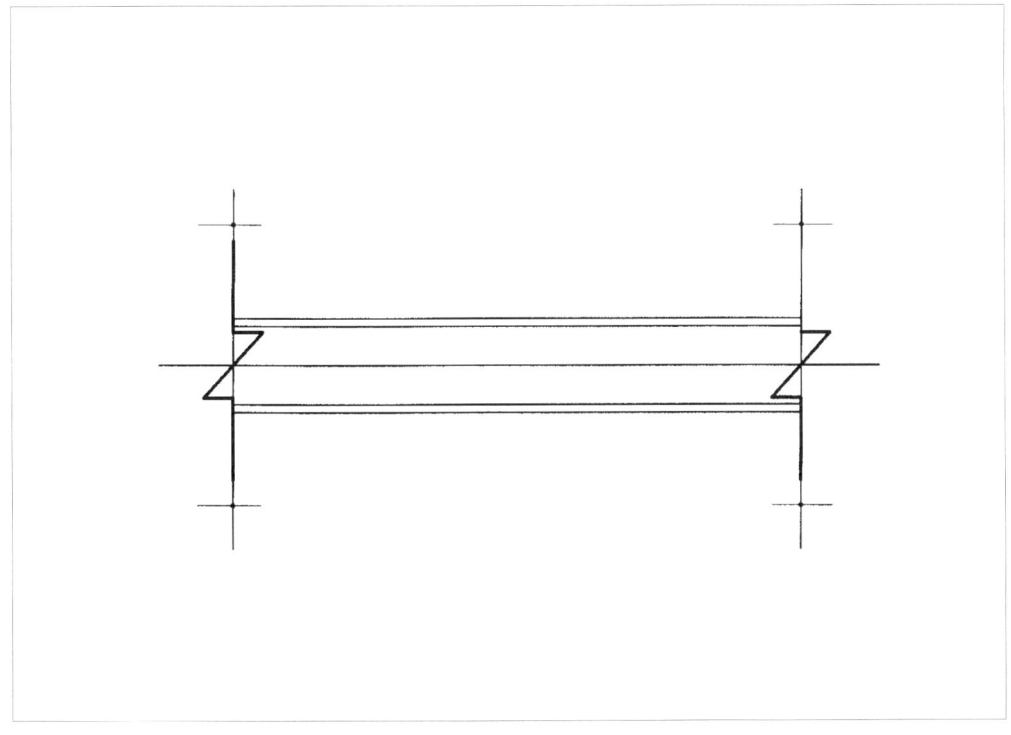

2. 벽체 중심선, 벽체선을 그린다.

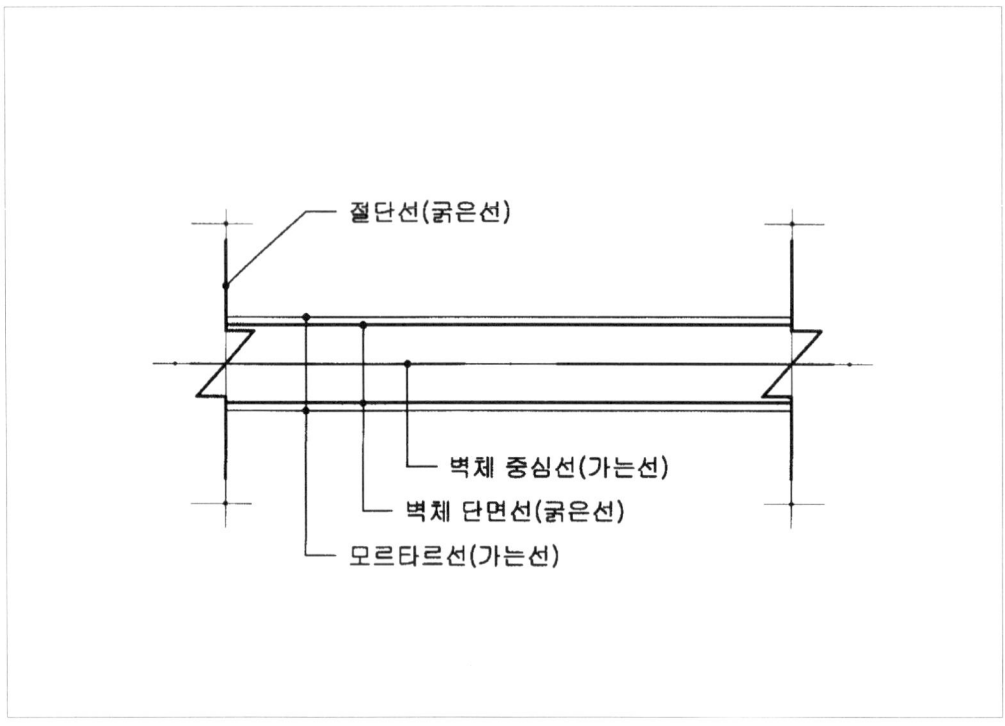

3. 단면 표기(해치) 작업하고 완성한다.

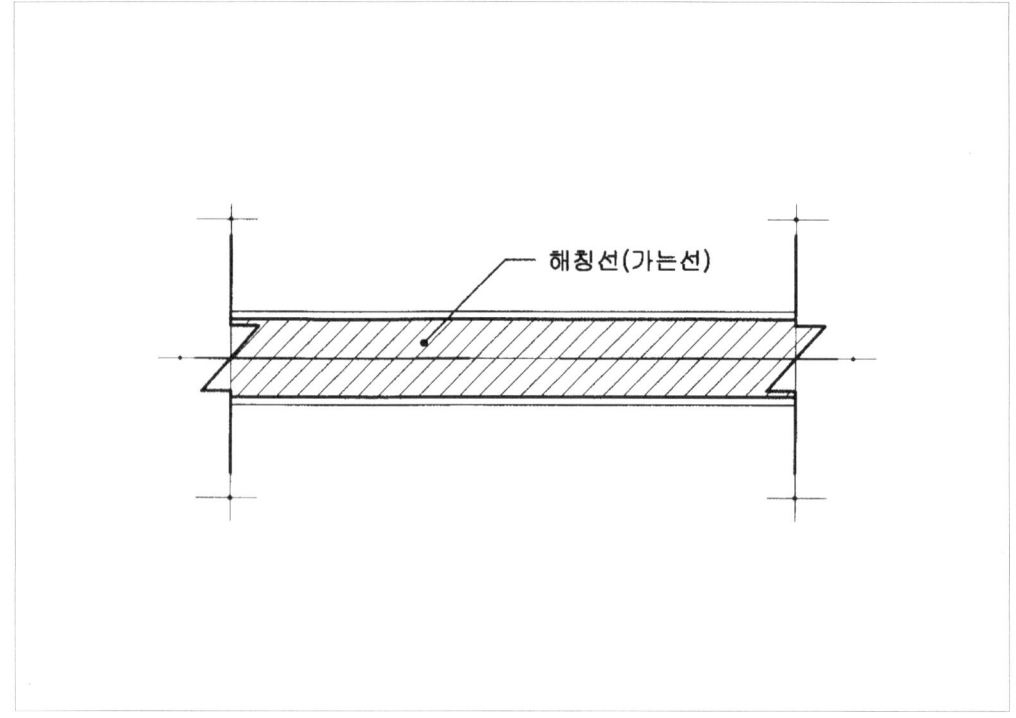

3) 1.5B 공간벽(두께 350mm)

■ 보조선으로 작업한다.

1. 도면의 위치를 잡는다.

   벽체 중심선을 그린다.

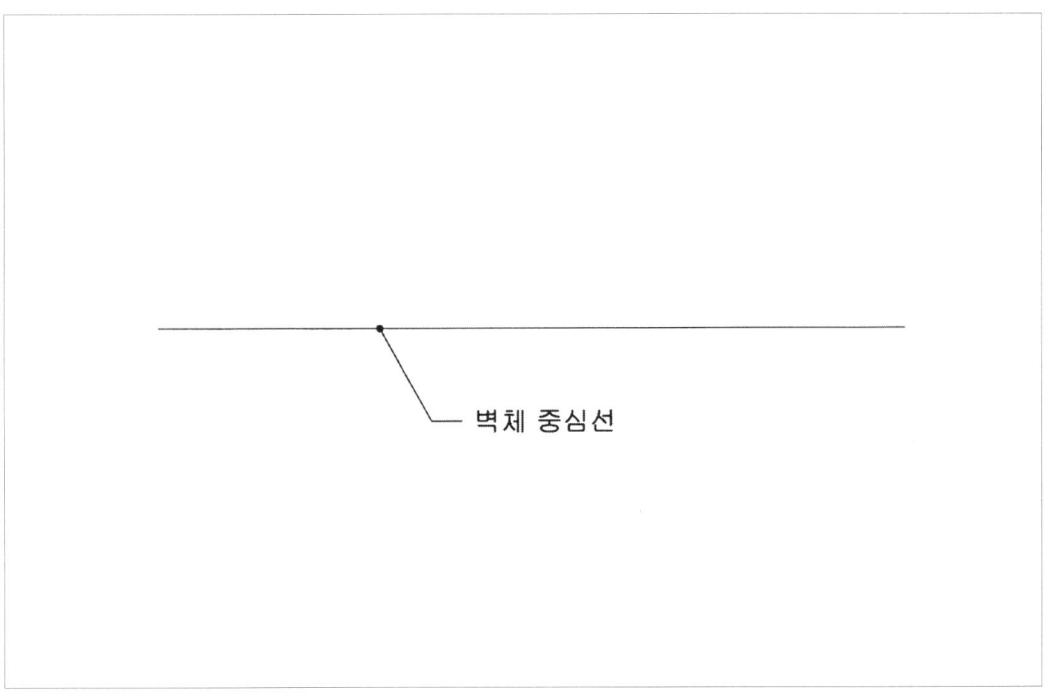

2. 벽체 길이를 정하고 절단선을 그린다.

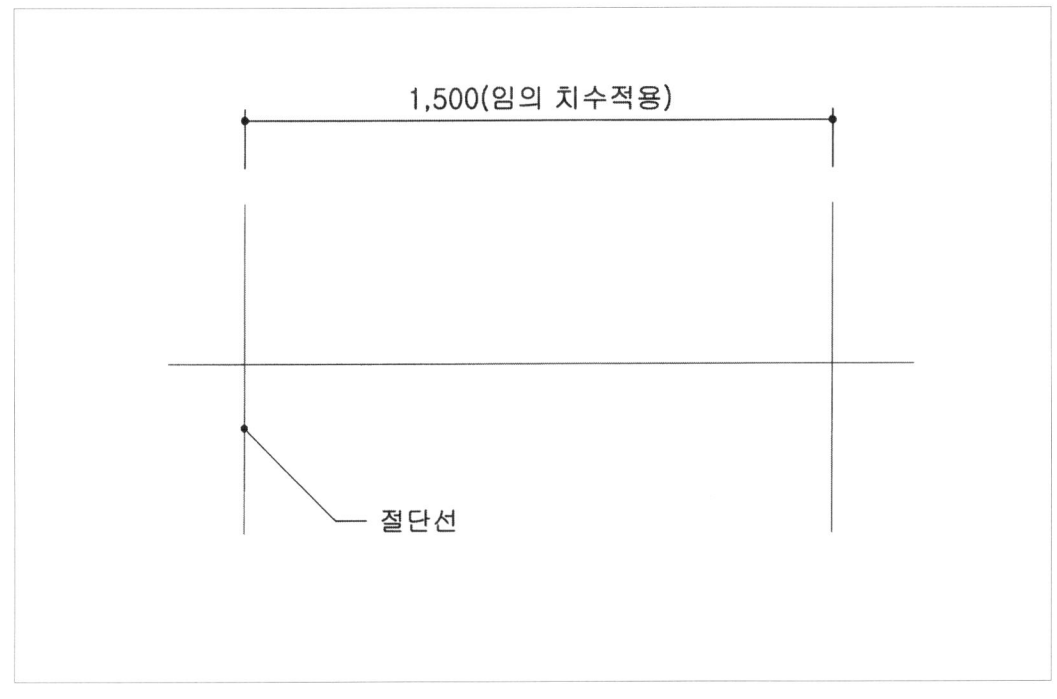

3. 벽체 두께, 모르타르선을 그린다.

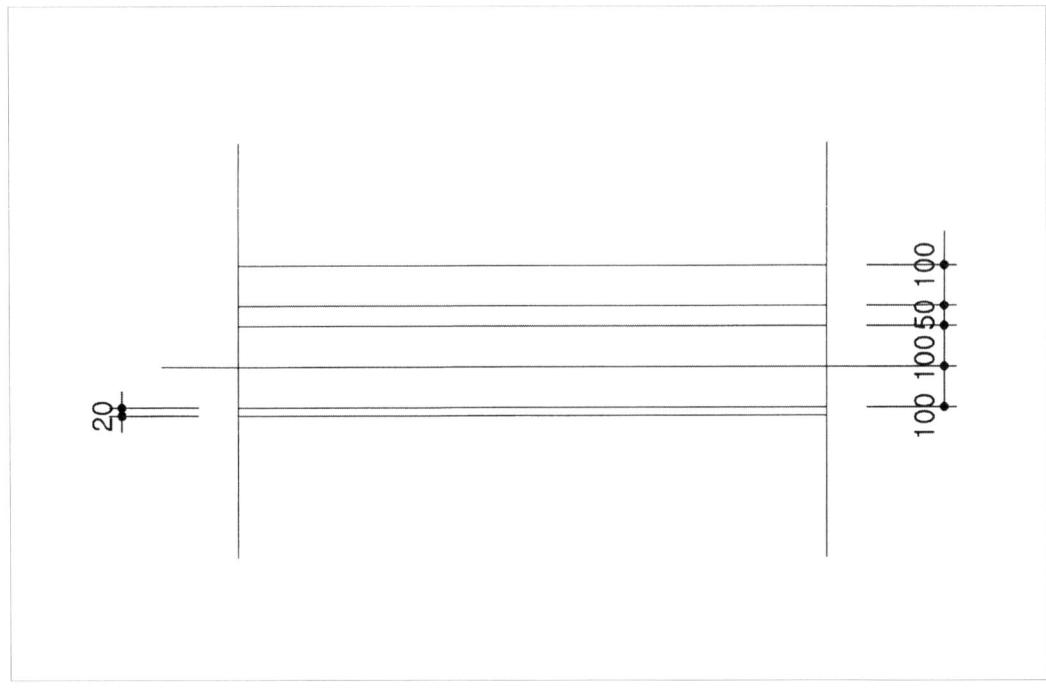

■ 본선으로 작업한다.

1. 절단선 길이를 정하고, 굵은선으로 작업한다.

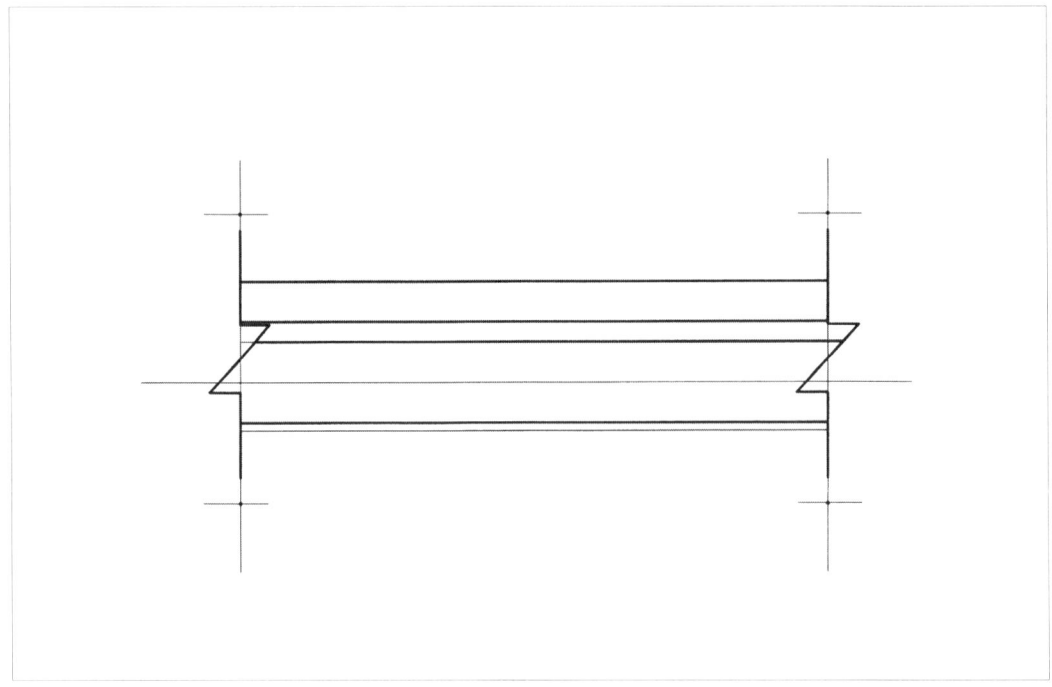

2. 벽체 중심선, 벽체선을 그린다.

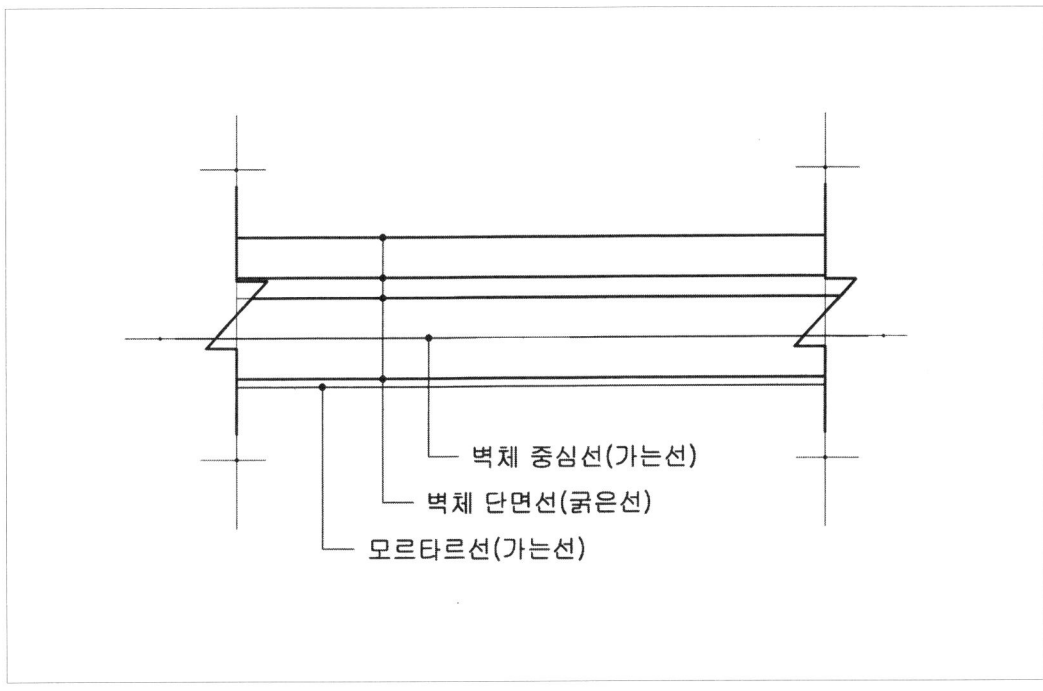

3. 단면 표기(해치) 작업하고 완성한다.

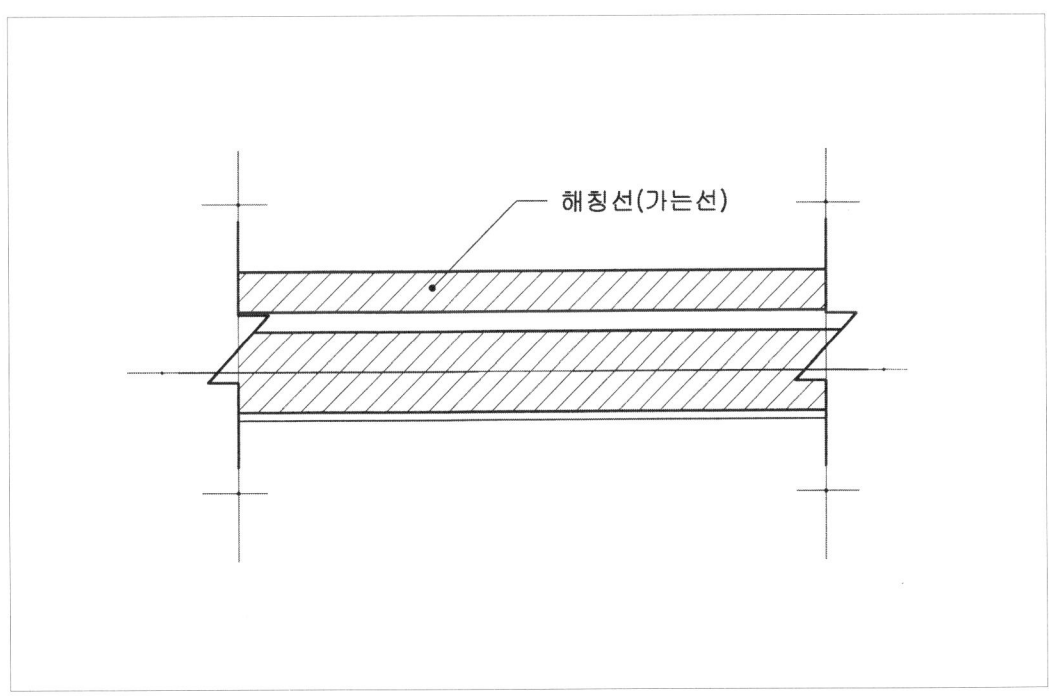

2. 철근콘크리트 구조(철근콘크리트 옹벽 150mm)

철근콘크리트 구조는 콘크리트에 철근을 보강한 구조로 내화, 내진, 내식, 내구성이 큰 구조로 고층건물에 많이 이용된다. 기둥은 장방형 기둥으로 500×500~600×600mm의 크기에 준해 작업하고 단면 마감 표기한다.

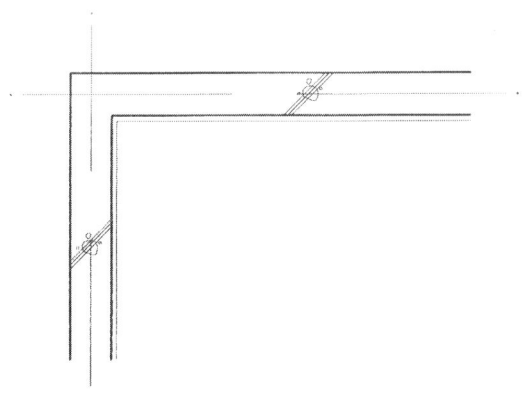

철근콘크리트 옹벽150mm

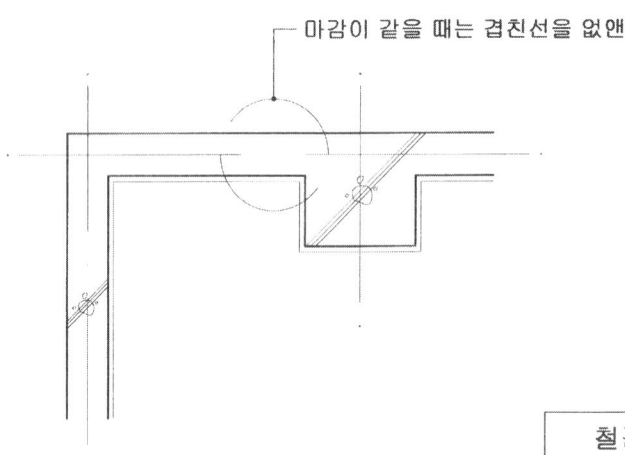

마감이 같을 때는 겹친선을 없앤다

철근콘크리트 기둥+벽

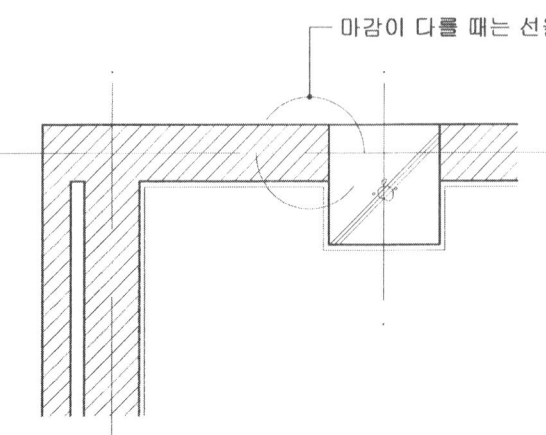

마감이 다를 때는 선을 그려 마감 구분한다.

철근콘크리트 기둥+조적벽

CHAPTER 04

개구부

1. 개구부의 종류

개구부란 벽을 차지 않은 부분을 통칭하는 용어로 출입을 위한 뚫린 형태, 채광이나 환기를 목적으로 설치하는 창과 사람이나 물품의 이동을 위한 통로인 문으로 구분되며 이는 동선의 흐름을 유도하는 중요한 요소가 된다.

1.1 개구부

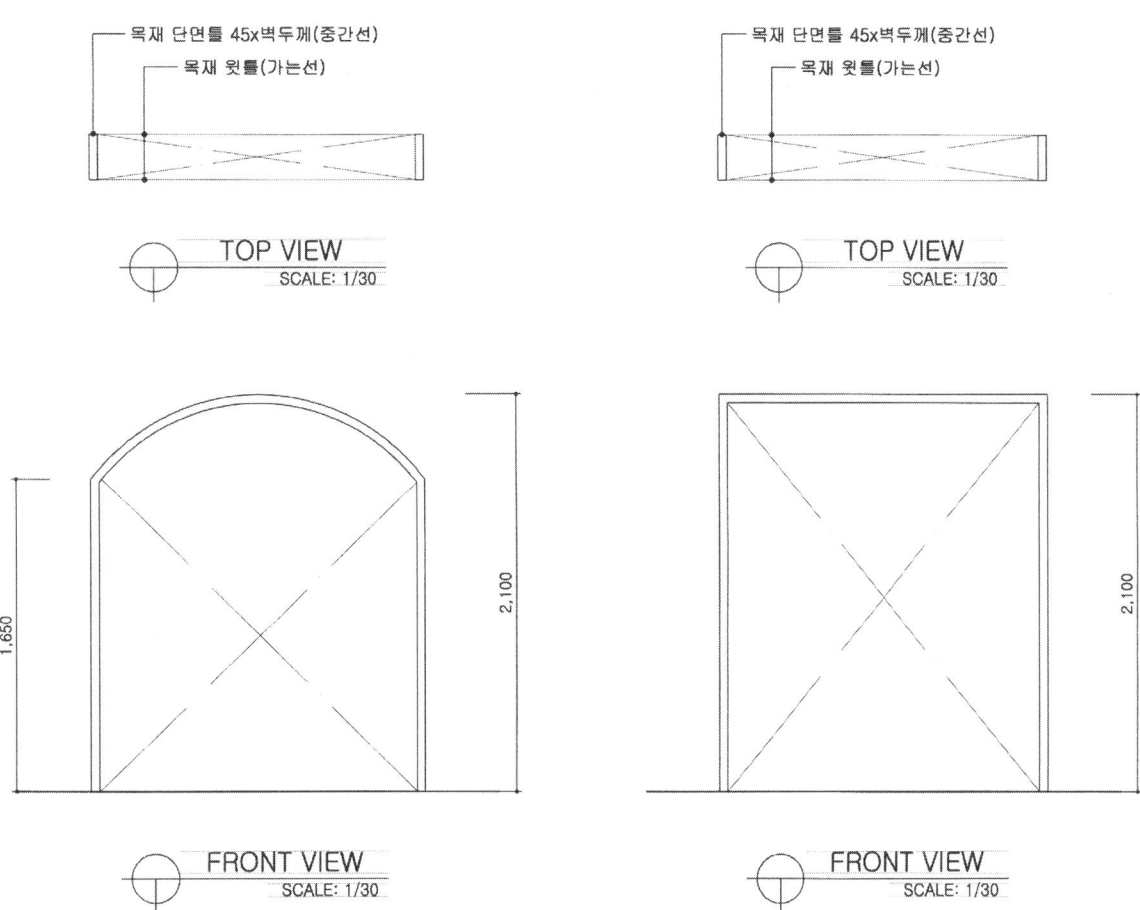

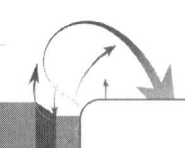

1.2 창호

기본적으로 창은 이중창호로 조건이 주어지며 벽체를 기준으로 내부는 목재창으로, 외부는 알루미늄창으로 작업한다. 일부 도면의 경우 이중창이 아닌 외창이나 고정창은 알루미늄창 치수에 준해 그린다.

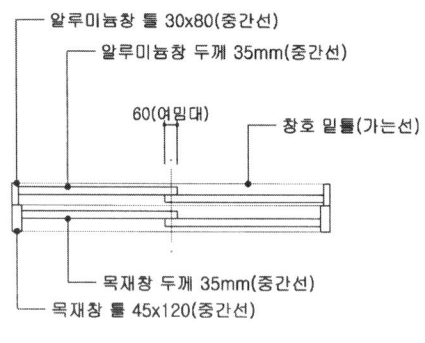

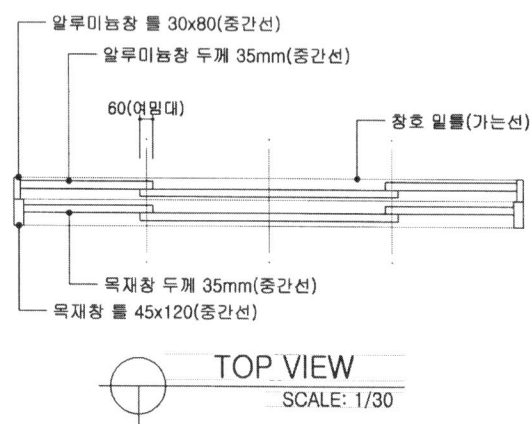
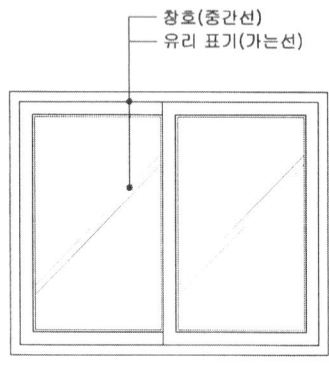

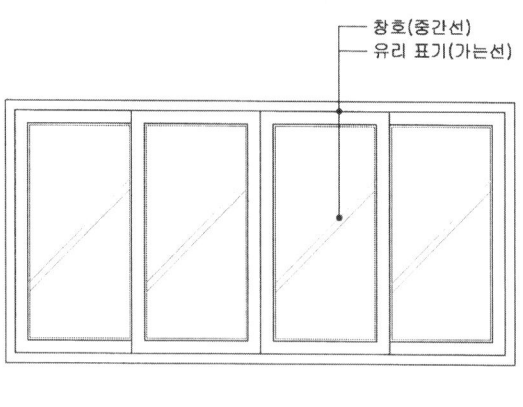

1) 두짝 미서기창(평면도)

■ 보조선으로 작업한다.

1. 도면의 위치를 잡는다.

직교하는 가로와 세로의 선을 그린다.

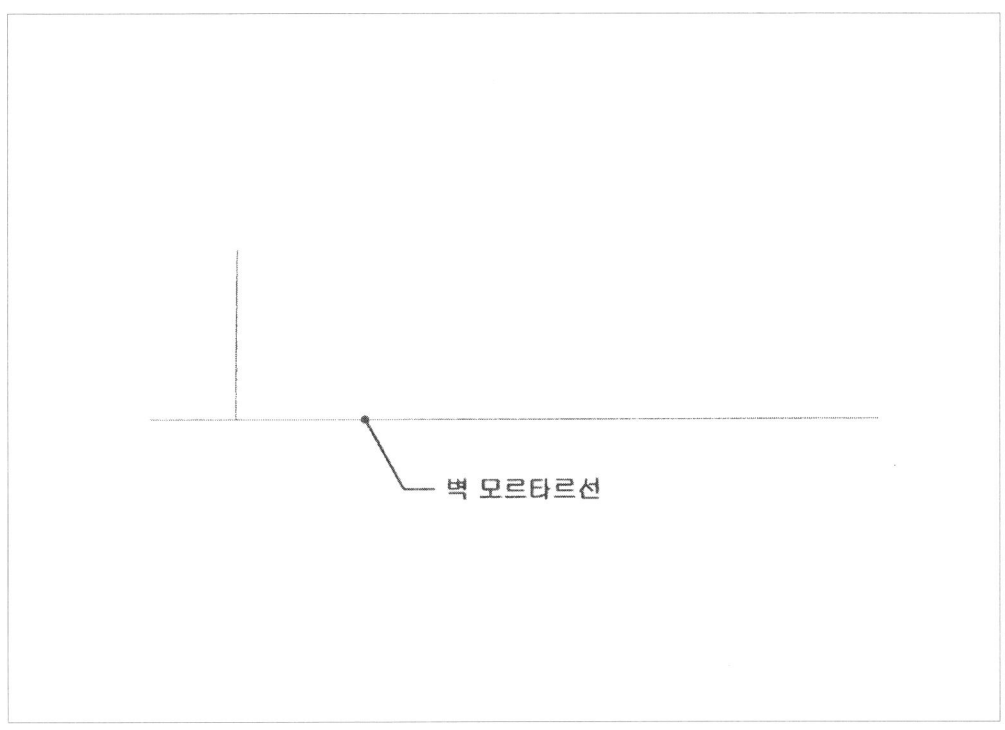

2. 창문 길이를 그린다.(임의 치수 적용)

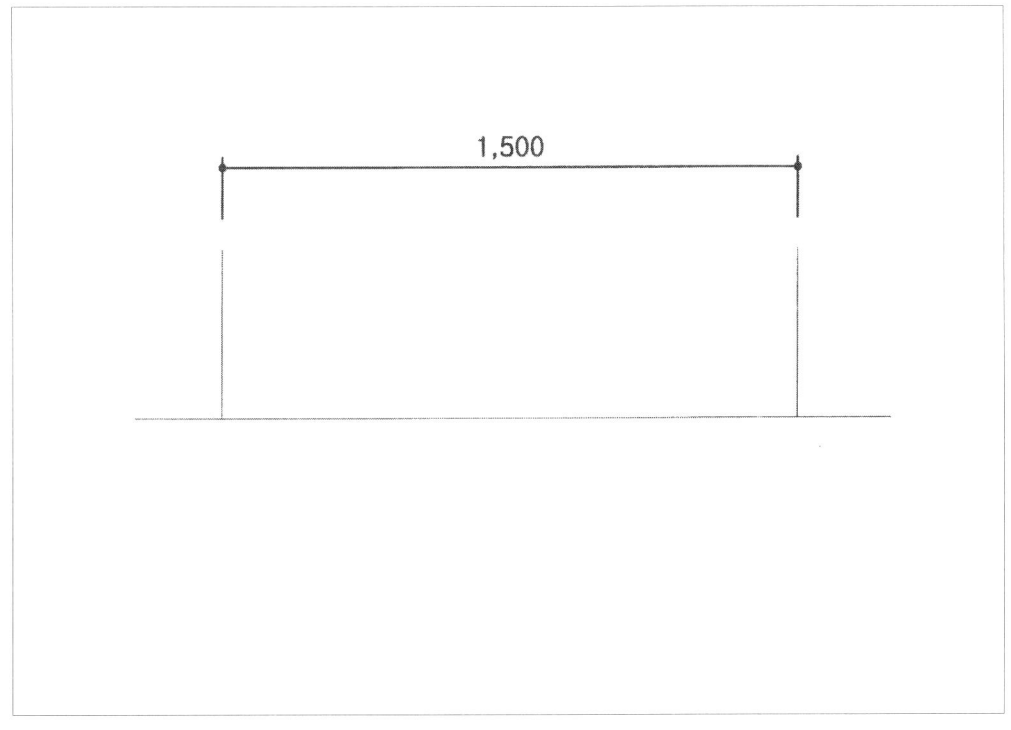

3. 목재창, 알루미늄창의 창문틀을 그린다.(작업하기 쉽도록 알루미늄틀을 100으로 작도)

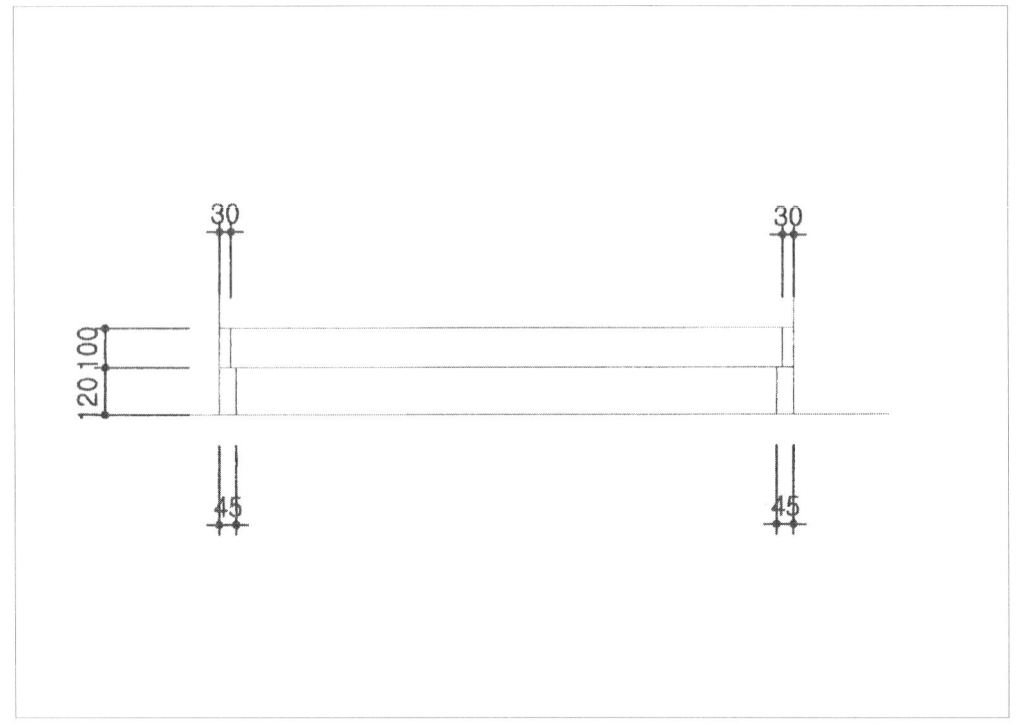

4. 창문의 중간위치를 잡는다.

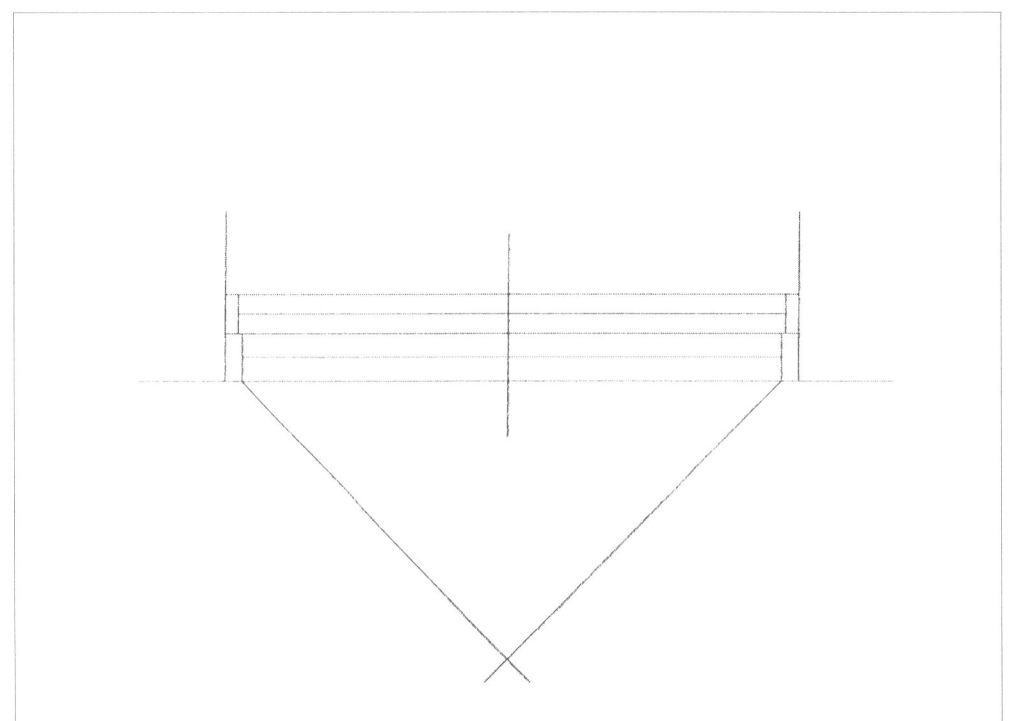

5. 창문 여밈대를 그린다.

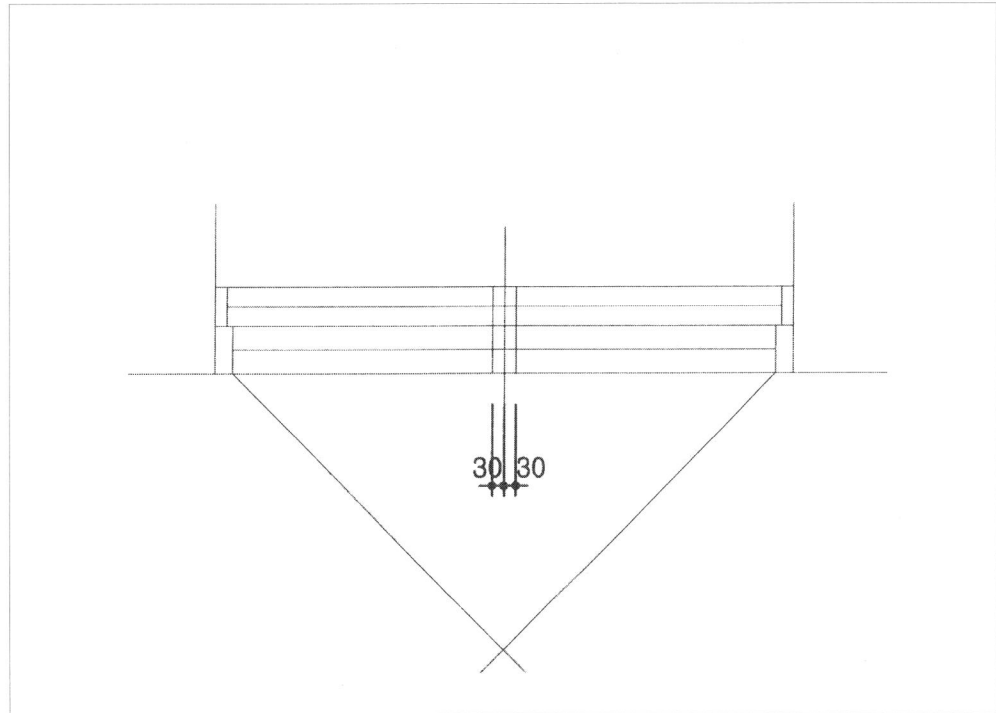

6. 목재창과 알루미늄창의 두께를 그린다.

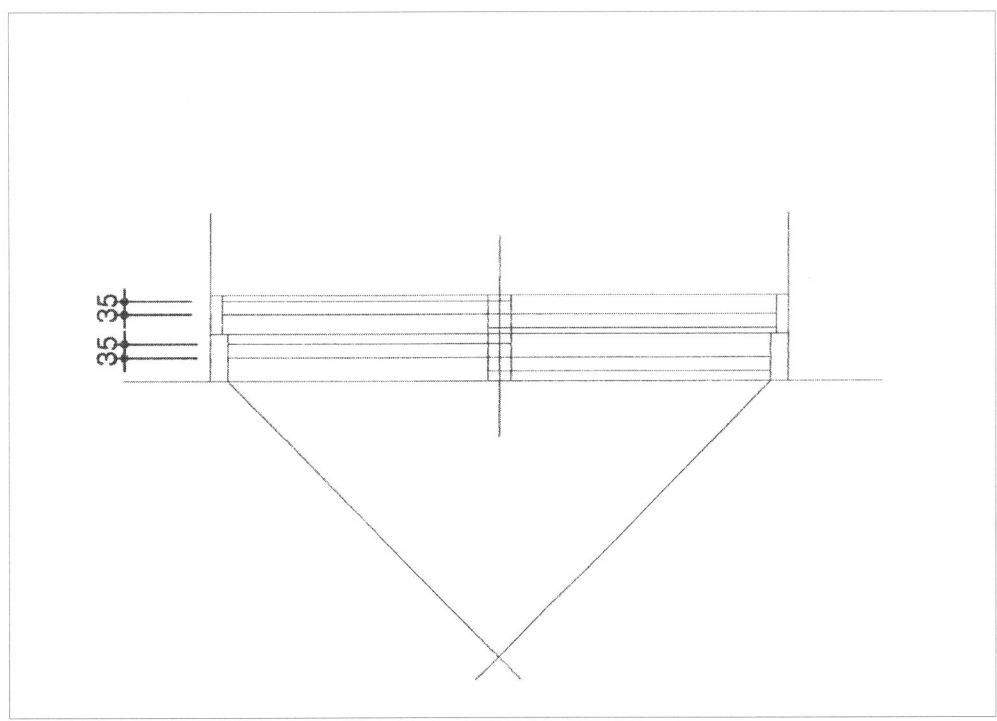

■ 본선으로 작업한다.

1. 창호의 세로선을 먼저 그린다.

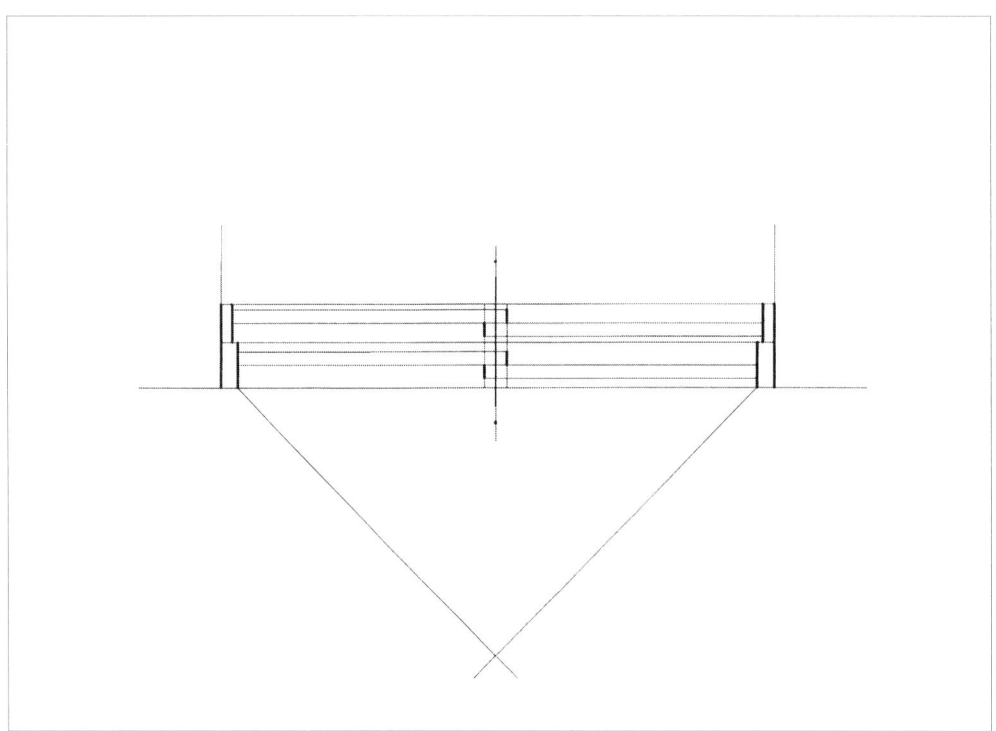

2. 나머지 창호를 그린 후 도면을 완성한다.

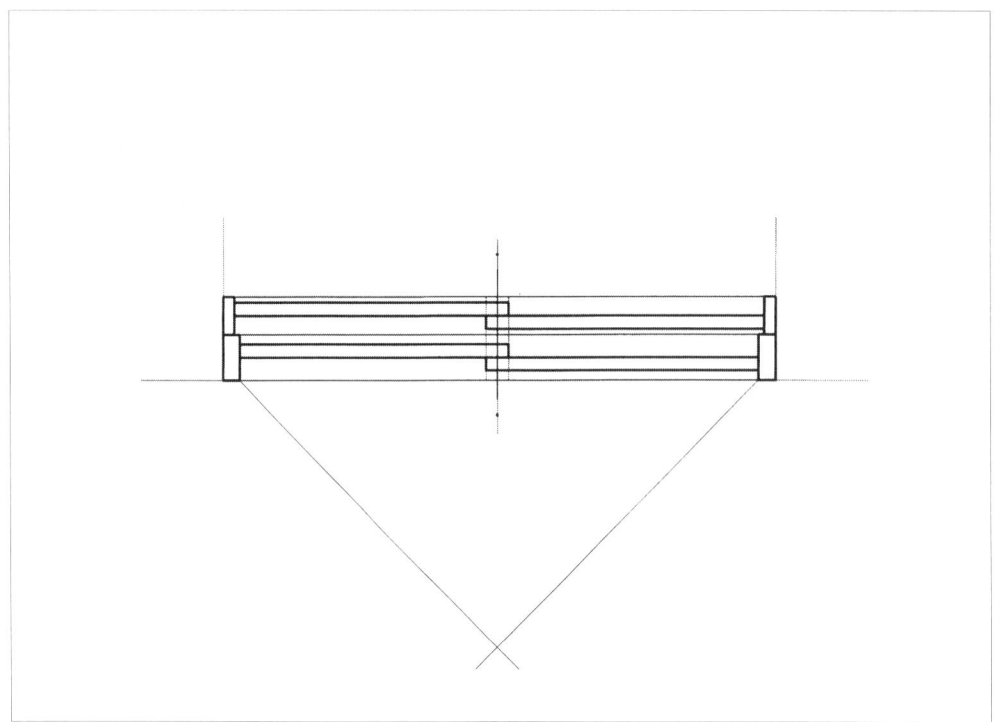

(입면도)

■ 보조선으로 작업한다.

1. 도면의 위치를 잡는다.

직교하는 가로와 세로의 선을 그린다.

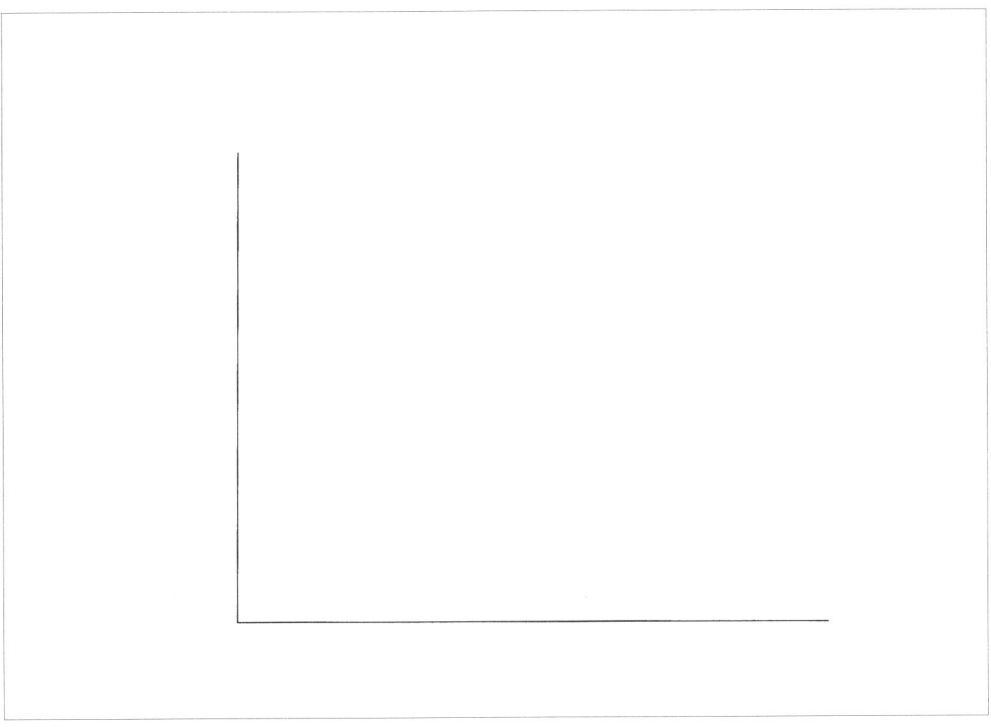

2. 창문 높이를 그린다.(임의 치수 적용)

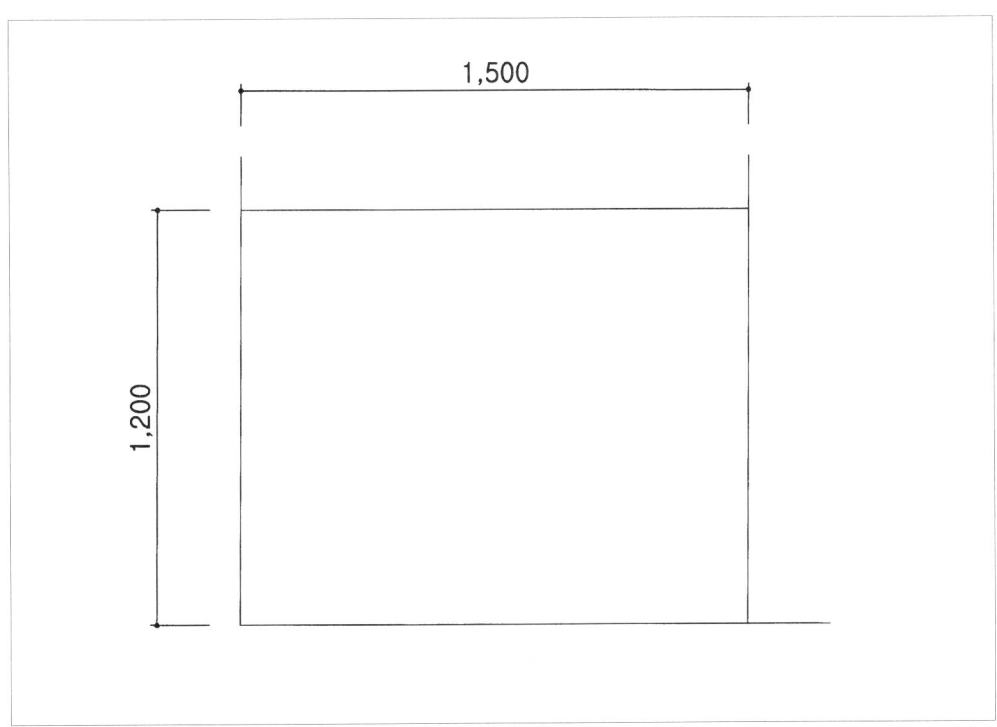

3. 창문 모서리를 기준으로 45° 보조선을 그린다.

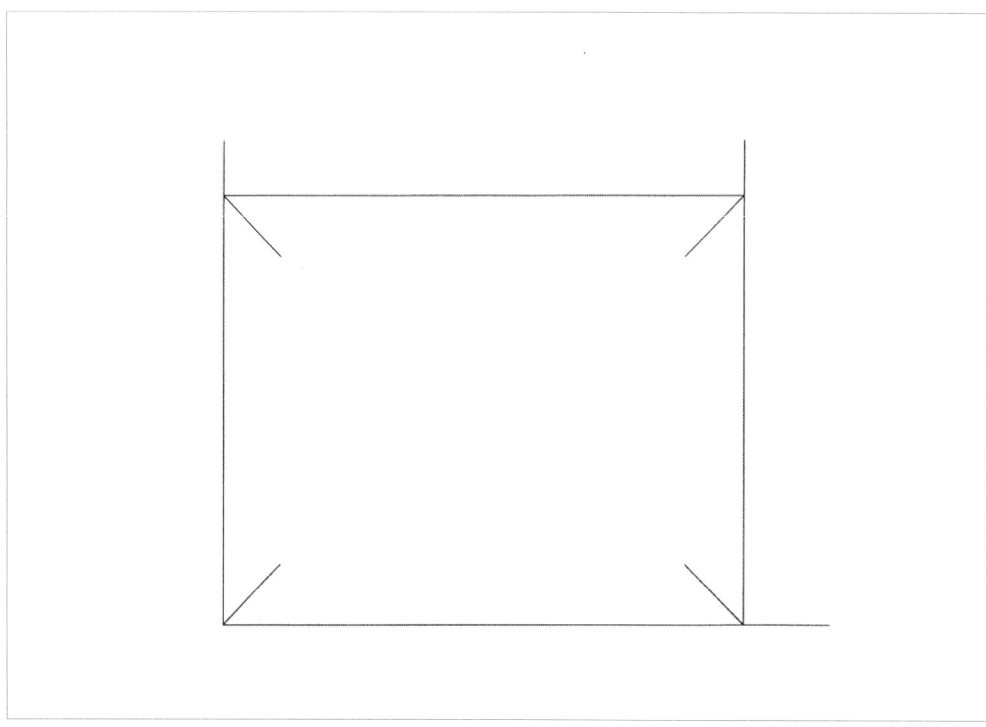

4. 목재창문틀을 그린다.

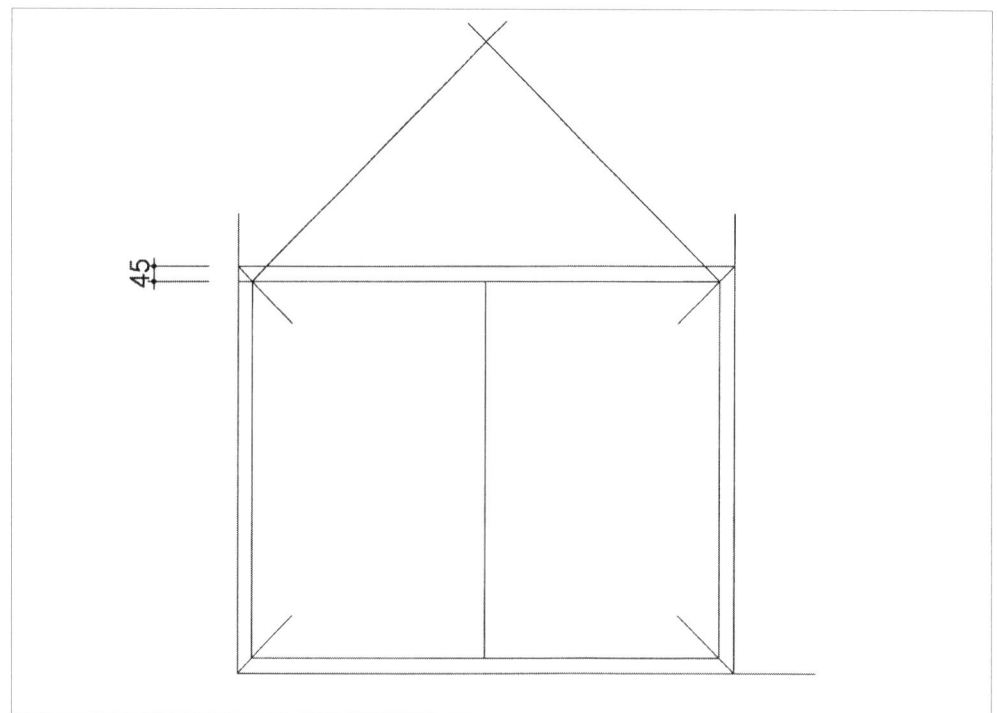

5. 밑막이, 윗막이를 그린다.

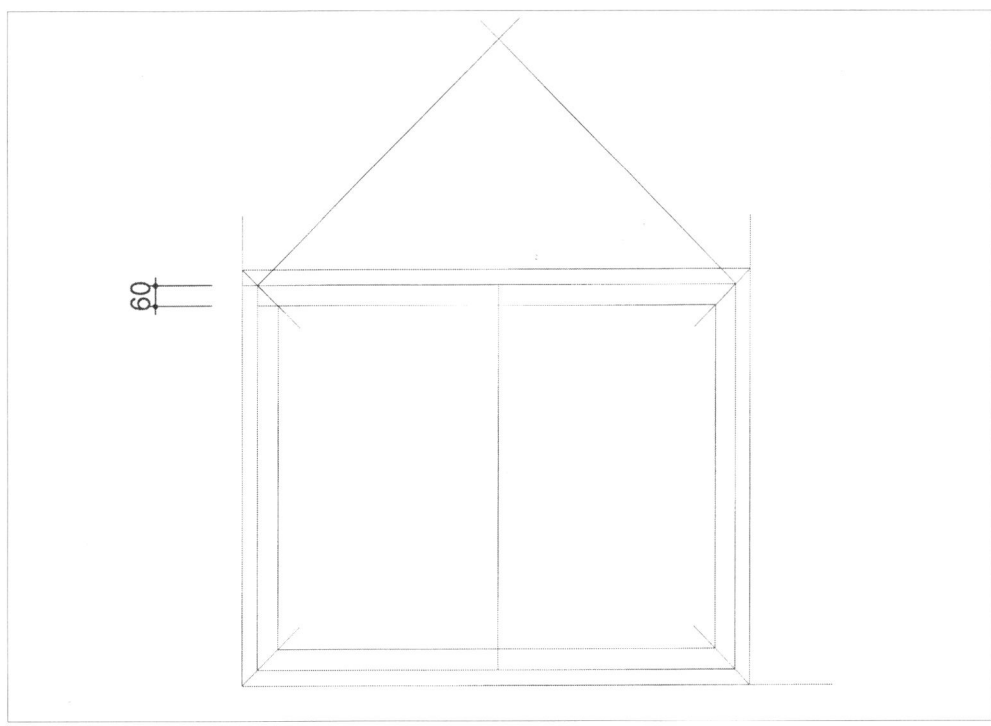

6. 여밈대를 그린다.

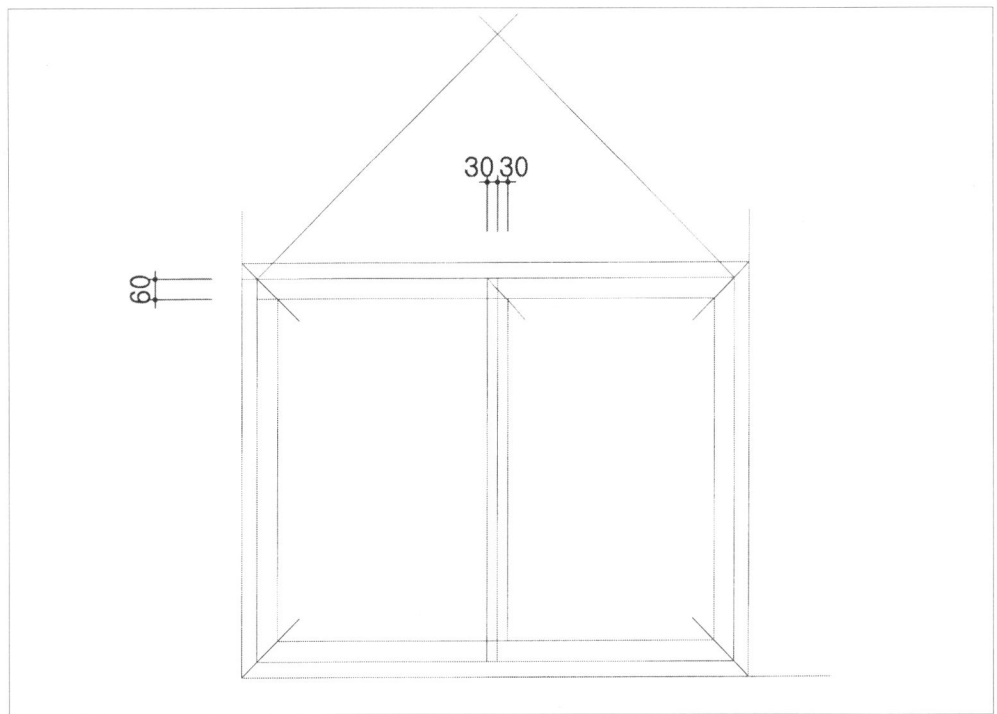

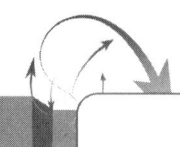

■ 본선으로 작업한다.

1. 창틀, 창문을 그린다.

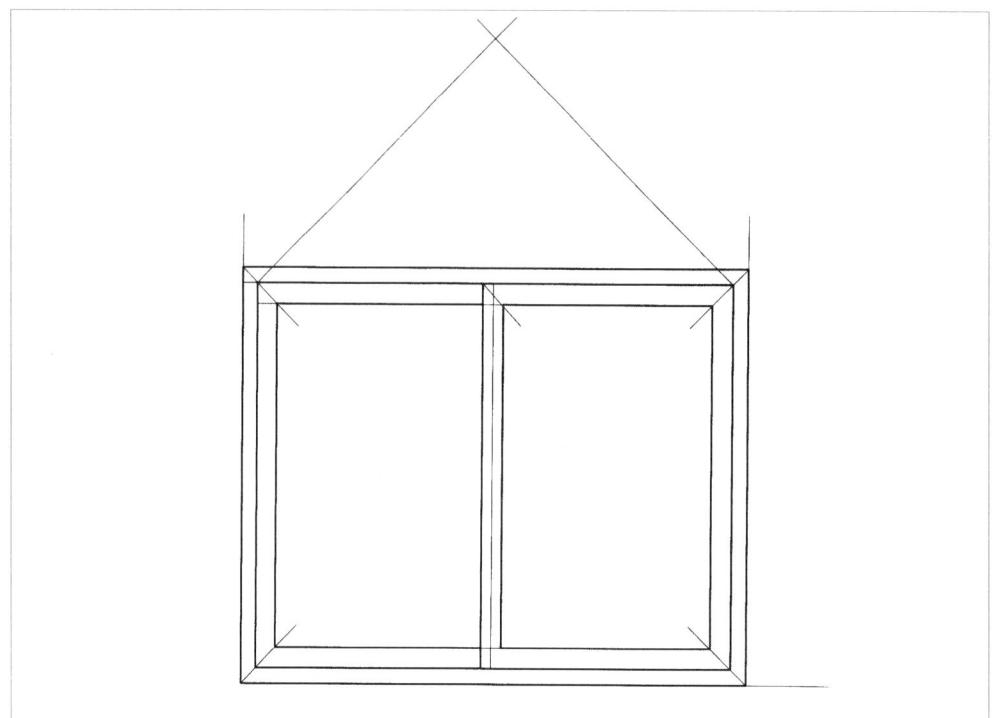

2. 창의 쫄대와 유리 표기를 그린 후 도면을 완성한다.

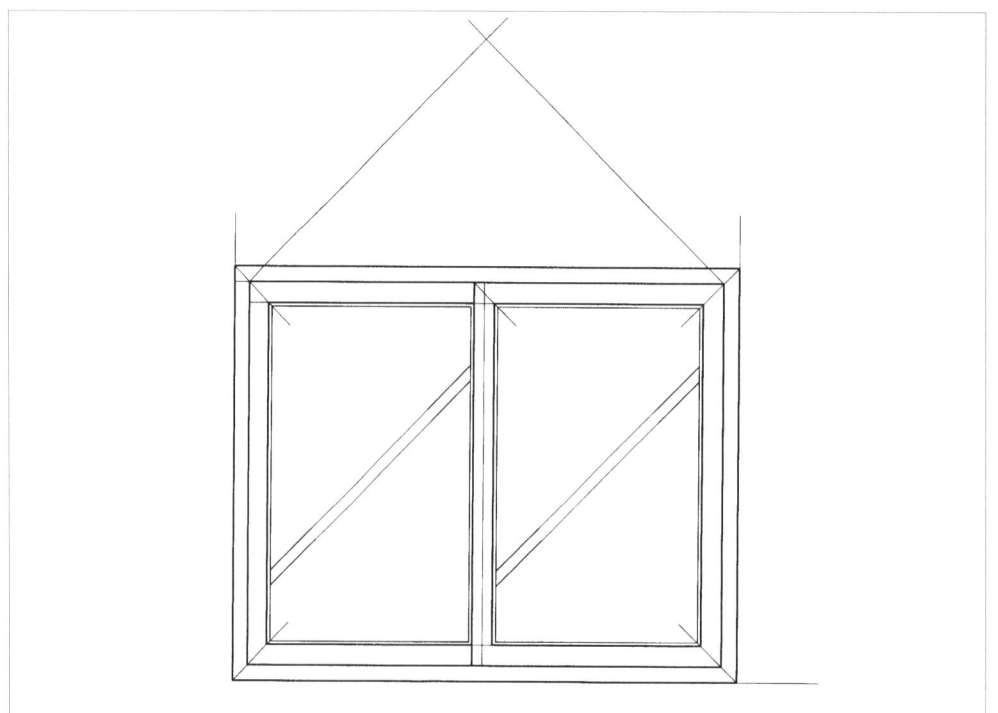

2) 네짝 미서기창(단면도)

■ 보조선으로 작업한다.

1. 도면의 위치를 잡는다.
직교하는 가로와 세로의 선을 그린다.

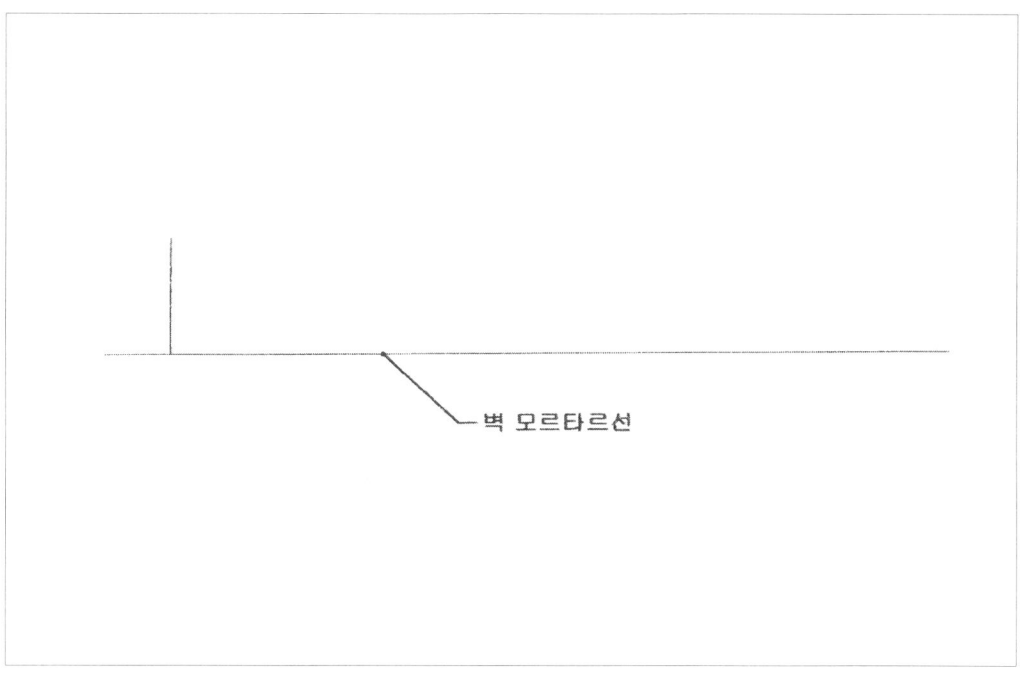

2. 창문 길이를 그린다.(임의 치수 적용)

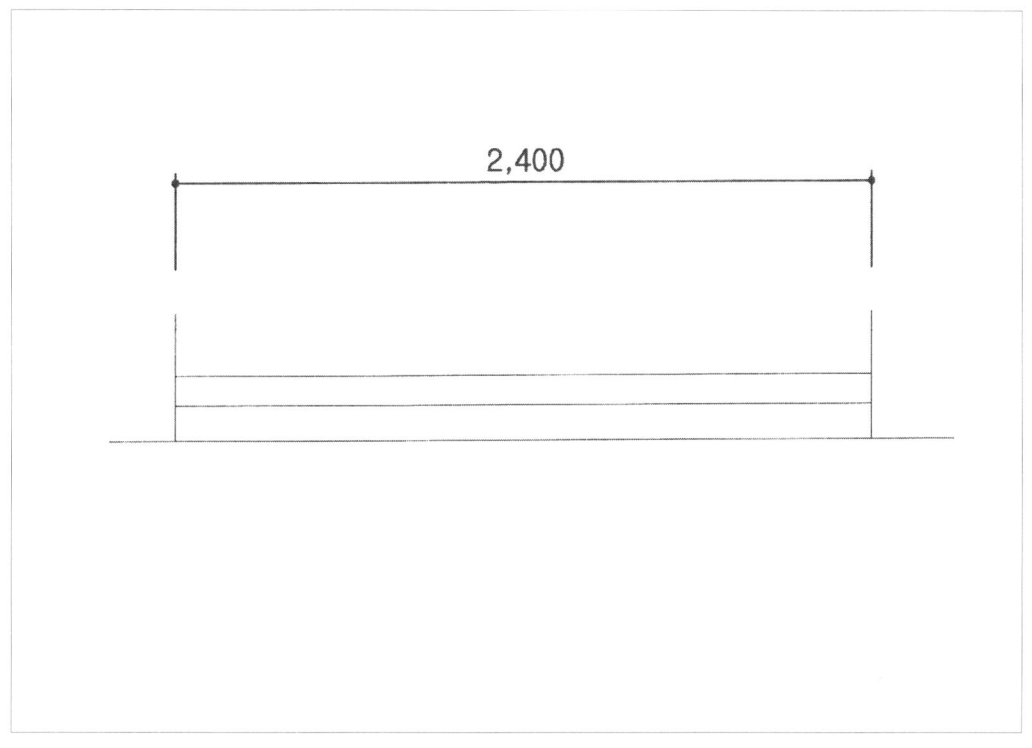

3. 목재창, 알루미늄창의 창문틀을 그린다.

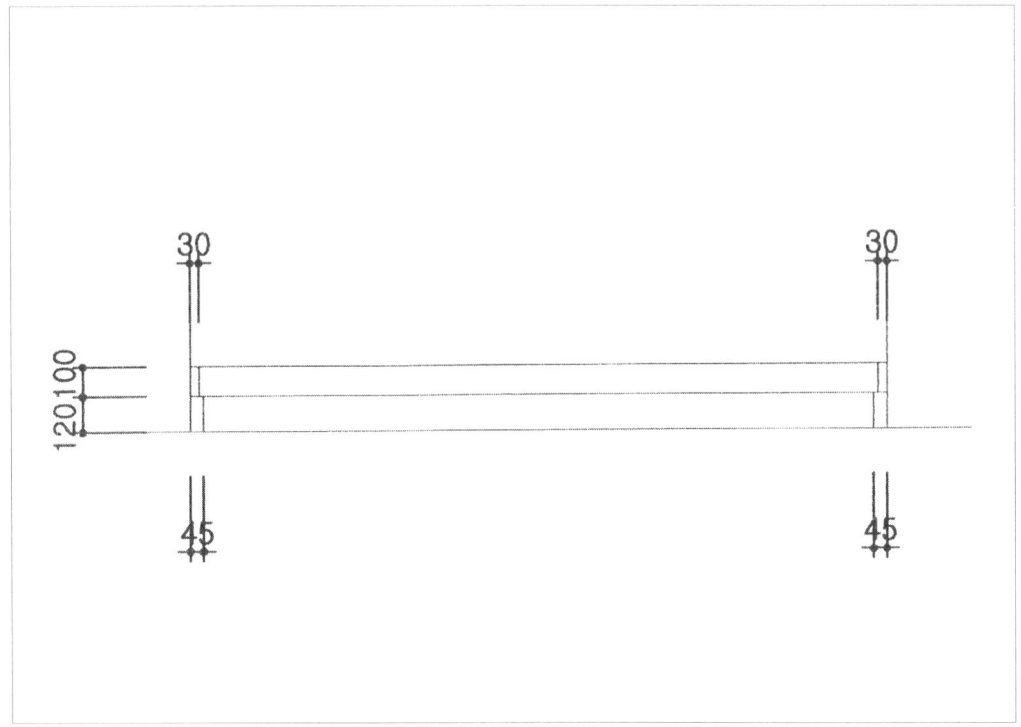

4. 창문의 중간위치를 잡는다.

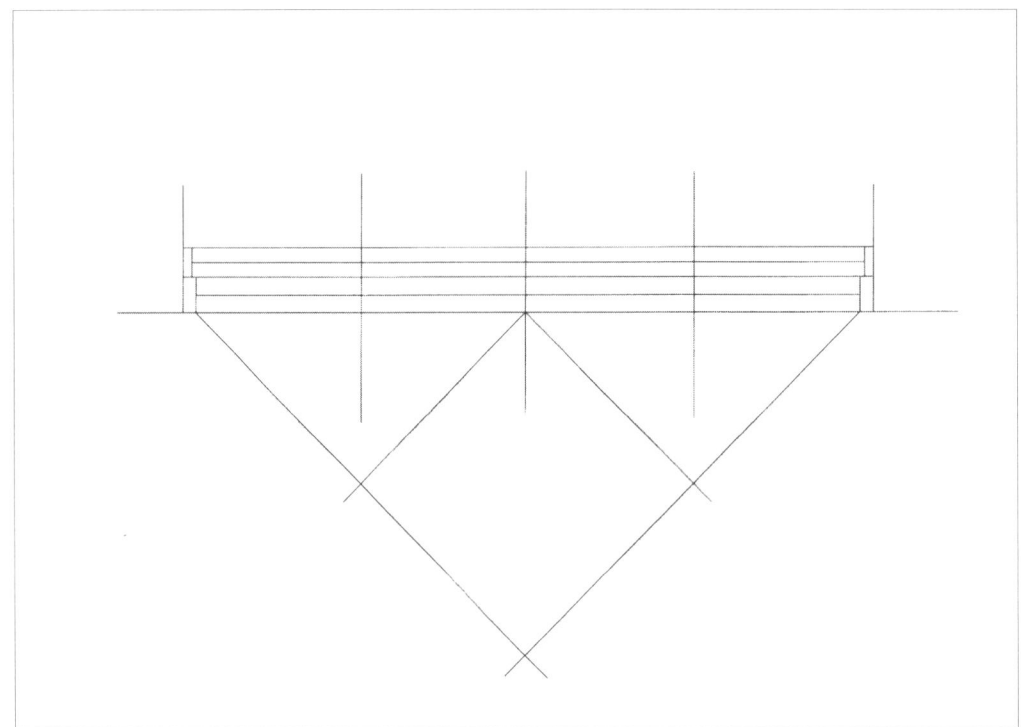

5. 창문 여밈대를 그린다.

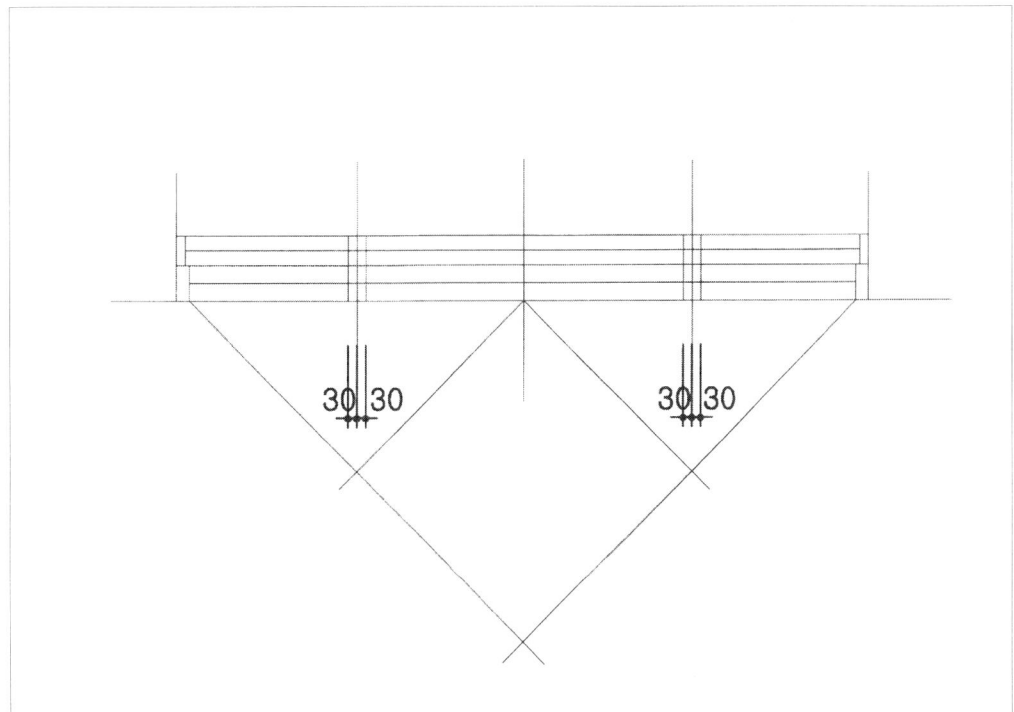

6. 목재창과 알루미늄창의 두께를 그린다.

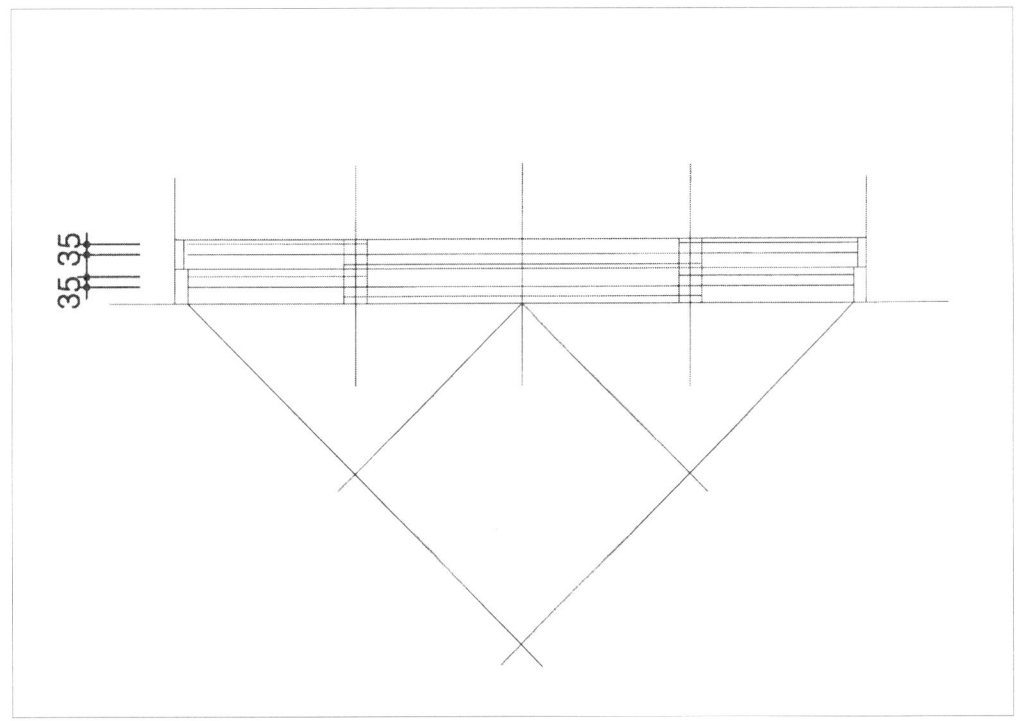

■ 본선으로 작업한다.

1. 창호의 세로선을 먼저 그린다.

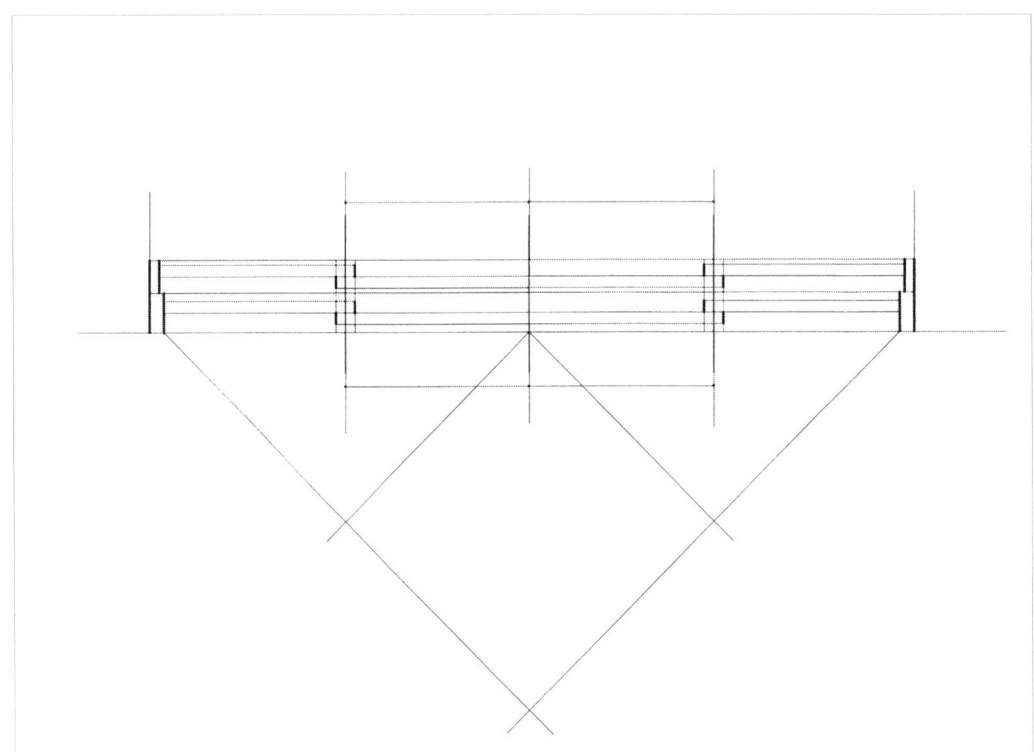

2. 나머지 창호를 그린 후 도면을 완성한다.

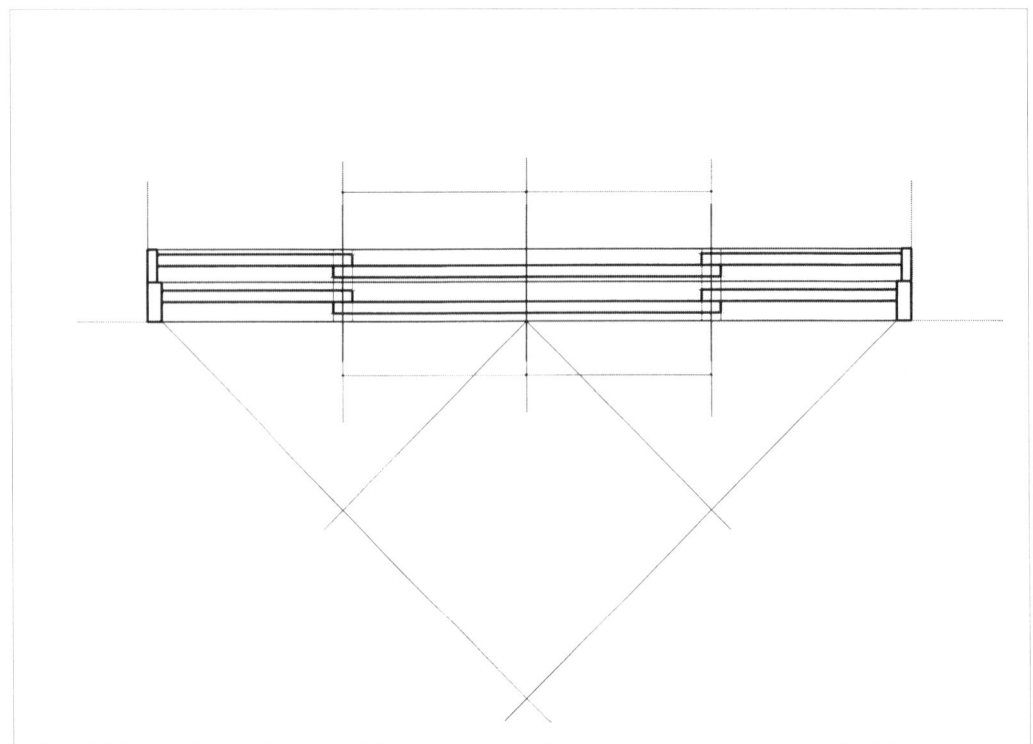

(입면도)

■ 보조선으로 작업한다.

1. 도면의 위치를 잡는다.

직교하는 가로와 세로의 선을 그린다.

2. 창문 높이를 그린다.(임의 치수 적용)

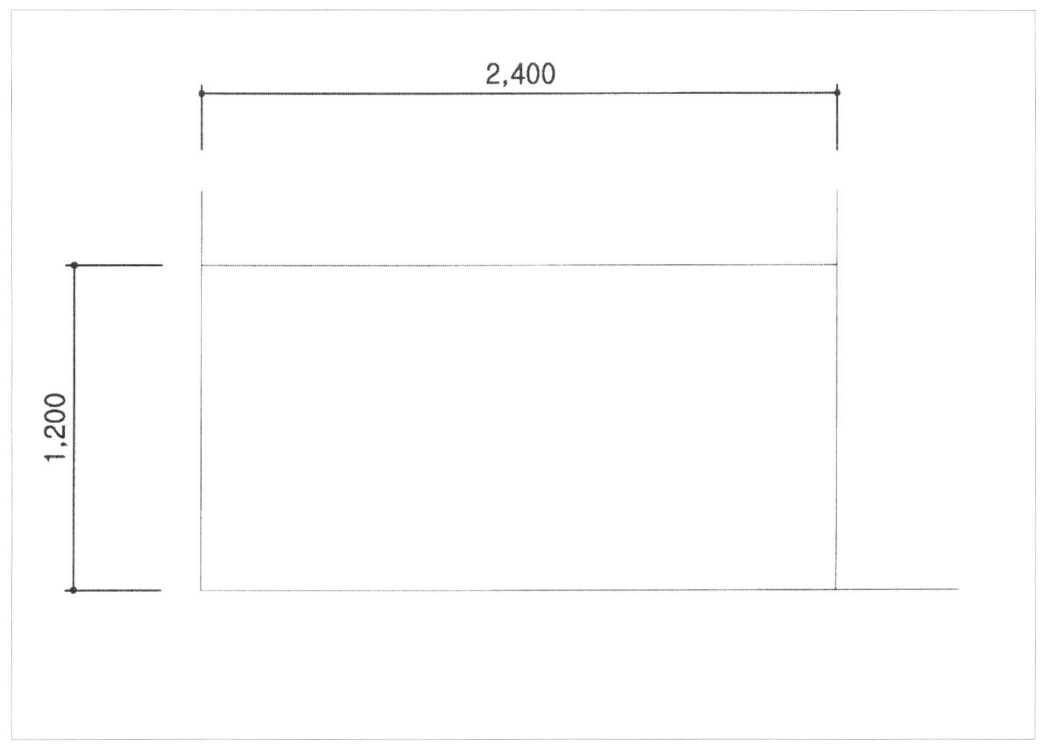

3. 창문 모서리를 기준으로 45° 보조선을 그린다.

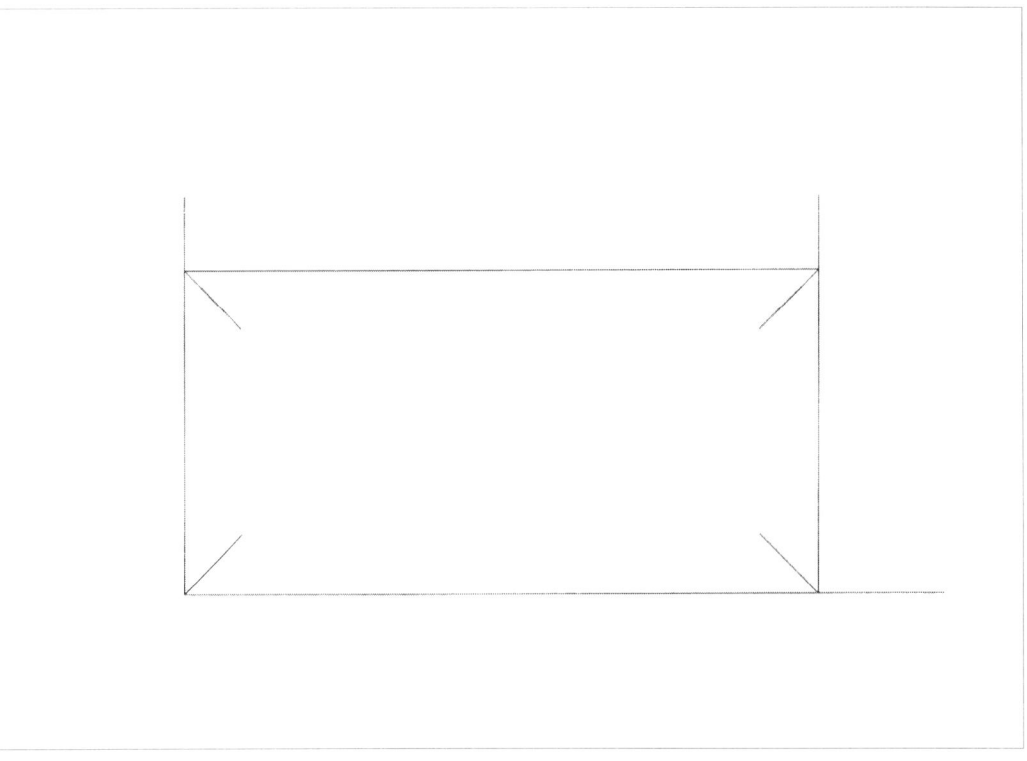

4. 목재창문틀을 그린다.

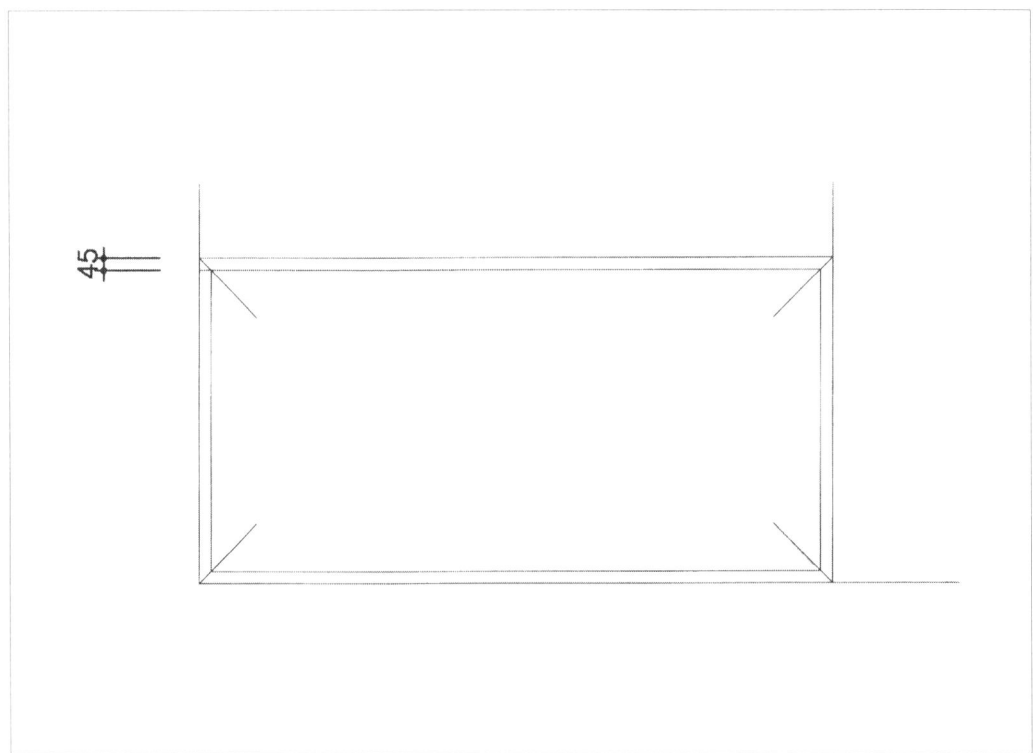

5. 밑막이, 윗막이를 그린다.

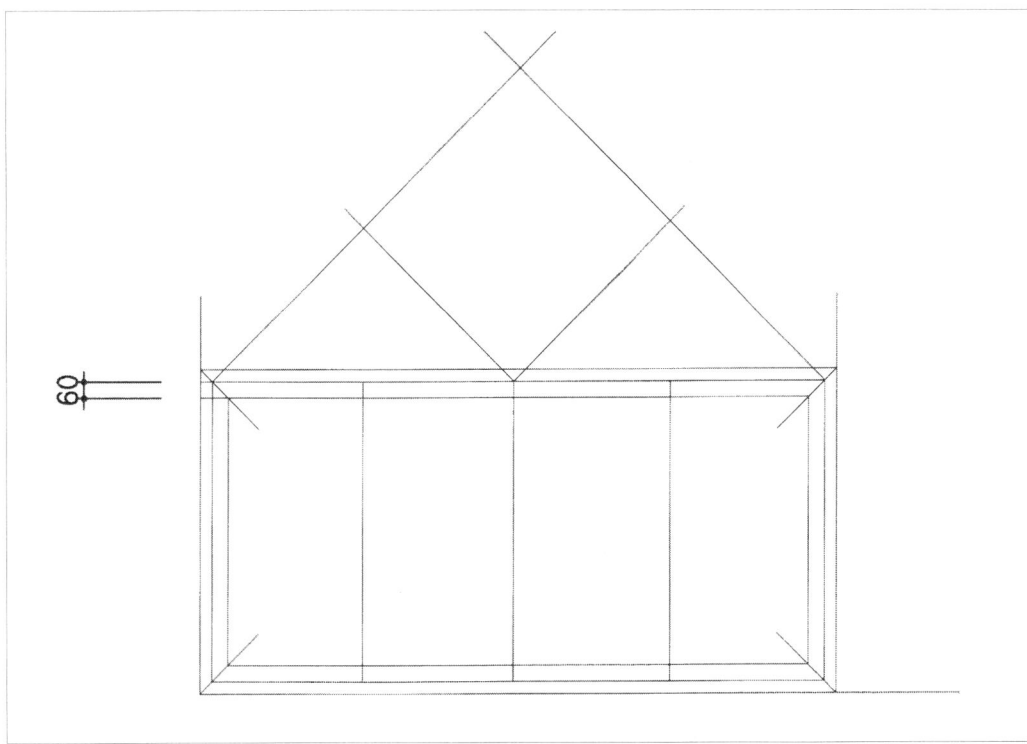

6. 여밈대를 그린다.

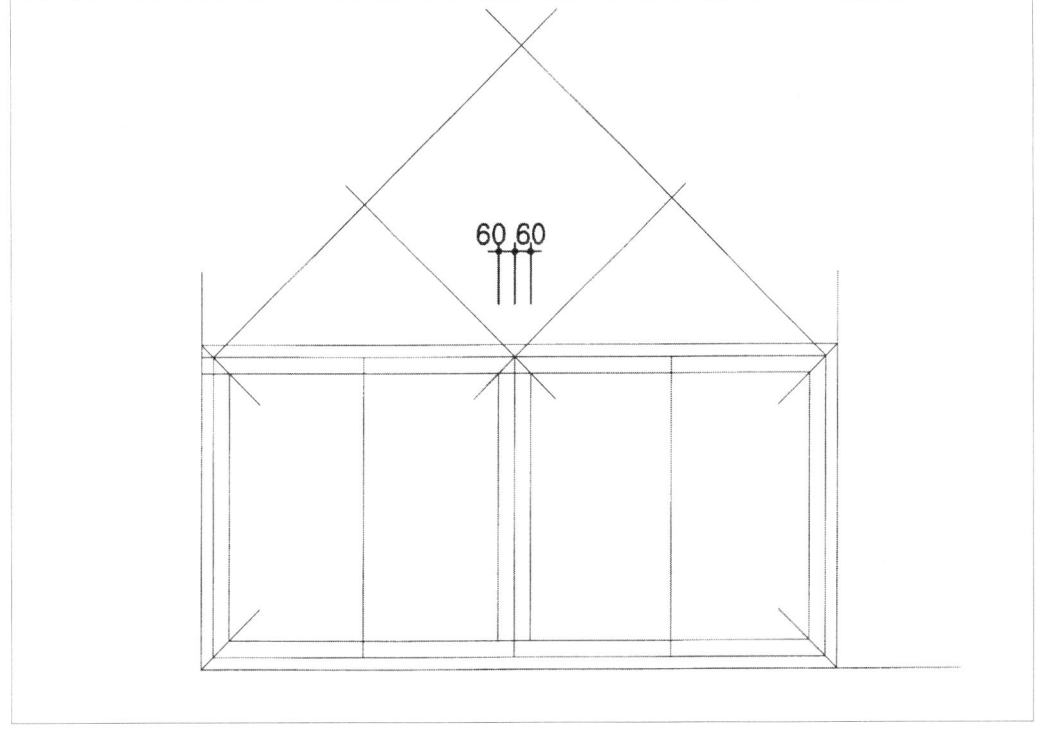

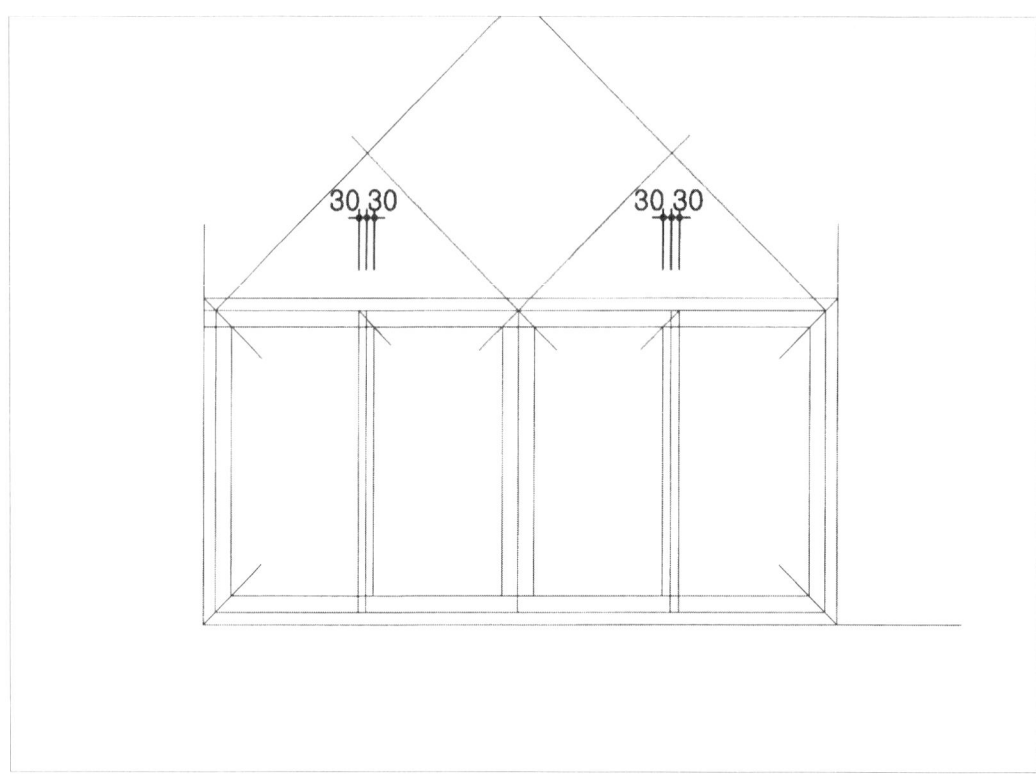

■ 본선으로 작업한다.

1. 창틀, 창문을 그린다.

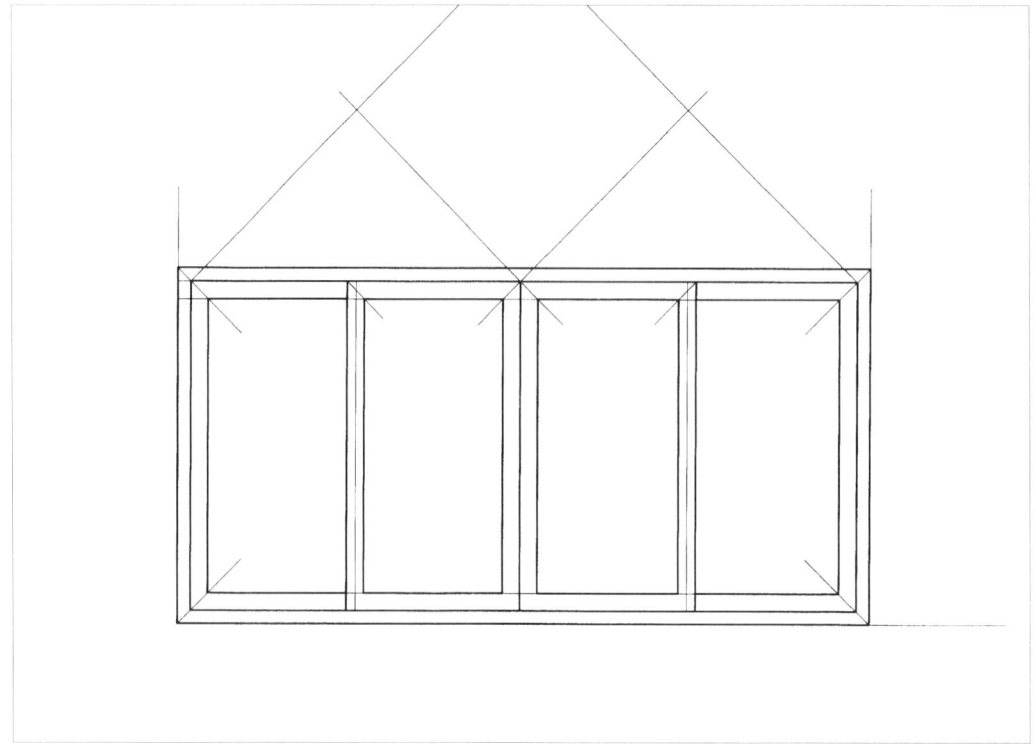

2. 창의 쫄대와 유리 표기를 그린 후 도면을 완성한다.

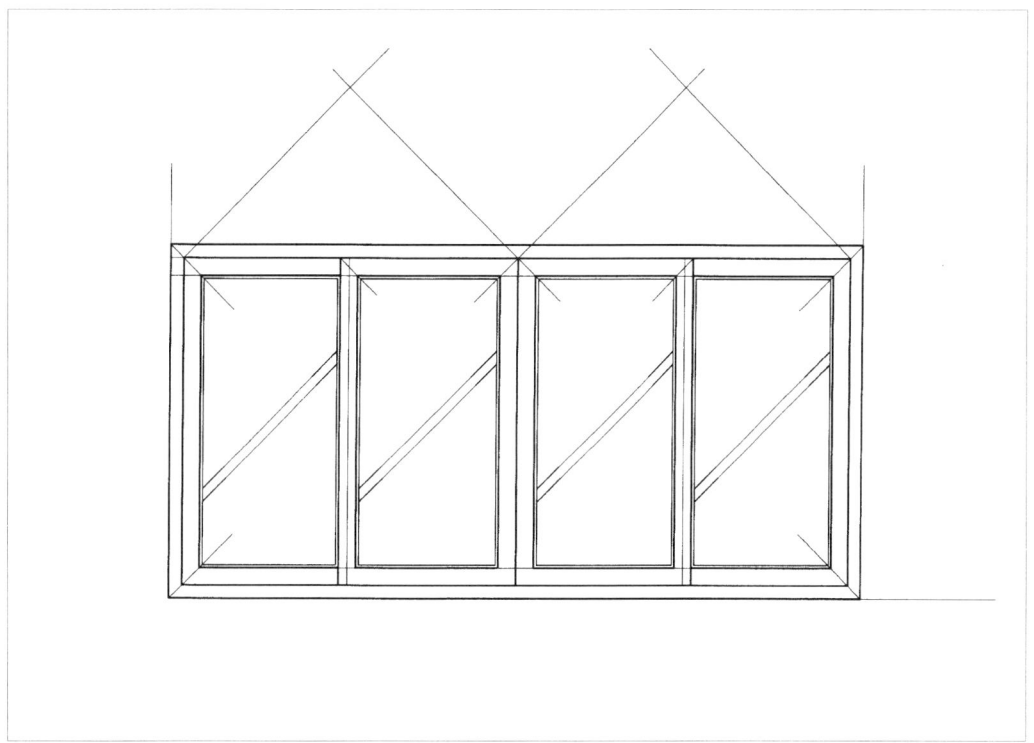

1.3 문

문의 기본 치수는 외여닫이문은 900mm(W)×2,100mm(H), 쌍여닫이문은 1,600mm(~1,800)×2,100mm(H)이다. 연습은 이 치수에 준해 작업하지만 시험은 주어진 조건의 치수에 준해 작업해야 한다.

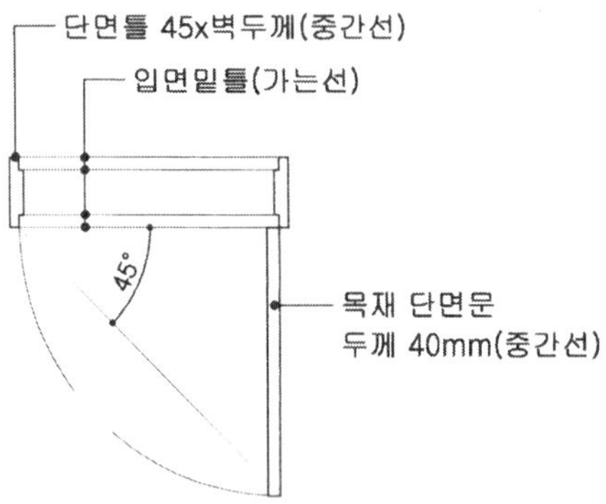

TOP VIEW
SCALE: 1/30

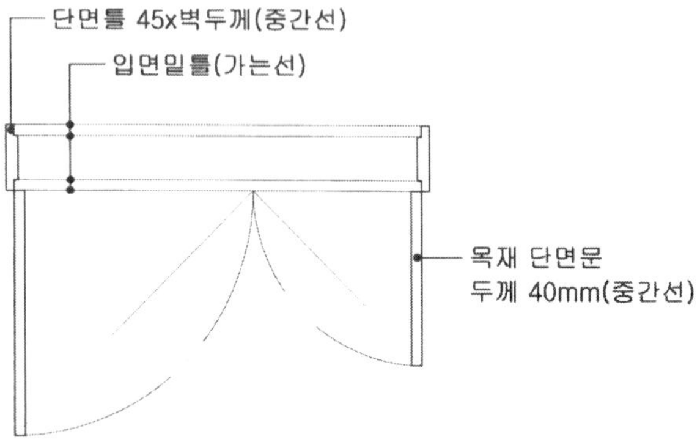

TOP VIEW
SCALE: 1/30

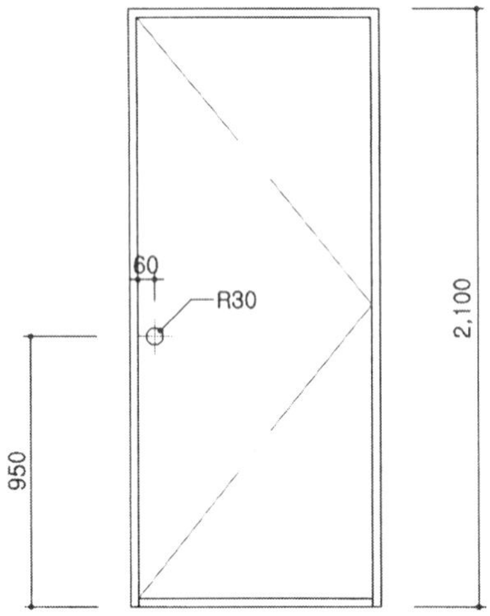

FRONT VIEW
SCALE: 1/30

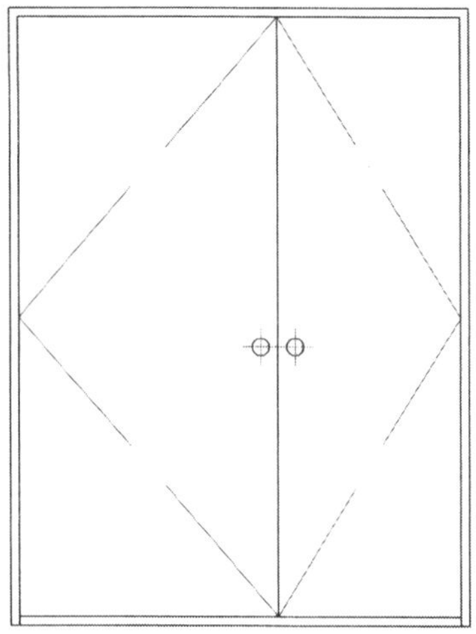

FRONT VIEW
SCALE: 1/30

1) 외여닫이문(평면도)

■ 보조선으로 작업한다.

1. 도면의 위치를 잡는다.

직교하는 가로와 세로의 선을 그린다.

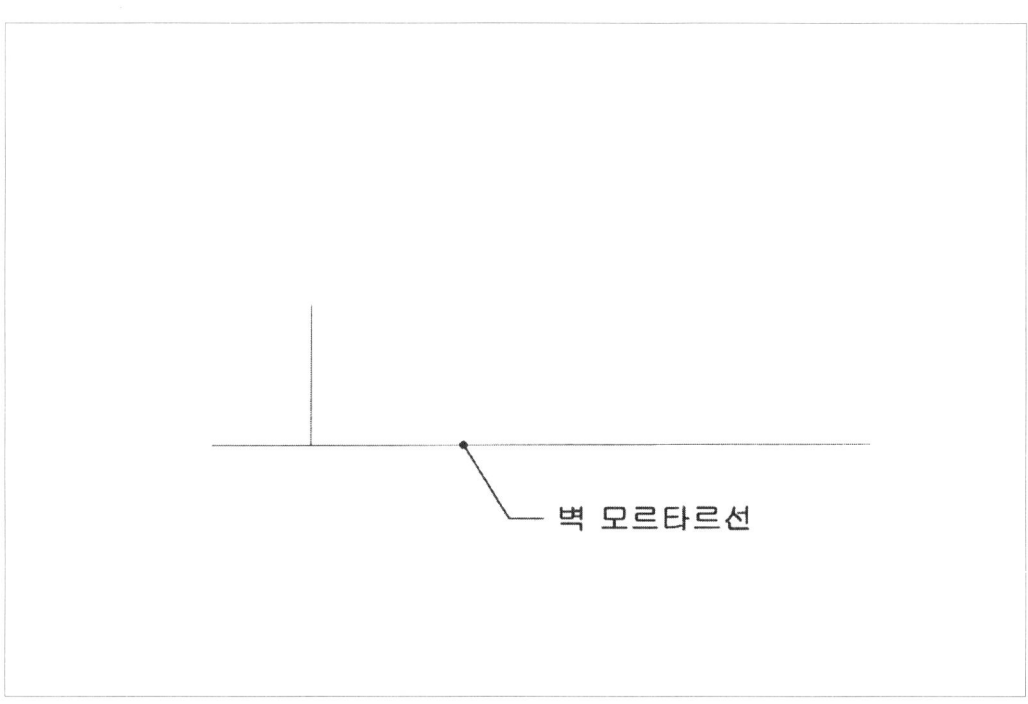

2. 문 길이를 그린다.

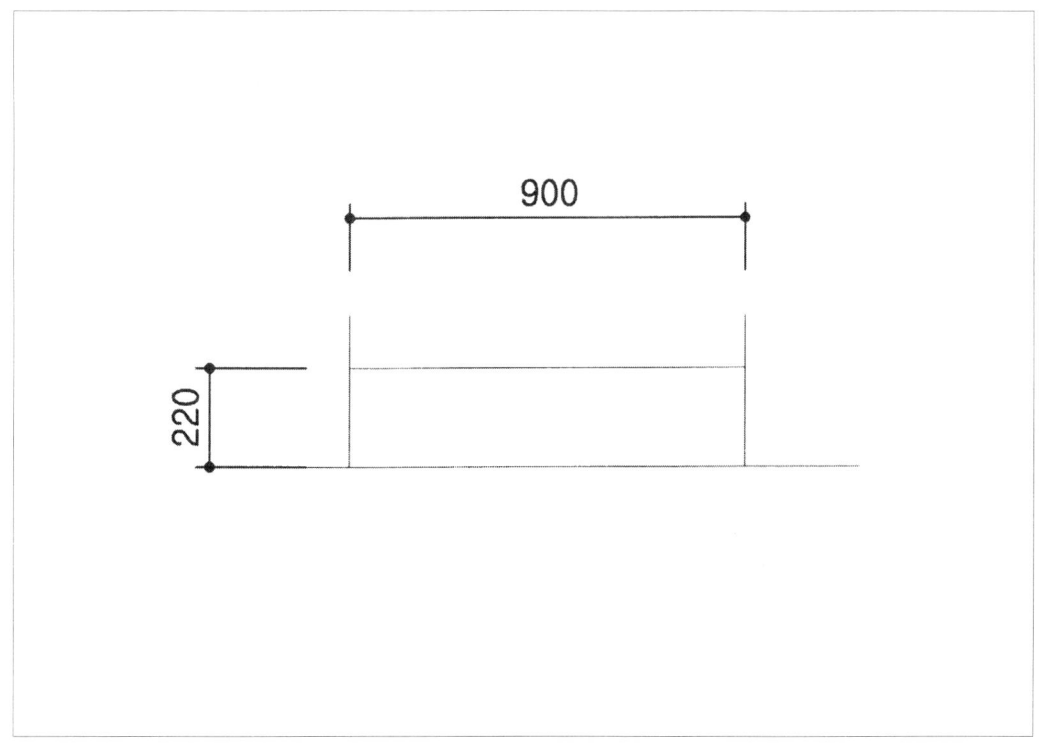

3. 문틀과 문두께를 그린다.

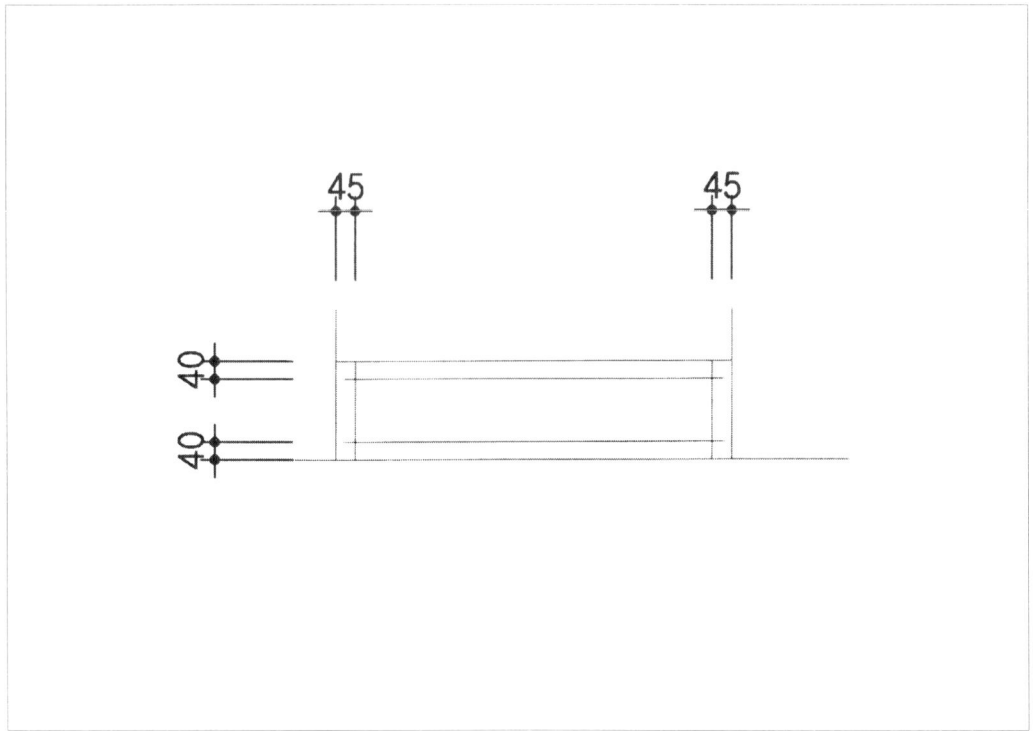

4. 문의 홈대를 그린다.

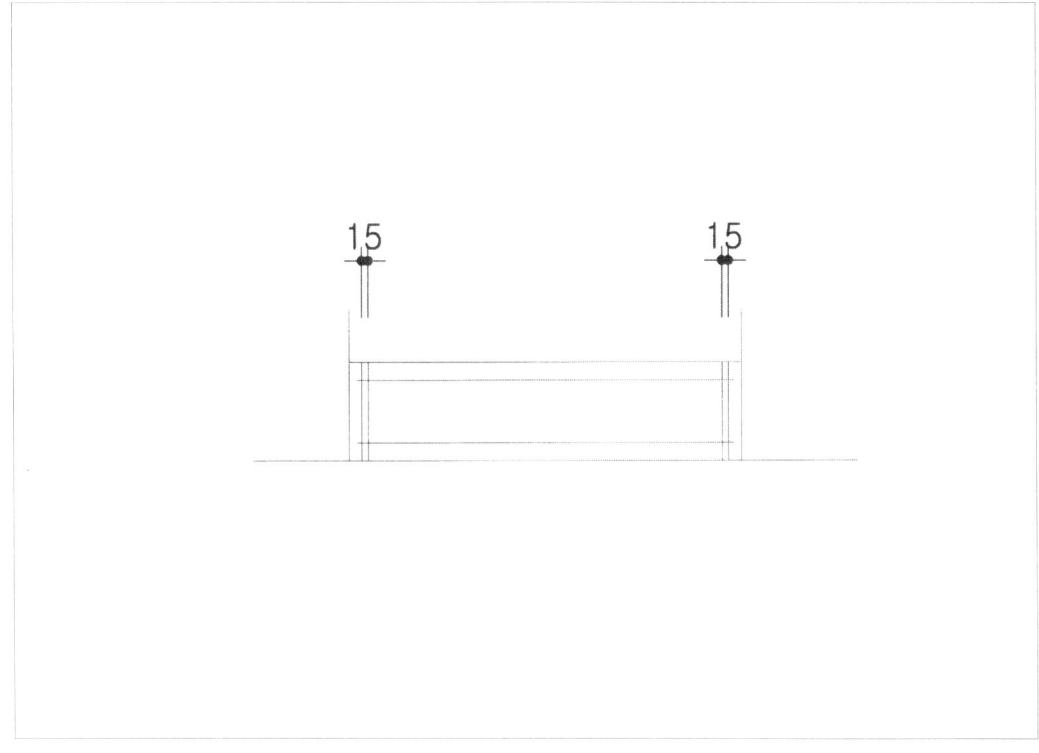

5. 열림문의 길이를 45°자를 이용해서 그린다.

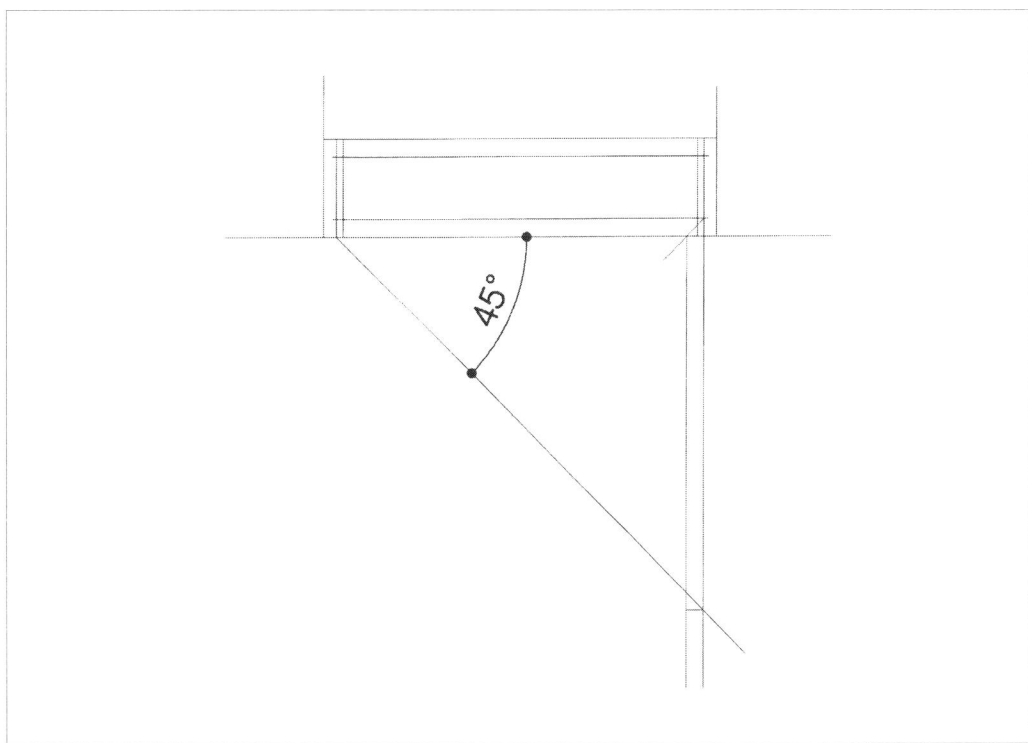

■ 본선으로 작업한다.

1. 문틀, 문을 중간선 굵기로 그린다.

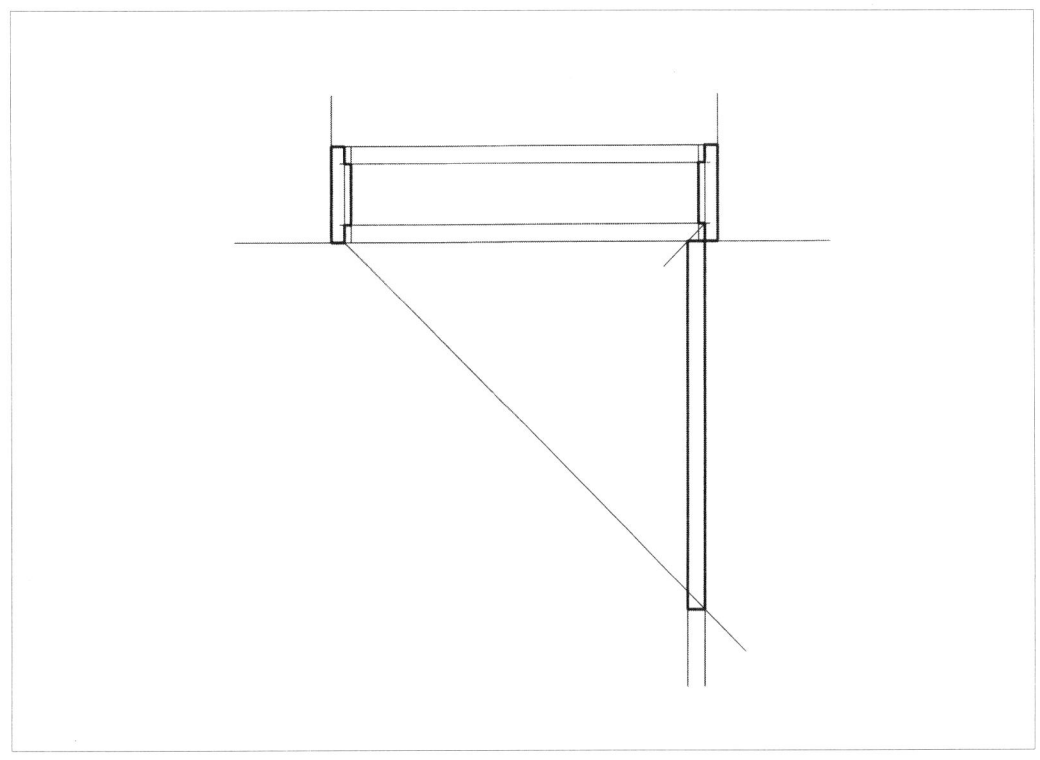

2. 문지방, 열림 가상선을 가는선으로 그린 후 도면을 완성한다.

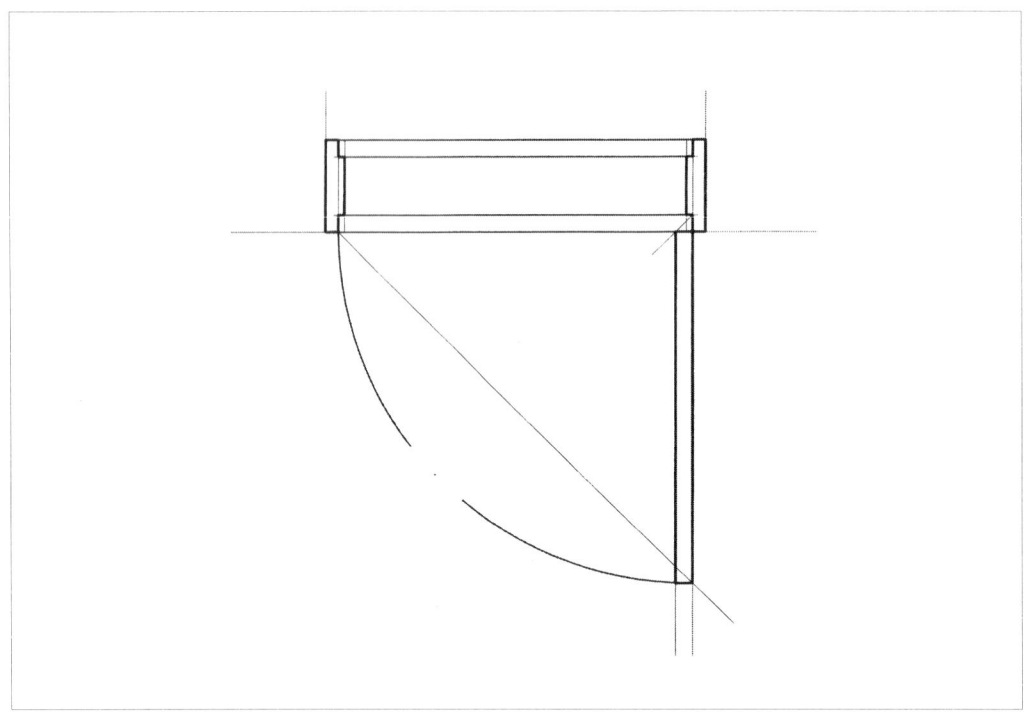

(입면도)

■ 보조선으로 작업한다.

1. 도면의 위치를 잡는다.

직교하는 가로와 세로의 선을 그린다.

2. 문 높이를 그린다.

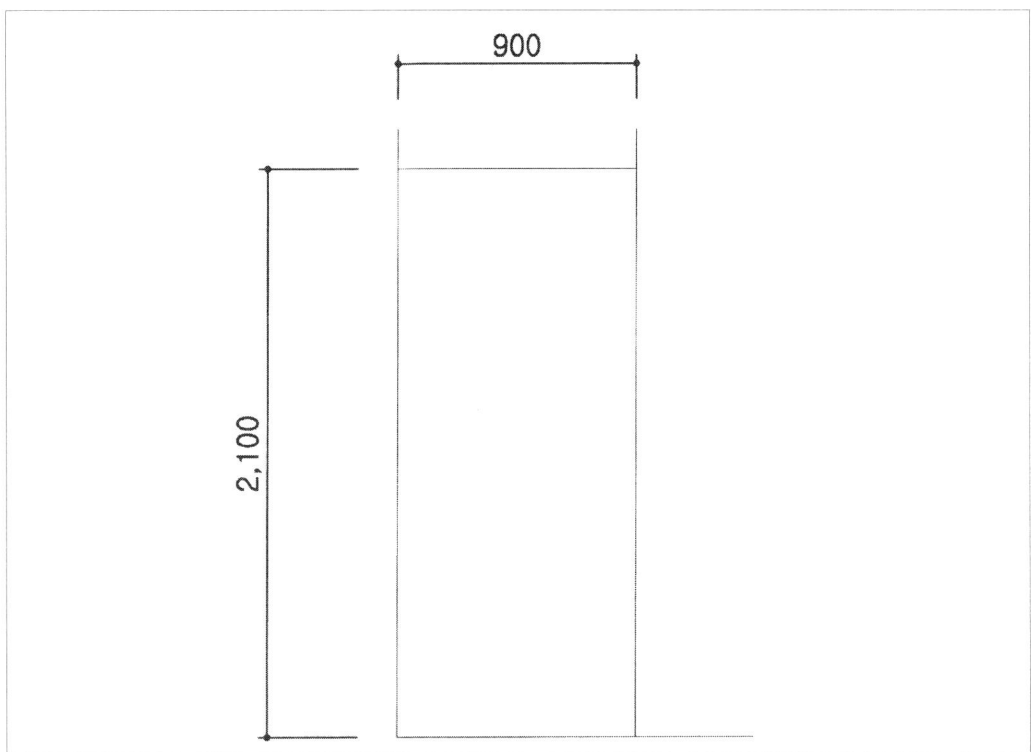

3. 문틀과 문 모서리를 기준으로 45° 보조선을 그린다.

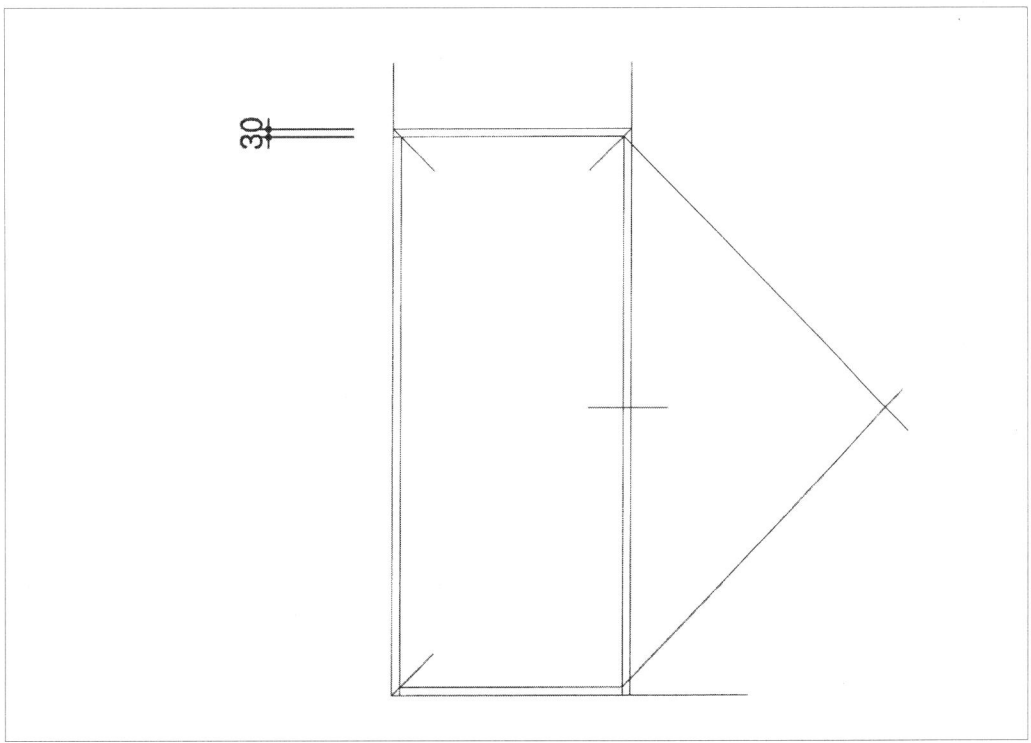

4. 문 손잡이 위치를 그린다.

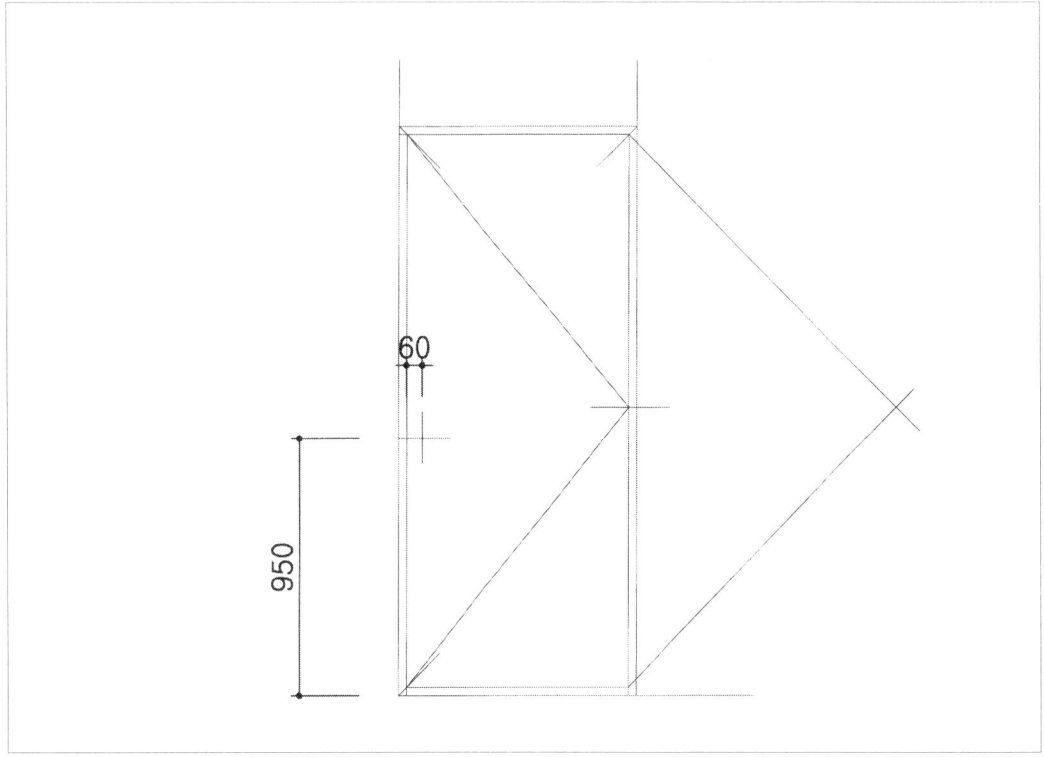

■ 본선으로 작업한다.

문틀, 손잡이를 중간선으로 그린 후 도면을 완성한다.

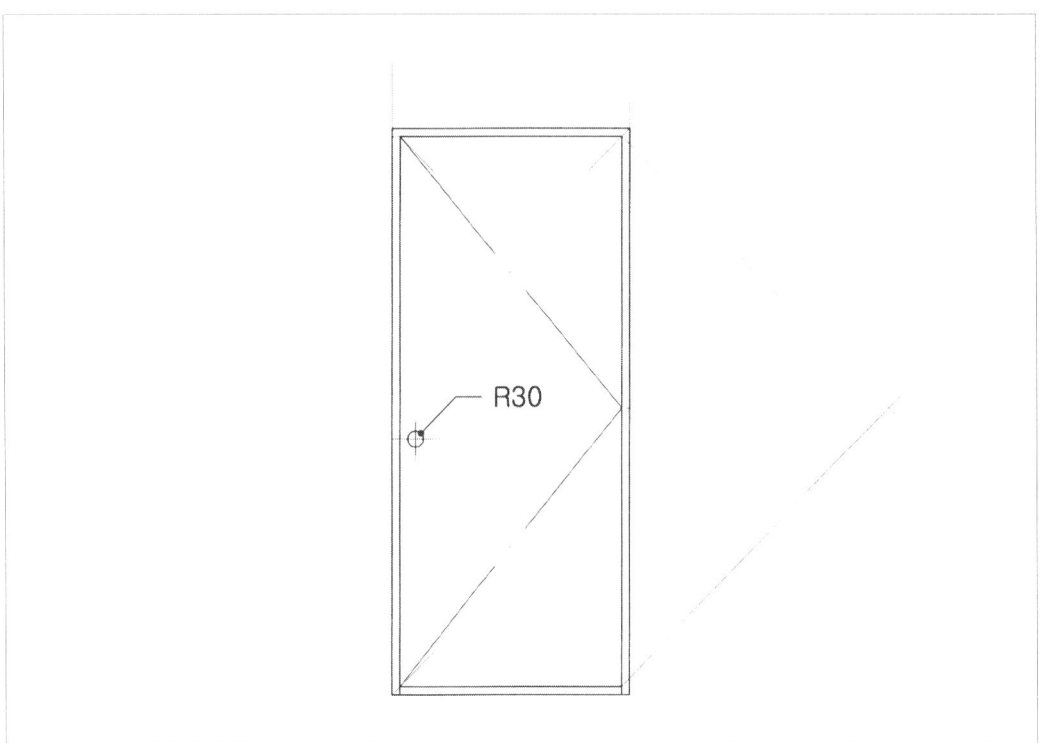

2) 쌍여닫이문(평면도)

■ 보조선으로 작업한다.

1. 도면의 위치를 잡는다.

직교하는 가로와 세로의 선을 그린다.

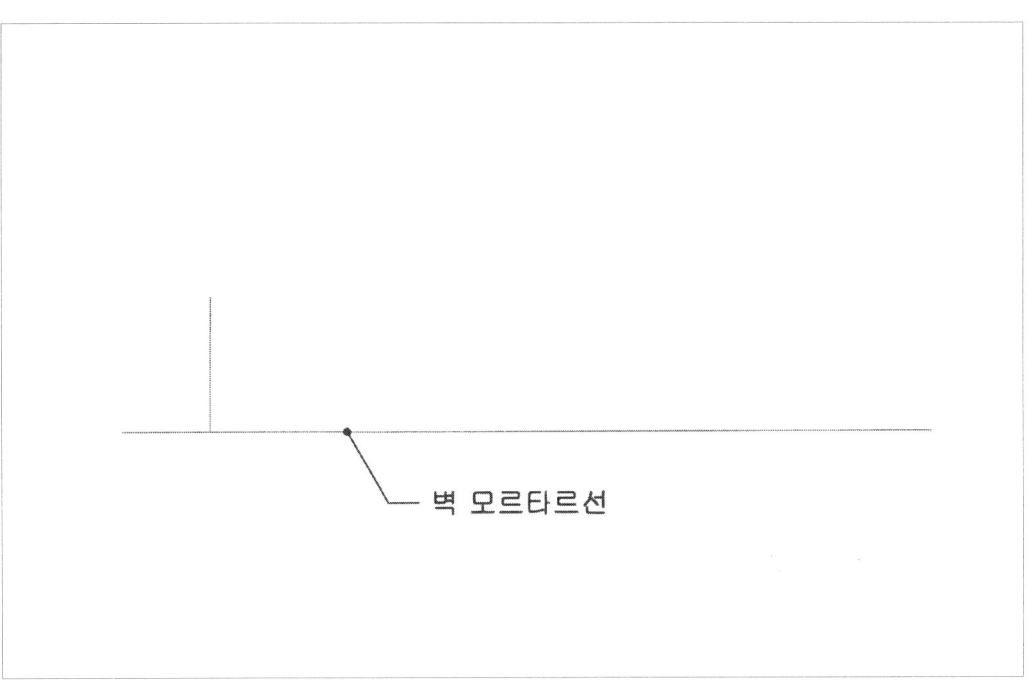

2. 문의 크기를 그린다.

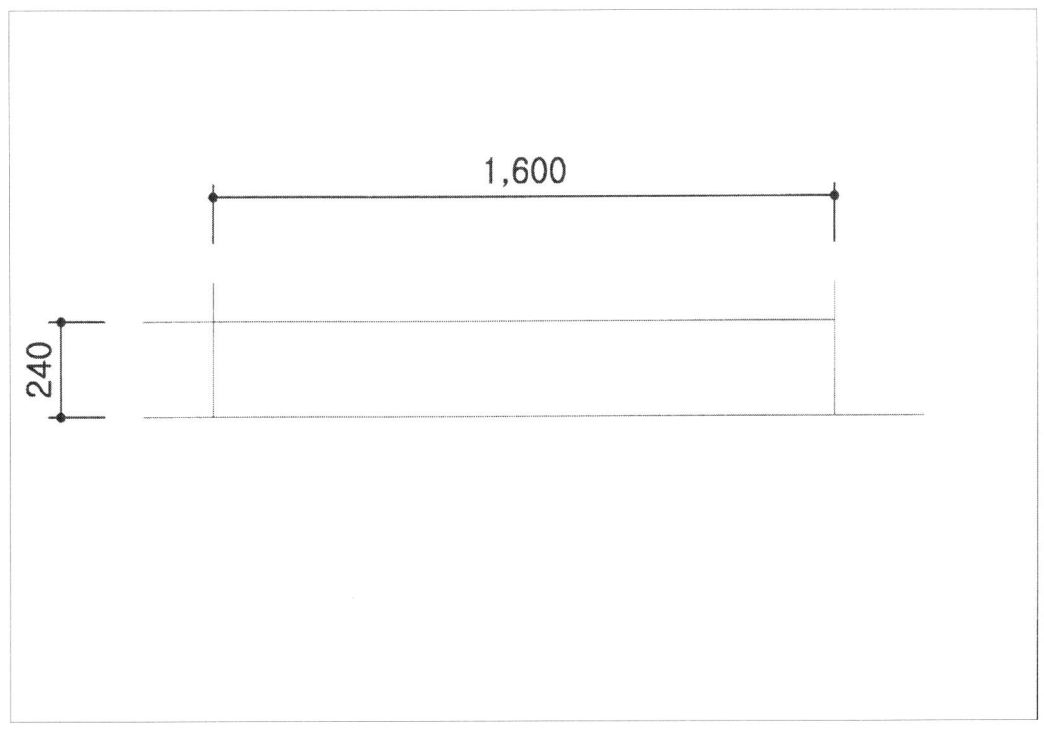

3. 문틀과 문두께를 그린다.

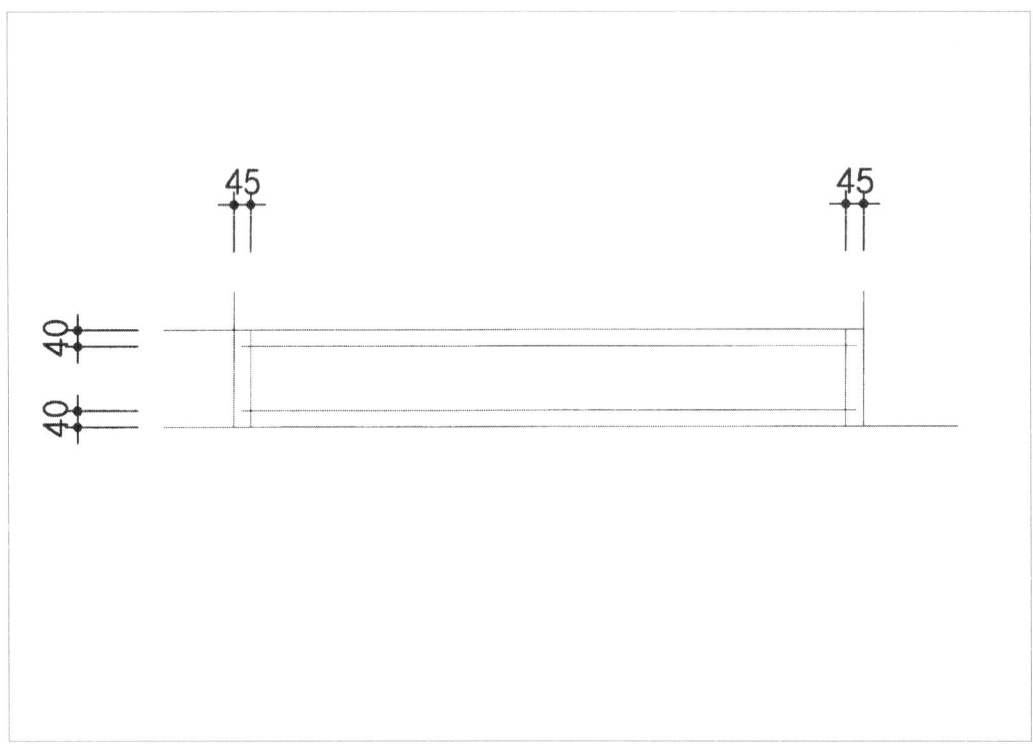

4. 문의 홈대를 그린다.

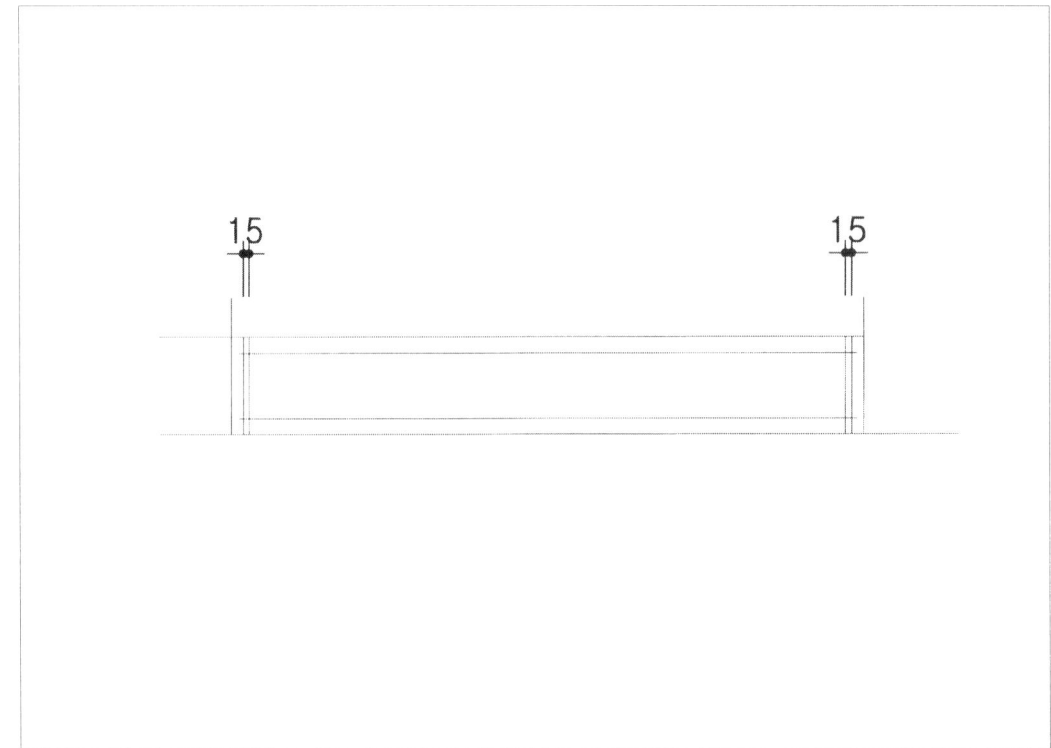

5. 열림문의 길이를 45°자를 이용해서 그린다.

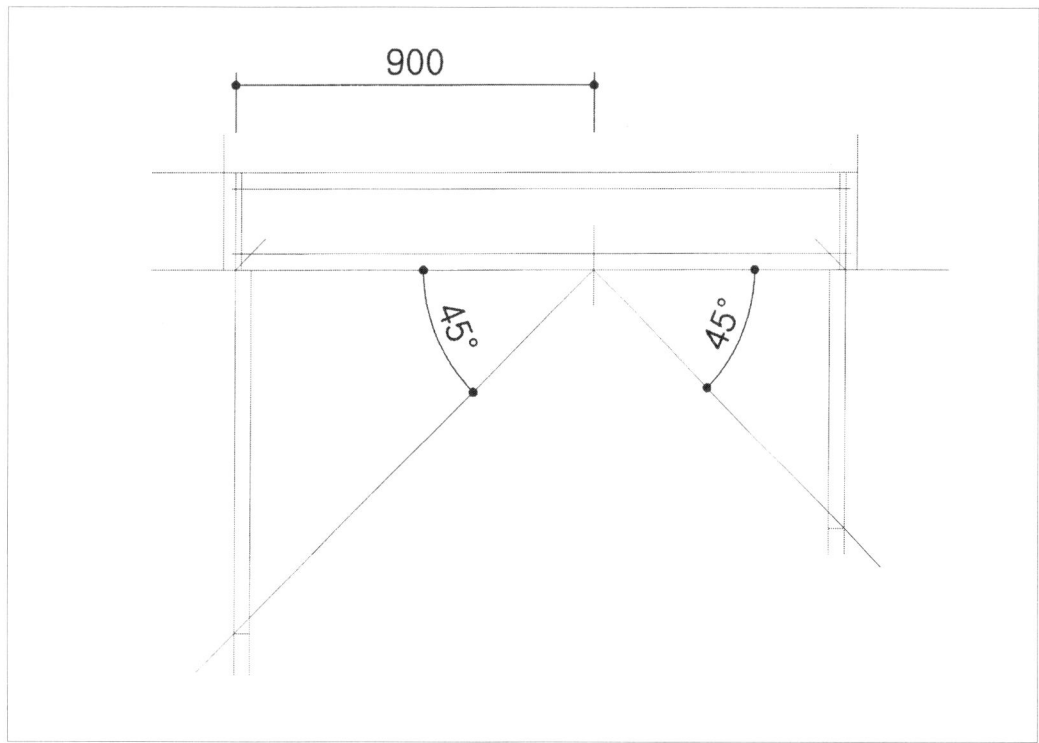

■ 본선으로 작업한다.

1. 문틀, 문을 중간선 굵기로 그린다.

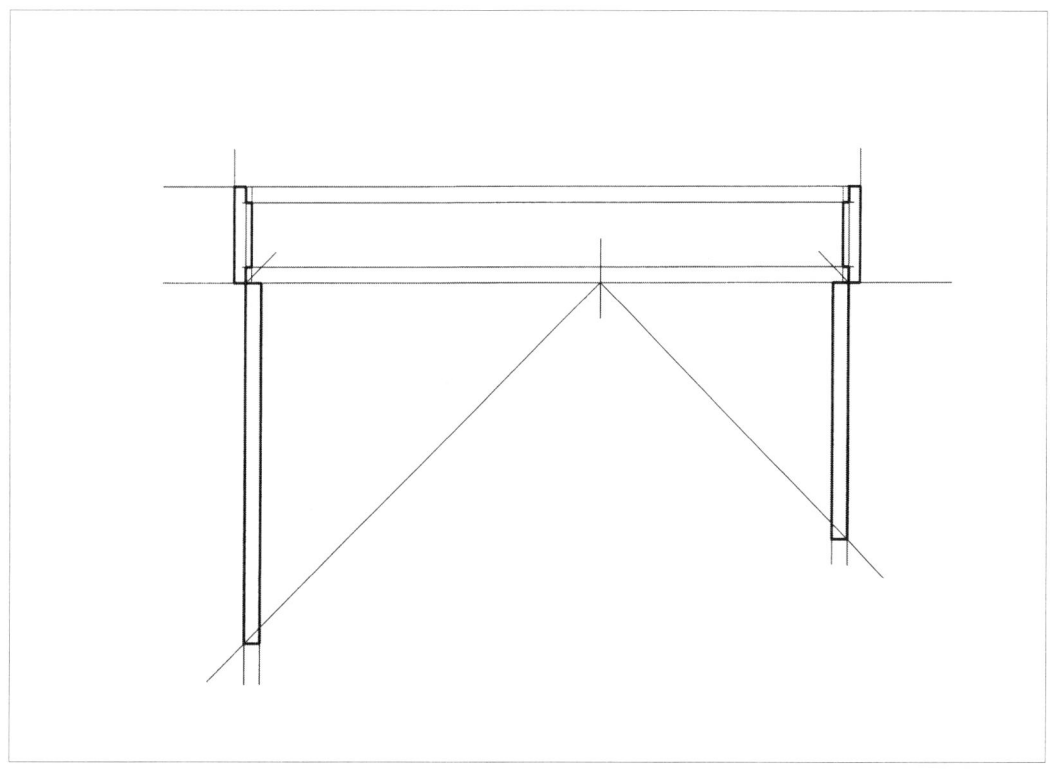

2. 문지방, 열림 가상선을 가는선으로 그린 후 도면을 완성한다.

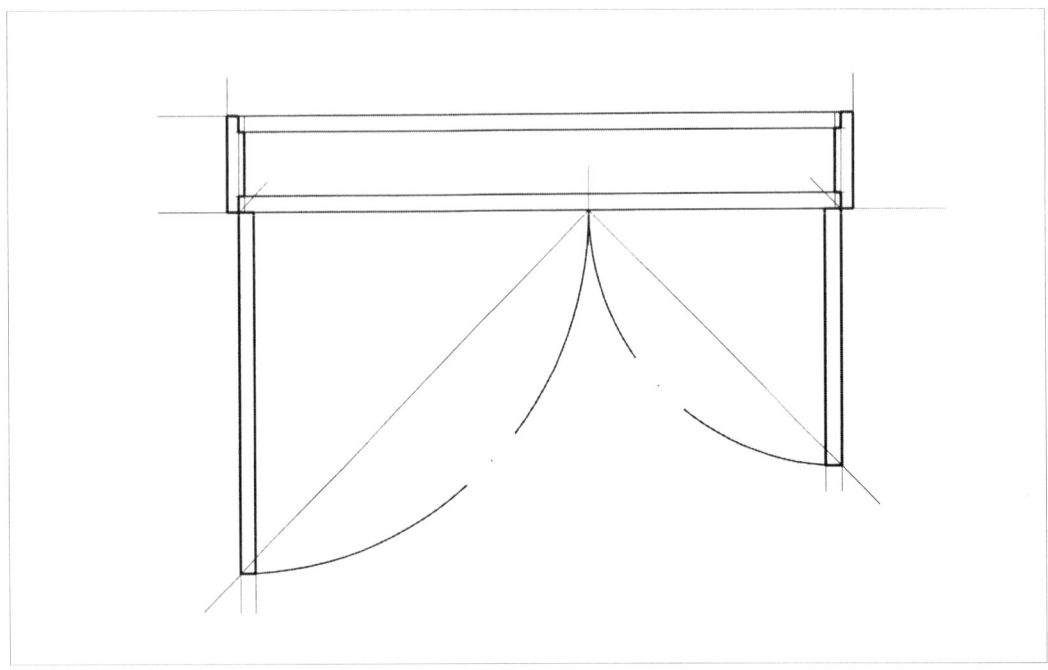

(입면도)

■ 보조선으로 작업한다.

1. 도면의 위치를 잡는다.

직교하는 가로와 세로의 선을 그린다.

2. 문 높이를 그린다.

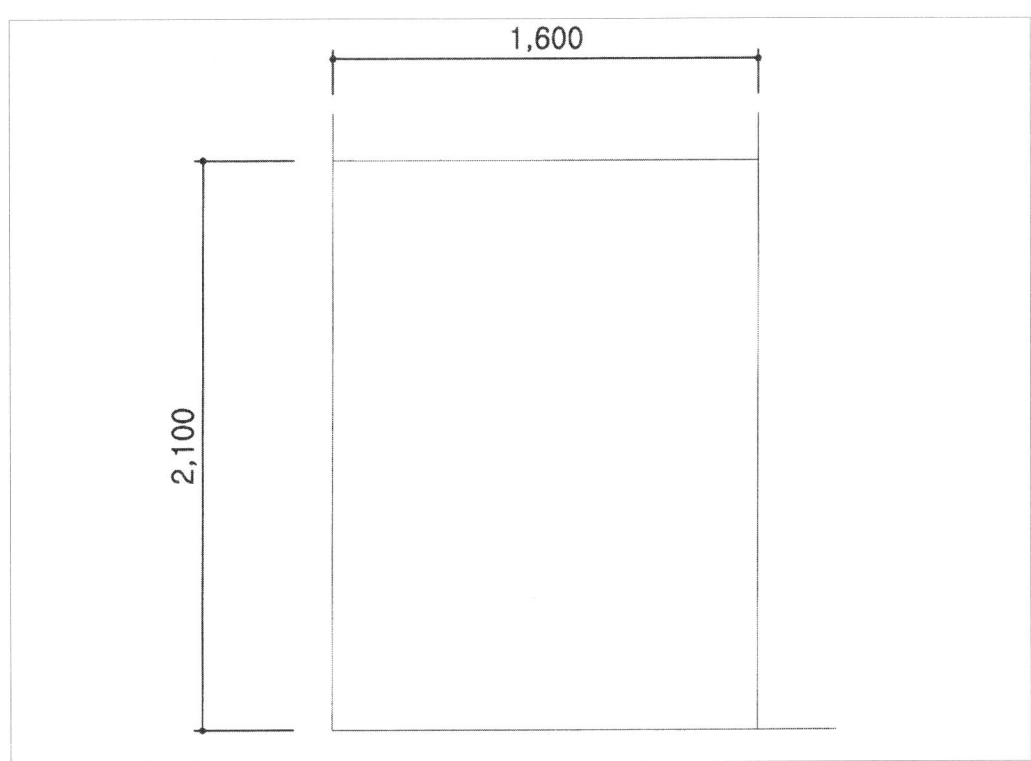

3. 문틀과 문 모서리를 기준으로 45° 보조선을 그린다.

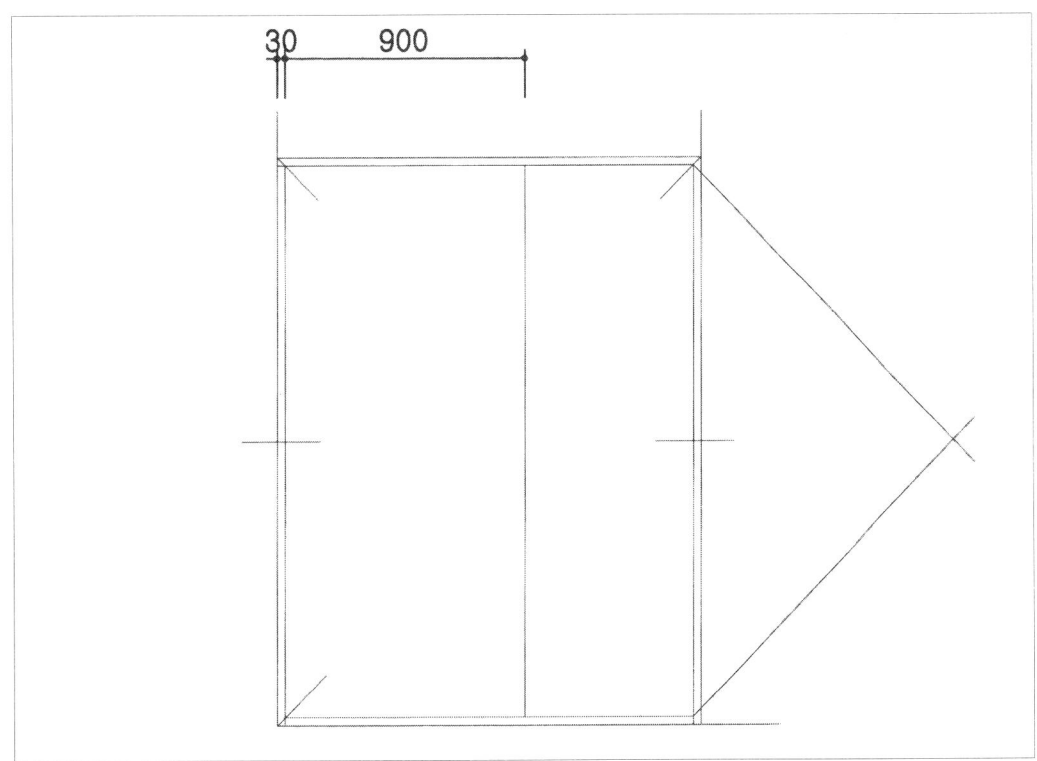

4. 문 손잡이 위치를 그린다.

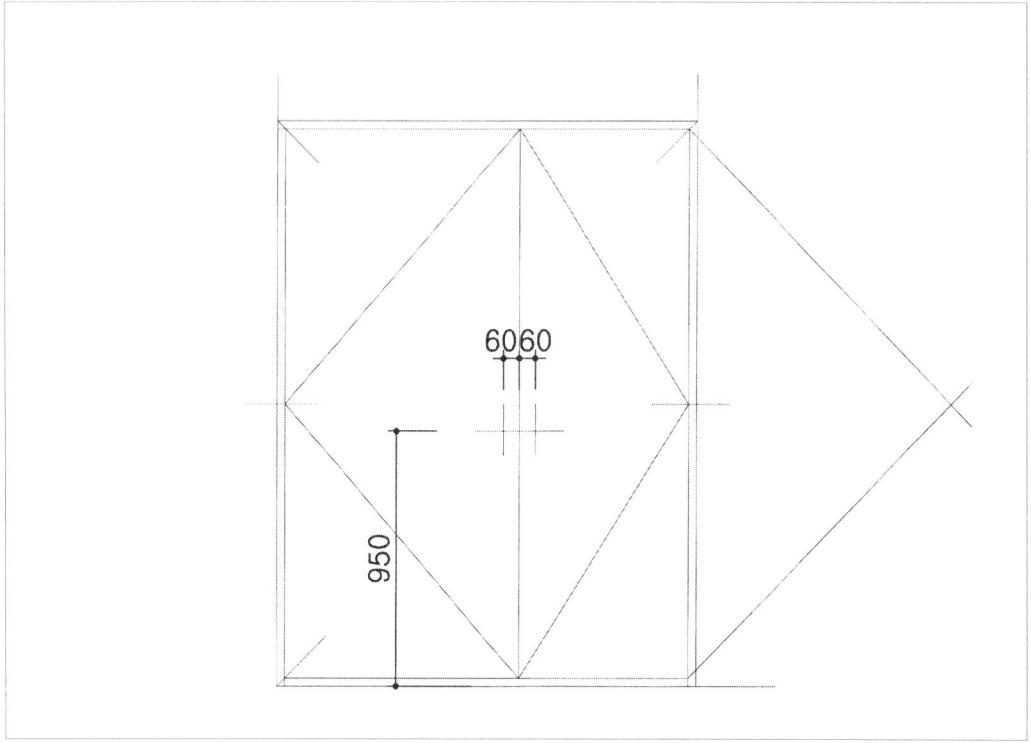

■ 본선으로 작업한다.

문틀, 손잡이를 중간선으로 그린 후 도면을 완성한다.

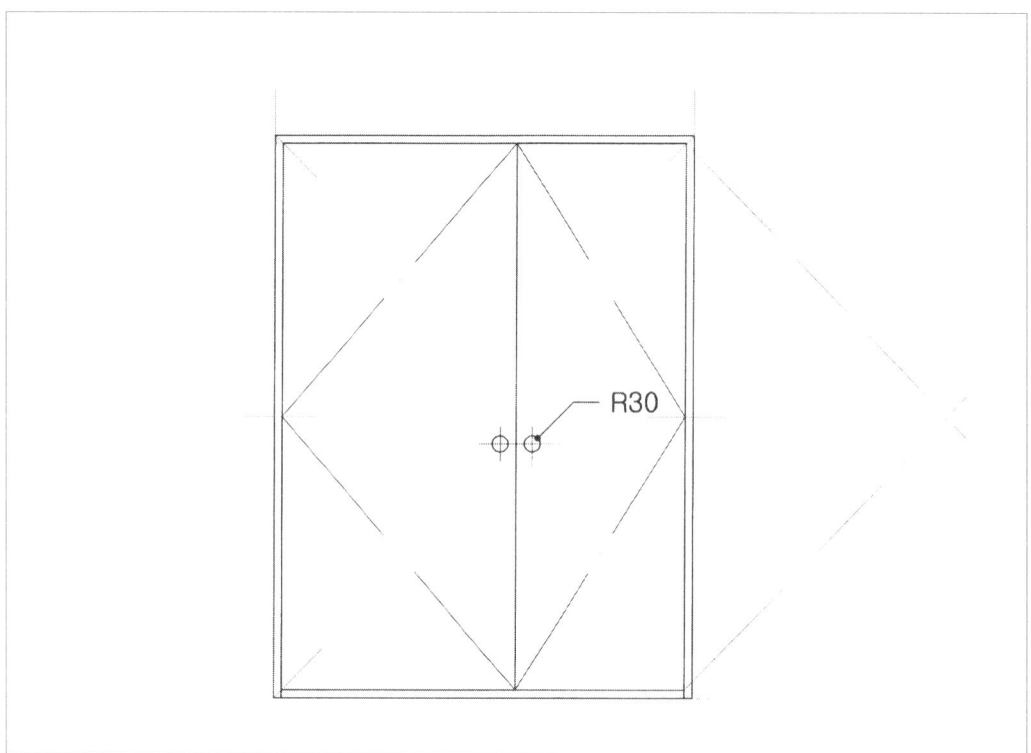

PART 4

도면의 완성

CHAPTER 01

평면도

1. 평면도의 개념

평면도는 모든 도면의 시작과 기준이 되는 도면으로 건축물의 해당 층 바닥으로부터 높이 1.2~1.5m 높이에서 수평으로 잘라 내려다본 상태를 표현한 수평 투사도면으로 각 층의 공간 배치나 공간 상호의 조닝을 계획하며 기둥과 벽의 구조 형상과 마감, 개구부의 위치와 개폐방법, 가구 배치, 각 실의 바닥 마감 등을 나타내는 도면이다.

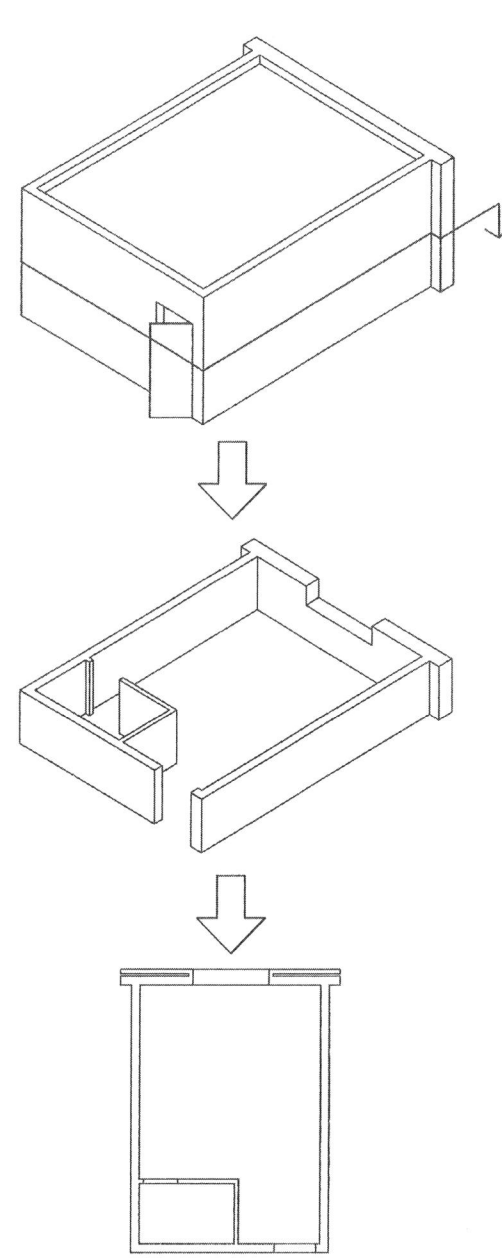

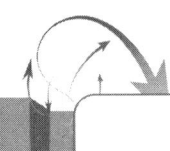

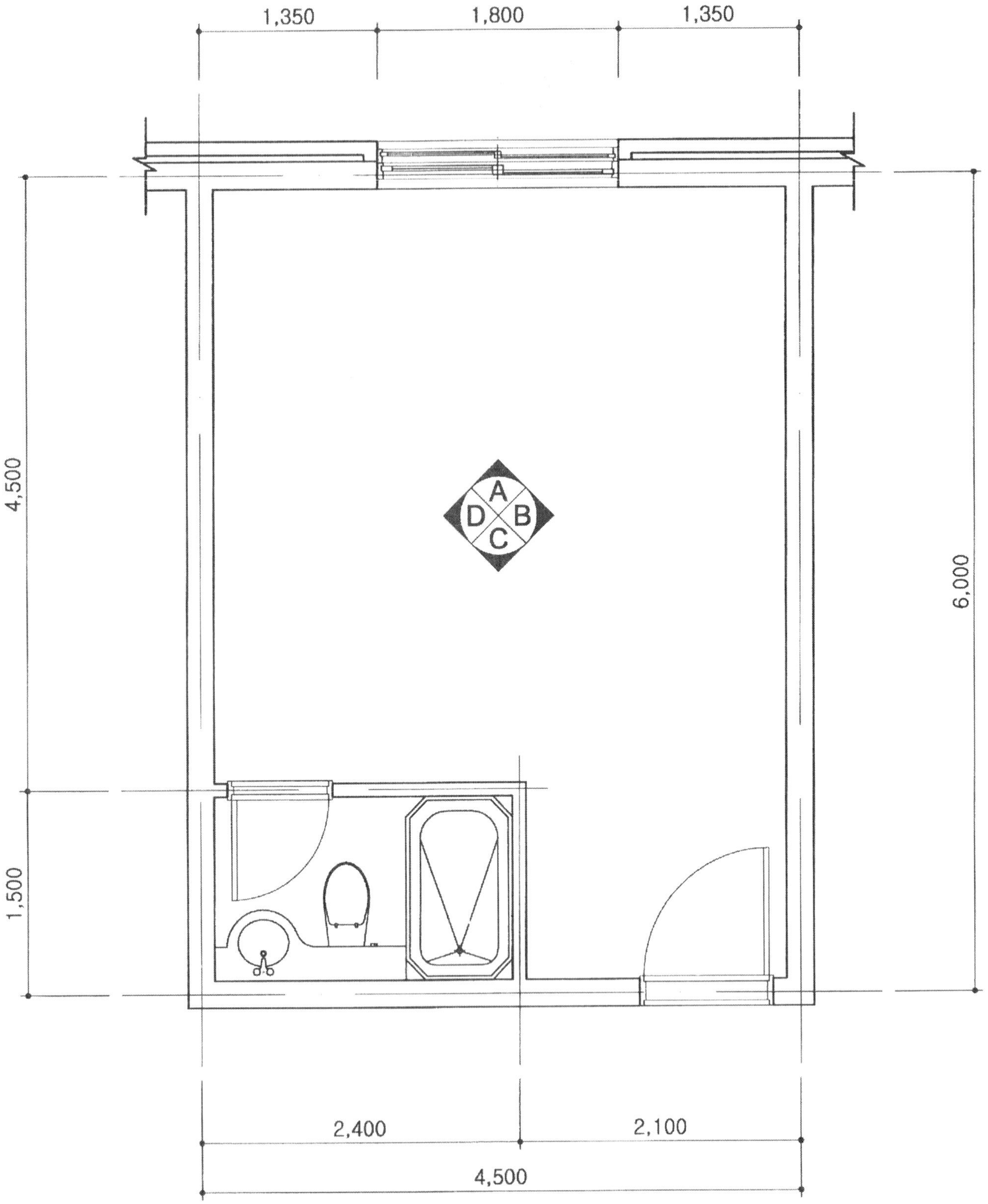

실내건축기능사 실기

평면도

2. 도면작업

2.1 요구사항

주어진 도면은 도심지 저층규모의 독신자용 원룸 평면도이다.
다음의 요구조건에 따라 도면을 작성하시오.

2.2 요구조건

① 설계면적 : 4,500×6,000×2,600mm(H)
② 개구부 크기 : 출입문 - 1,000×2,100mm(H) 욕실문 - 800×2,000mm(H)
  창문 - 1,800×2,000mm(H)(2중창)
③ 벽체 : 외벽 - 두께 1.5B의 붉은벽돌 공간쌓기로 한다.
  내벽 - 시멘트 벽돌 두께 1.0B쌓기로 한다.
  욕실벽은 0.5B쌓기로 한다.
④ 인적 구성 : 20대 대학생(남성)
⑤ 필요공간 및 가구 : 싱글침대, 책장, 신발장, 옷장
  1인용 소파 및 테이블, TV 및 테이블
  컴퓨터 및 책상
  냉장고 2인용 식탁 및 의자
  1인이 취사할 수 있는 최소한의 주방기구

(* 이상 제시된 가구는 필수적이며, 이외에 필요한 가구와 실내장식이 있다면 수검자가 임의로 추가할 수 있음)

2.2 요구도면

1) 평면도 : 가구배치 및 바닥마감재 표기(창문 쪽은 외벽임) - S=1/30
2) 내부 입면도 : B방향(벽면재료 표기) - S=1/30
3) 천장도 : 조명기구 및 마감재료 표기 - S=1/30
4) 실내 투시도(채색작업 필수) : 계획의 포인트가 좋은 지점에서 1소점 투시도법으로 작성하되, 작성과정의 투시보조선을 남길 것 - S=N.S
※ 첫째장에 평면도, 둘째장에 내부 입면도, 천장도, 셋째장에 실내 투시도 작성

2.1 보조선으로 작업한다

1. A2 트레싱지의 중심위치를 잡는다.

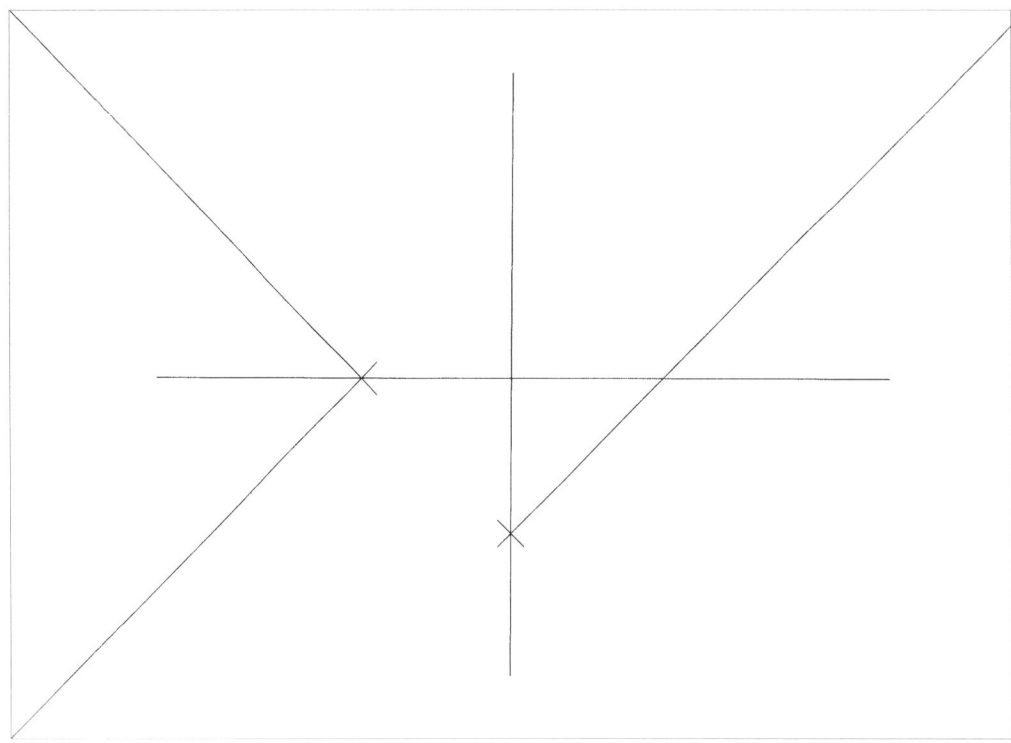

2. 벽체 중심선을 작도한다.

외곽의 중심선을 먼저 작도한다.(4,500×6,000)

욕실 벽의 중심선을 작도한다. 치수선으로 적용할 수 있도록 길게 연장하여 그린다.

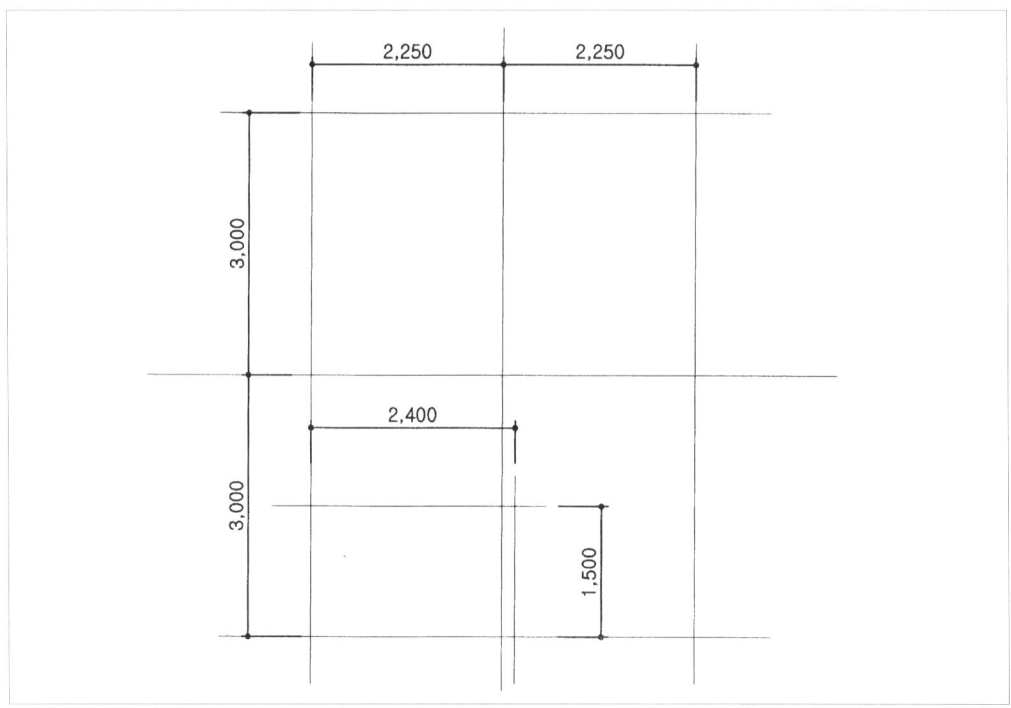

3. 개구부, 벽 절단선의 위치를 작도한다.

문의 위치는 벽체 중심선에서 200mm 떨어지는 점에서 개구부를 작도한다.

창문은 주어진 도면 치수를 적용하여 그린다.

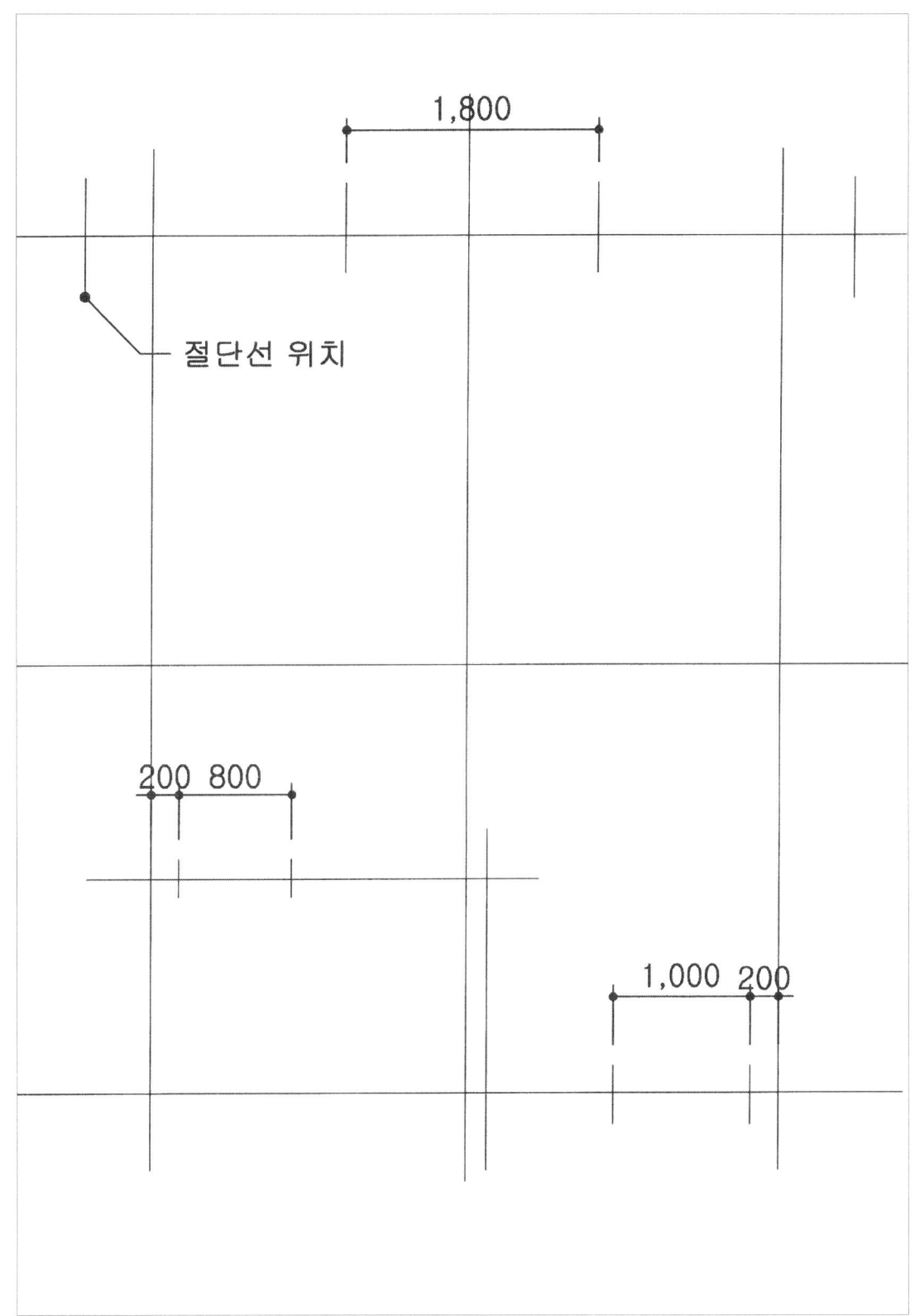

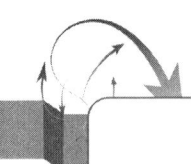

4. 벽 두께를 작도한다.

공간 벽의 단열재는 창문에서 100mm 떨어져 그린다.

* 중심선 교차점을 기준으로 45° 각도의 보조선을 긋고 작업하면 빨리 제도할 수 있다.

  단, 각 점 위치가 조금씩 차이가 생기기 쉬우니 벽 두께를 눈으로 재차 확인하며 작업한다.

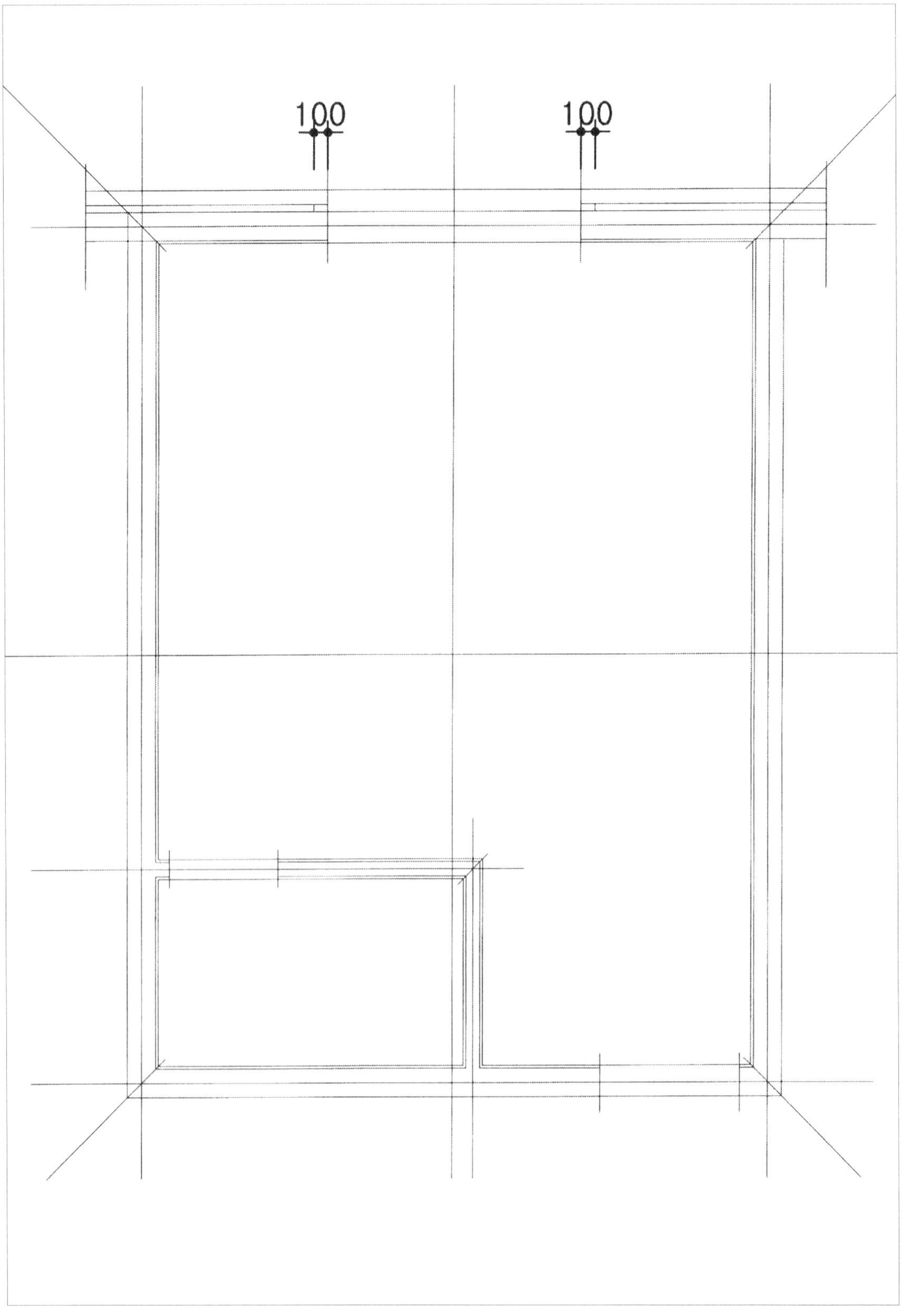

2.2 본선으로 작업한다.

1. 개구부, 절단선을 작도한다.

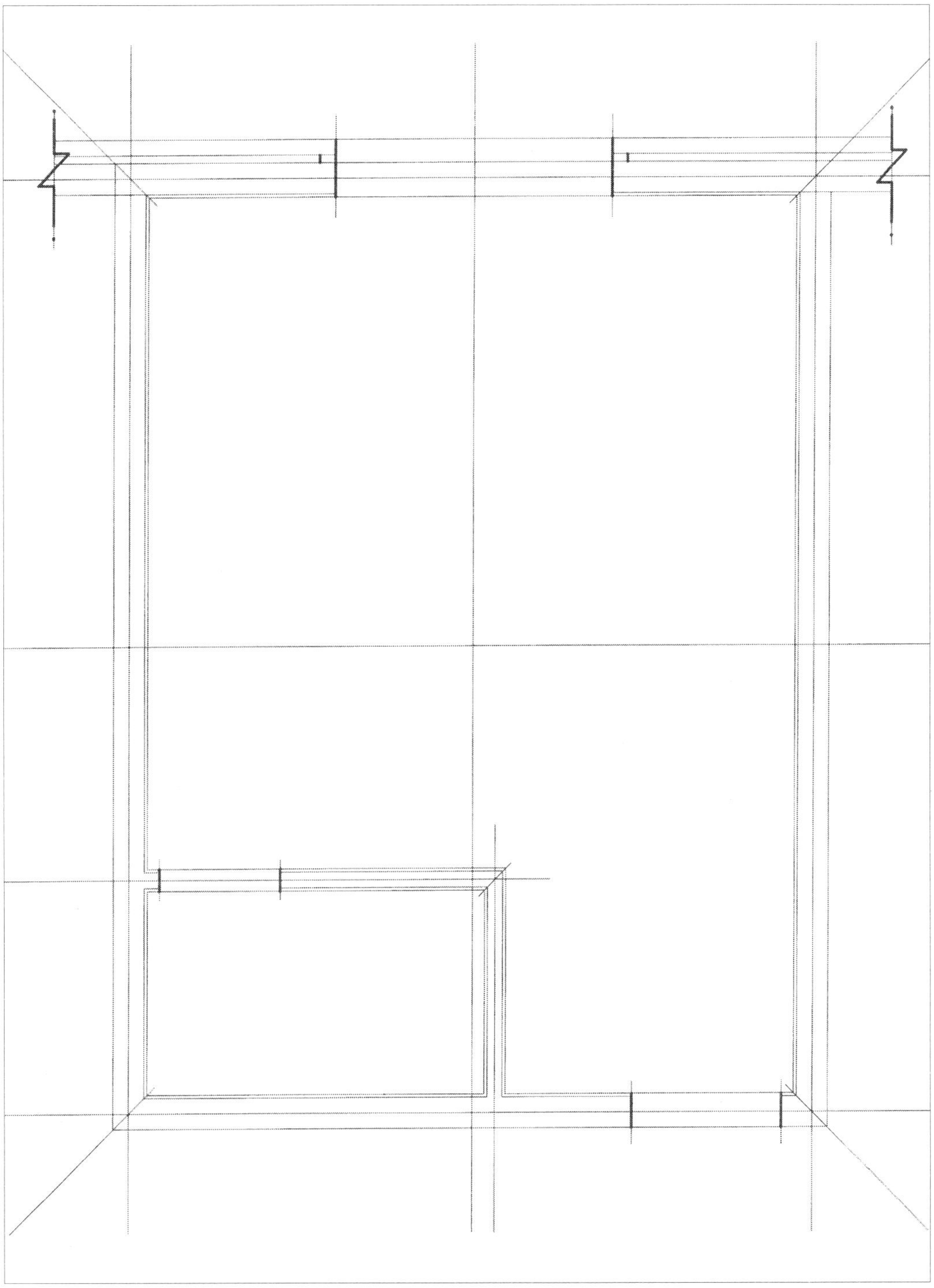

개구부는 모르타르 마감선까지 연장하여 그린다.

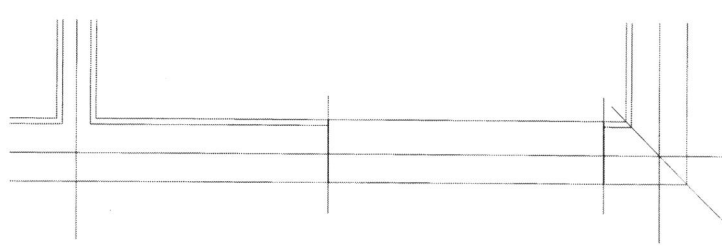

2. 벽선, 벽마감선을 그린다.

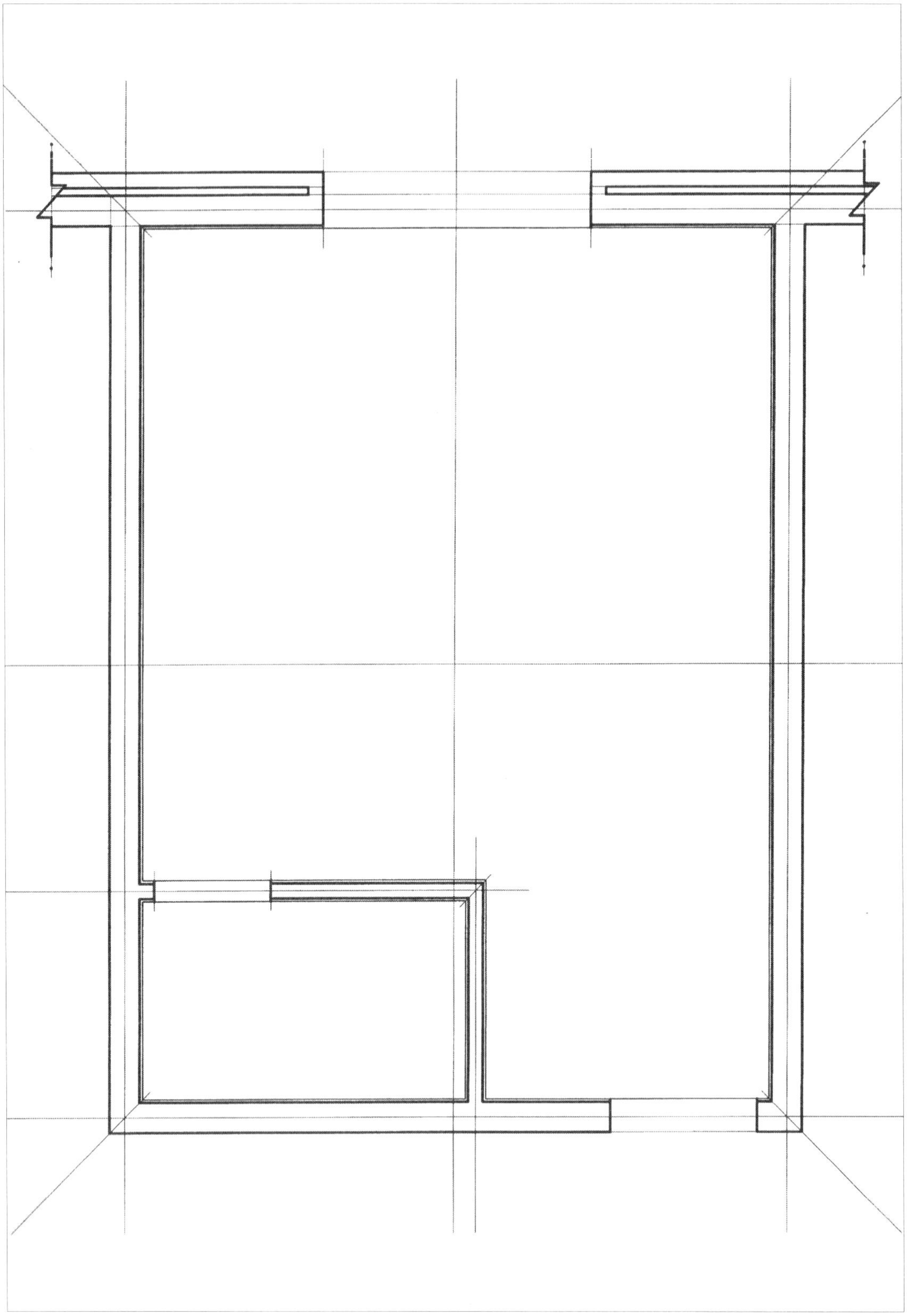

3. 개구부의 단면과 입면의 밑그림을 작도한 후 각각의 요구 선으로 작업한다.

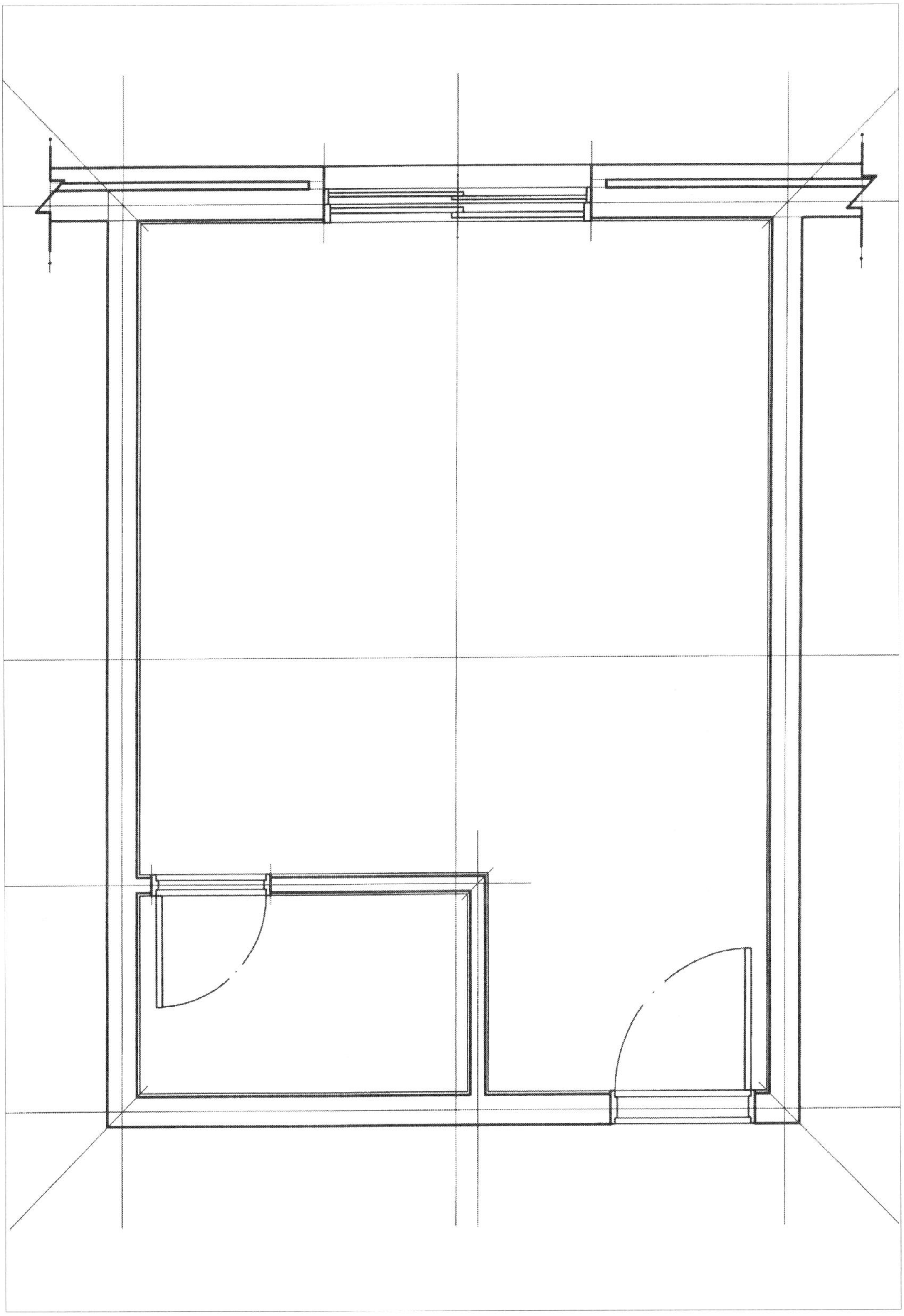

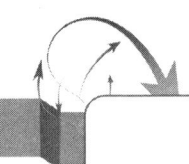실내건축기능사 실기

4. 가구 전체의 밑그림을 그린 후 각각의 요구 선으로 작업한다.

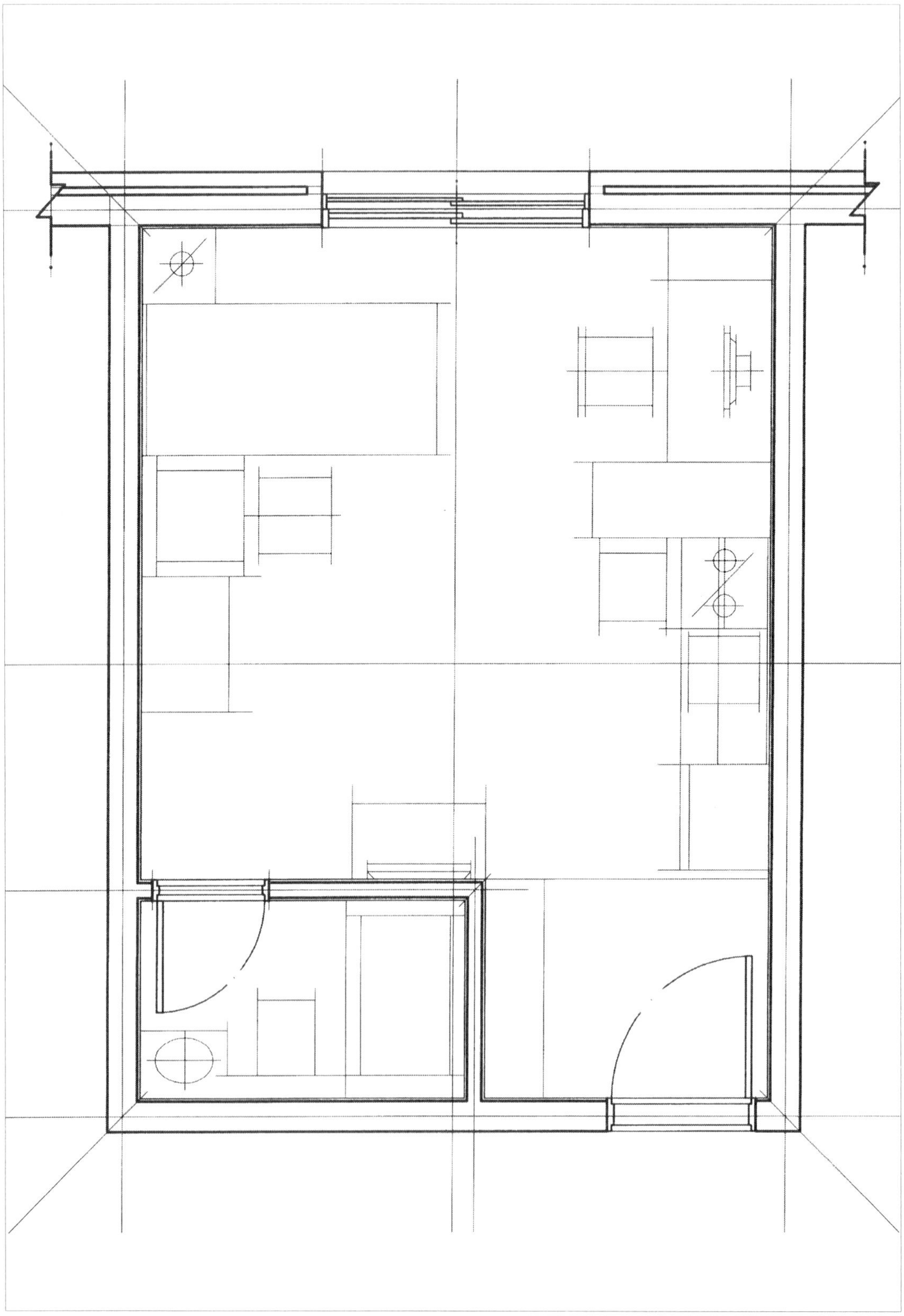

제시된 평면도에 밑그림을 그린 후 요구조건에서 제외된 가구가 있는지를 검토하고 전체의 동선도 확인한다.

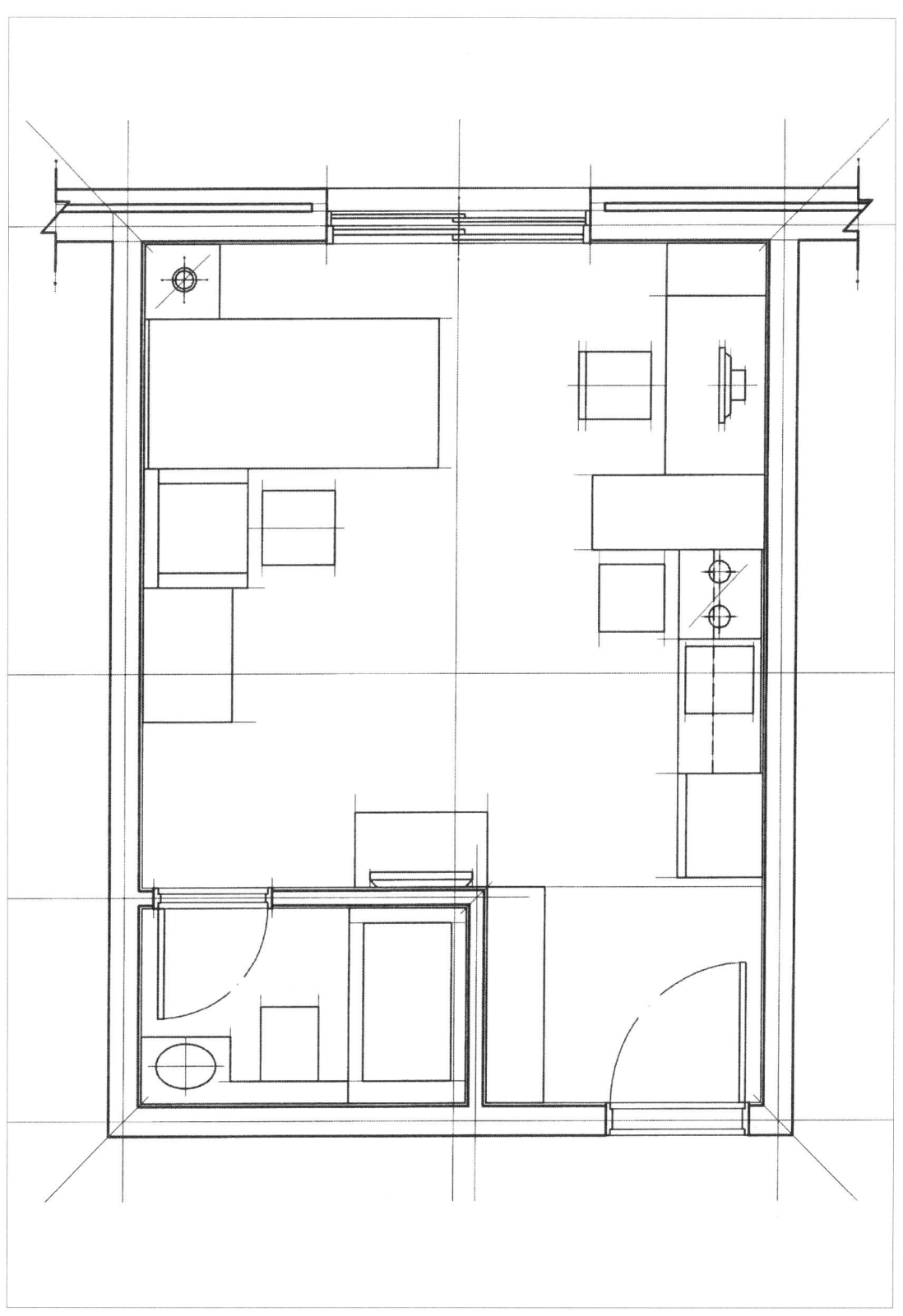

5. 벽체 중심선, 치수선의 위치를 잡는다.

모서리의 사선을 이용하여 치수간격을 맞추며 작업한다.

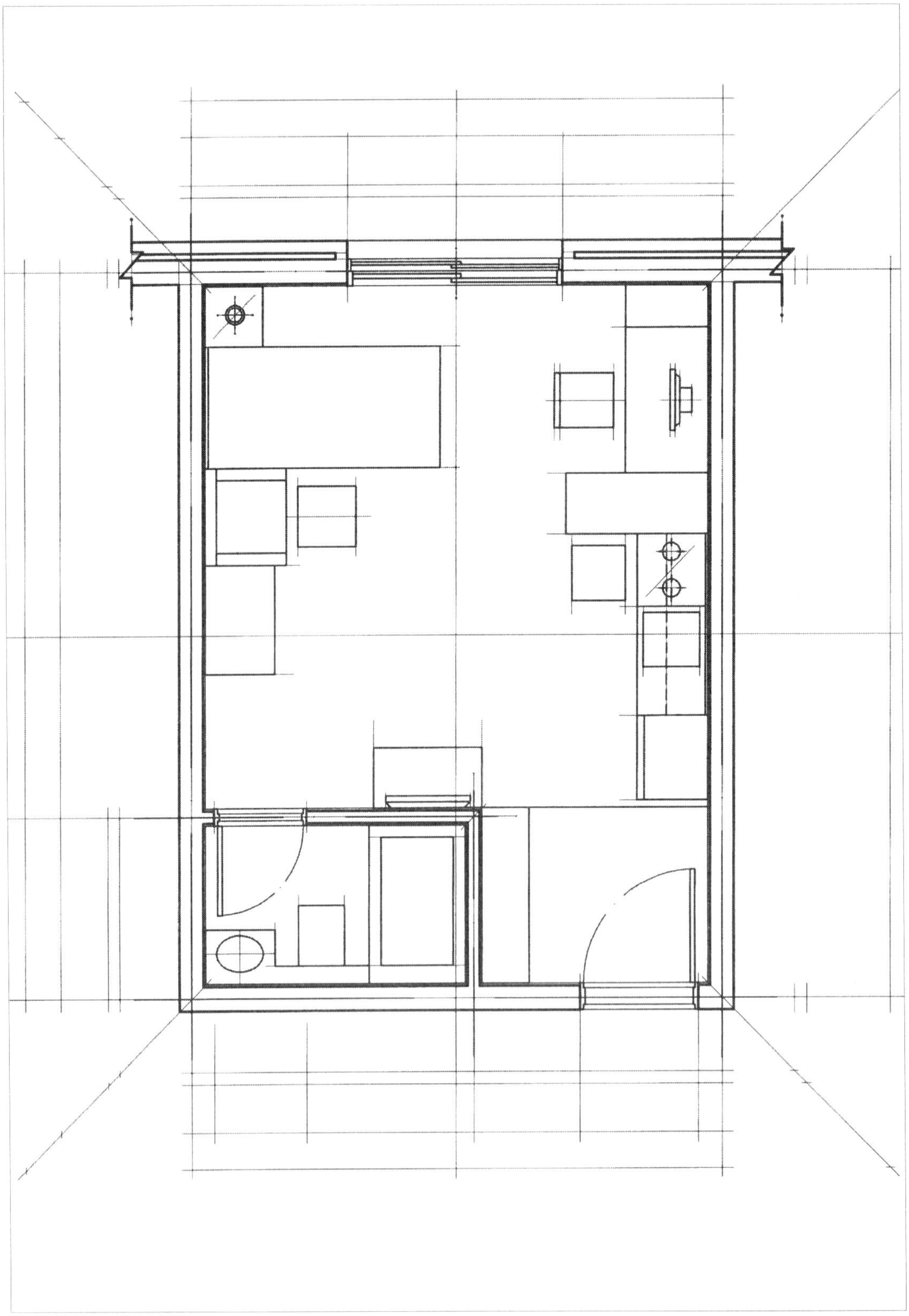

PART 04 도면의 완성

개구부 위치를 표기하며 도면의 삼면 또는 사면에 치수를 기입한다.

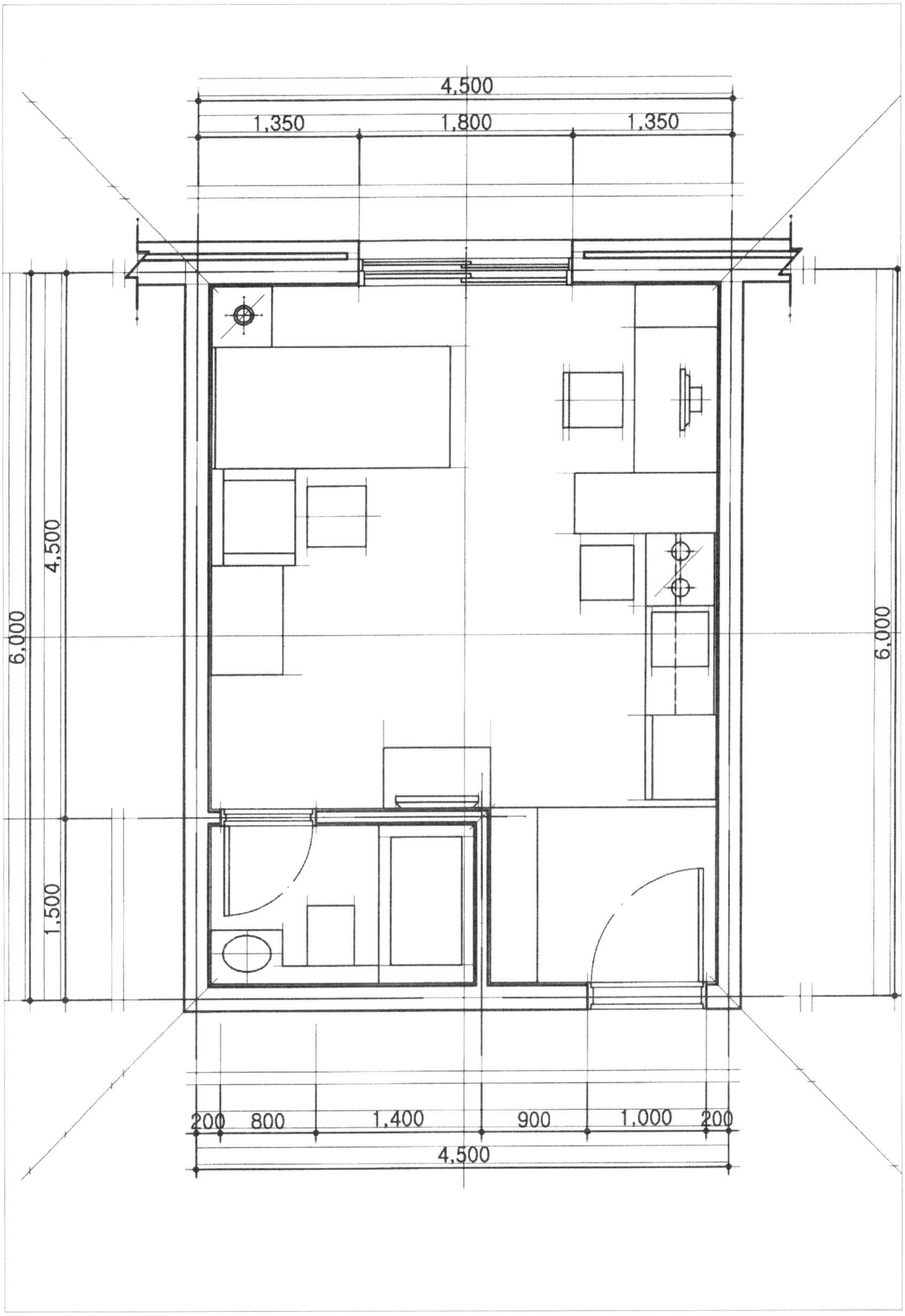

6. 문자를 기입한다.

문자는 문자보조선을 먼저 그린 후 통일되게 기입한다.

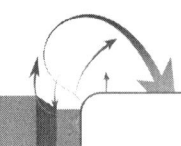

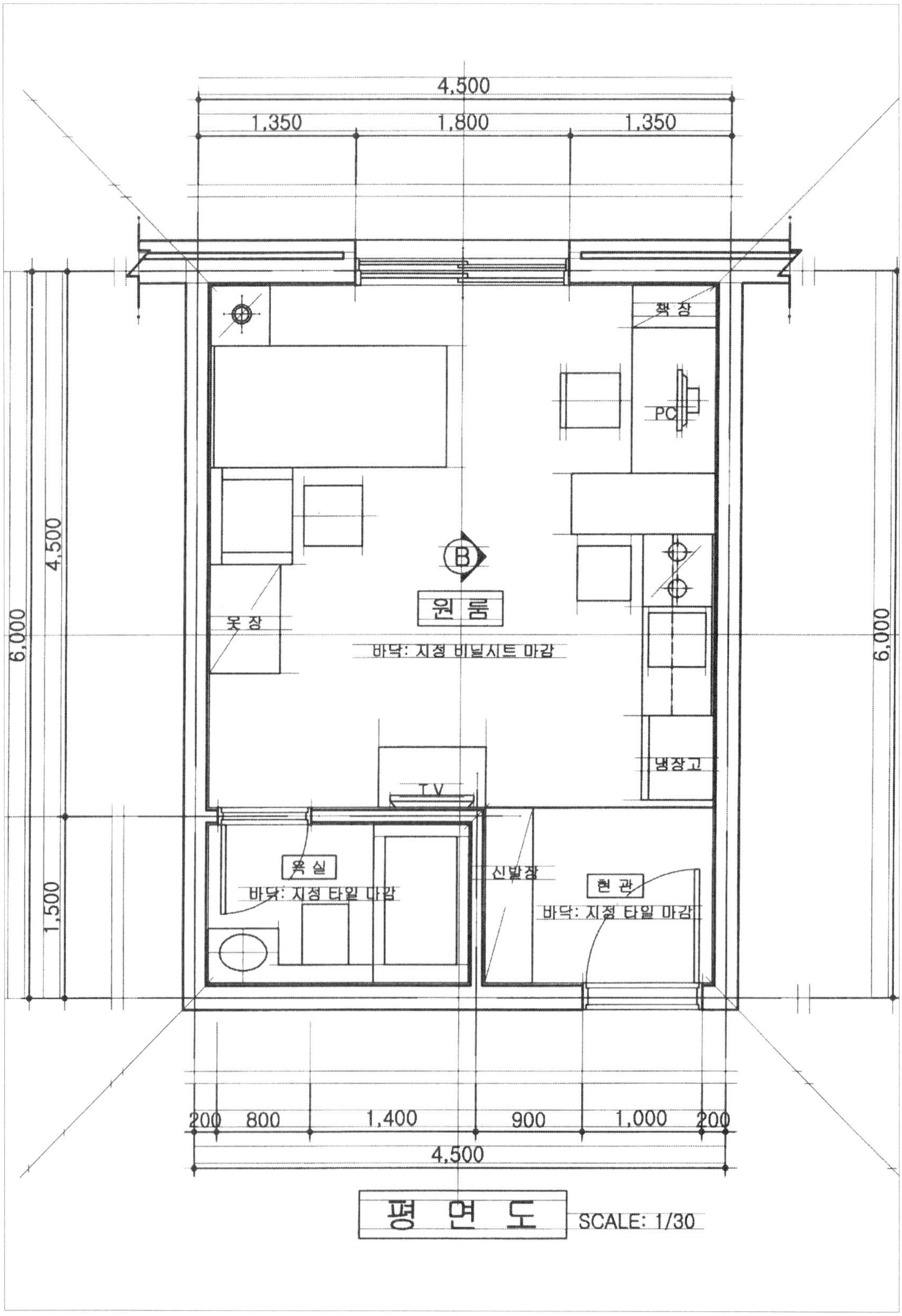

평 면 도   SCALE: 1/30

7. 사선의 절단선과 해칭선을 그린다.

절단선은 좌우 대칭으로 비슷한 크기를 적용하여 굵은선으로 그린다.

해칭선의 간격은 비슷하게 작업하며 가는선으로 그린다.

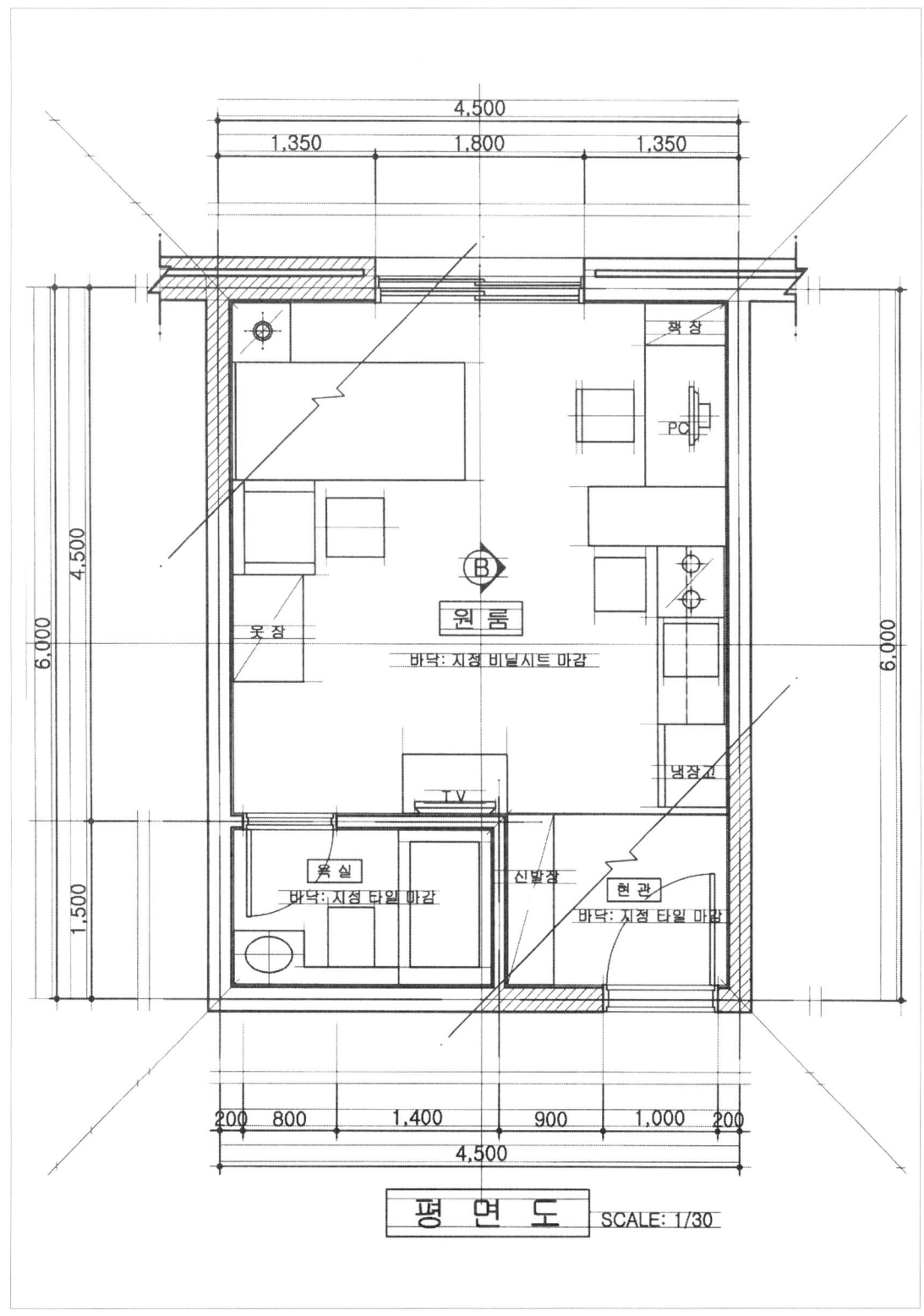

8. 각 실의 바닥 마감을 가는선으로 작업한다.

욕실, 현관 바닥 타일을 그린다.

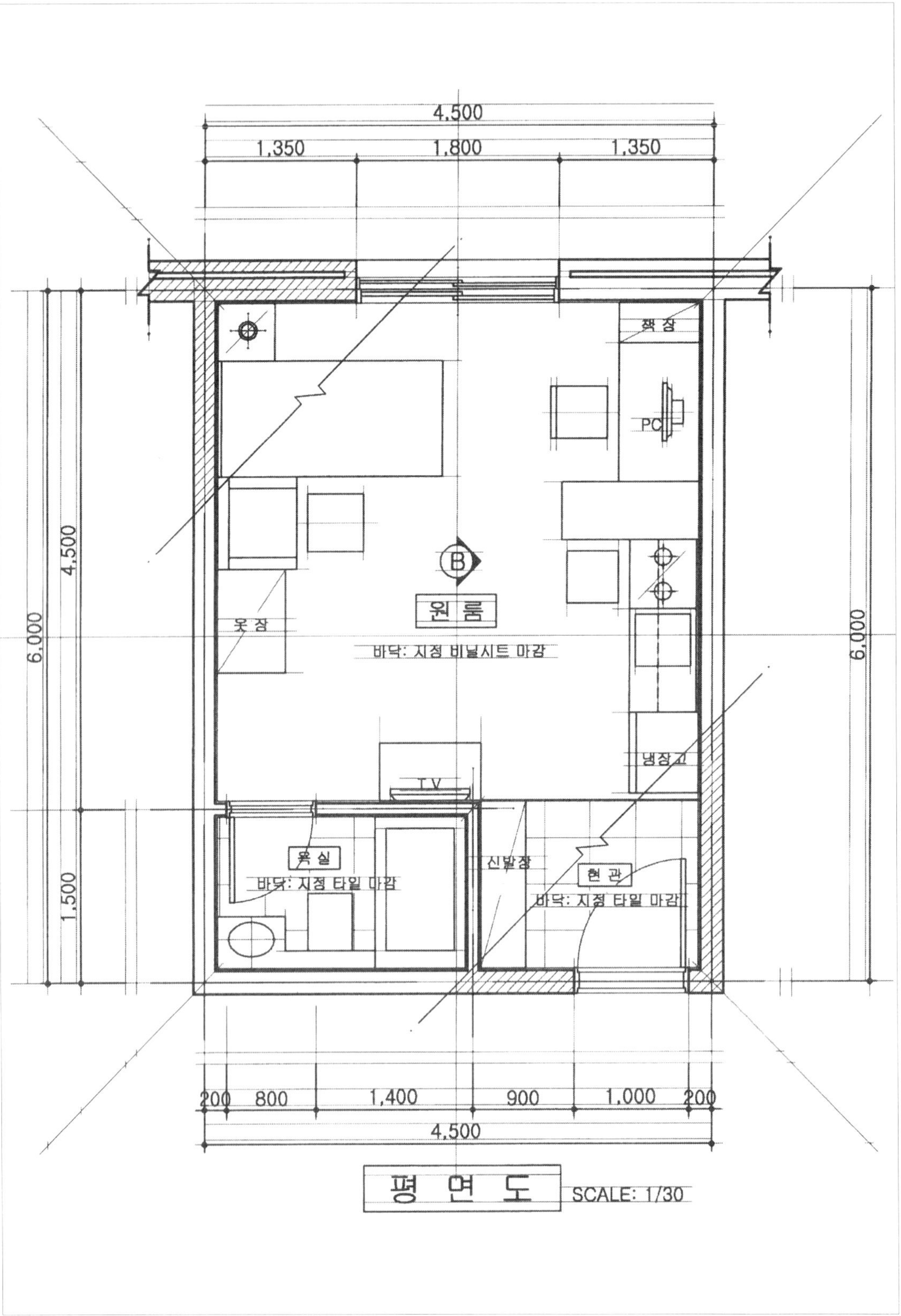

9. 굵은선 이상의 굵기로 테두리선을 그린다.

도면 작업 시 제일 먼저 작업해 두어도 좋다.

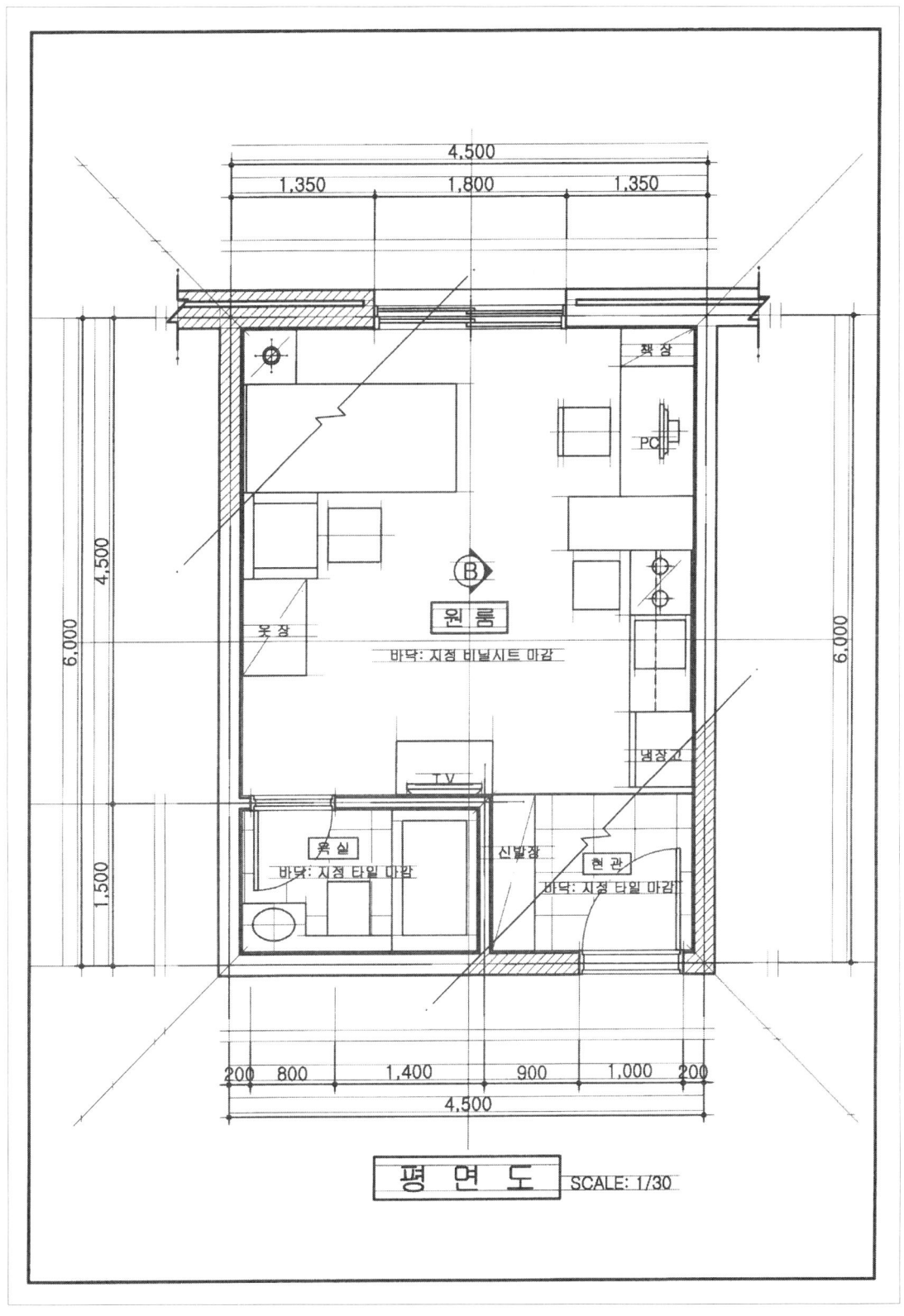

CHAPTER 02

천장도

1. 천장도의 개념

천장면 가까이, 즉 천장에서 300mm 높이에서 수평으로 잘라 천장면을 올려다본 상태를 표현한 도면으로 보이는 방향은 평면도 방향과 반대이지만 이해를 돕기 위해 평면도와 같은 방향으로 작도하게 되며 천장의 재료, 조명기구의 종류와 위치, 기타 설비를 나타내는 도면이다.

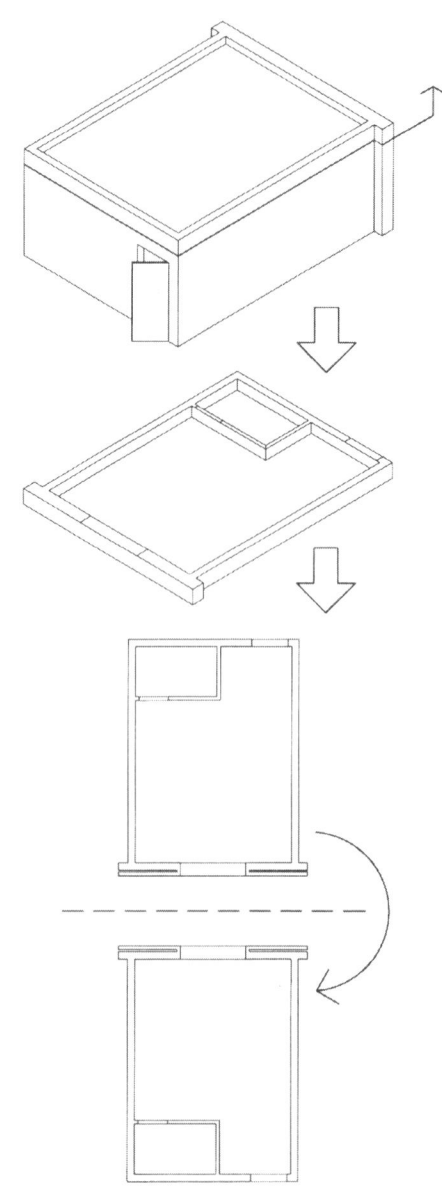

2. 도면작업

2.1 보조선으로 작업한다.

1. 평면도와 같은 축척일 경우

천장도와 입면도를 1장의 트레싱지에 완성해야 하므로 평면도의 왼쪽으로 붙인다.

평면도의 벽체선, 개구부의 위치선, 절단선, 치수선과 치수문자 보조선 등을 똑같이 옮긴다.

옮기는 선을 본선으로 바로 작업해도 되지만 선의 굵기가 잘 표현되지 않을 수 있으니 밑그림만 딴다.

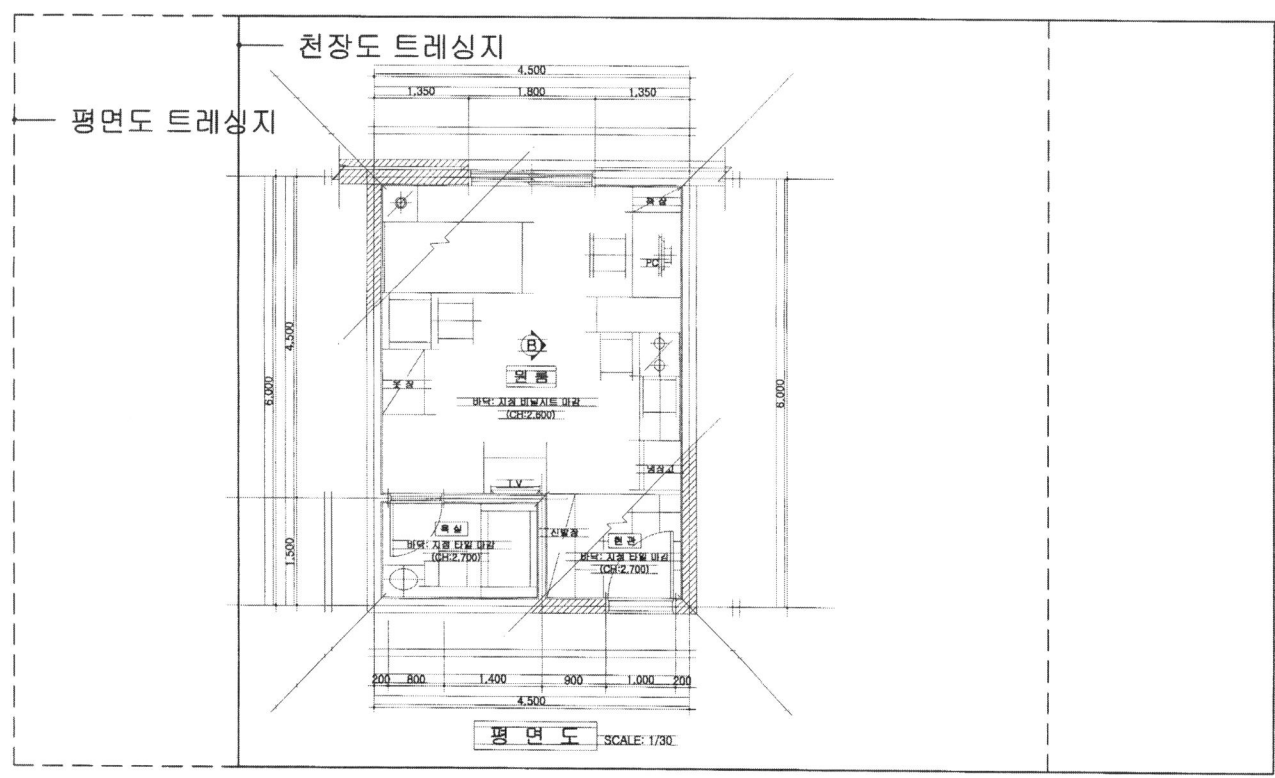

※ 평면도와 축척이 다를 경우
- 평면도의 작업과정의 "2.1 보조선으로 작업 한다"의 내용을 참고하여 작도한다.

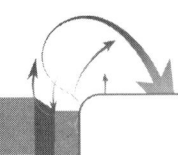

실내건축기능사 실기

2. 싱크대 상부장, 붙박이장의 위치를 작업한다.

평면에서는 파선이지만 천장도에서는 실선으로 그린다.

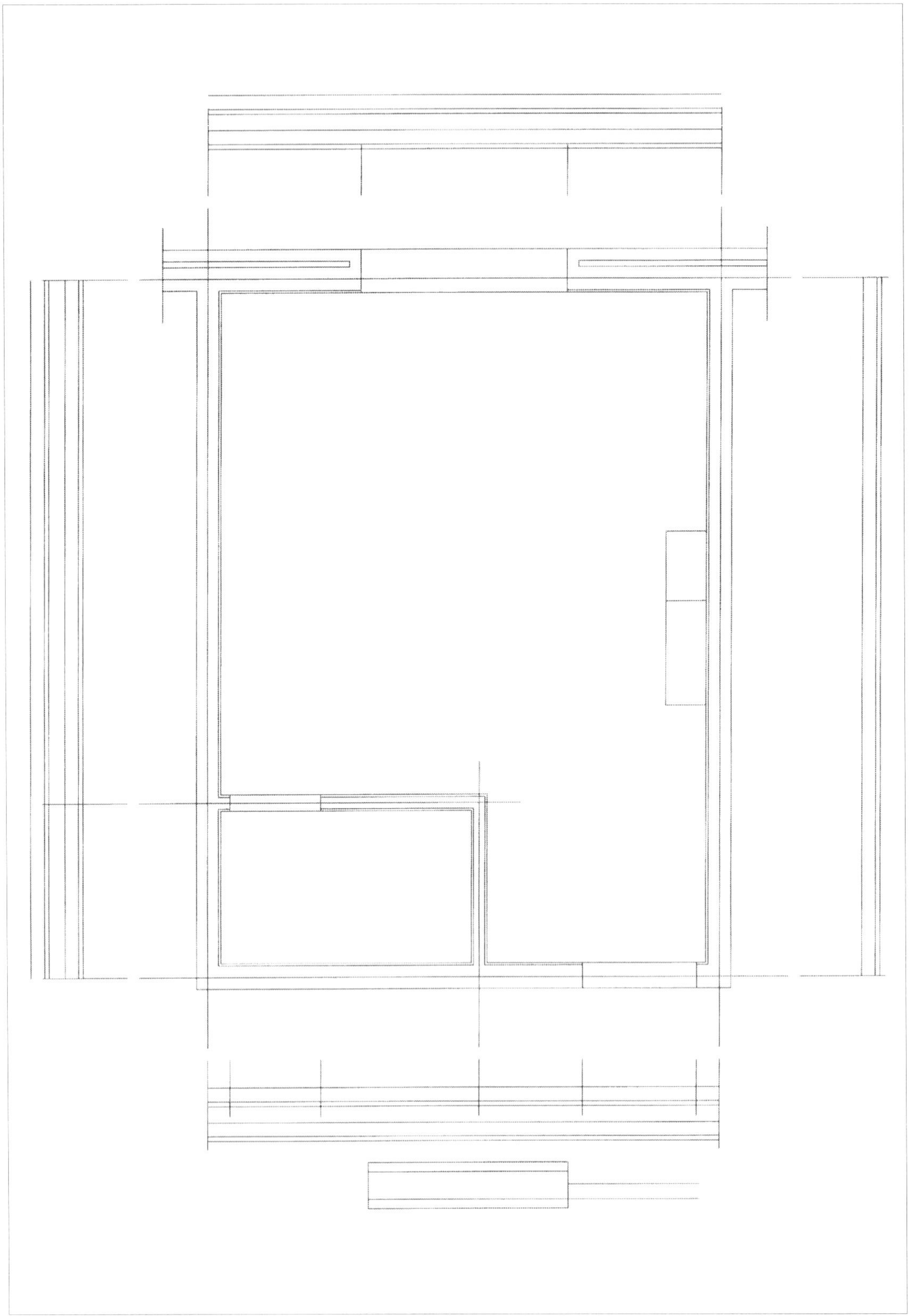

3. 평면도에서 필요한 등기구 위치를 표기한다.

식탁의 펜던트 위치, 싱크대 보조등인 형광등 위치
거실 직부등, 현관등, 욕실등의 위치를 표기한다.

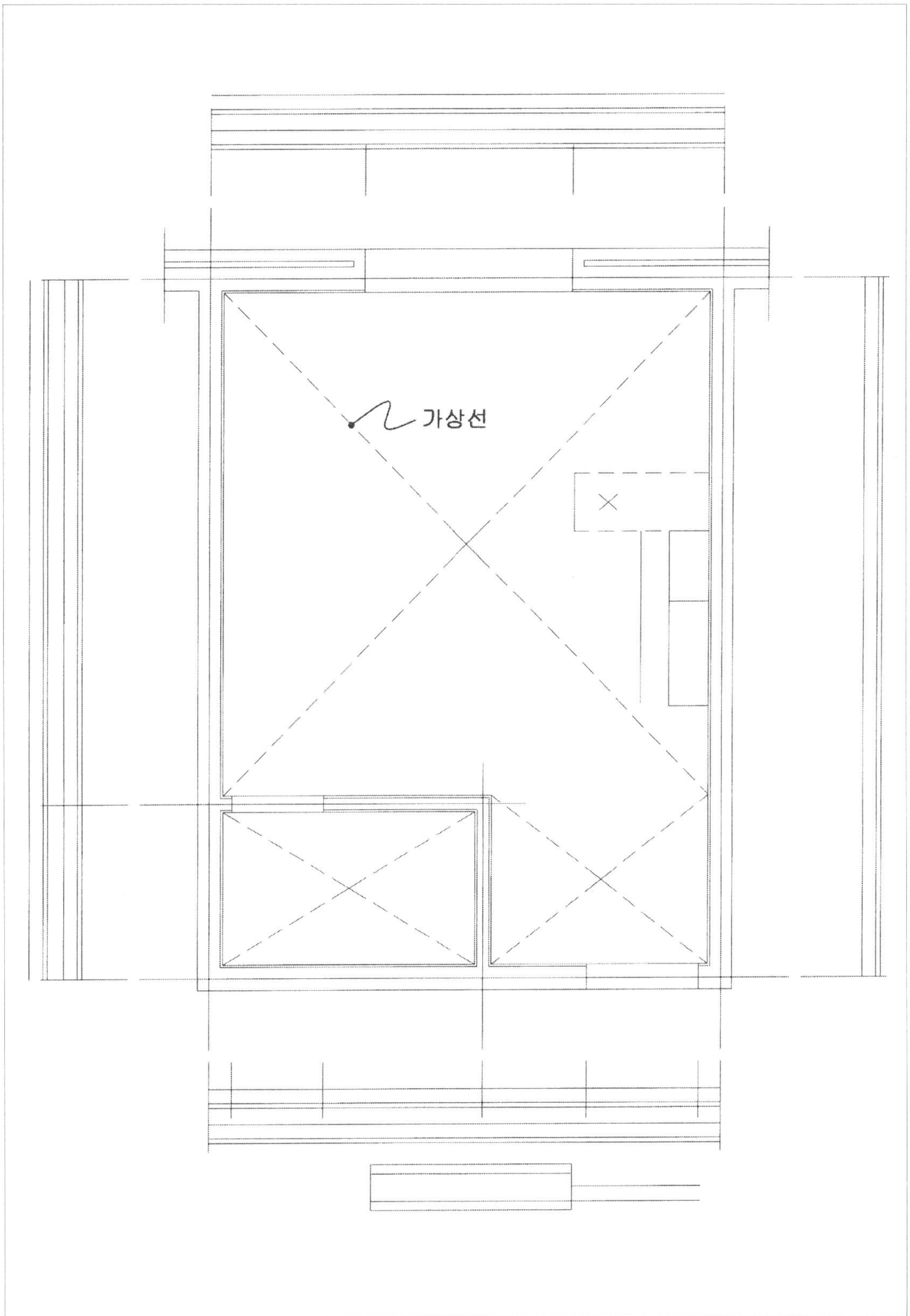

가상선

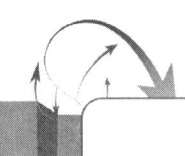

2.2 본선으로 작업한다.

1. 개구부, 벽 절단선을 그린다.

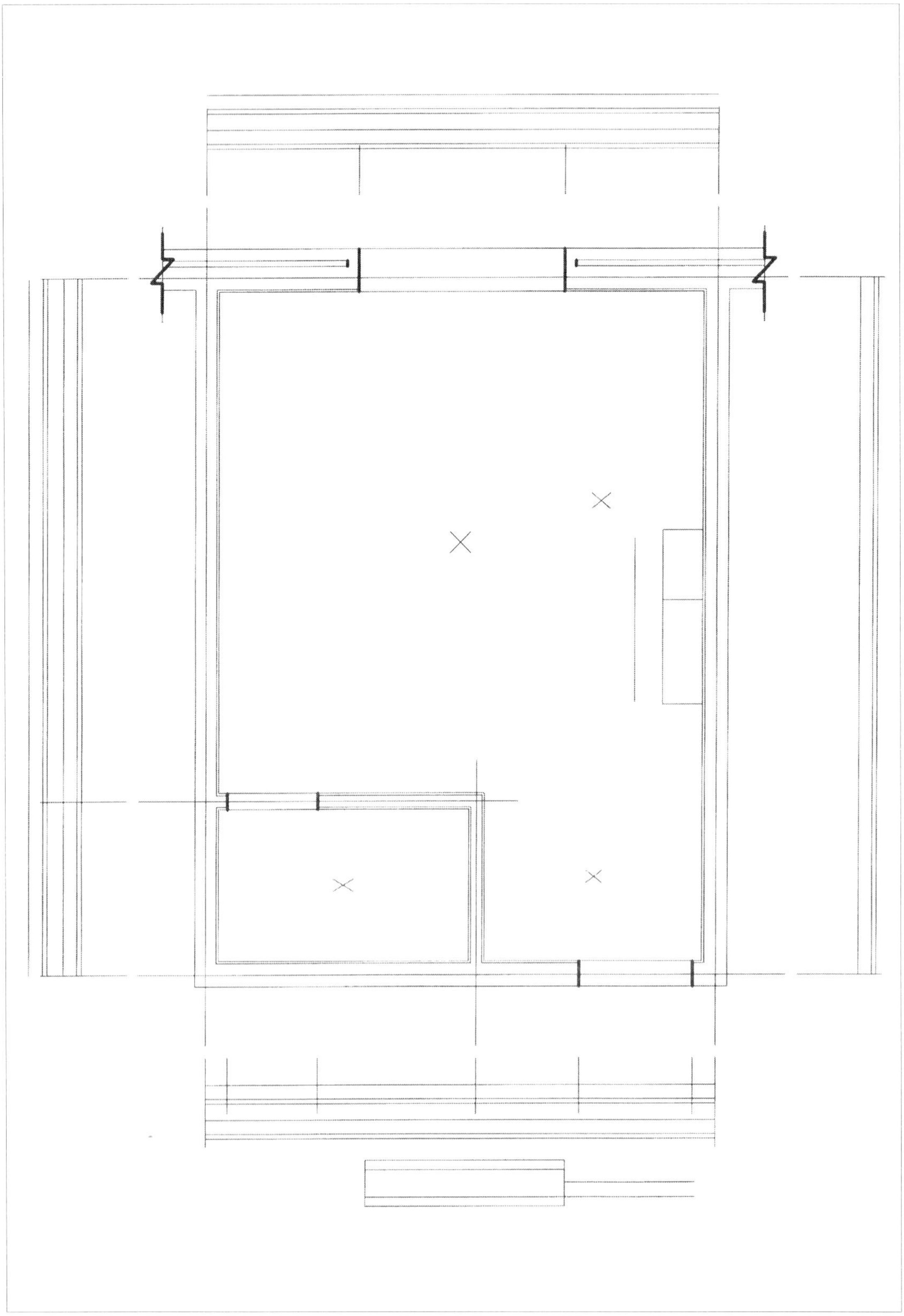

2. 벽 중심선, 벽선을 그린다.

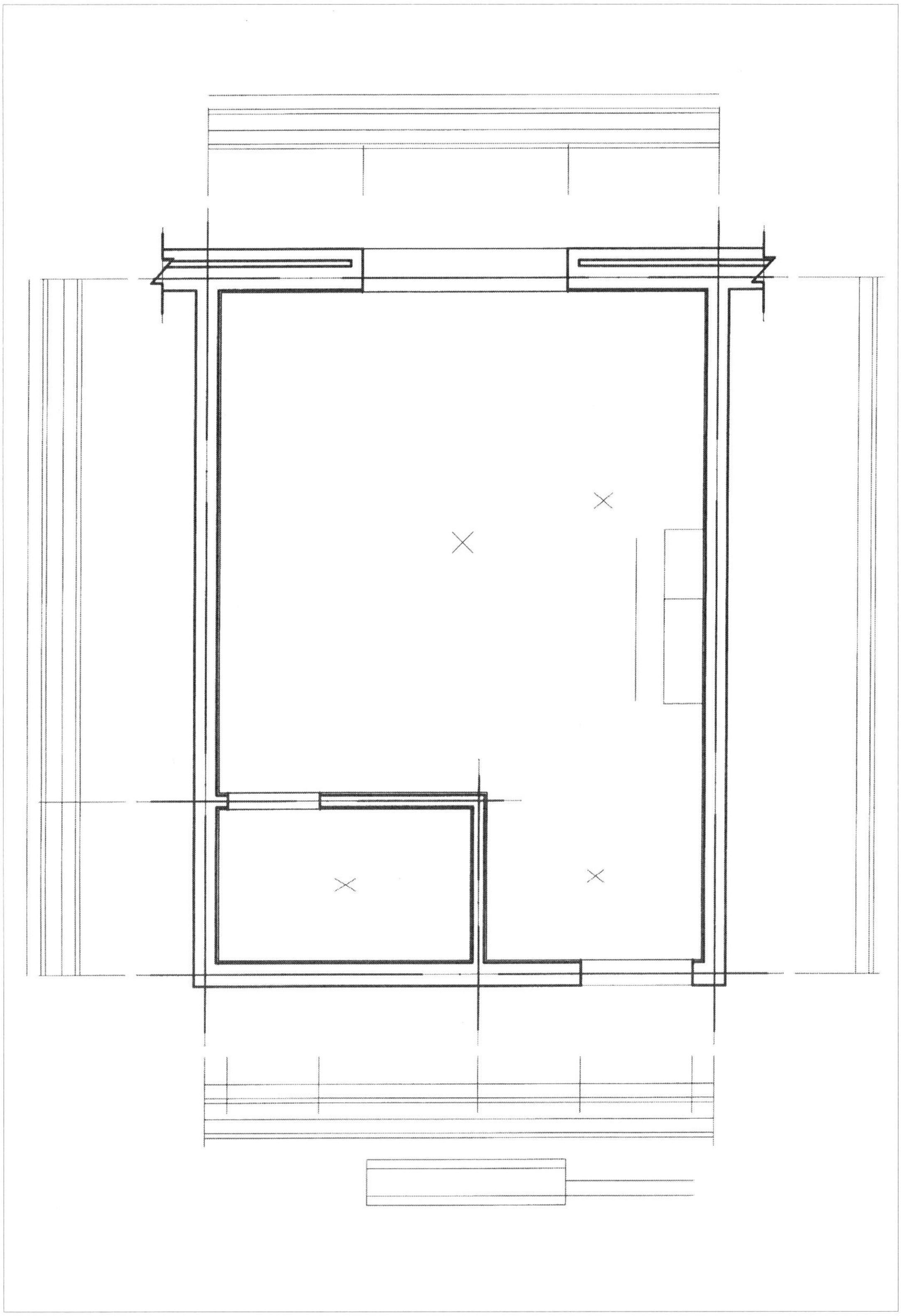

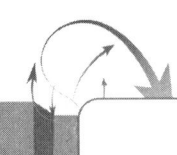

3. 커튼 박스를 작업한다.

창을 기준으로 양쪽으로 200mm의 위치에 그린다.

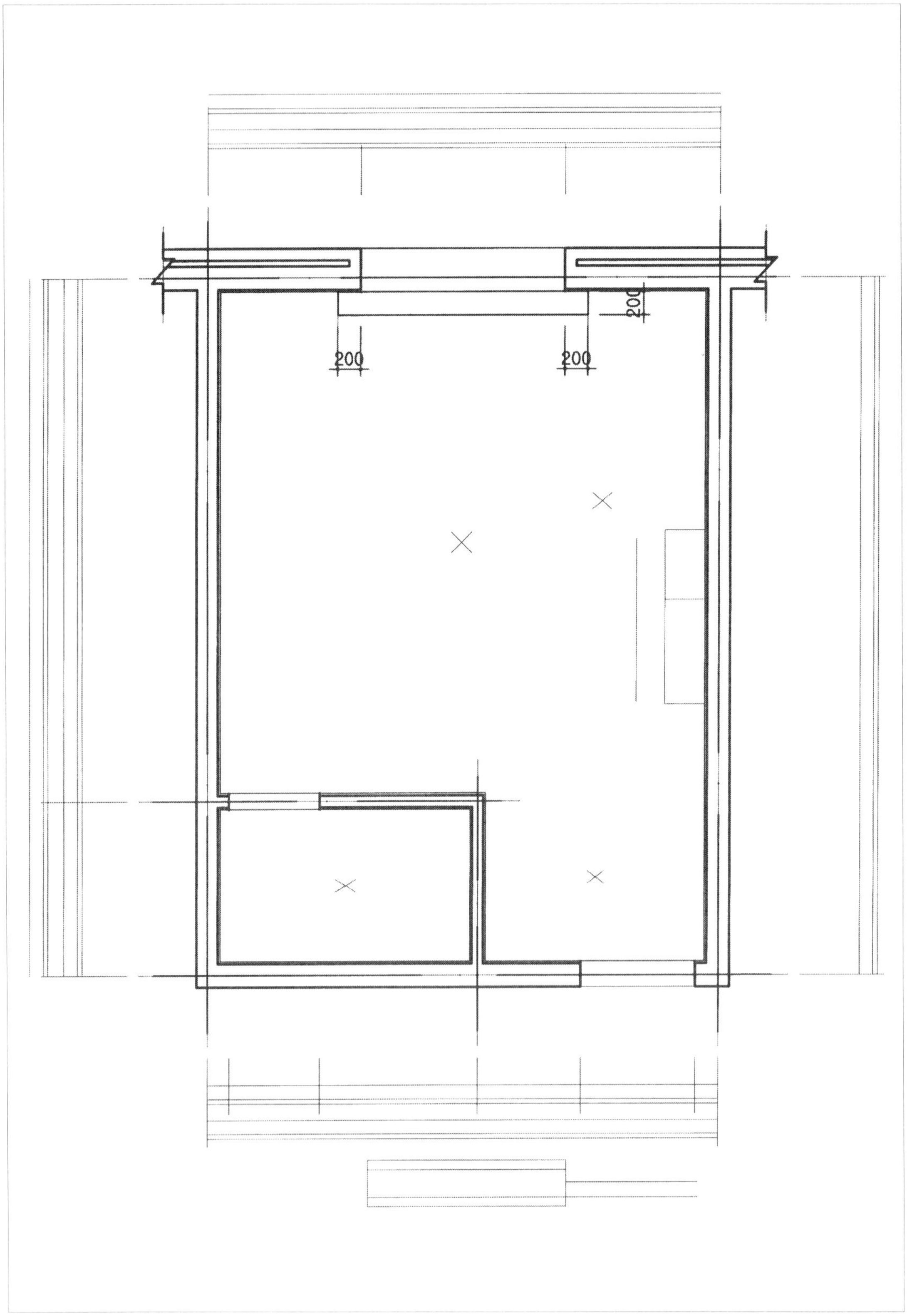

4. 조명, 점검구(450×450), 가구를 작도한다.

조명 위치에 가는선으로 십자 표기 후 등기구를 축척에 맞춰 작도한다.

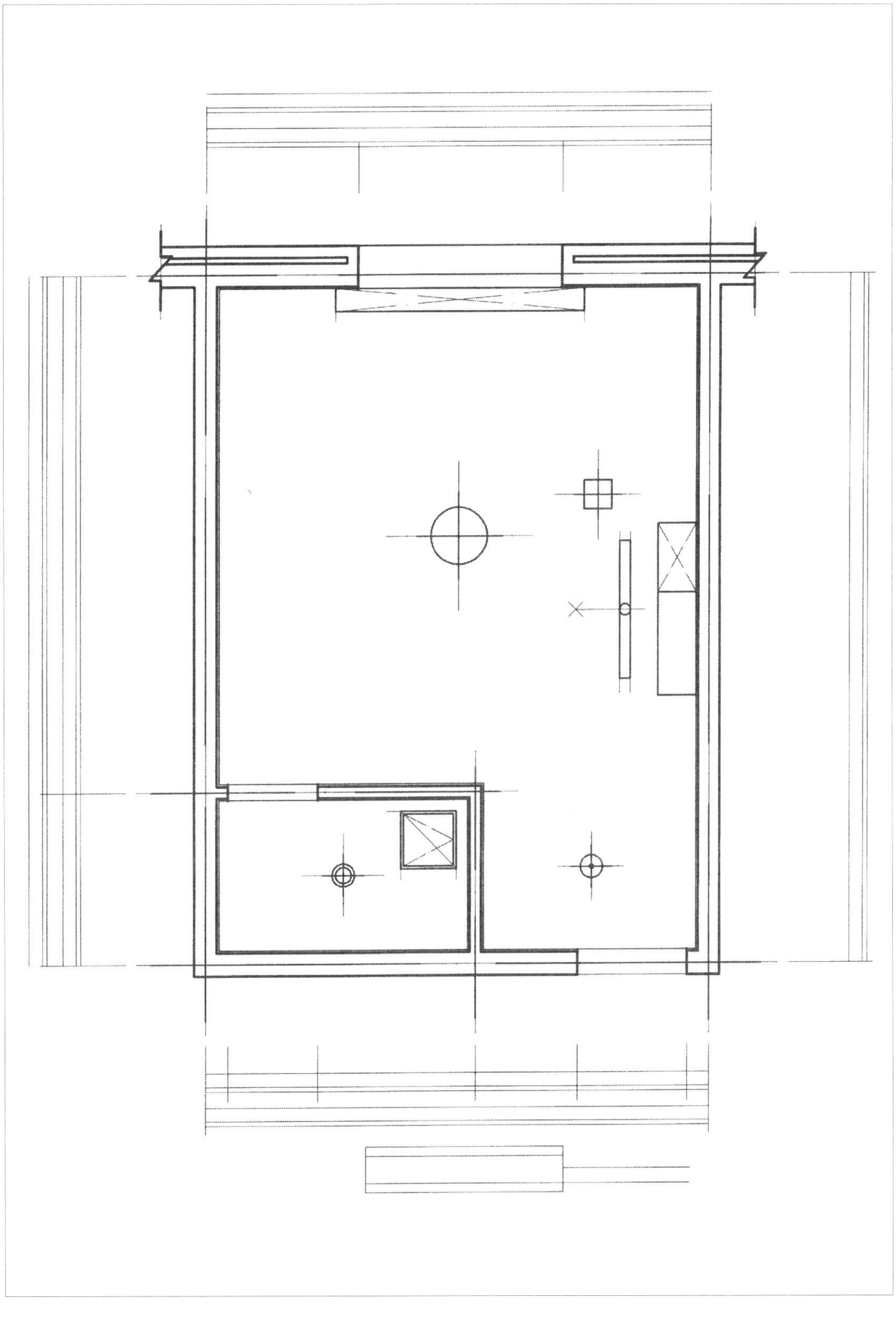

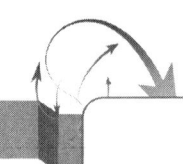

5. 천장 몰딩을 그린다.

벽의 모서리마다 사선의 보조선을 그린 후 몰딩 두께를 적용하여 작업한다.

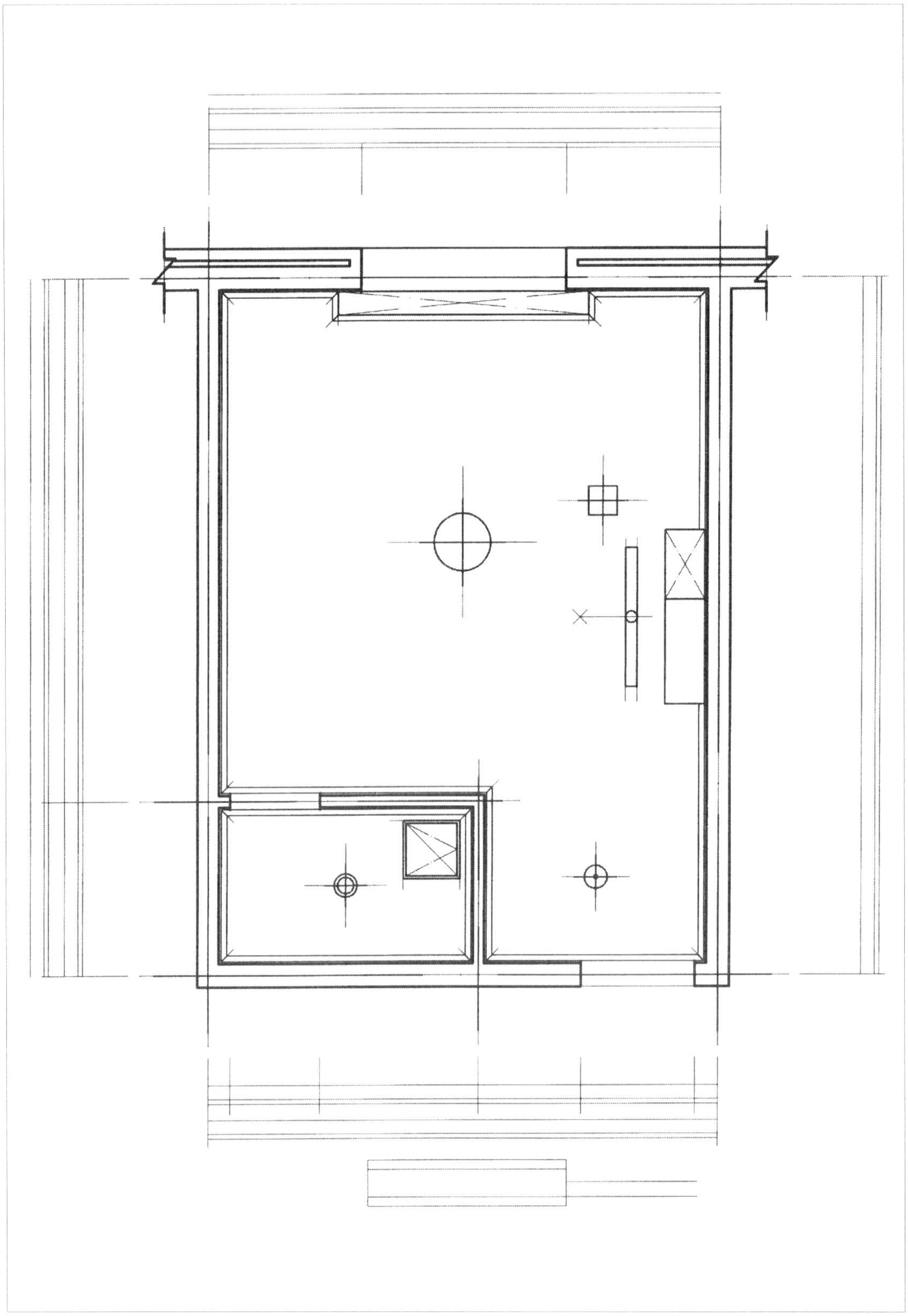

6. 치수선, 치수문자를 기입한다.

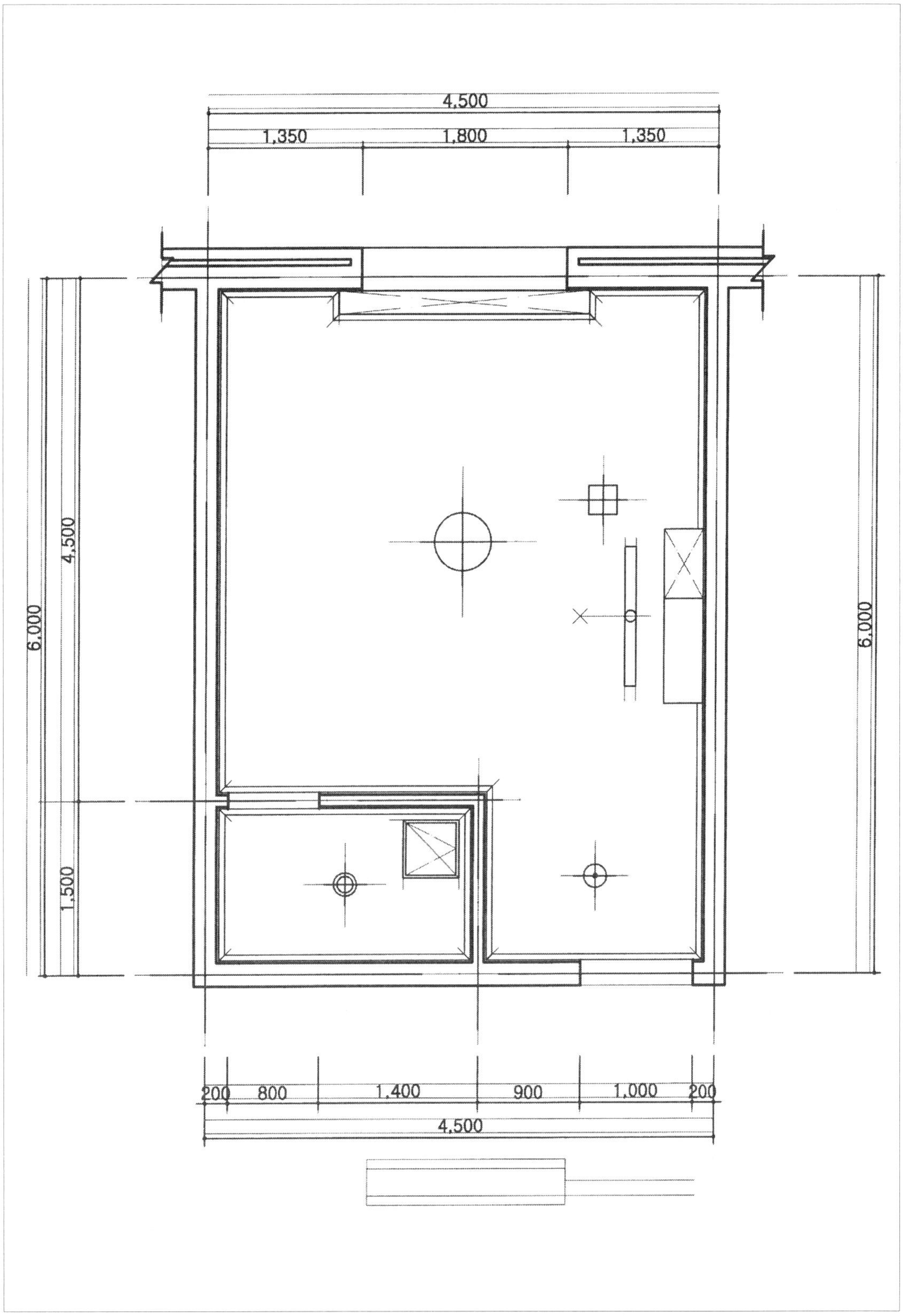

7. 문자를 기입한다.

문자는 문자보조선을 먼저 그린 후 통일되게 기입한다.

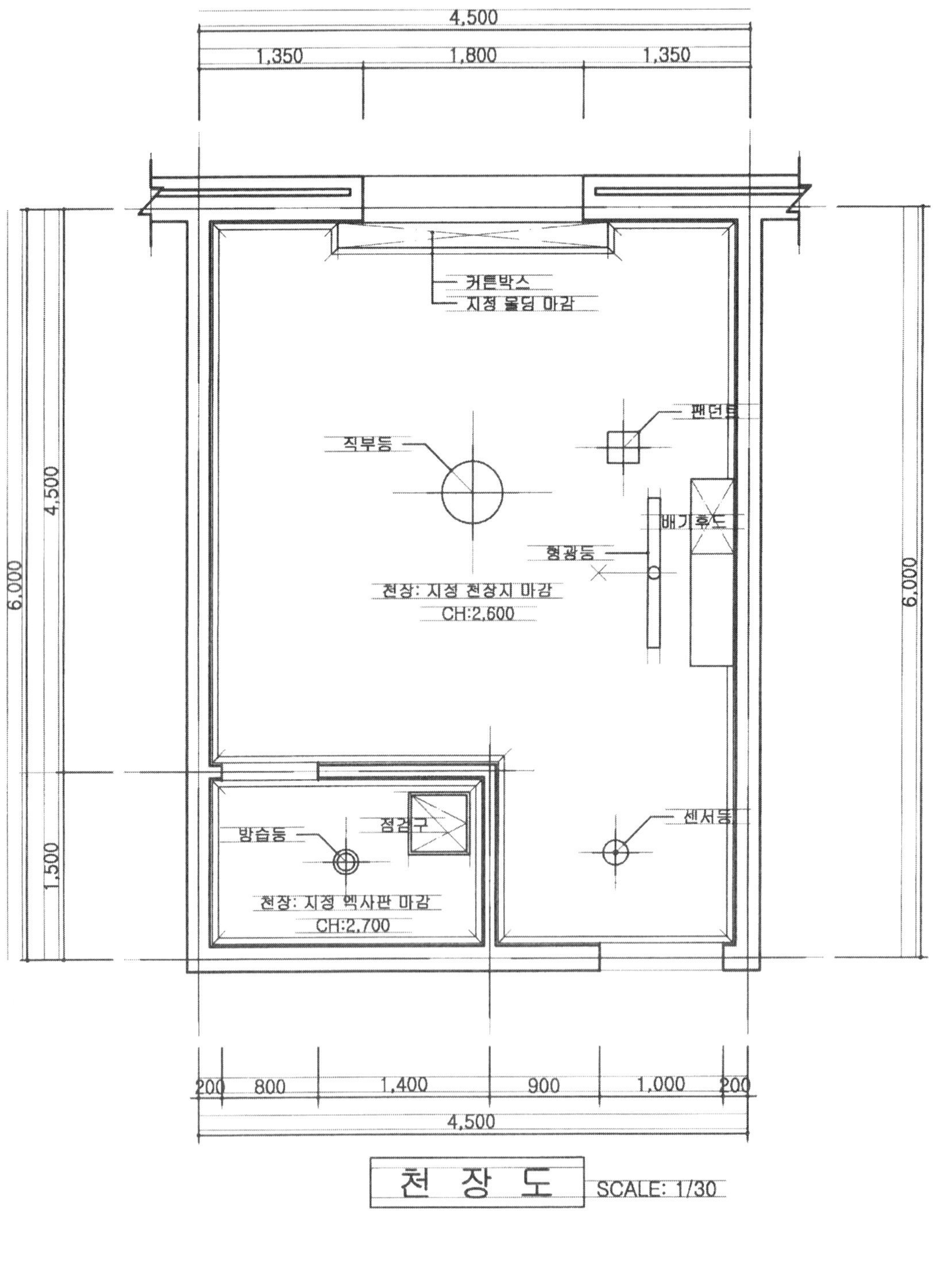

천 장 도 SCALE: 1/30

8. 사선의 절단선과 해칭선을 그린다.
절단선은 평면도보다 작게 그려 해칭선의 작업 시간을 줄인다.

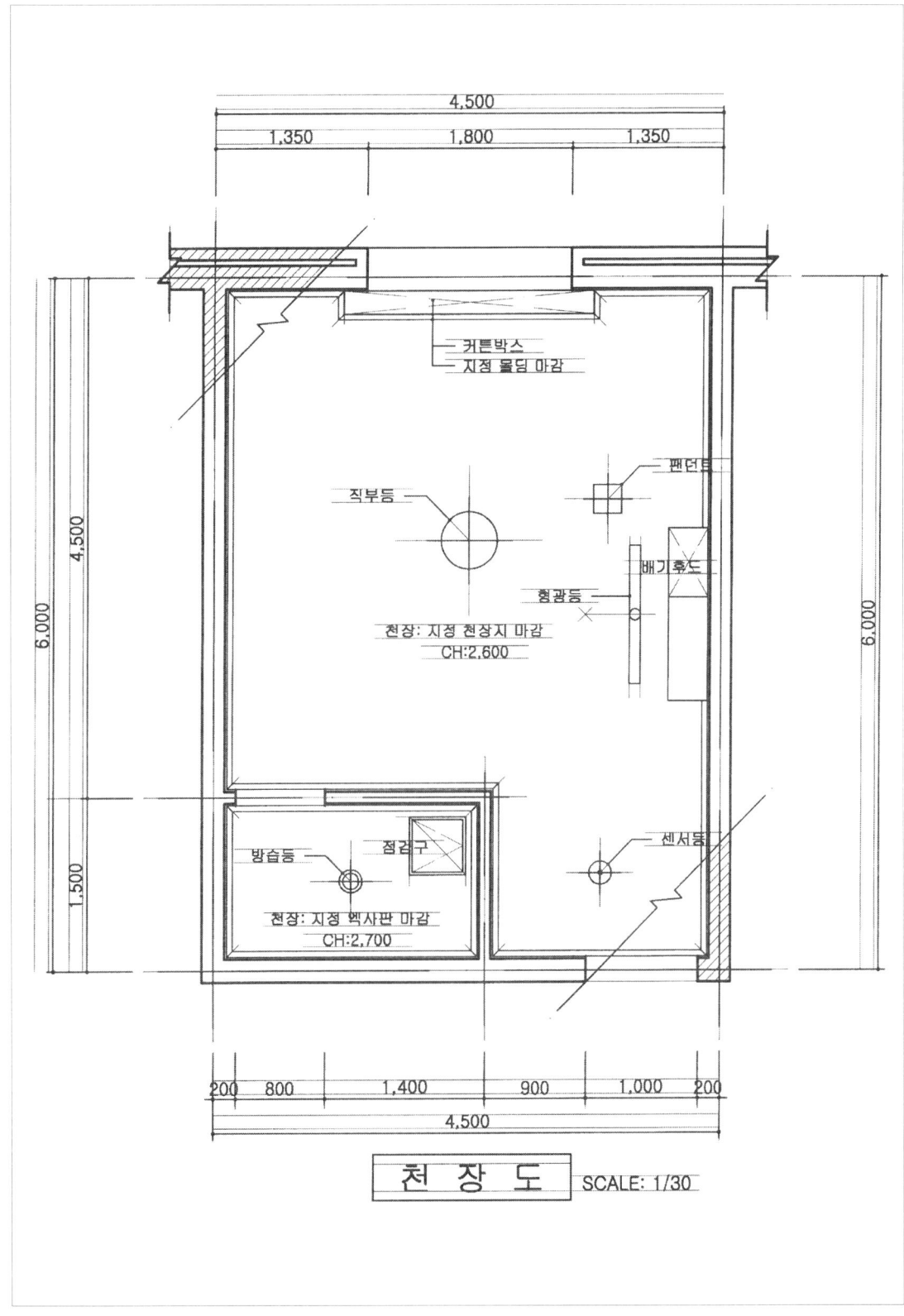

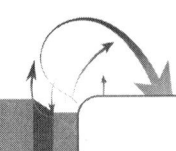

9. 범례표를 작성한다.

전체도면을 우선적으로 작업한 후 작업시간이 여유 있을 경우 작성한다.

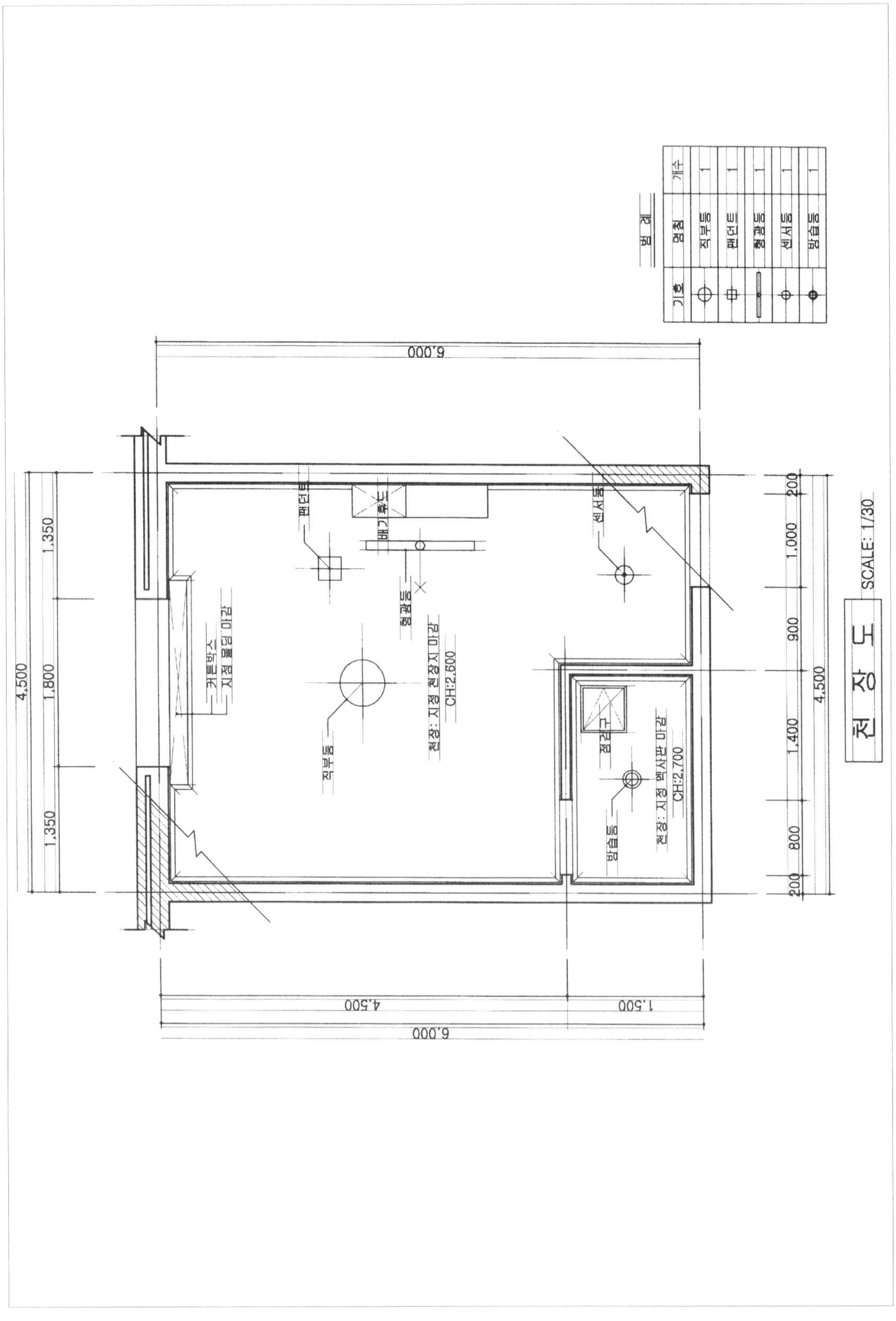

10. 굵은선 이상의 굵기로 테두리선을 그린다.(실제 작업도면은 왼쪽에 위치함)

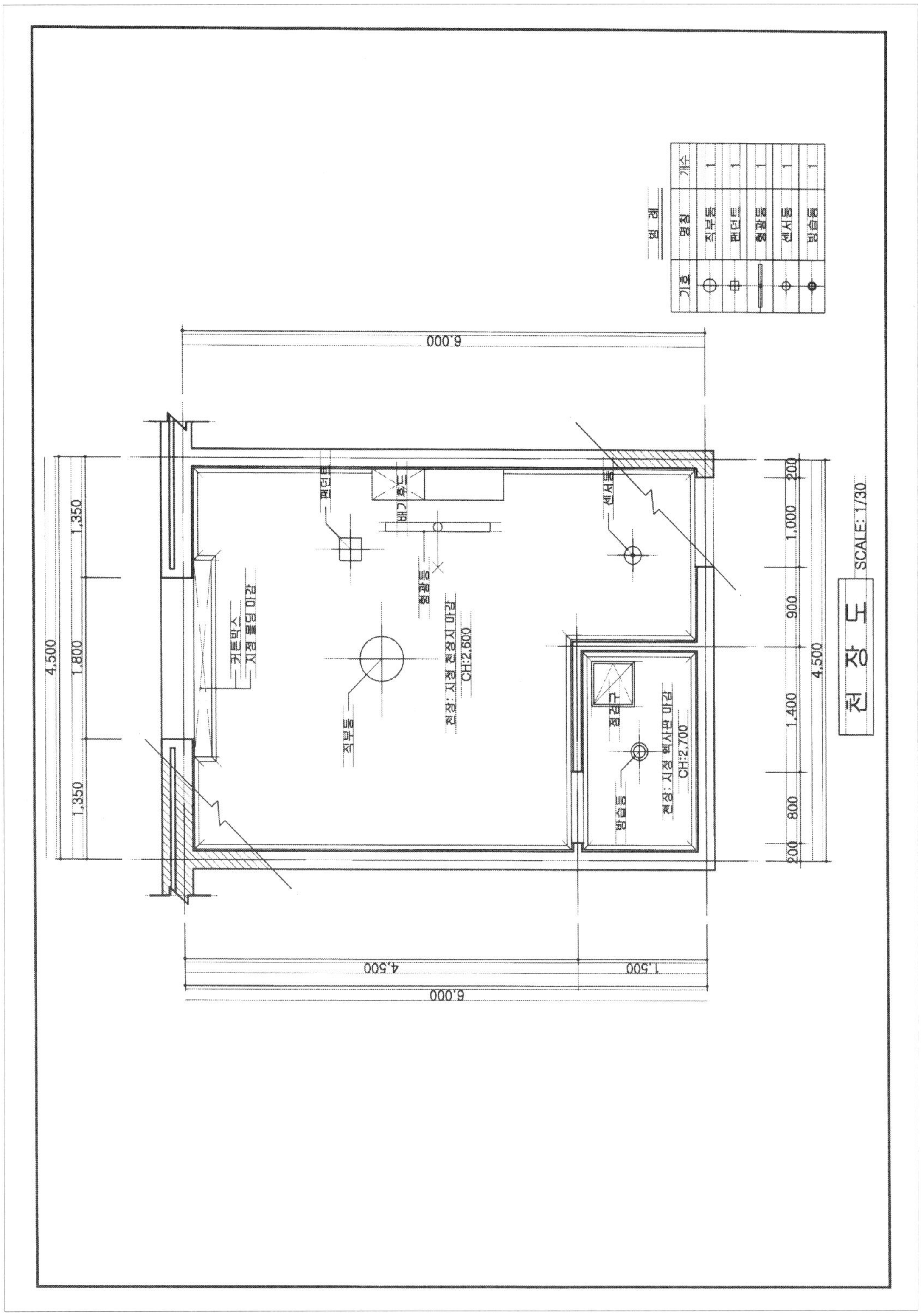

CHAPTER 03

입면도

1. 입면도의 개념

건축물 내부의 수직면을 바라본 상태를 표현한 도면으로 각 벽면의 마감재료, 가구, 개구부의 형상과 높이 등이 표현되며 벽면 디자인을 우선으로 작도하고 가구나 기구 등은 벽면에 가까이 있는 것을 작도한다. 꺾인 벽면의 경우 전개도 방식으로 도면을 작도하는데 전개도는 굴곡이 있거나 꺾인 부분을 펼쳐서 디자인에 대한 이해를 높이기 위해 그리는 도면이고, 입면도는 벽의 한 면을 보여지는 그대로 투사해서 그리는 도면으로 구분하며 실내건축은 전개도로 작업하는 경우가 많다.

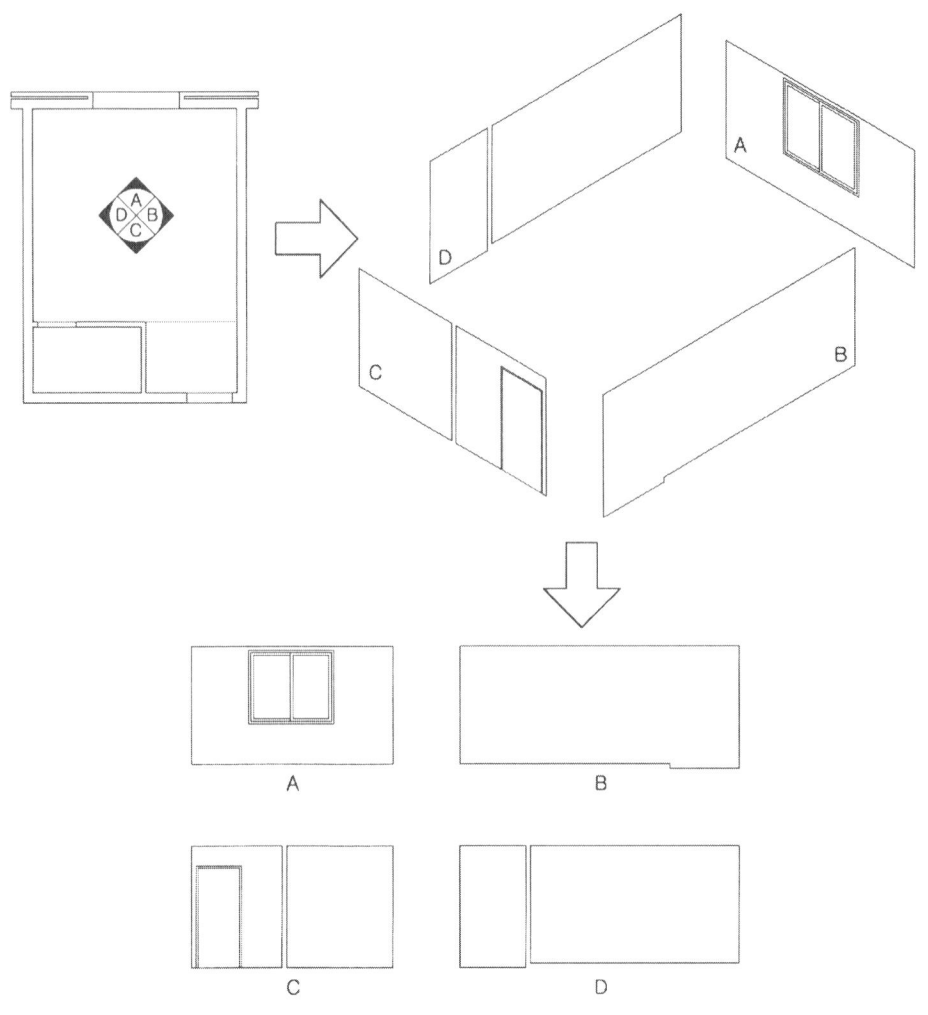

2. 도면작업

2.1 보조선으로 작업한다.

1. 입면도 G.L선과 반자높이선을 그린다.

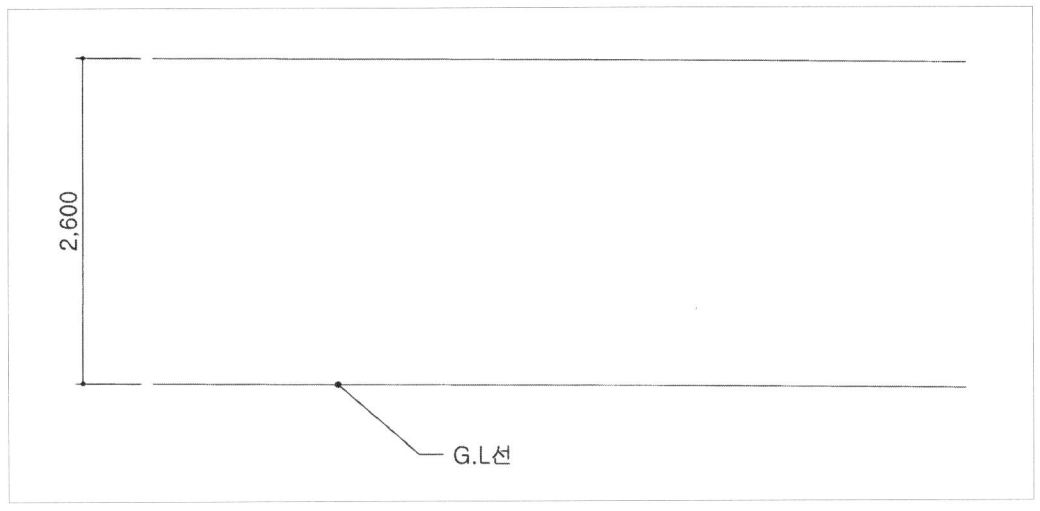

2. 평면도를 요구하는 입면도 방향으로 돌려두고 필요한 선들을 옮긴다.

벽체 중심선, 모르타르 마감선, 가구선, 바닥의 단 차이 높이선 등

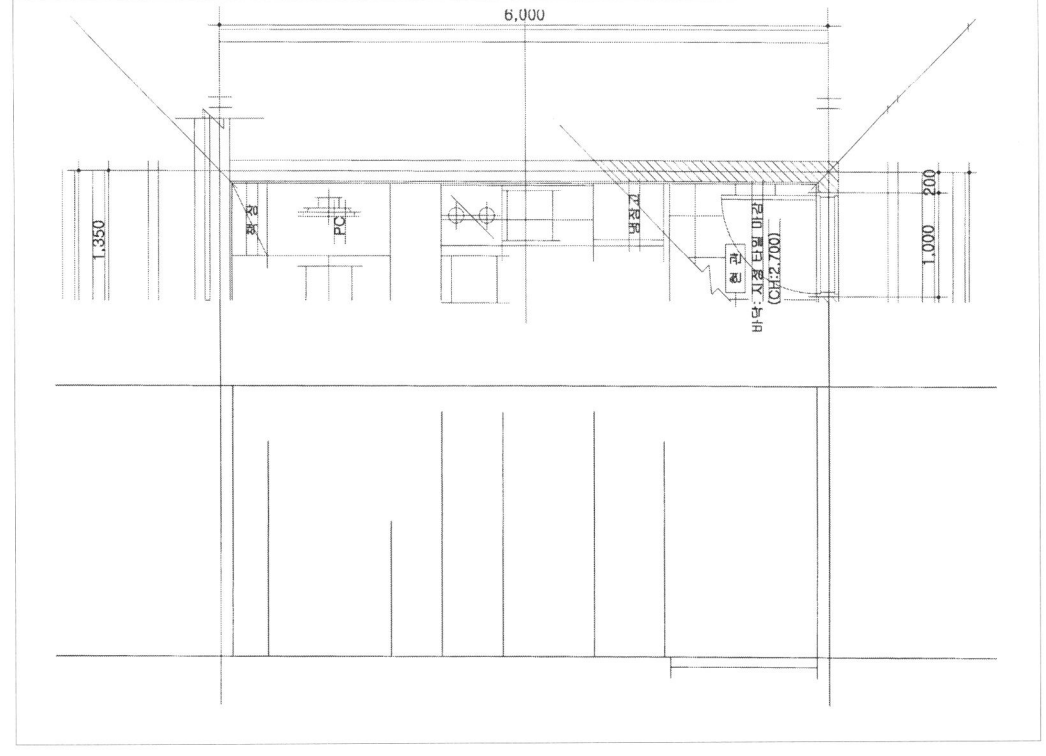

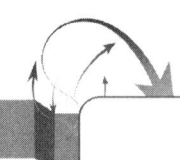

3. 가구의 높이, 몰딩, 치수선의 위치를 그린다.

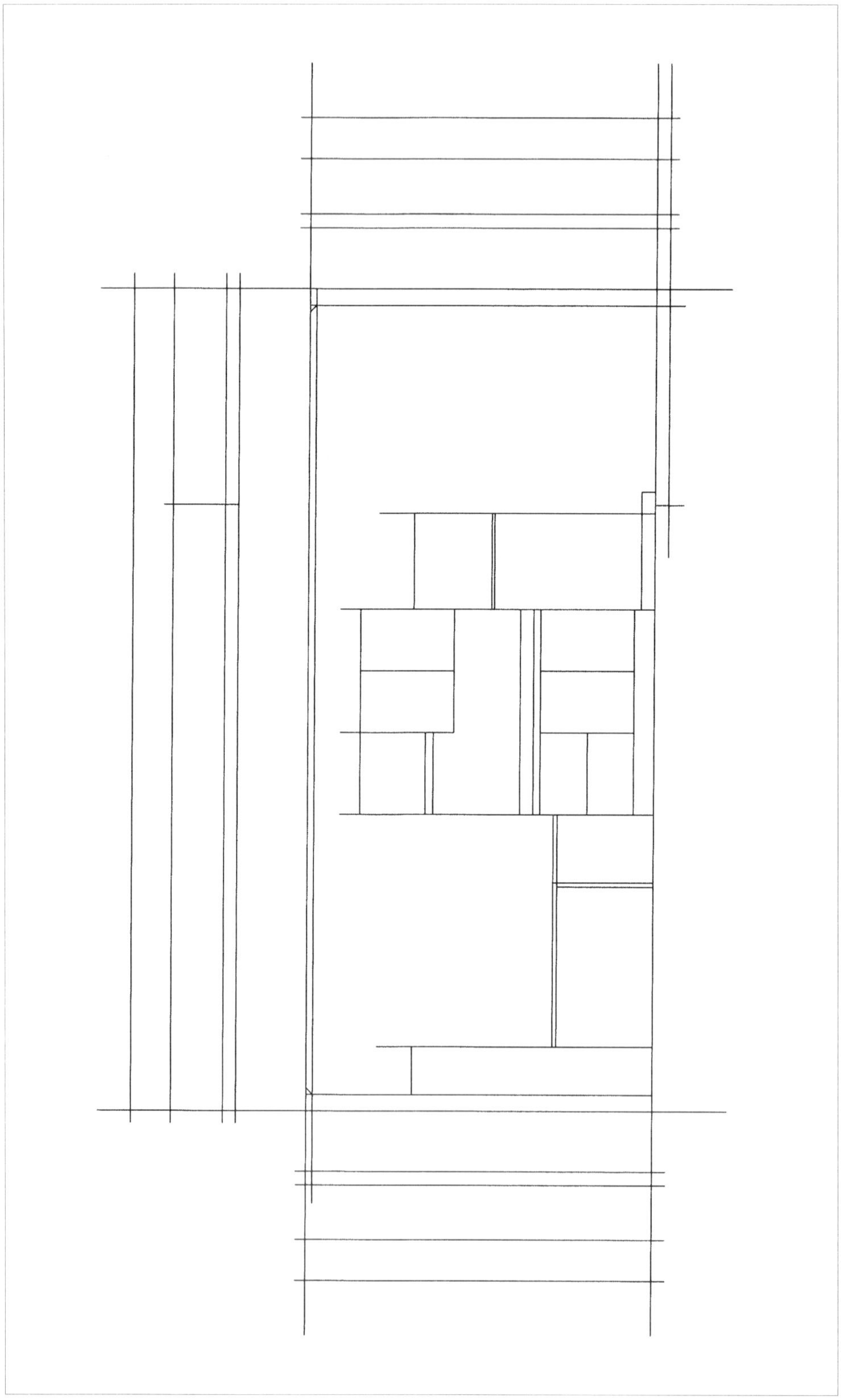

2.2 본선으로 작업한다

1. 입면 외곽선, 벽체 중심선을 작도한다.

입연외곽은 굵은선으로 그린다.

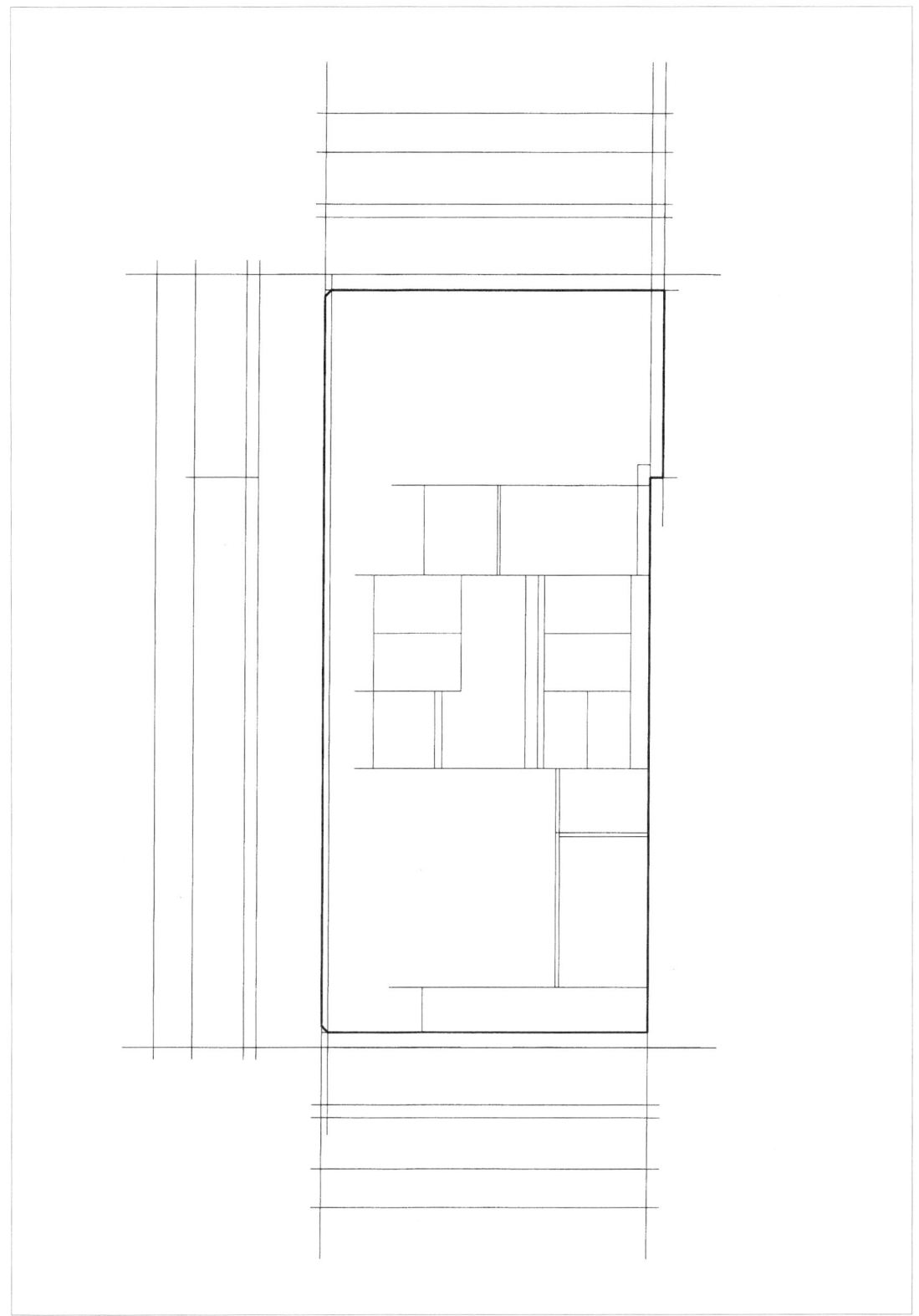

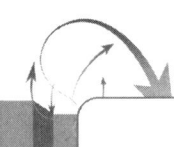

2. 가구, 몰딩을 작도한다.

중간선으로 그린다.

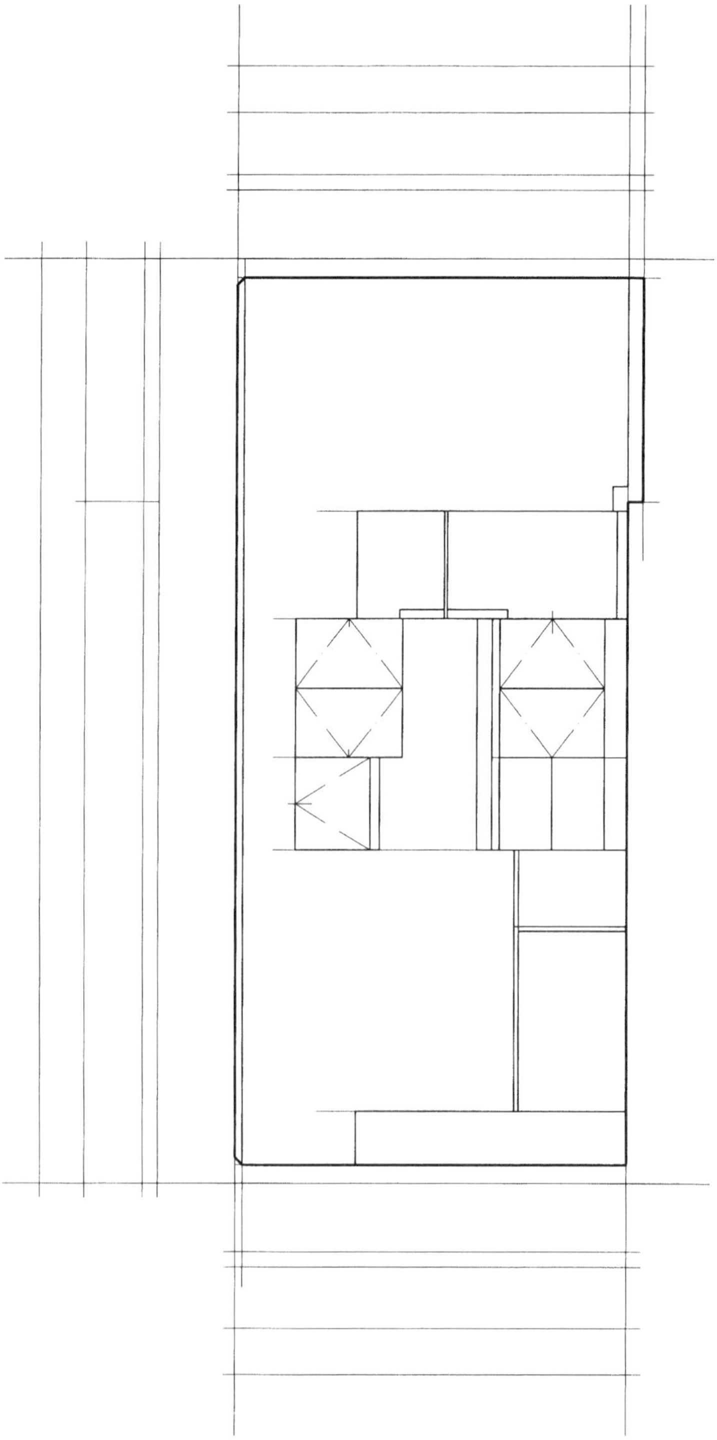

3. 벽 마감 패턴을 작도한다.

가는선굵기로 한 선보다는 두 선으로 그린다.

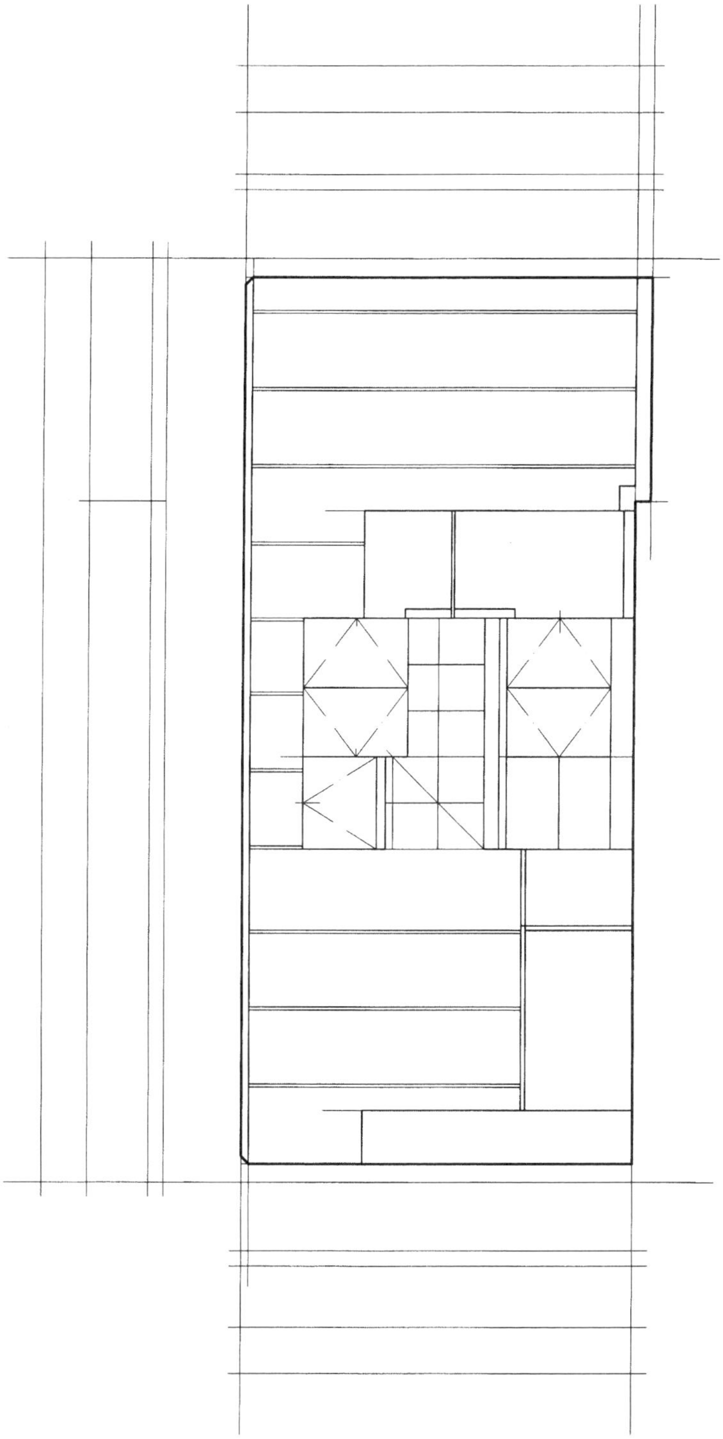

4. 치수선, 치수문자를 기입한다.

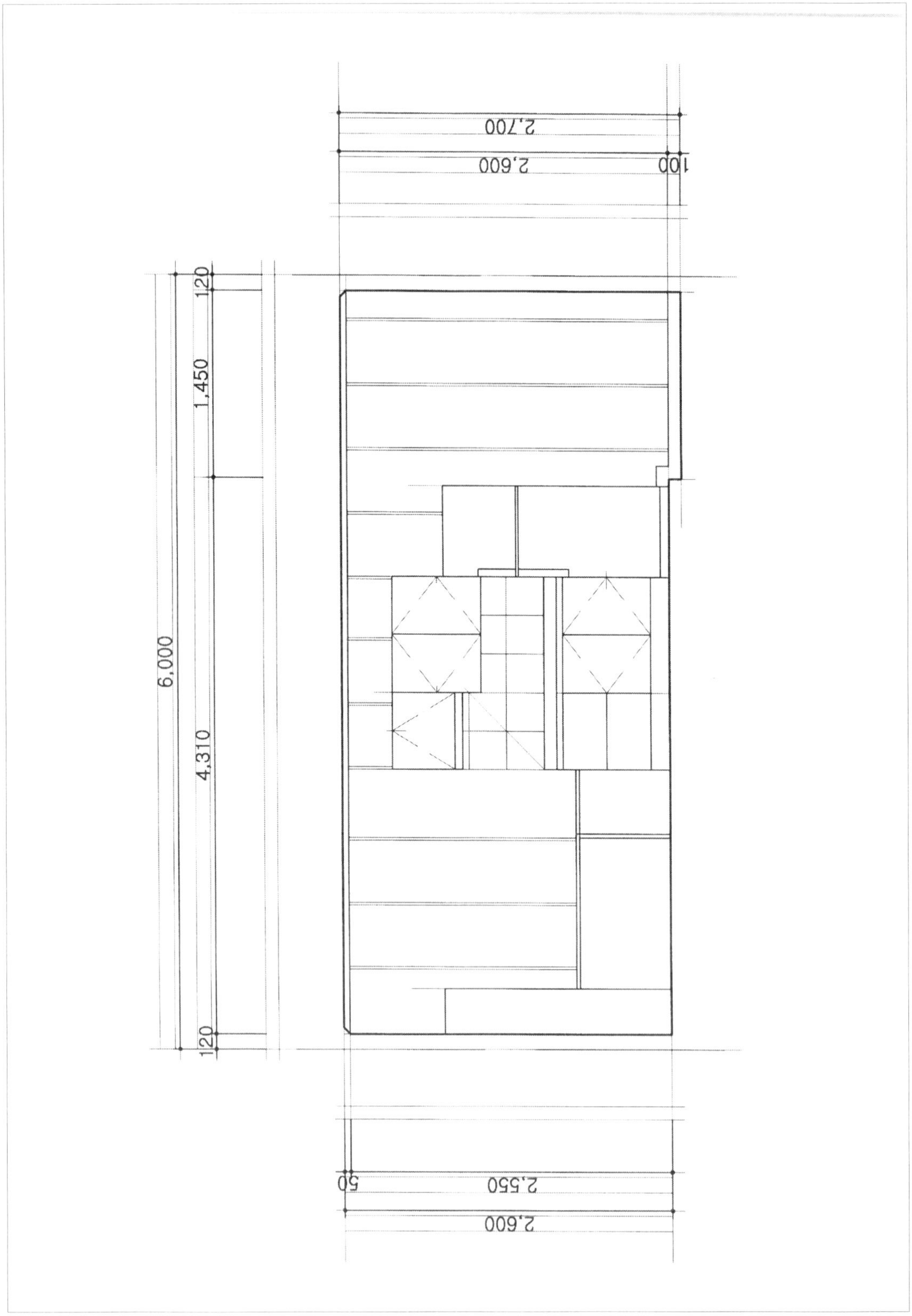

5. 문자를 기입한다.

문자는 문자보조선을 먼저 그린 후 통일되게 기입한다.(실제 작업도면은 오른쪽에 위치함)

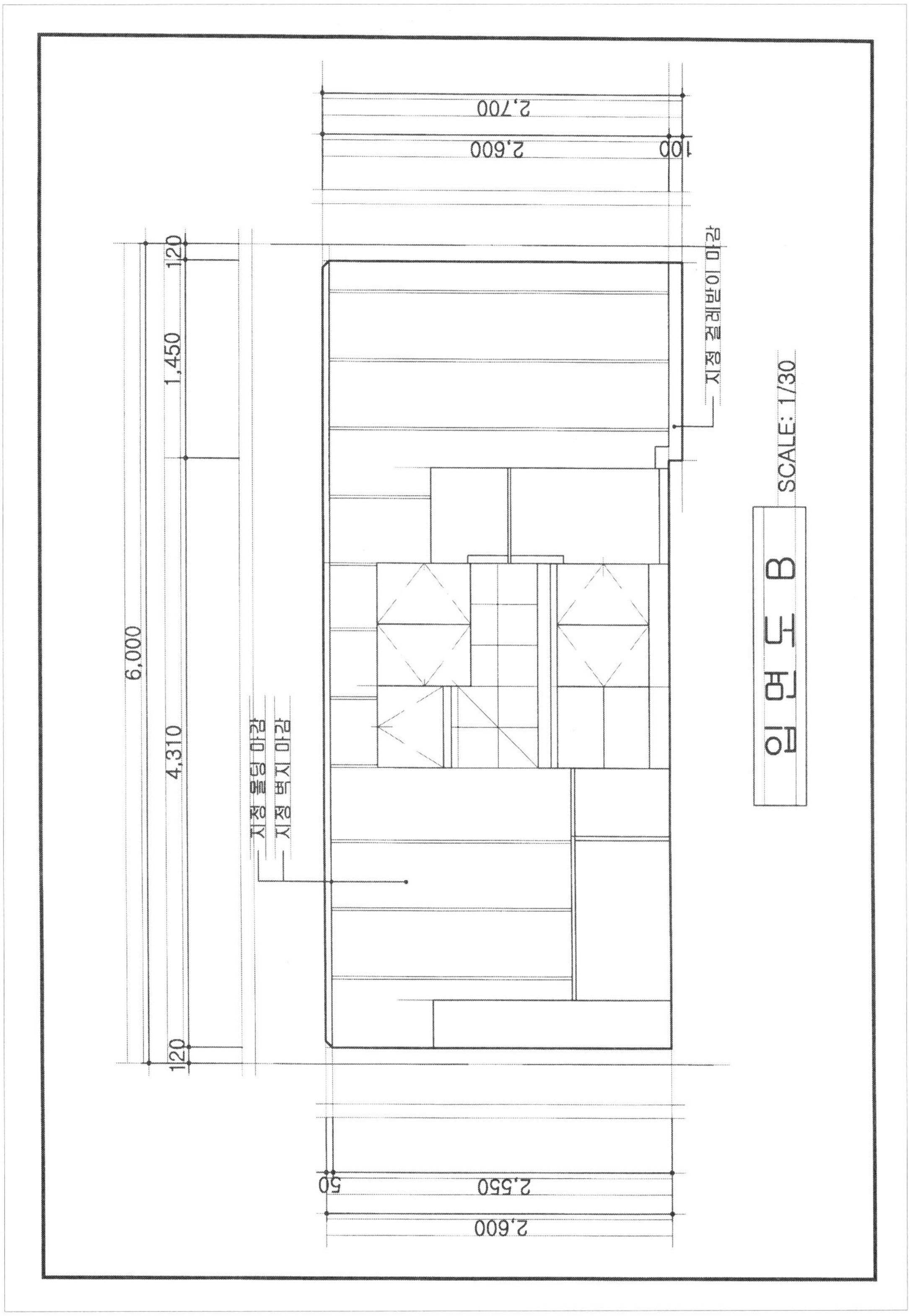

CHAPTER 04

투시도

1. 투시도의 개념

1.1 투시도

공간이나 물체를 투시한다는 의미로서 평면, 천장, 입면의 평면(2차원)인 도면을 3차원 공간감으로 표현하여 도면의 이해를 돕기 위해 작도하는 제도법이다.

소점의 개수에 따라 1소점, 2소점, 3소점으로 나뉘며 실내의 경우 1소점과 2소점의 투시도를 사용하고, 기능사의 경우 1소점에 준해 작도하며 건축물의 외관을 표현하는 조감도는 2소점, 3소점에 준해 작도한다.

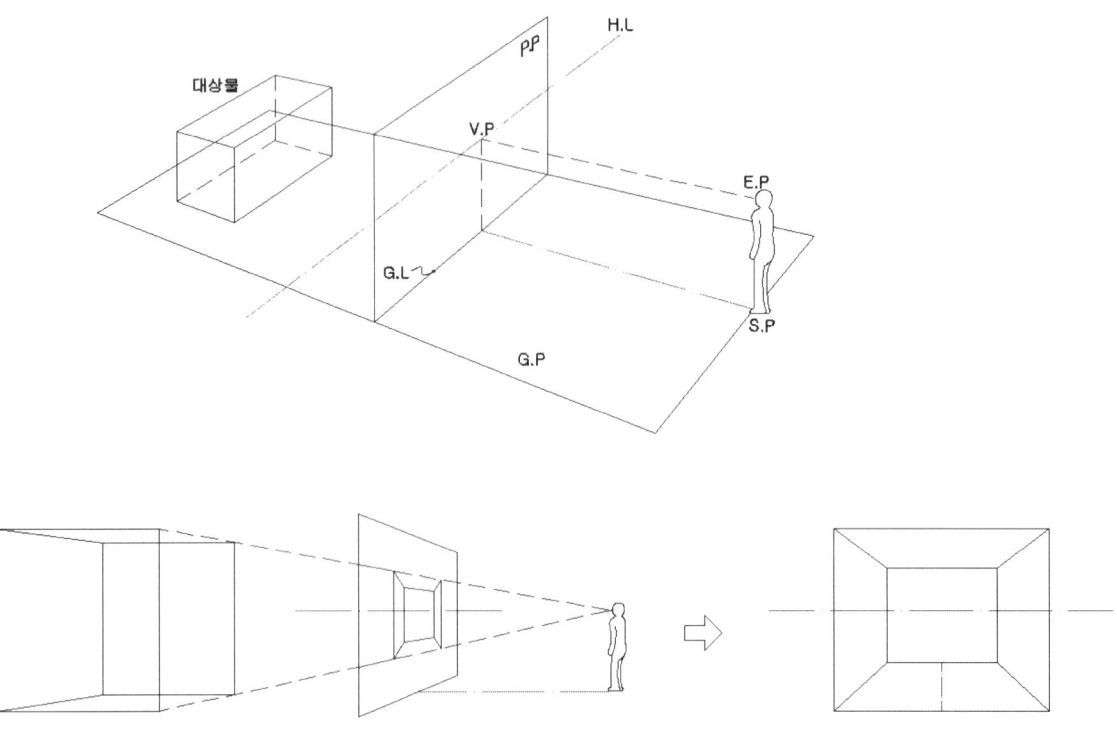

1.2 투시도의 용어

용 어	설 명	내 용
소점(V.P)	Vanishing Point	소실점이라 하며 화면을 볼 때 세로의 선들은 이 점에 모이게 된다.
입점(S.P)	Station Point	관찰자의 서 있는 위치
기선(G.L)	Ground Line	화면과 지반면이 접하는 선
시점(E.P)	Eye Point	관찰자의 눈의 위치
지반면(G.P)	Ground Plane	대상물과 관찰자의 서 있는 면
화면(P.P)	Picture Plane	대상물과 관찰자 사이의 가상 수직면
수평선(H.L)	Horizontal Line	화면에 대한 관찰자 눈높이의 수평선으로 소점이 위치한다.

1.3 투시도의 종류

1) 1소점 투시도
화면에 그리려는 물체가 화면에 대하여 평행 또는 수직이 되게 놓이며 소점이 1개로 주로 실내투시도에 이용된다.

2) 2소점 투시도
2개의 수평면이 화면과 각을 가지도록 물체를 돌려놓은 경우로 실내 투시도는 모서리벽을 중심으로 소점이 좌우 2개이며 가구, 실내, 건물 외관 등에 가장 많이 사용되는 도법이다.

3) 3소점 투시도
물체를 기준으로 좌우에 위치한 2개의 소점과 위 또는 아래로 소점이 하나 더 있는 도법으로 아주 높은 위치나 낮은 위치에서 건물 외형을 표현하는 조감도에 이용된다.

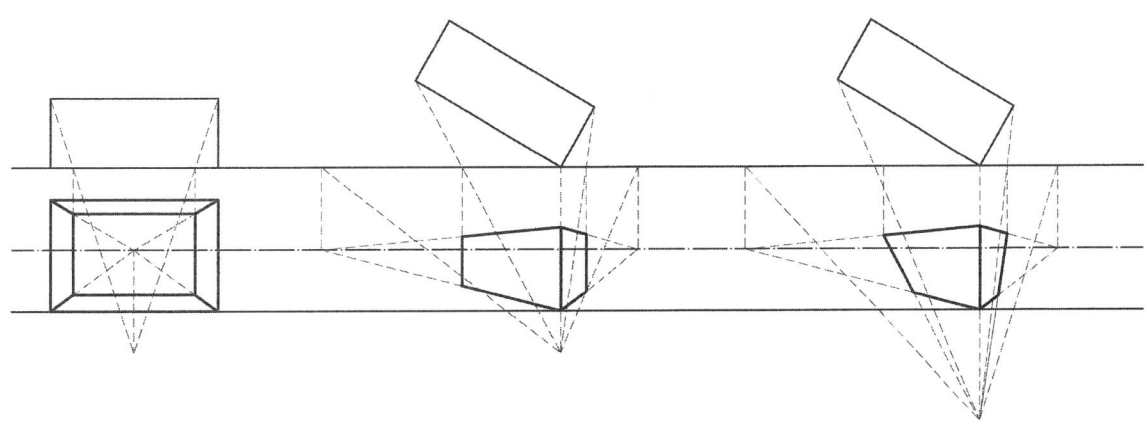

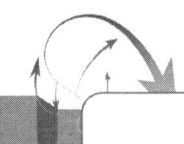

2. 도면작업

2.1 V.P와 S.P점의 위치를 찾는다.

1. 투시도 방향을 정한다.

투시도 방향이 주어지면 그 조건에 따르며 조건이 주어지지 않는다면 창 쪽을 정면으로 정한다.

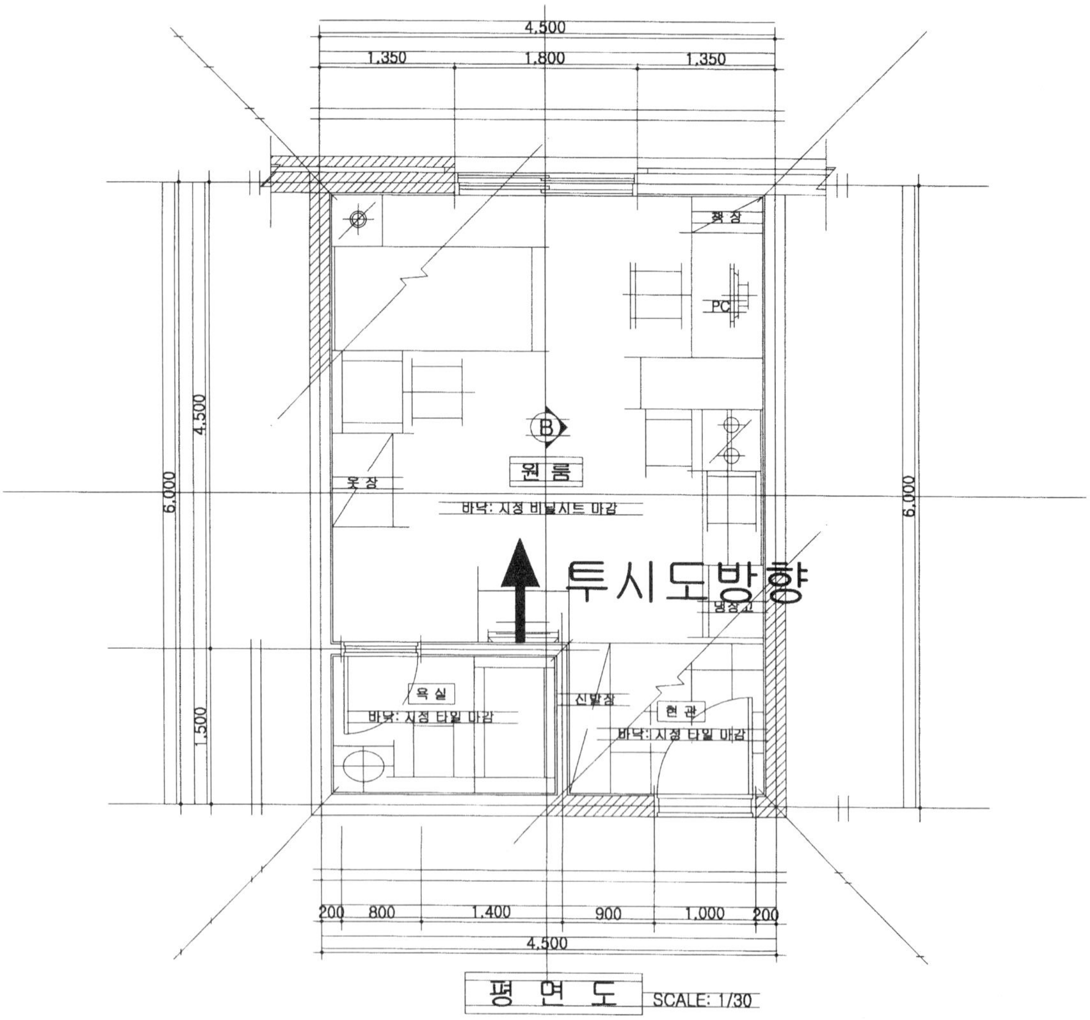

평 면 도　SCALE: 1/30

2. 그리고자 하는 위치를 평면도에서 스케일로 거리를 측정해 본다.

전체 공간의 느낌을 표현해 줄 수 있는 정도로 위치를 정한다.

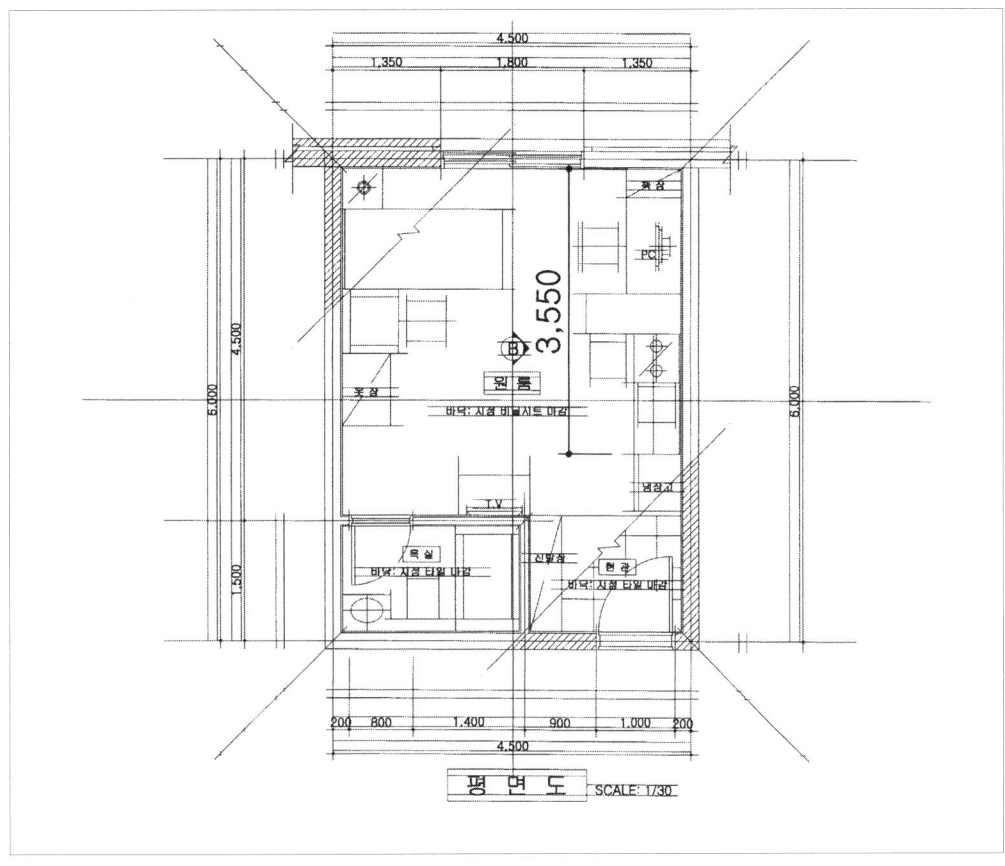

3. A2 켄트지의 중심위치를 잡는다.

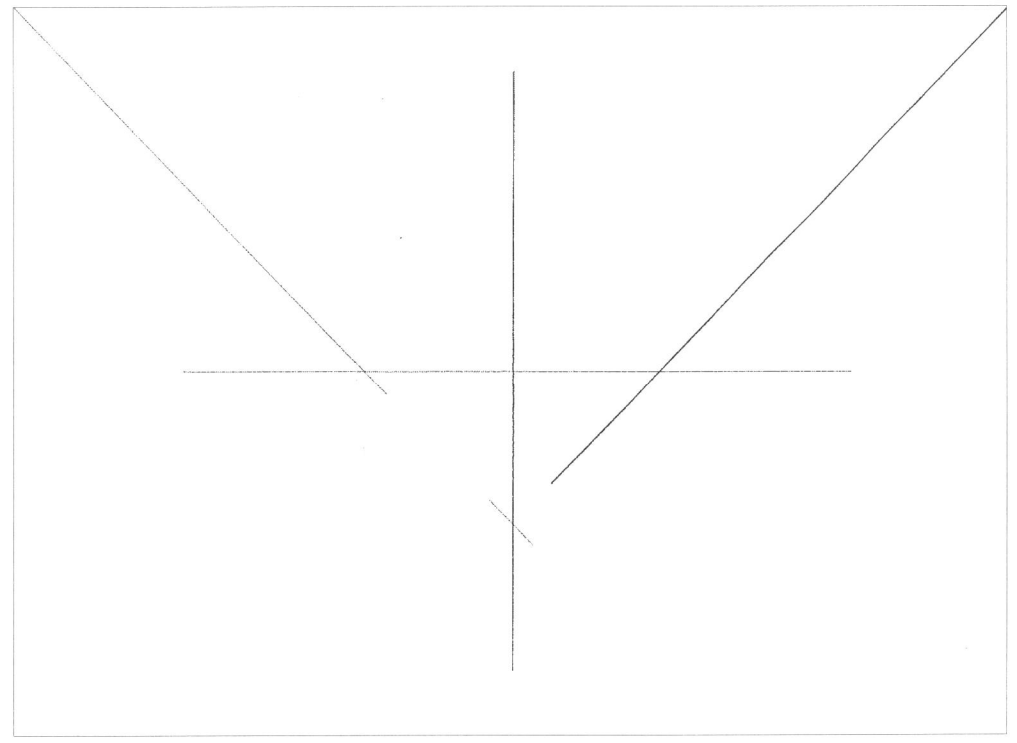

4. 반자높이선을 그린다.

중심선에서 아래로 600mm, 그 위치에서 반자높이에 준하여 작도한다.

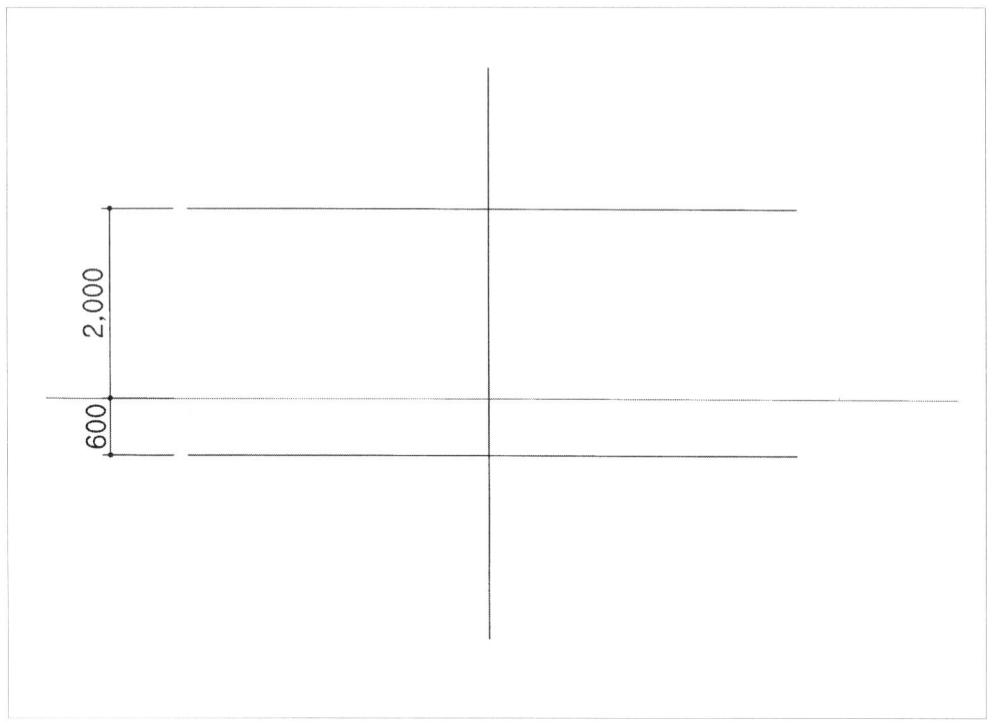

5. 입면벽선을 그린다.

모르타르 마감선으로 입면치수를 적용하고 10mm 단위의 치수는 절삭한다.
예) 4,500mm(중심선 간의 치수)-240mm(중심선에서 모르타르 마감선 양쪽의 간격)
   = 4,260mm이지만 60mm 정도는 절삭한다.

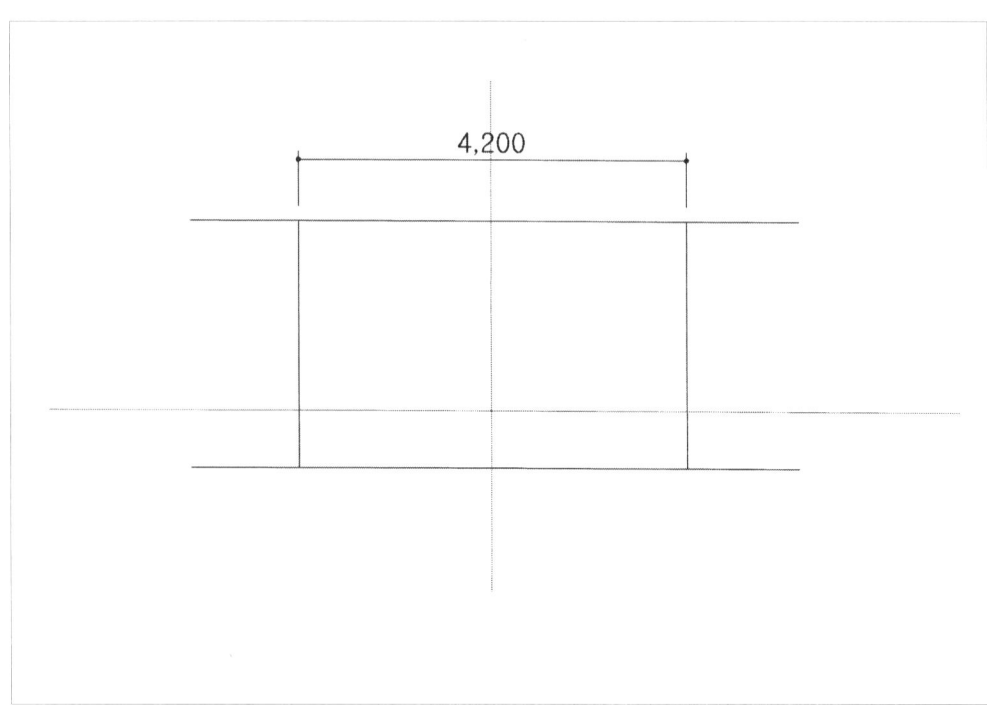

6. V.P를 잡는다.

G.L선에서부터 눈높이 1,500을 적용하여 표기한다.

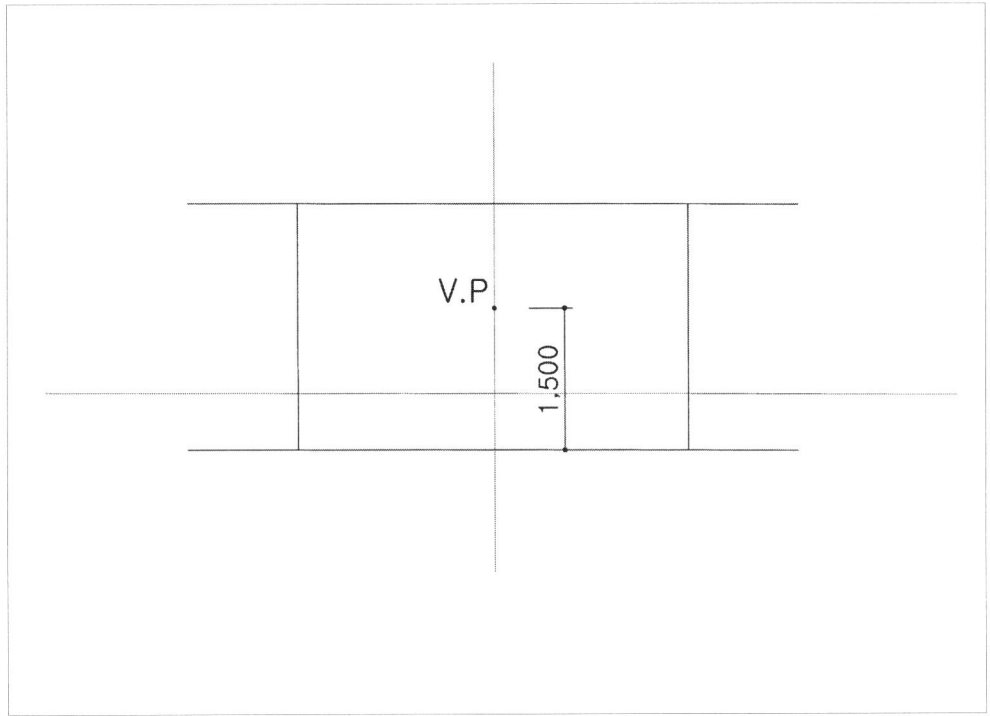

7. 천장선과 바닥선을 V.P점과 연결한다.

도면에서의 세로선은 모두 V.P점으로 연결되게 된다.

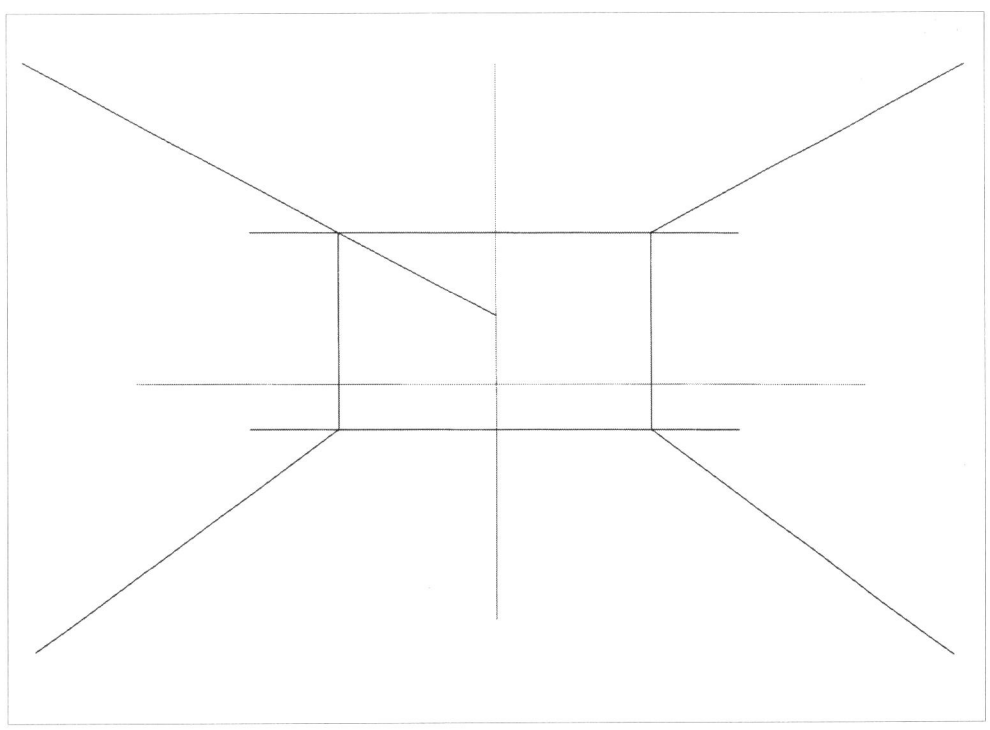

8. S.P를 잡는다.

그리고자 하는 평면의 위치(3,550mm)에서 +여유치수(1,000mm 이상)를 적용하여 G.L선에 서부터 측정 후 위치를 표기한다.

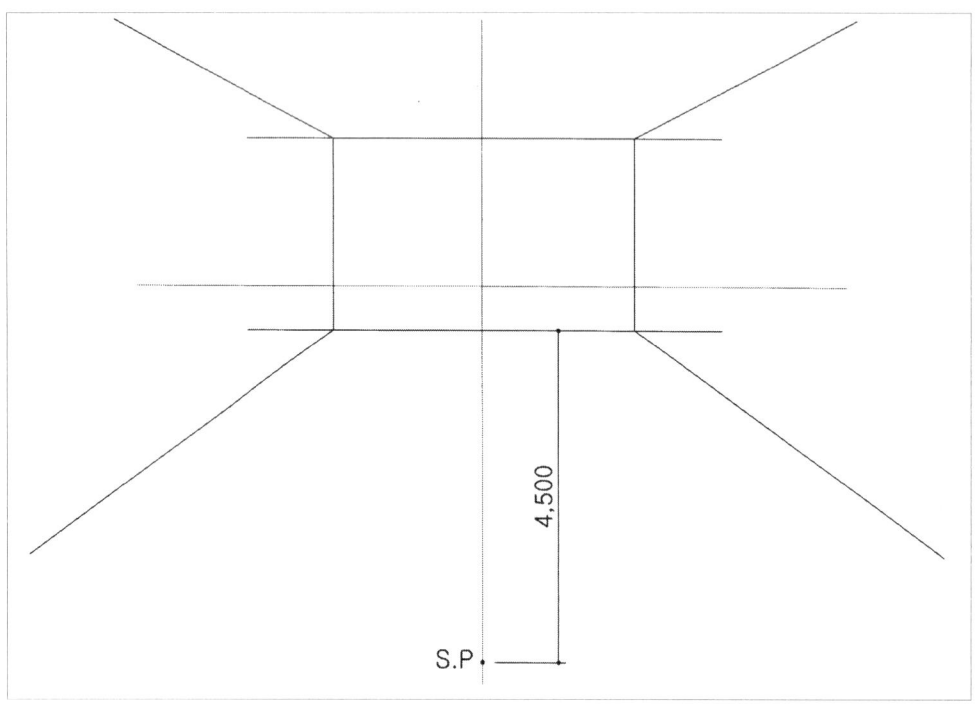

2.2 그리드(500×500mm)를 그린다.

1. 세로선의 그리드를 그린다.

500mm 간격으로 G.L선에 표기하고 V.P점과 연결하여 그린다.

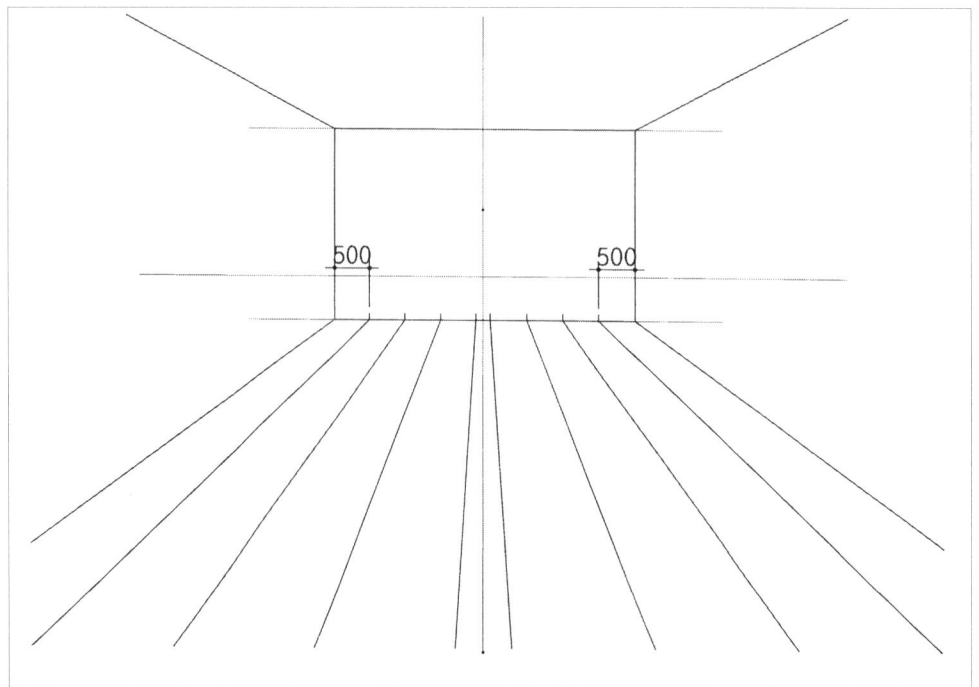

2. 가로선의 그리드를 그린다.

입면벽선에서 연장선을 긋고 500mm 간격으로 위치점을 찍고 S.P점과 연결하여 그린다.

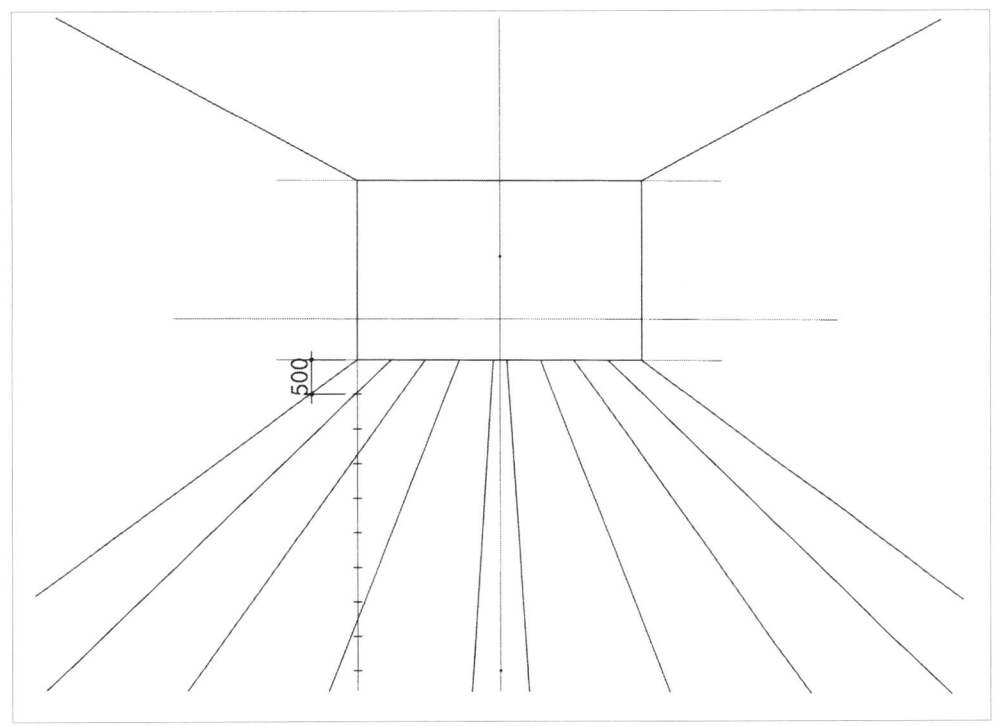

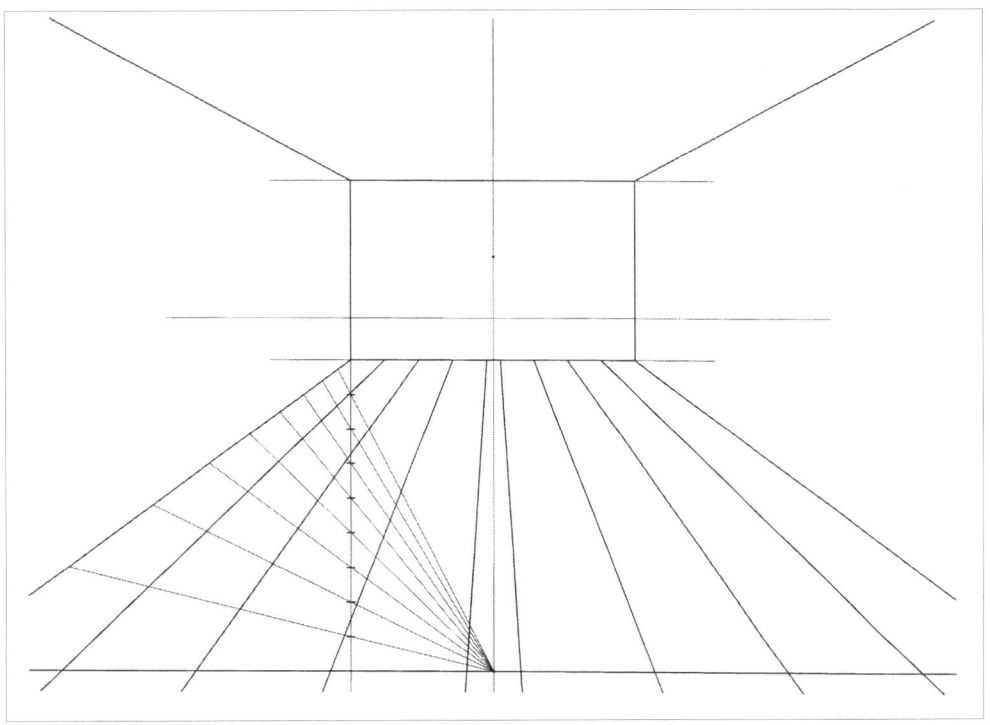

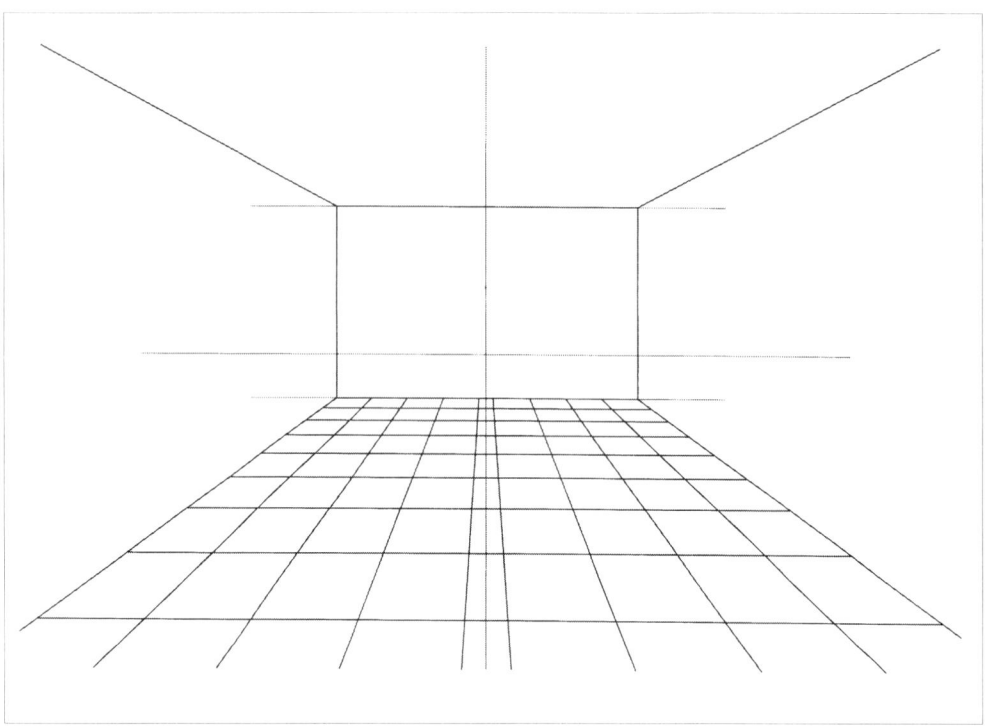

3. 높이 기준점(300mm)을 그린다.

이는 가구의 높이가 300mm(1자=300mm 기준) 간격으로 주로 되어 있기 때문에 편리하게 작업하기 위해서이다.

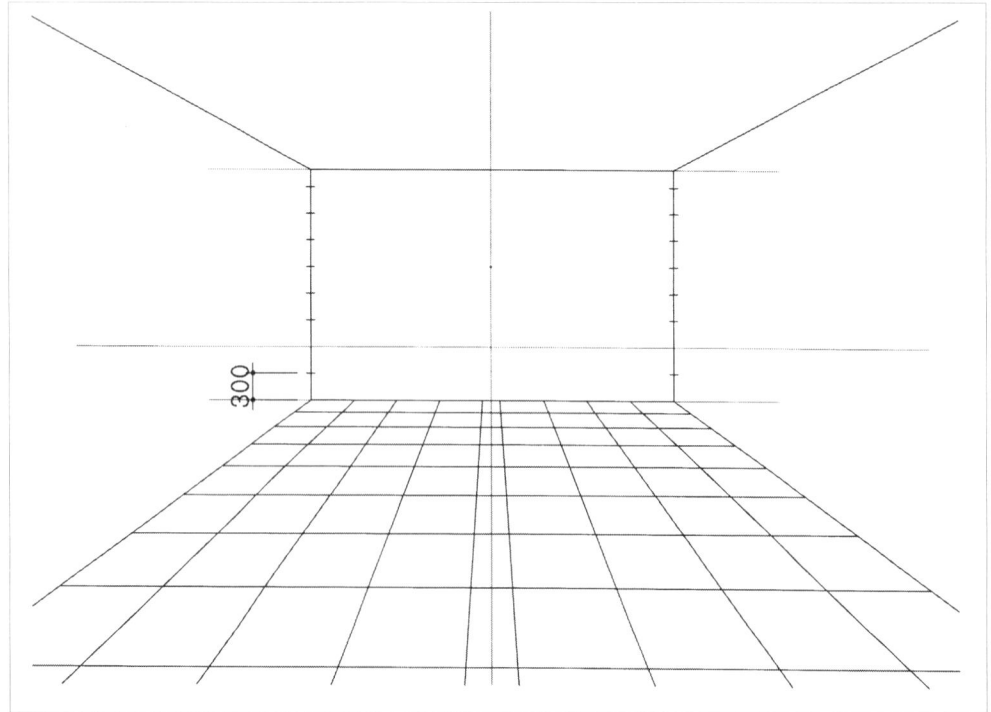

2.3 밑그림을 그린다.

1. 몰딩을 그린다.

몰딩선을 그린 후 창문의 높이를 준하기 위함이다.

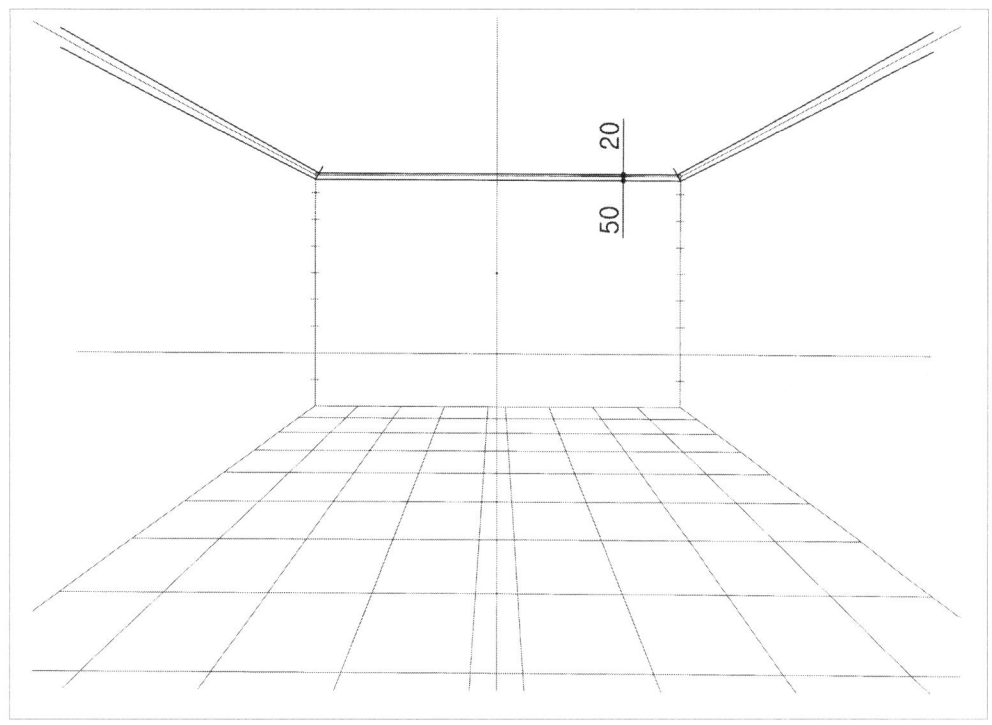

2. 창문의 위치를 그린다.

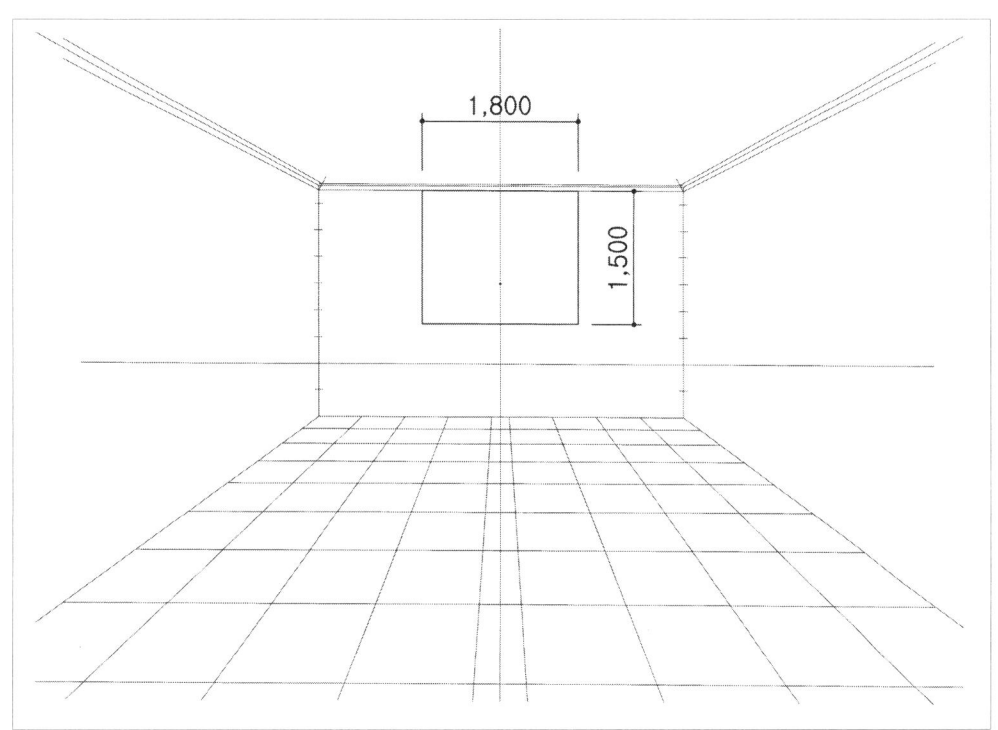

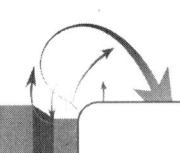

3. 커튼박스를 그린다.

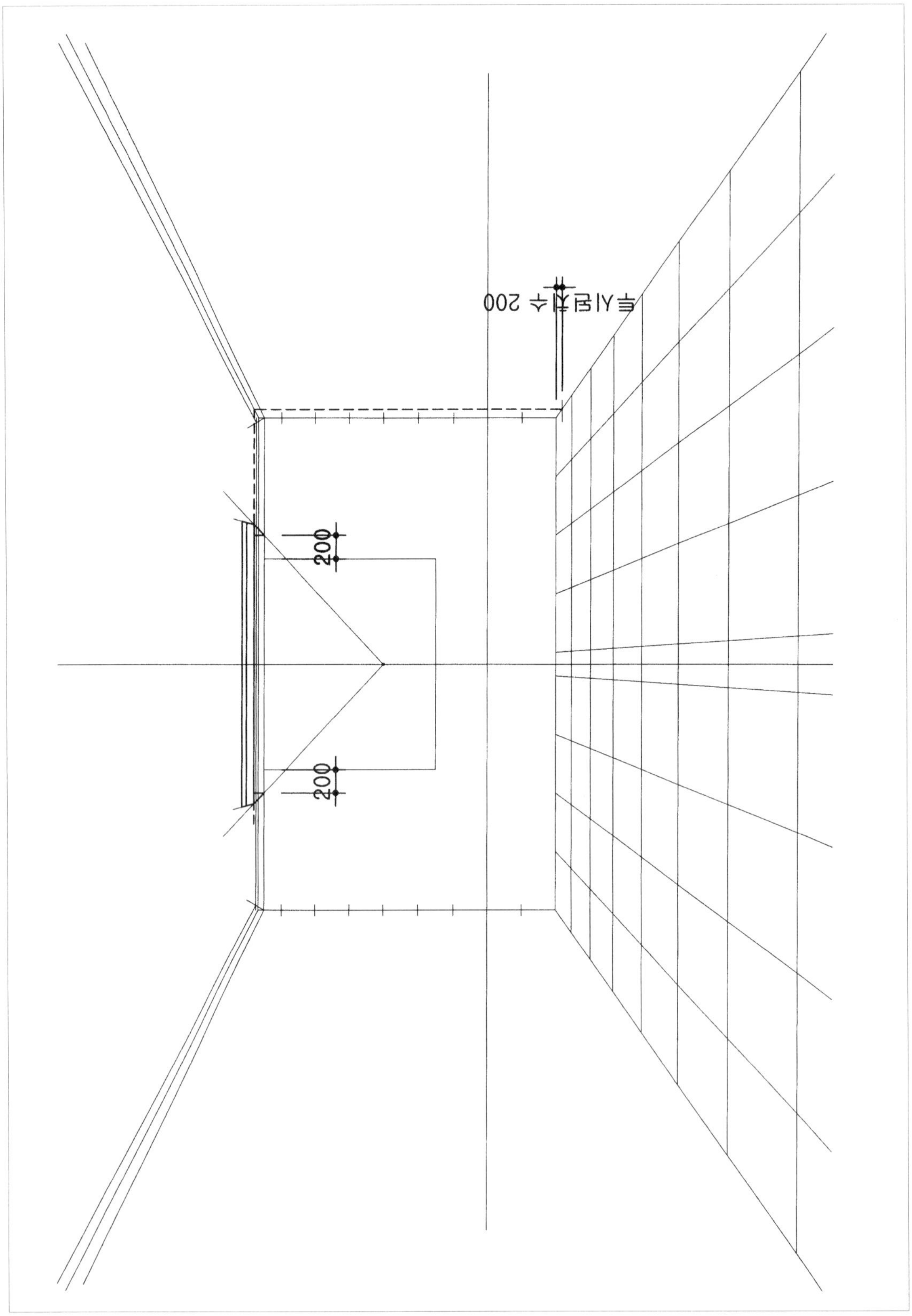

4. 그리드에 가구를 그린다.

그리드 바닥면에 투시된 가구를 작업한다.

그리드보다 조금 굵게 작업하며 익숙해지기 전까지는 자세하게 작도한다.

예) 테이블의 다리, 옷장 등의 문두께, 싱크대의 물받이대, 소파의 팔걸이와 등받이 구분, 침대의 장식판 두께 등

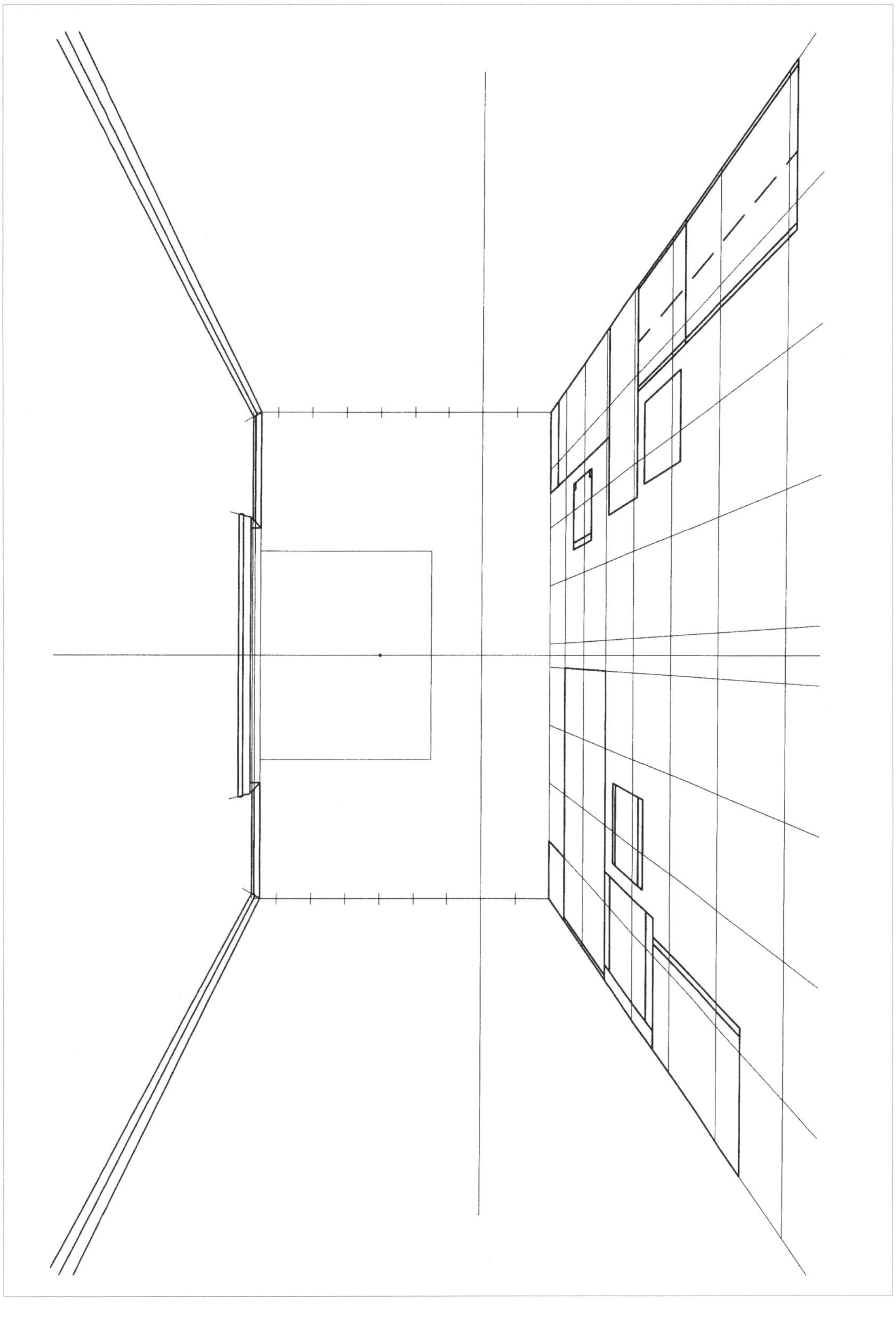

5. 가구의 위치를 보고 투시도의 외곽선을 가는선으로 그려둔다.

켄트지에 꽉 차게 작업하지 않아도 된다.

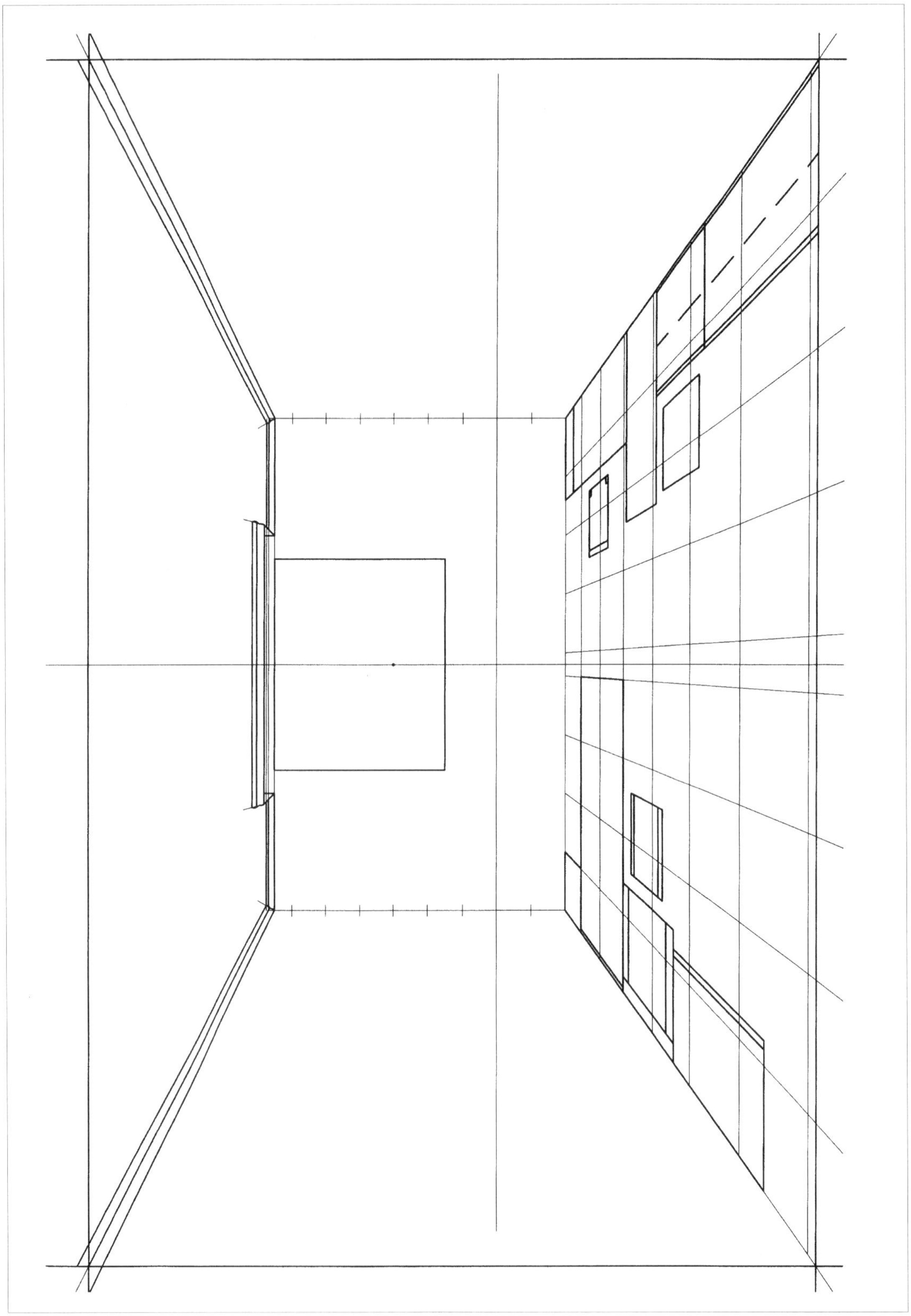

2.4 가구, 조명을 작도한다.

켄트지에 2.1 ~ 2.3 과정이 끝나면 트레싱지를 붙이고 트레싱지면에 작업한다.

1. 중앙에 있는 가구를 그린다.

보는 방향으로 인해 벽면에 있는 가구들이 가려 보인다.

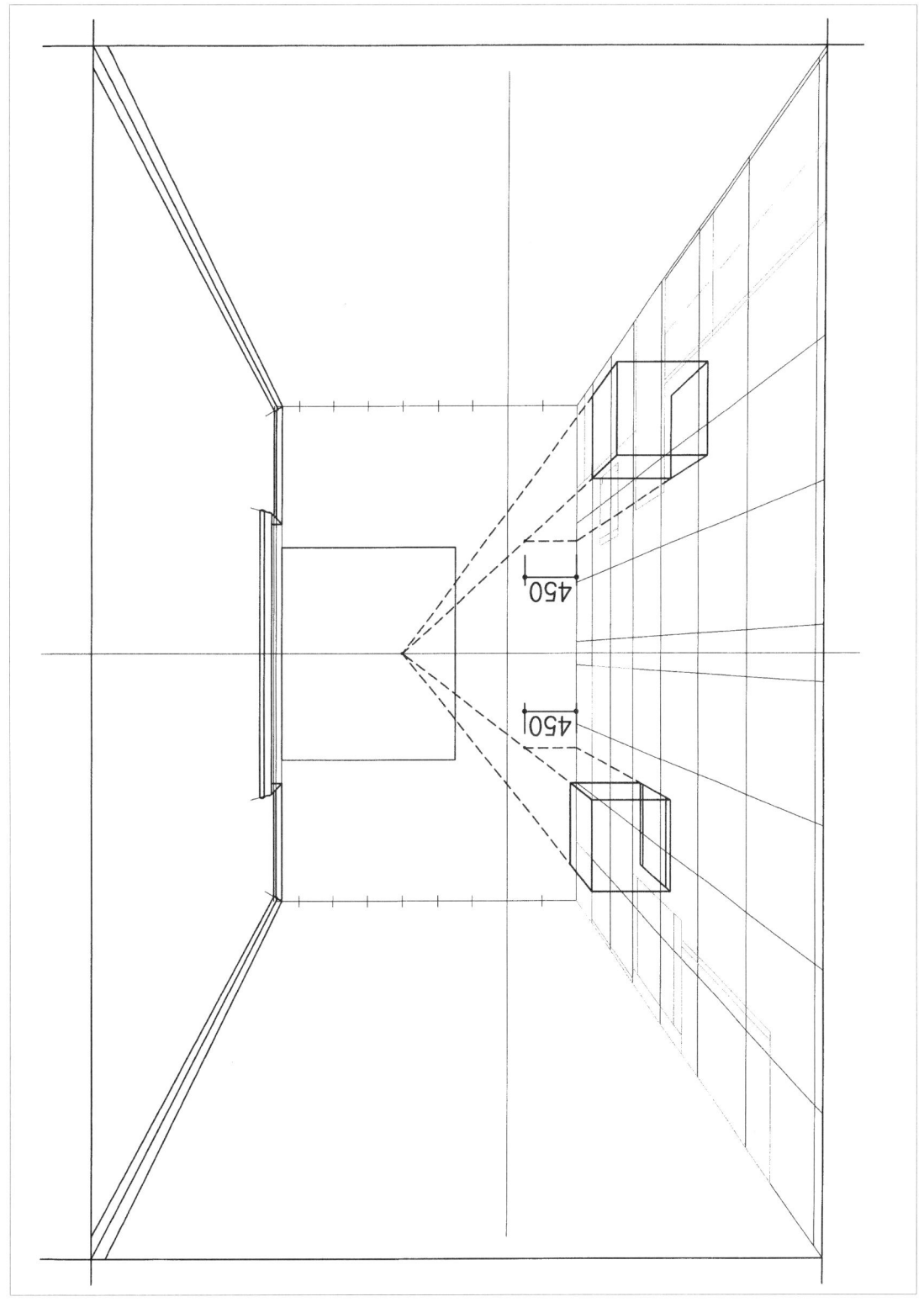

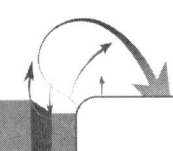

2. S.P에서 가까운 위치의 가구를 그린다.

S.P에 가까운 가구들은 크게 보이기 때문에 불필요한 작업을 줄이기 위함이다.

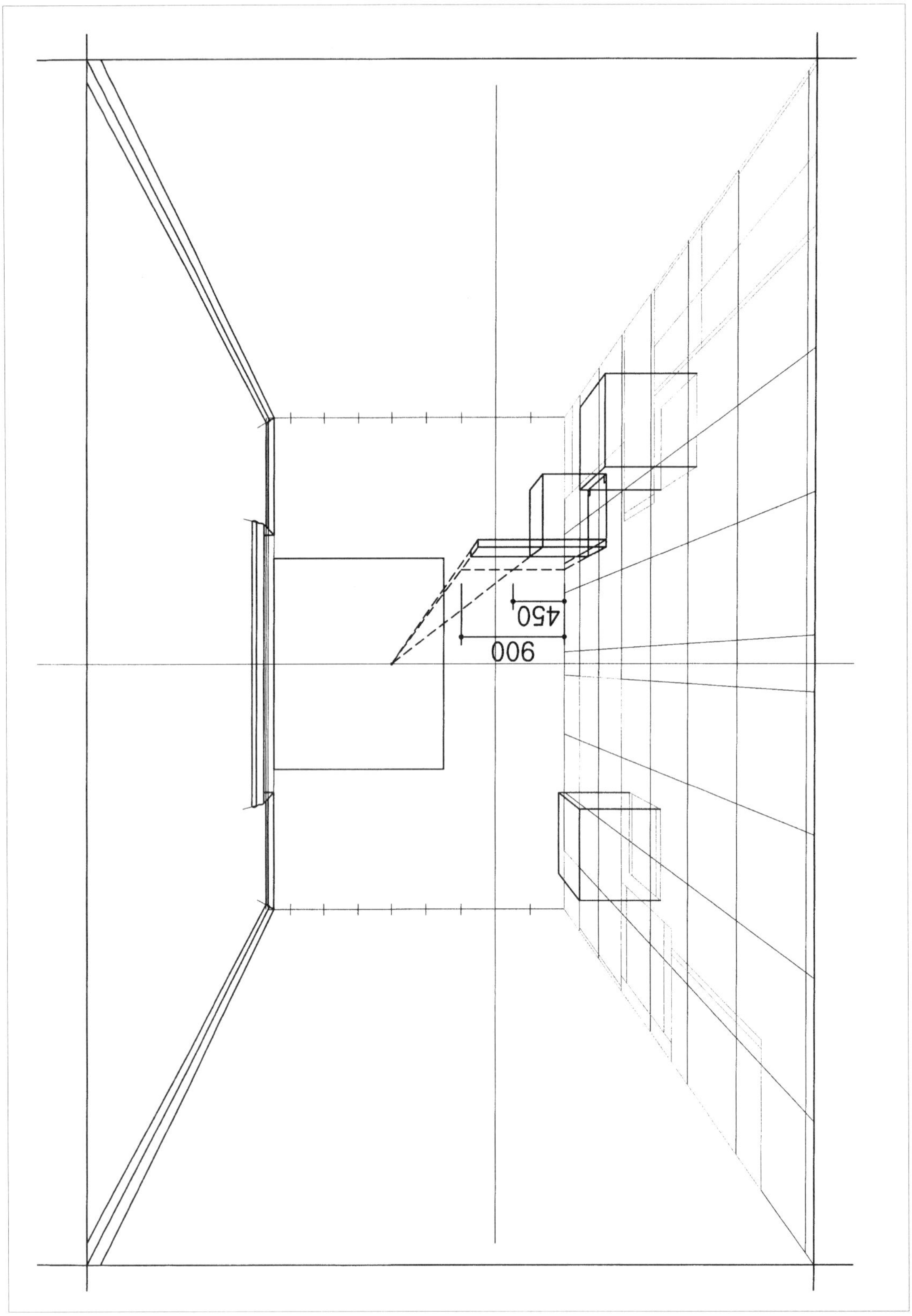

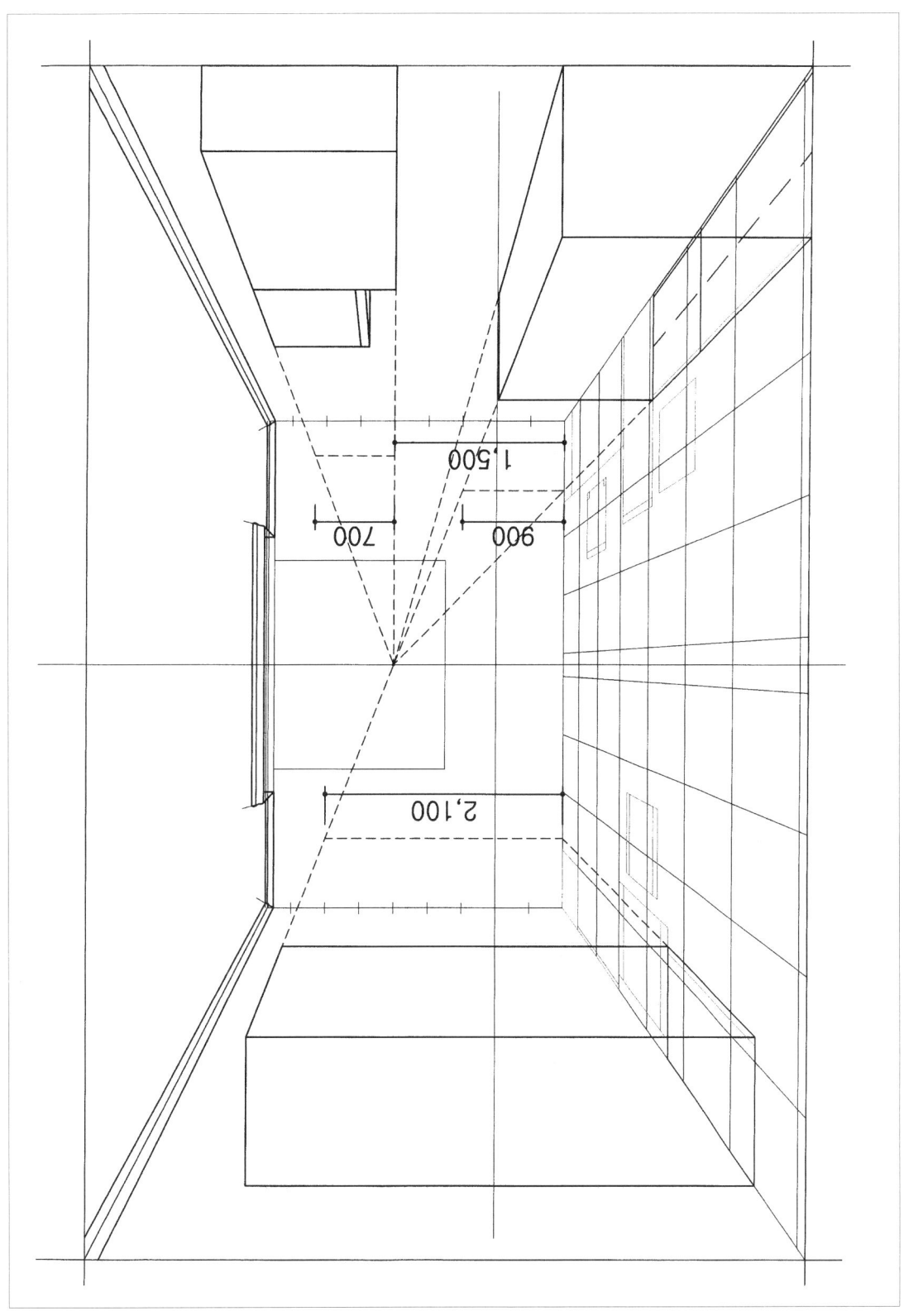

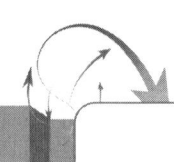

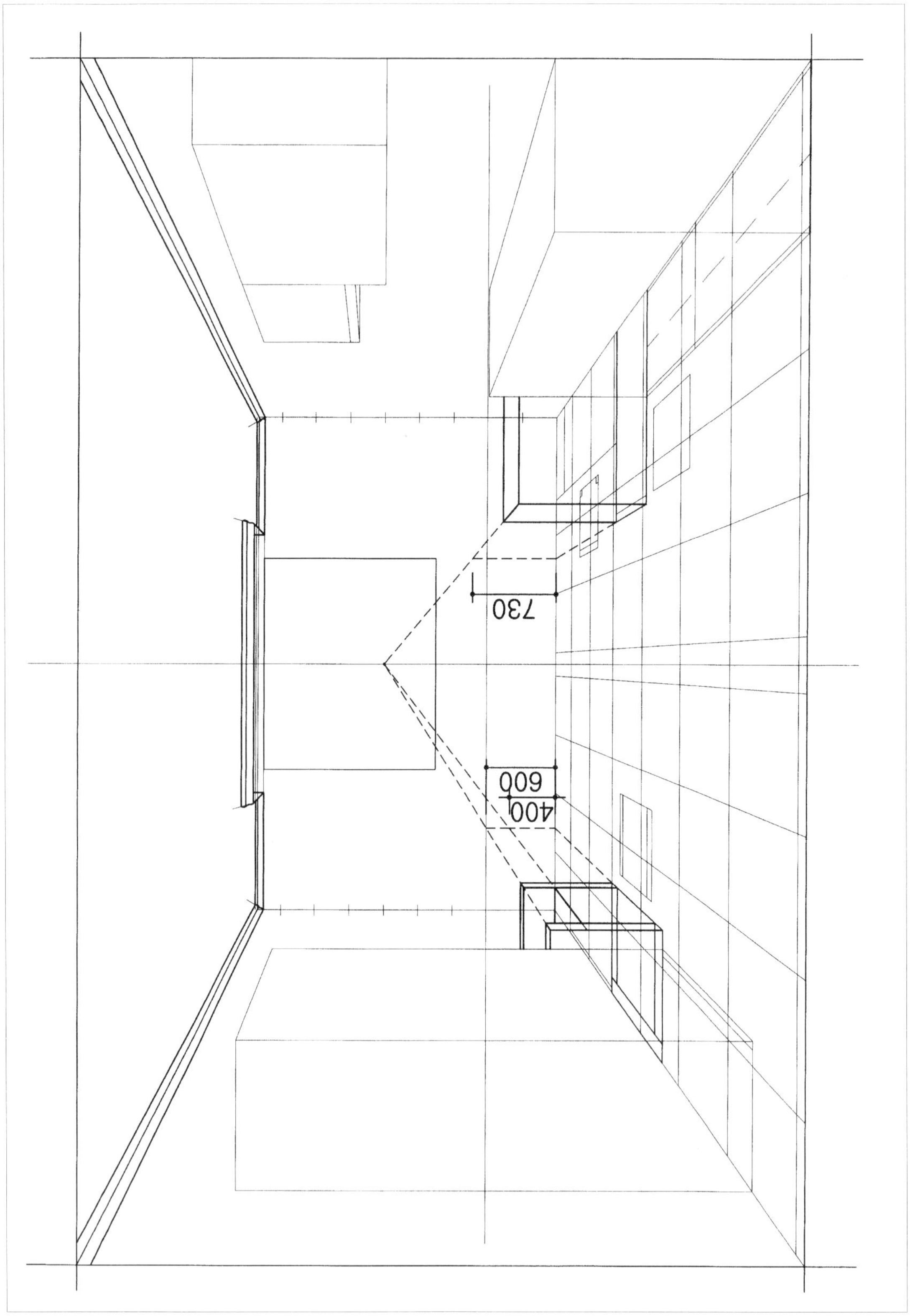

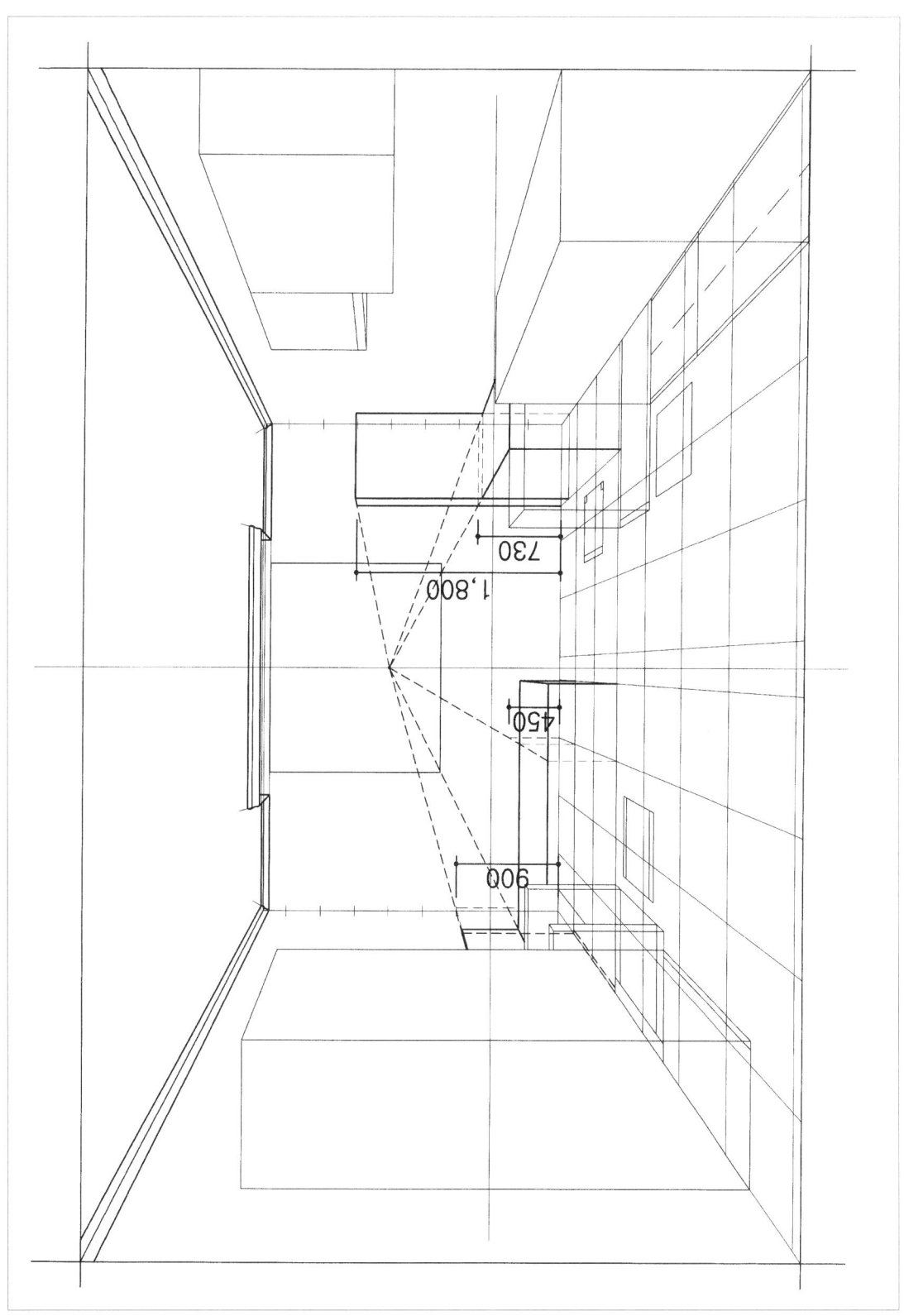

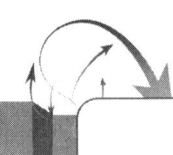
실내건축기능사 실기

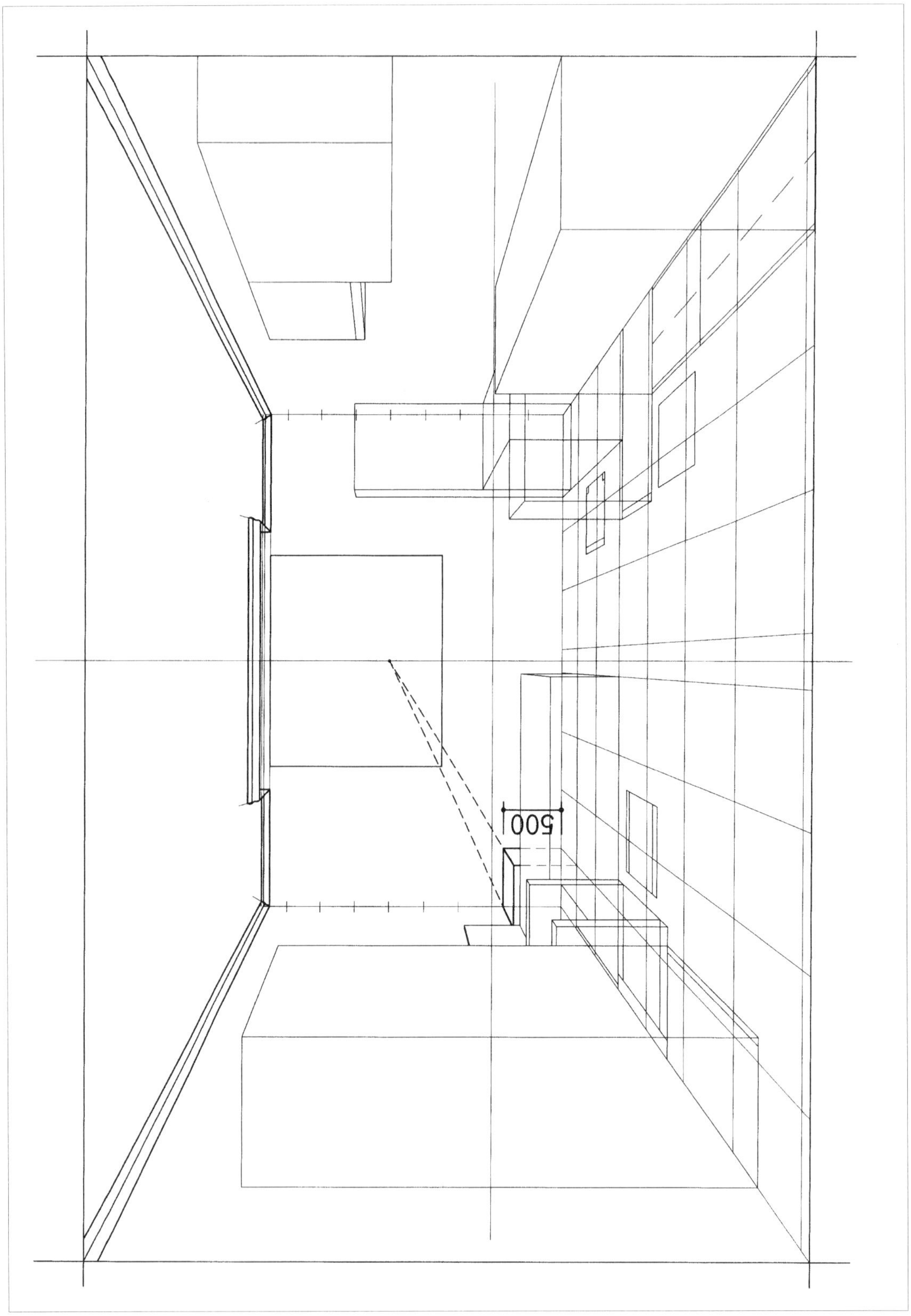

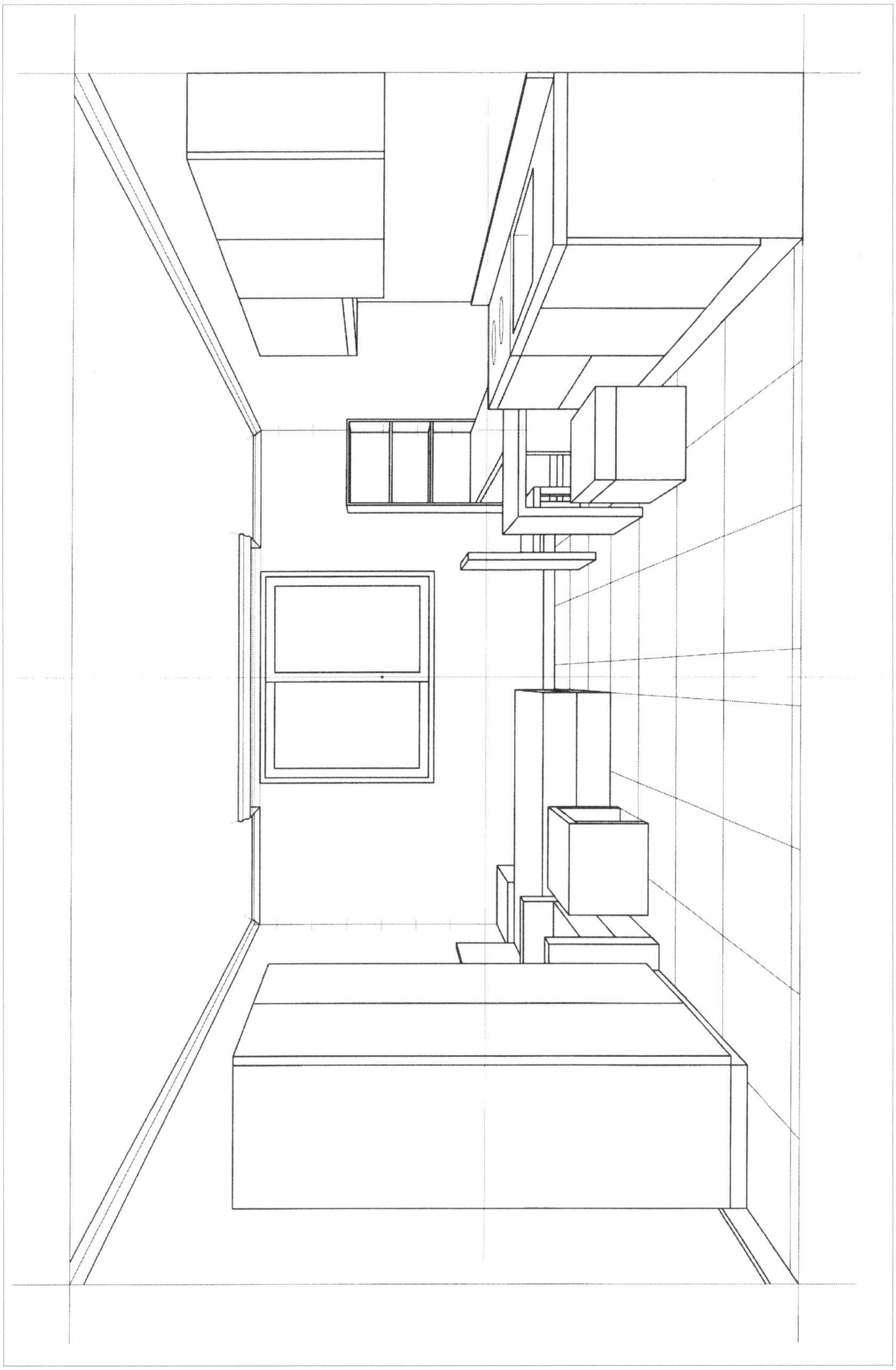

PART 04 도면의 완성

04

3. 조명의 위치를 잡고 등기구를 그린다.

천장도의 조명 위치를 보고 투시 공간의 비율에 적정하게 맞춘다.

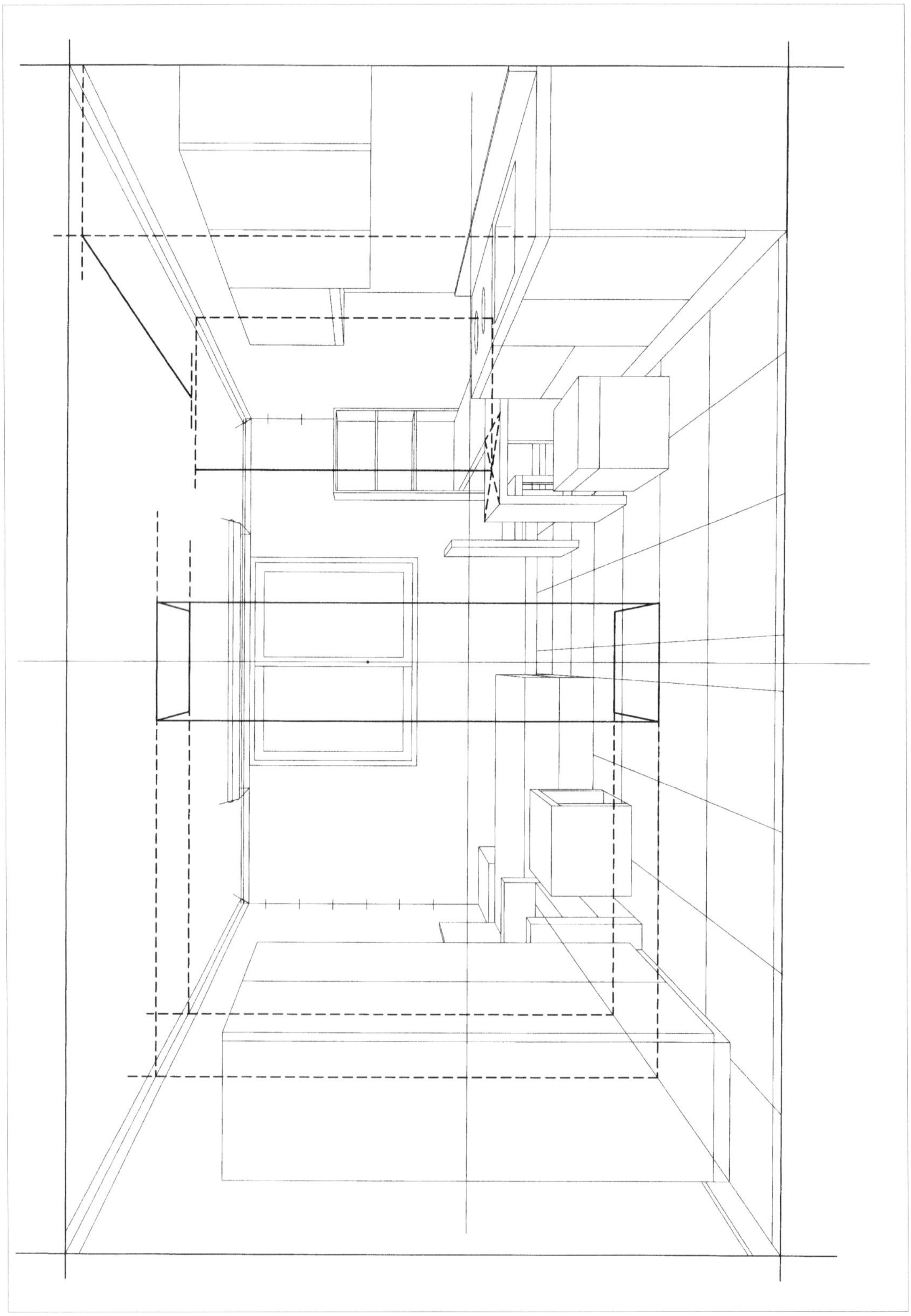

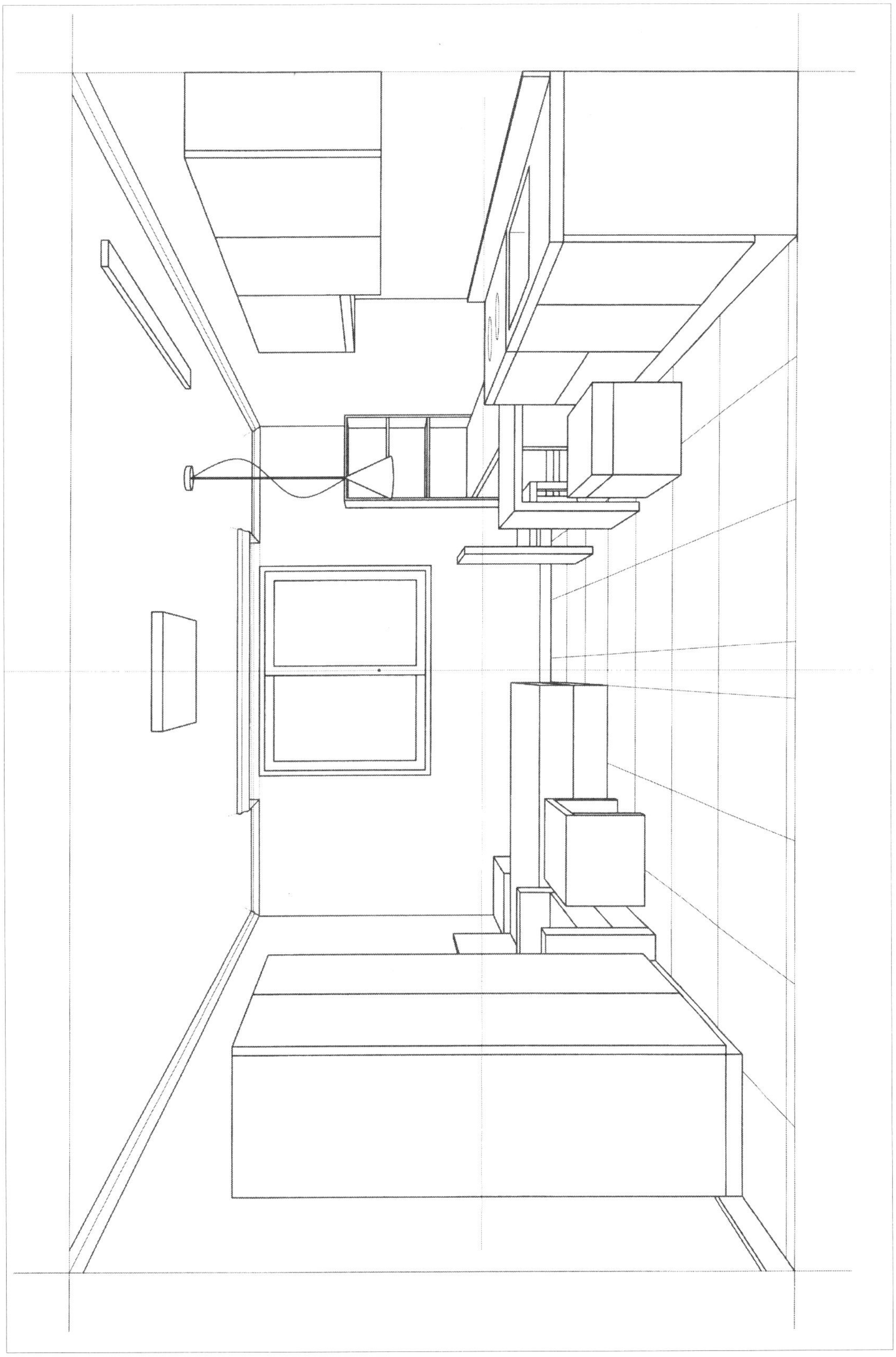

PART 04 도면의 완성

04

167

2.5 마감선을 그린다.

1. 천장, 벽, 바닥 마감선을 그린다.

그리드를 이용하여 작업하고 한 선보다는 두 선으로 그리며 바닥은 벽에서부터 실의 안쪽으로 입체감 있게 작업한다.

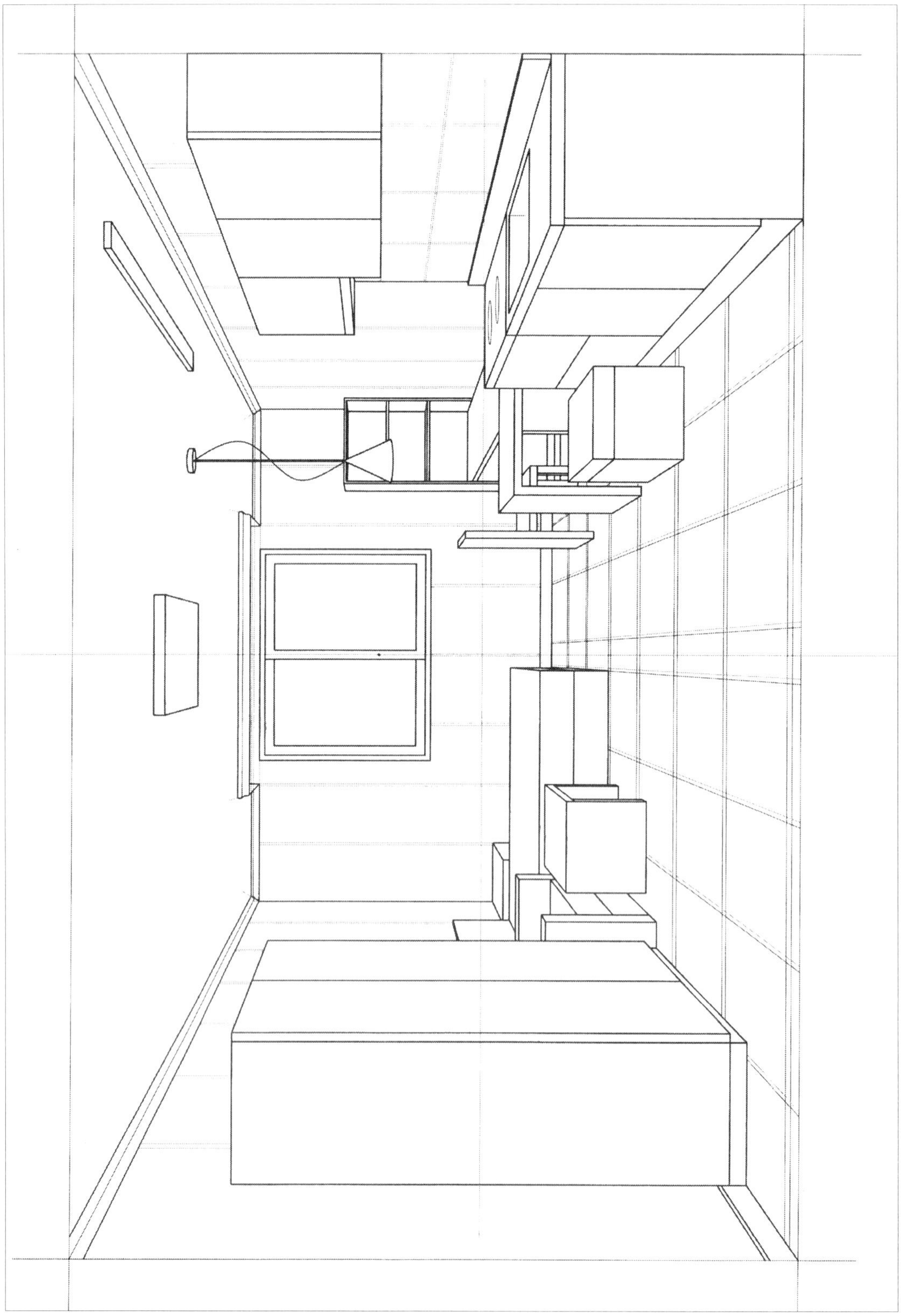

2.6 효과를 작업한다.

1. 조명효과를 표현한다.

조명에서부터 시작해서 선을 날리듯이 작업한다.

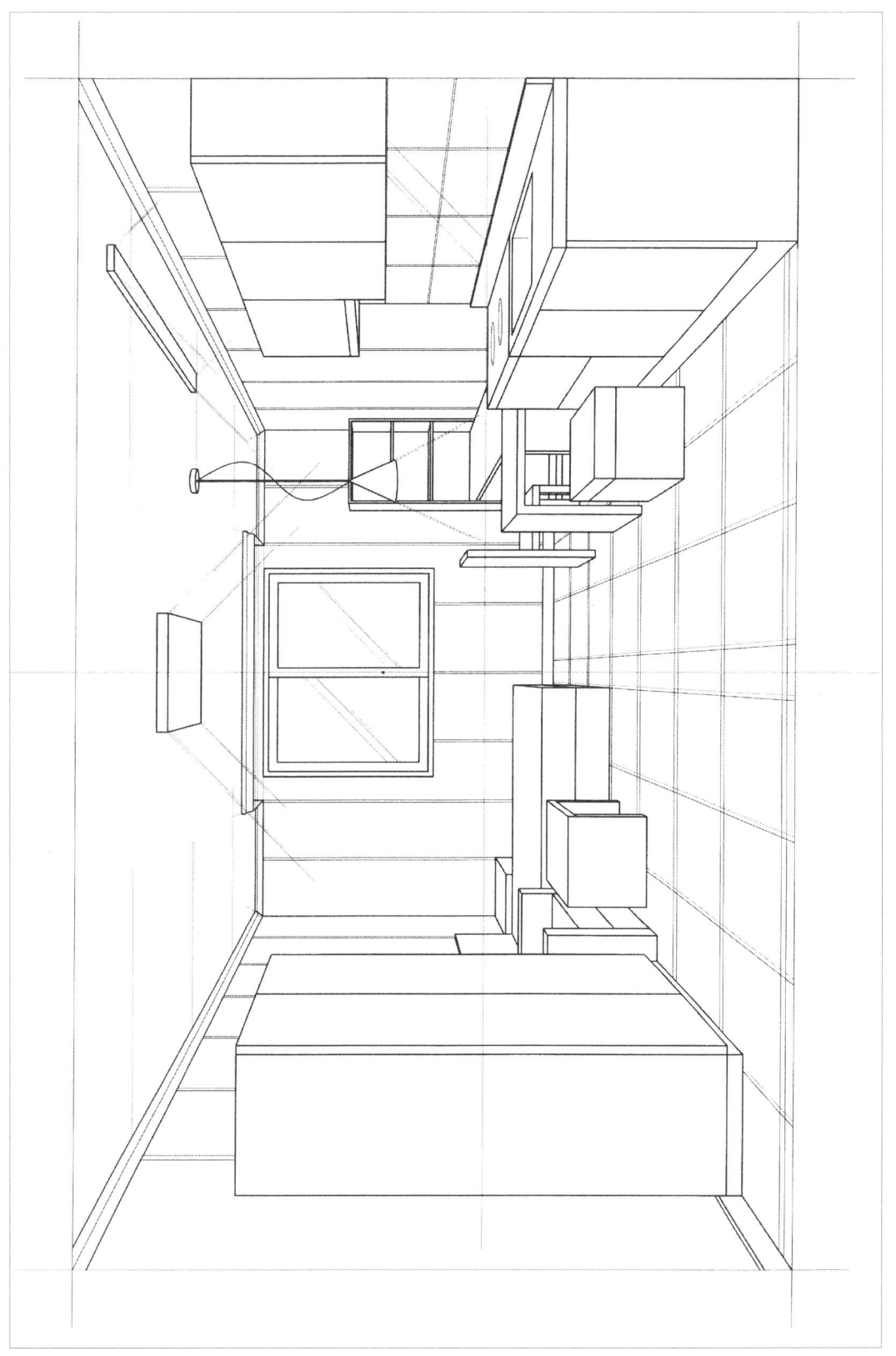

2. 명암효과를 표현한다.

바닥에 그림자를 작업한다.

바닥에 닿는 가구선을 굵은선으로 다시 그려준다.

조명에 의한 가구 모서리를 표현한다.

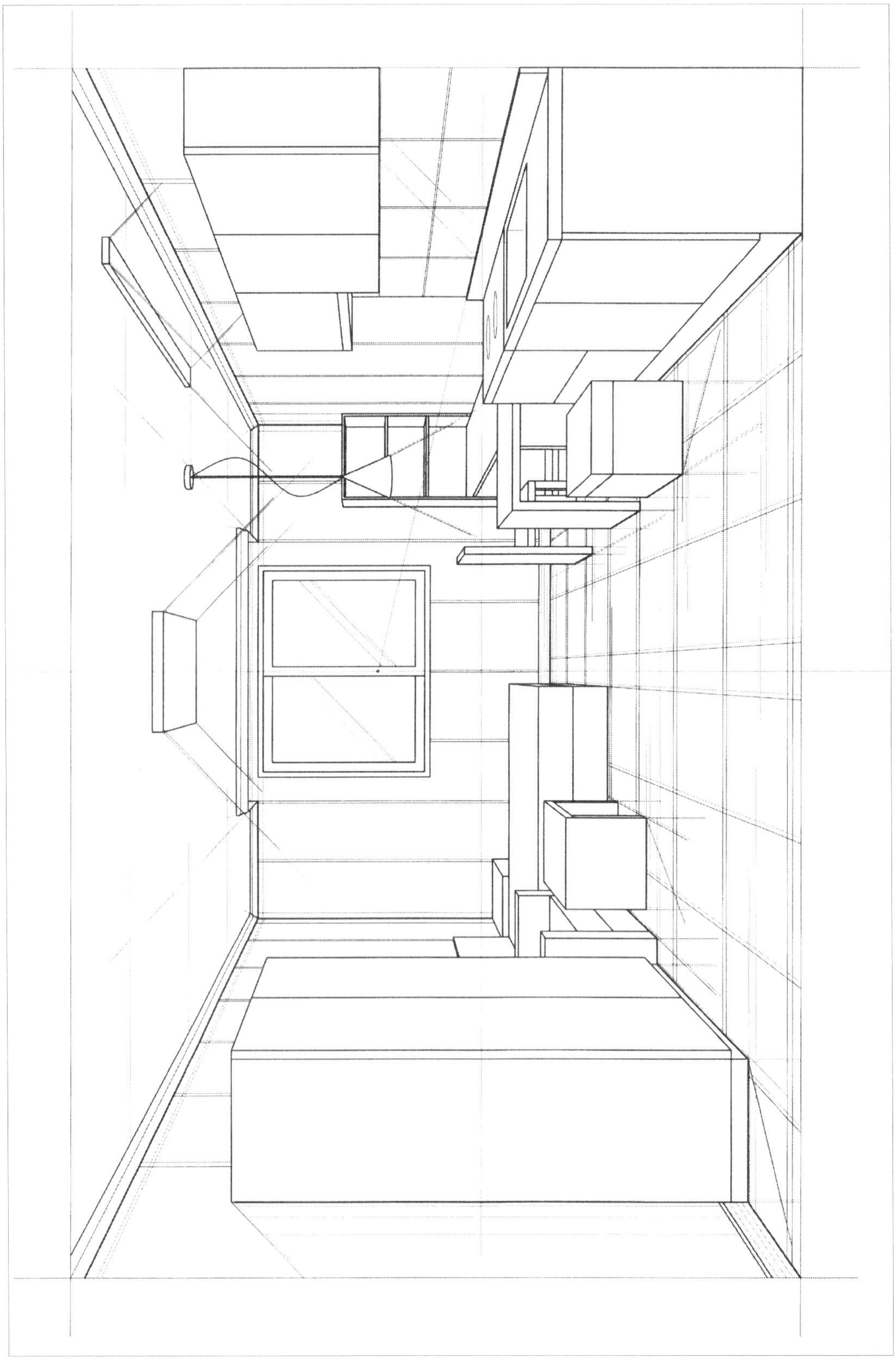

2.7 마무리 작업한다.

1. 도면명과 축척을 기입한다.

2. 투시도 그림의 외곽을 그린다.

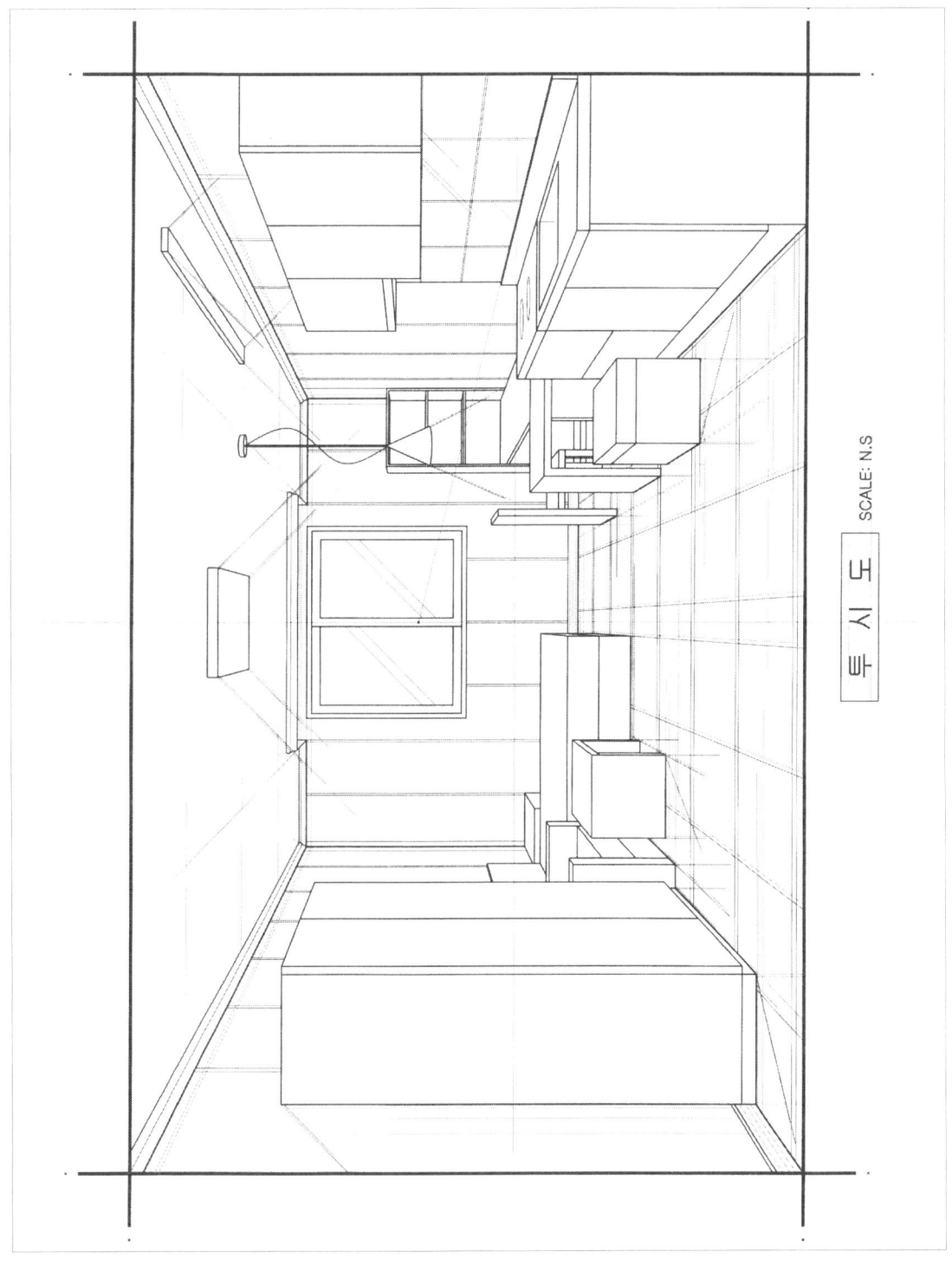

※ 축척 : 1/30로 작업하고 익숙해지면 축척 : 1/40로 작업하여 투시도가 너무 크게 그려지지 않도록 한다. 또한 축척(1/30)은 그대로 하고 S.P의 위치를 G.L에서 조금 더 멀리 잡아도 된다. 도면이 커지면 컬러링 작업면도 많아지므로 트레싱지의 1/3 크기로 완성한다.

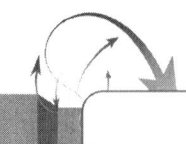

3. 꺾인 벽 도면작업(기출문제 ①번)

투시도는 도면의 이해를 돕기 위해 그리는 것으로 벽체, 가구 등 규격이 큰 부분은 정확한 치수를 적용하고 그 외의 요소들은 전체 비례에 맞춰 작업하면 된다.

1. 입면 벽과 V.P(H:1,500)를 그리고 벽면 모서리를 연결한 후 그리드(500x500)를 그린다. (S.P는 4,500mm 적용)

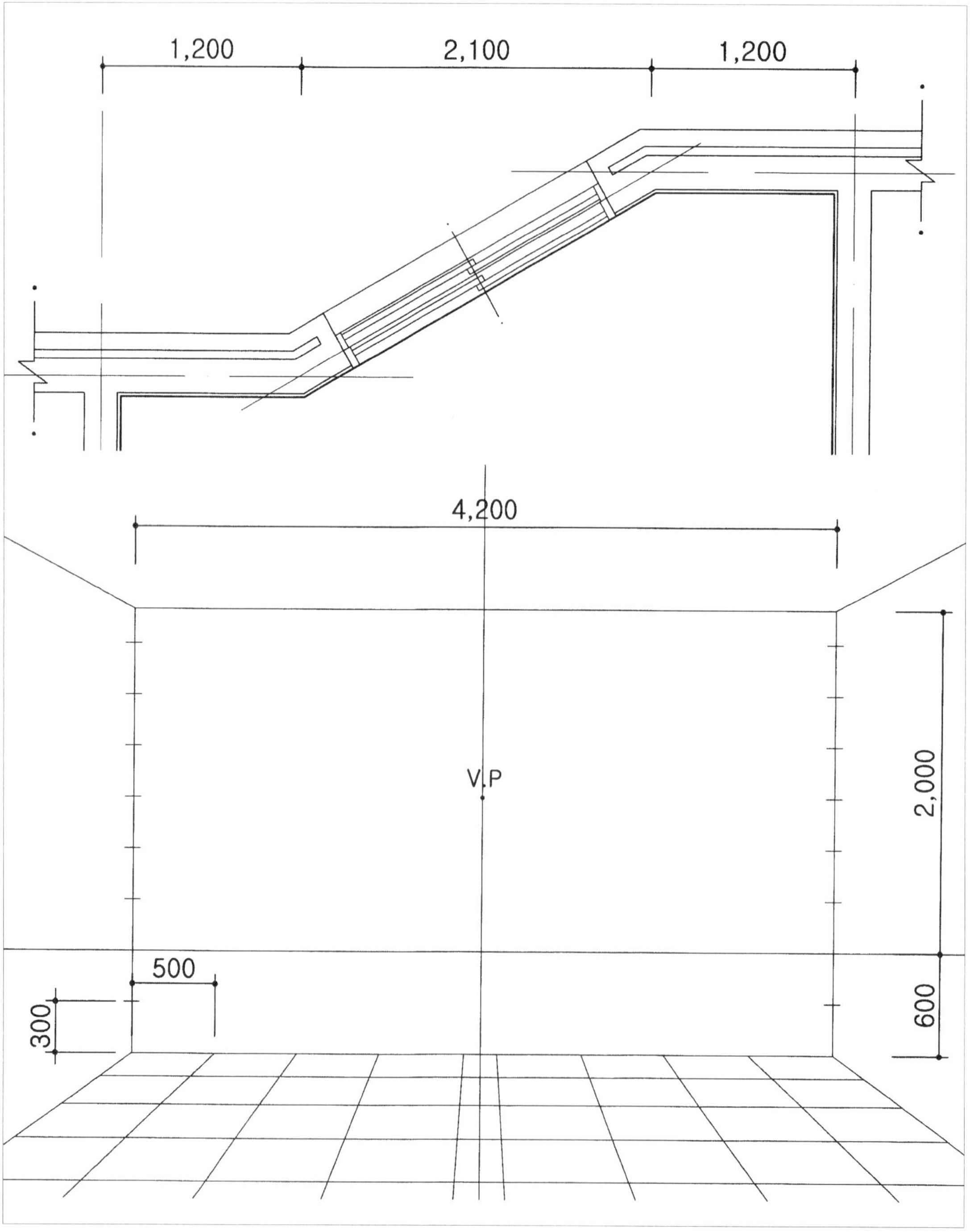

2. 꺾인 벽을 그리면 V.P의 수평선으로 V.P2점이 찾아진다.(작업 종이를 벗어날 수도 있으며, 이 경우는 대략의 위치점을 파악하면 된다.)

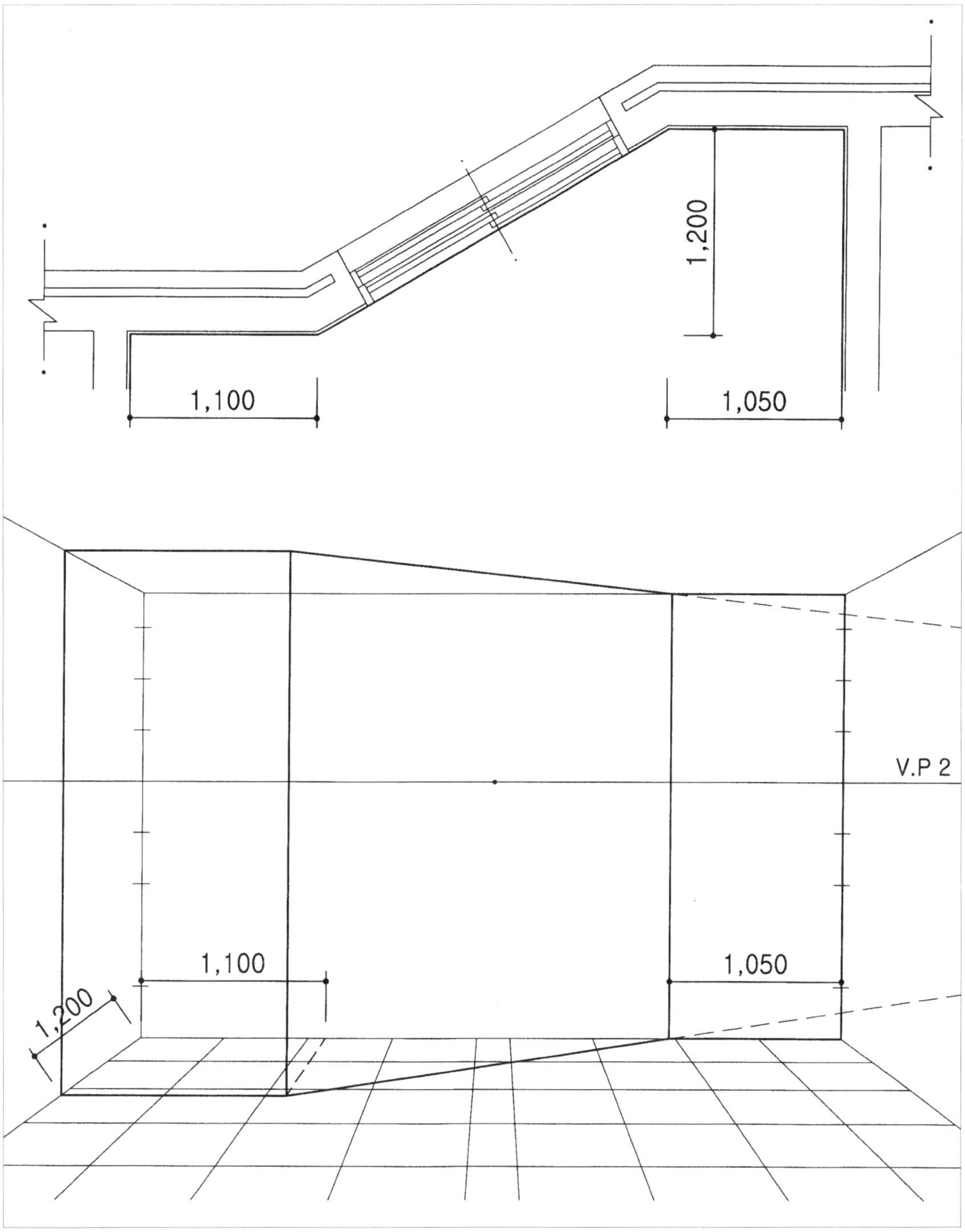

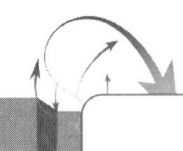

실내건축기능사 실기

3. 창문의 가로크기를 꺽인 벽을 기준으로 V.P점과 연결하여 위치선을 그린다.

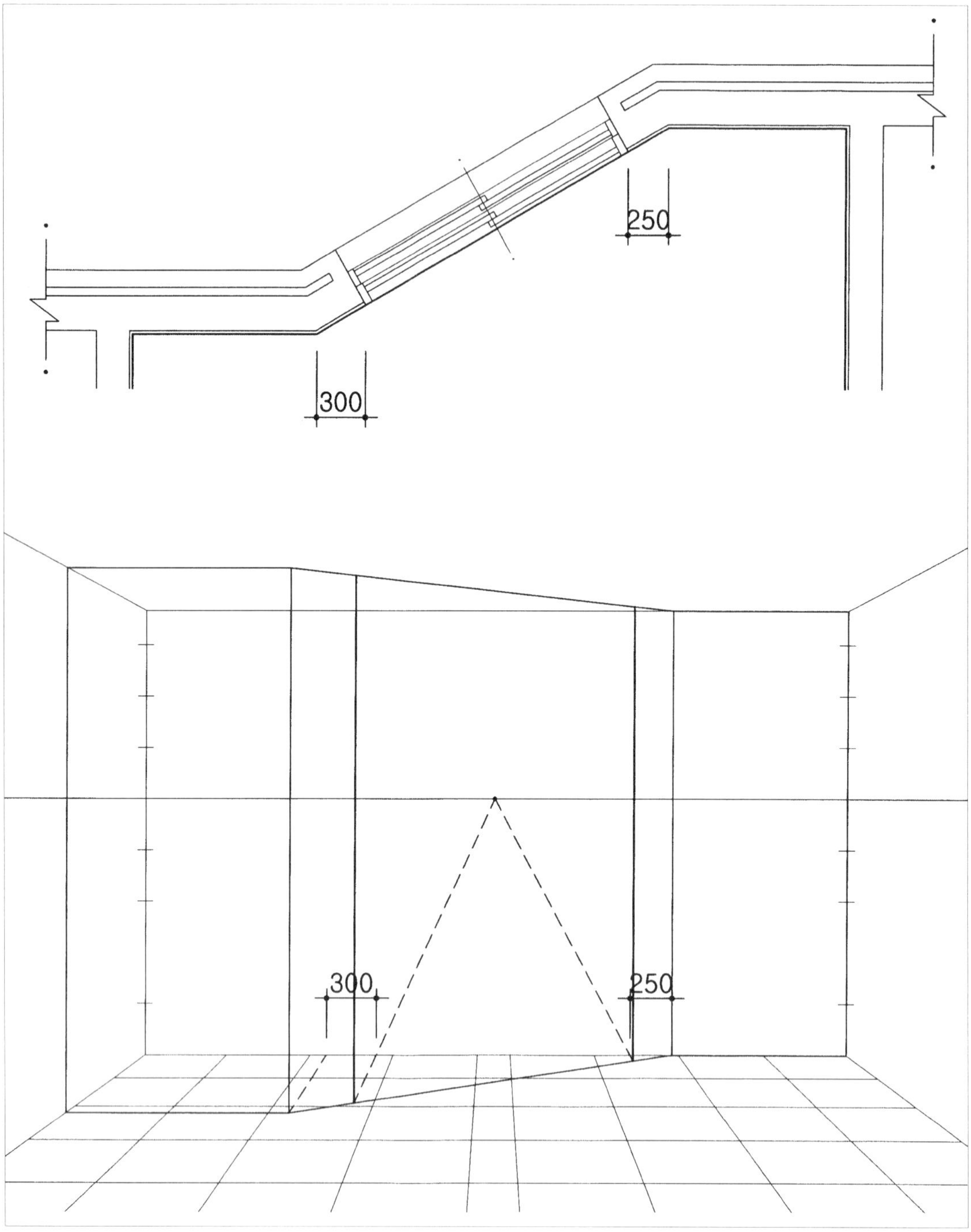

4. 천정 몰딩을 그린 후 창문 높이를 그린다.

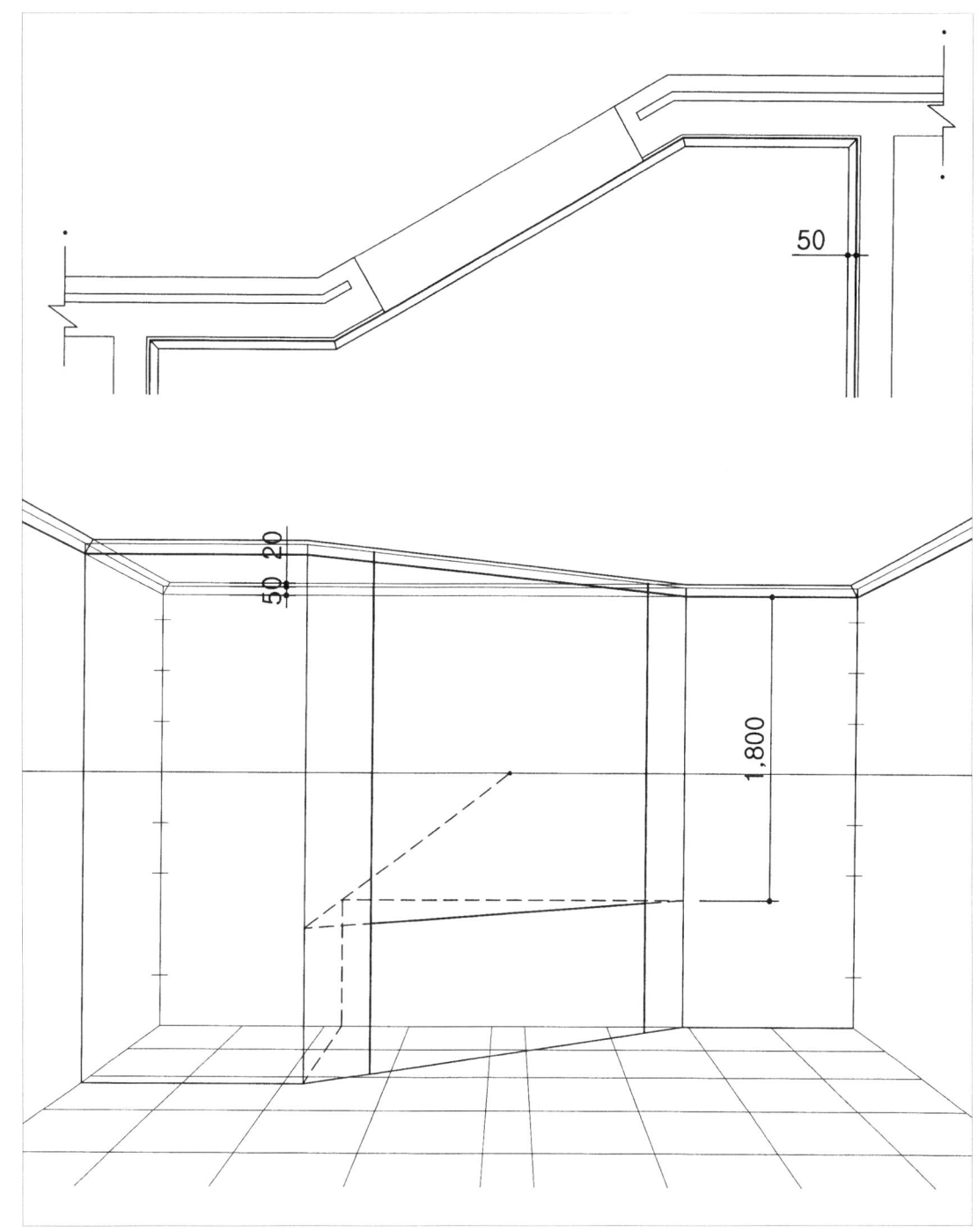

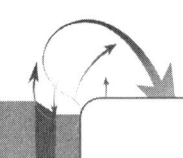

5. 커튼박스 왼쪽 부분의 사선을 그리면 V.P의 수평선으로 V.P1점이 찾아진다.(그리드에서 대략의 위치점을 찾음)

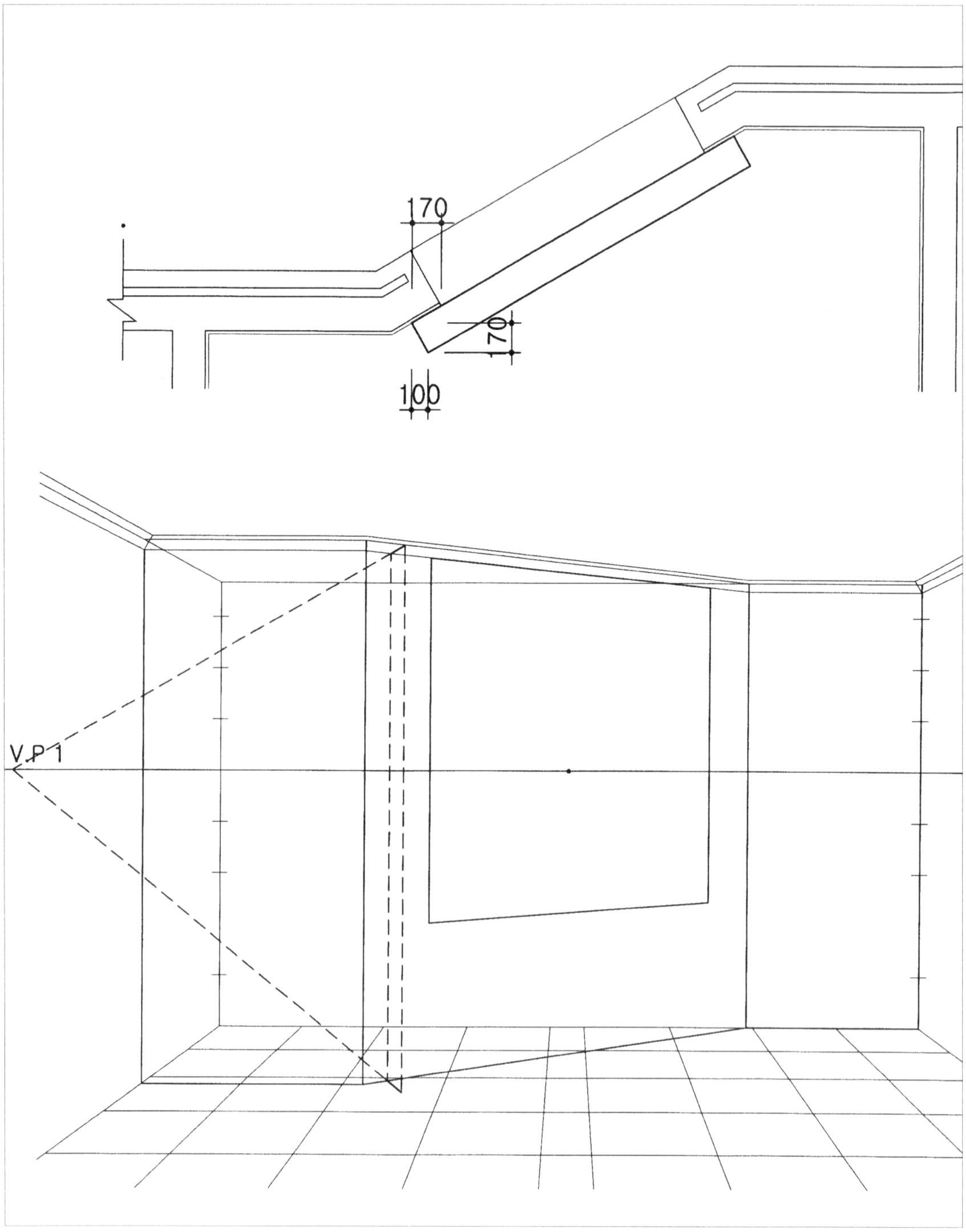

6. 커튼박스 오른쪽 부분의 사선을 그린다.(V.P1점과 동일 위치임)

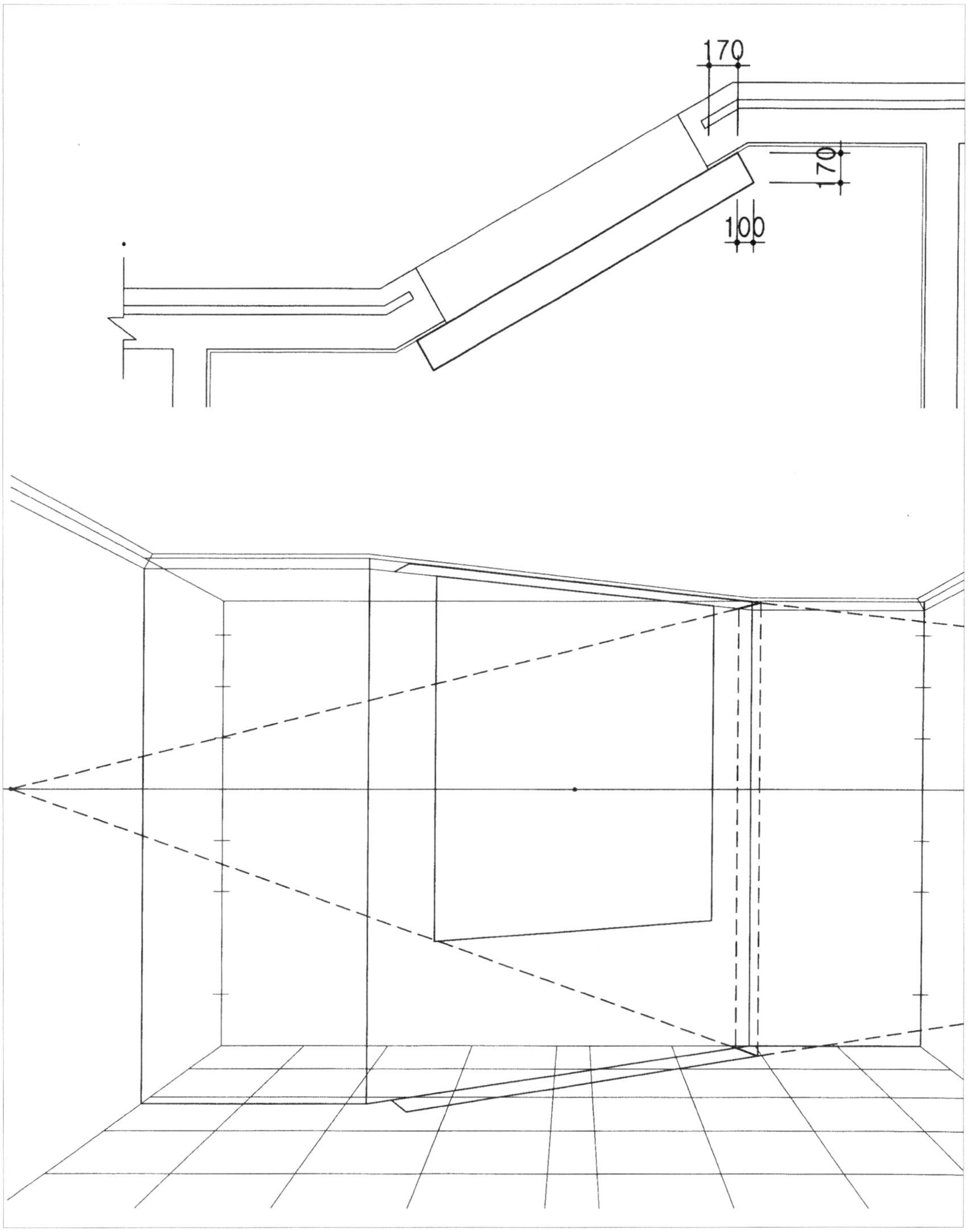

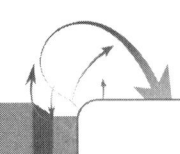

7. 커튼박스의 몰딩을 그린다.

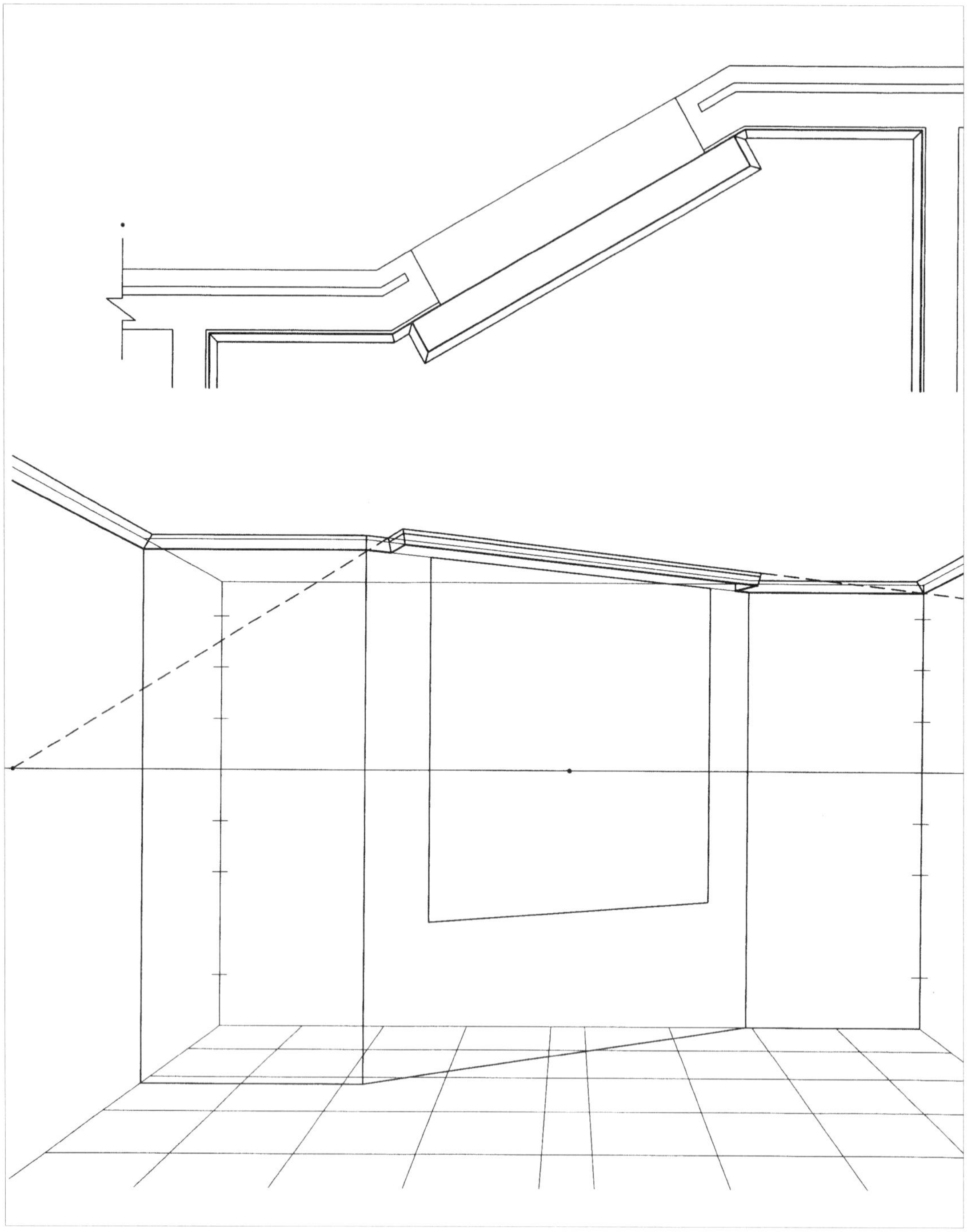

8. 투시된 창문을 두 짝으로 나누고, 입체적으로 보기 좋게 마무리 작업을 한다.

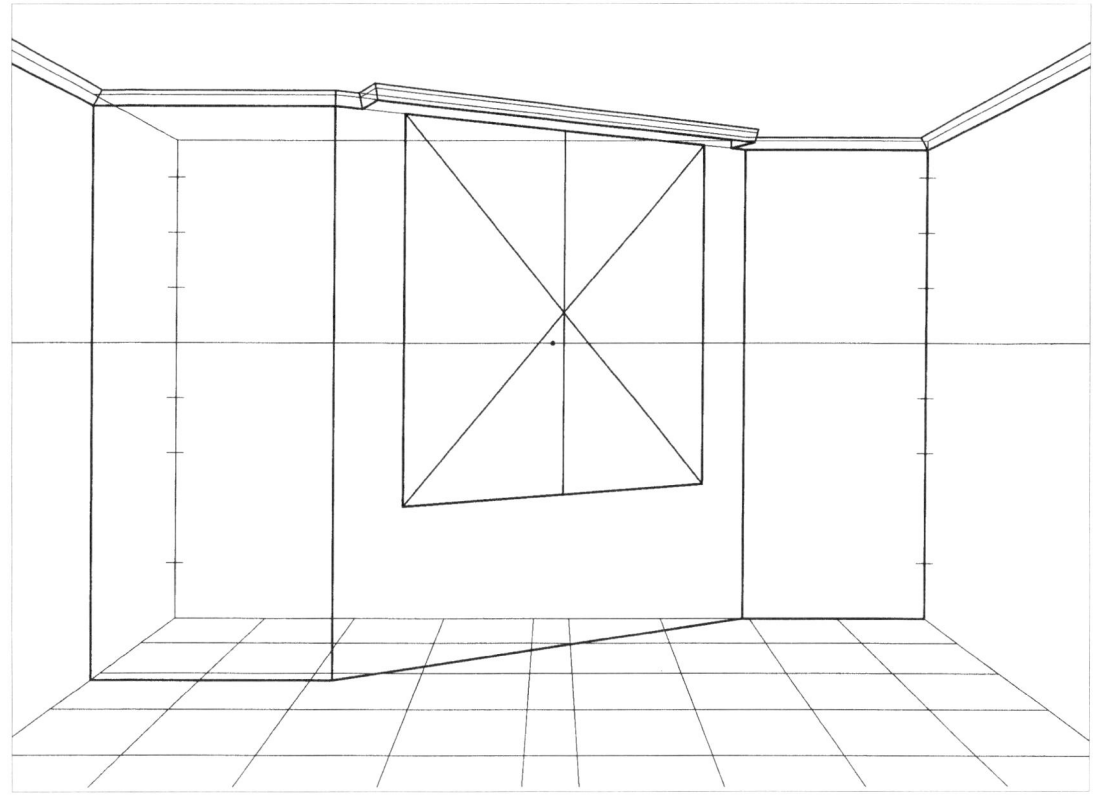

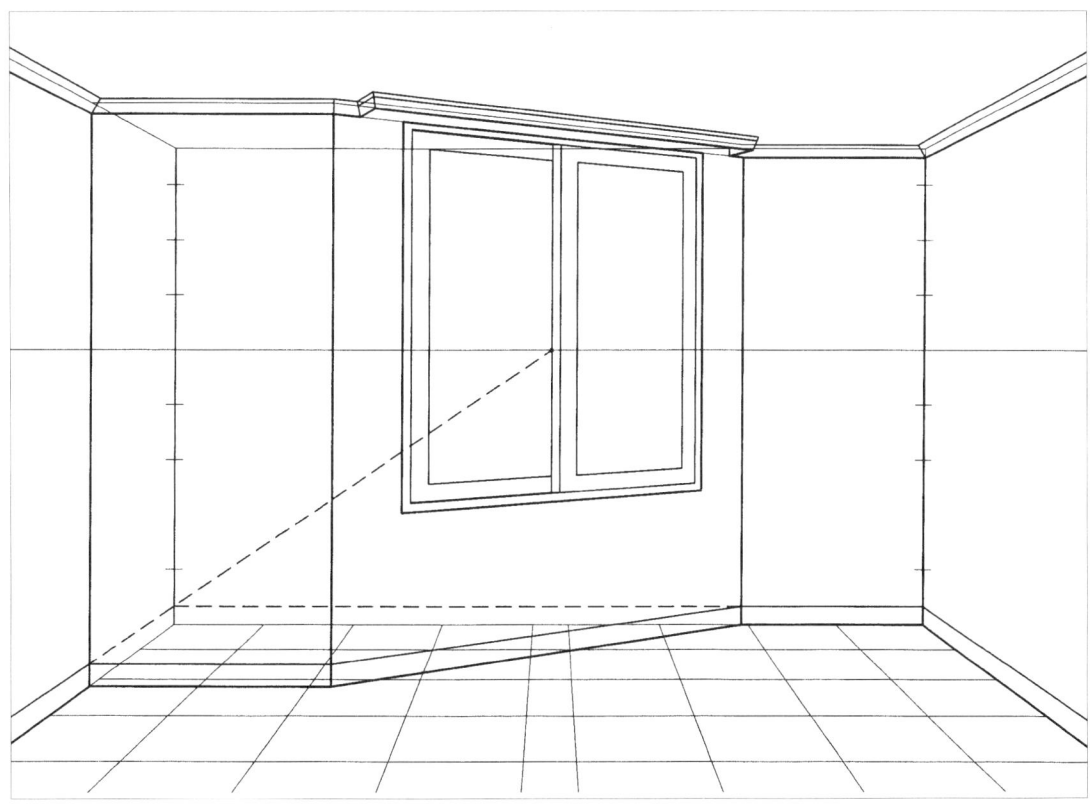

CHAPTER 05
컬러링

1. 컬러링 요령

1. 도면의 뒷면에 채색한다.
마커는 수성으로 작업된 앞면에 채색하면 작업선이 번지므로 꼭 뒷면에 작업한다.

2. 천장 → 벽 → 바닥 → 가구 → 명암 → 조명효과 → 테두리 순으로 작업한다.
새 마커는 수분이 많아 그대로 사용하면 색 번짐이 심하므로 수분을 조금 없앤 후 사용한다.
깔끔하게 마무리되도록 꼭 자를 사용한다.
짧은 시간에 최대한의 효과를 주기 위해서는 넓은 면을 먼저 작업한다.
밝은 색 위주로 채색하여야 실수를 줄일 수 있다.
면이 넓지 않은 부분, 걸레받이, 천장 몰딩, 커튼 등은 진한 컬러를 사용하여 포인트를 준다.
마커의 색은 8색~10색 정도로 구입하며 비슷한 톤의 계열로 2~3개씩 고른다.

3. 테두리선은 보드마커 정도의 굵은 펜을 사용하여 마무리 작업한다.

2. 작업순서

1. 천장을 작업한다.

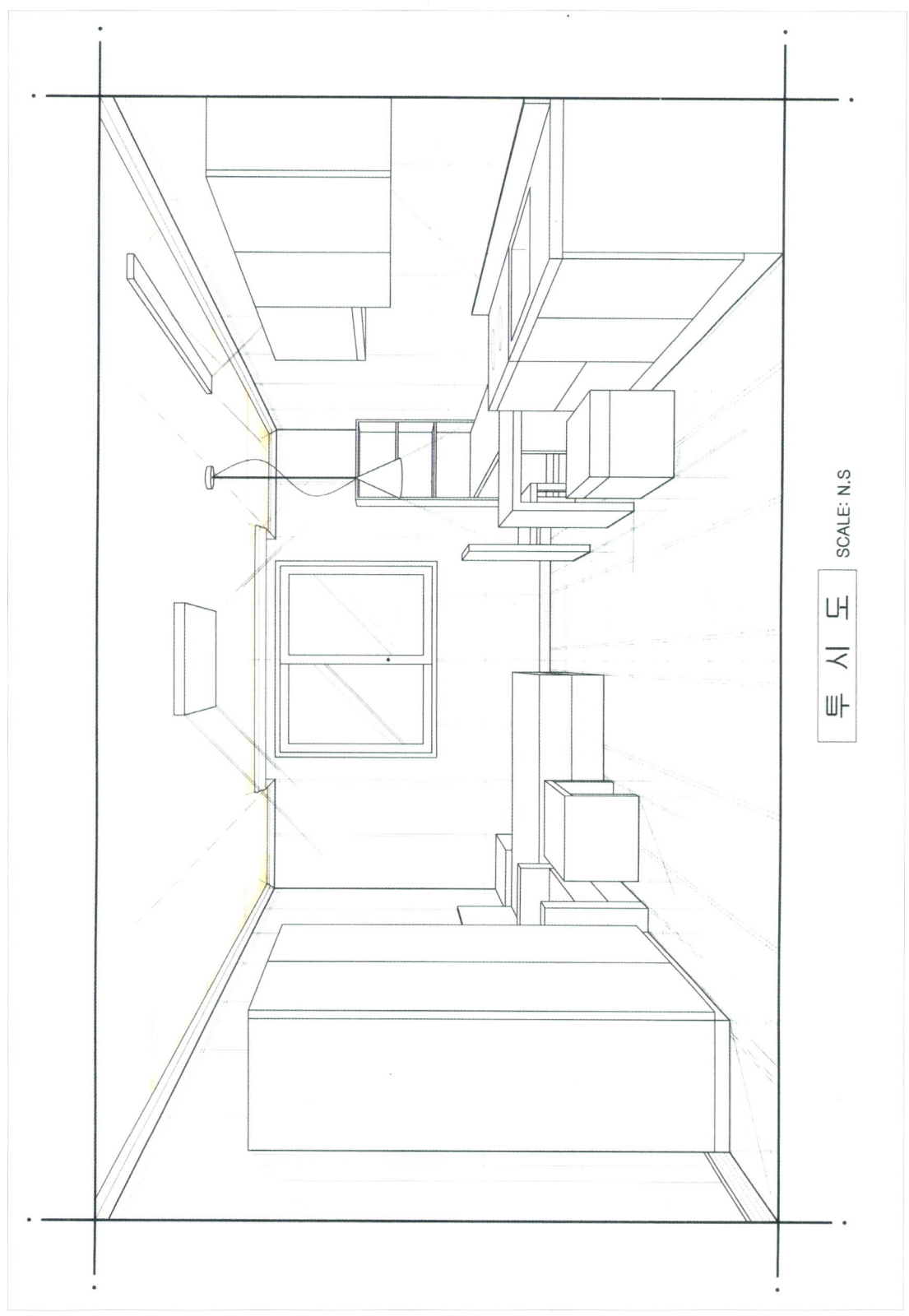

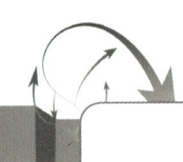

2. 벽을 작업한다.

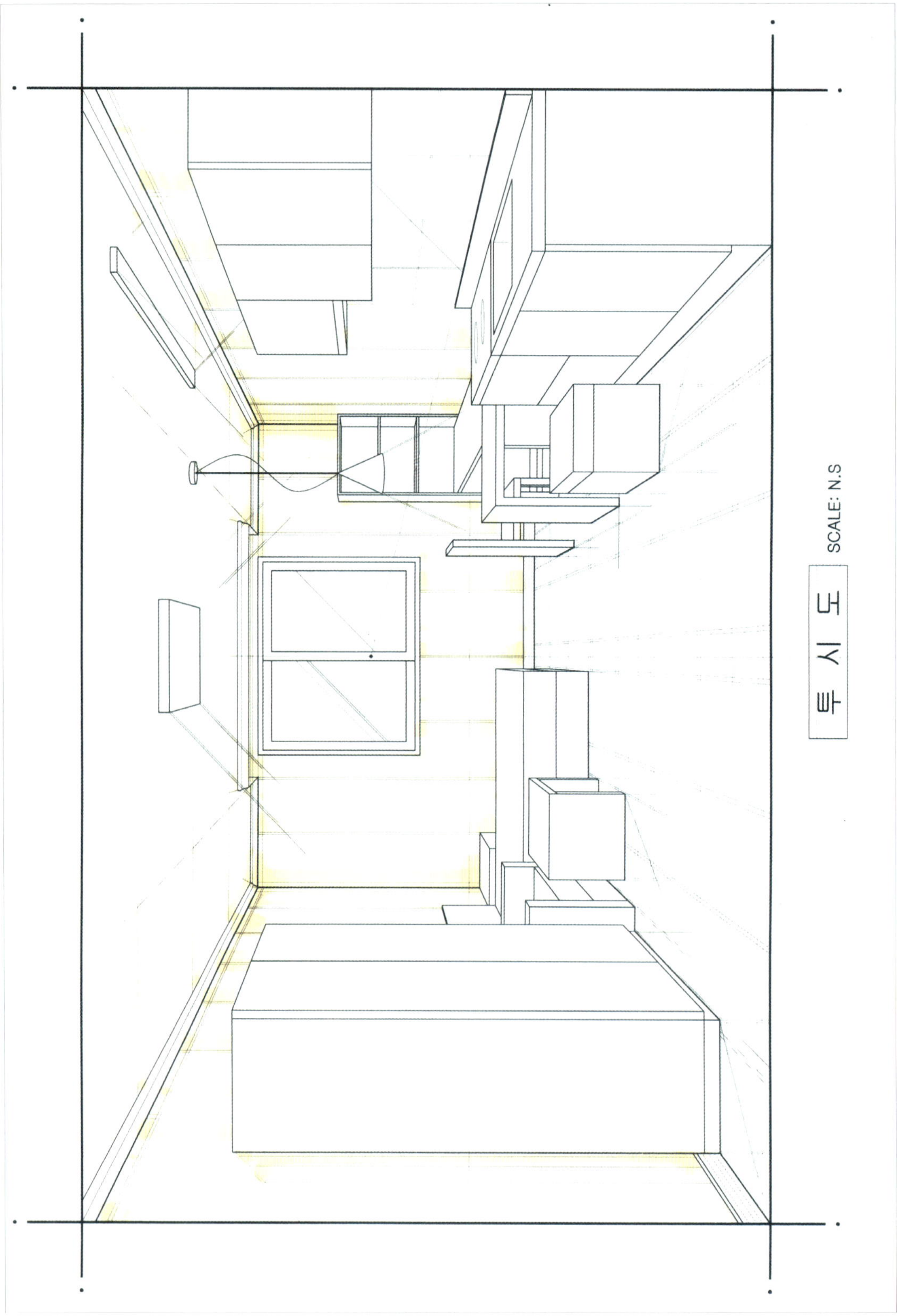

투 시 도 SCALE: N.S

3. 바닥을 작업한다.

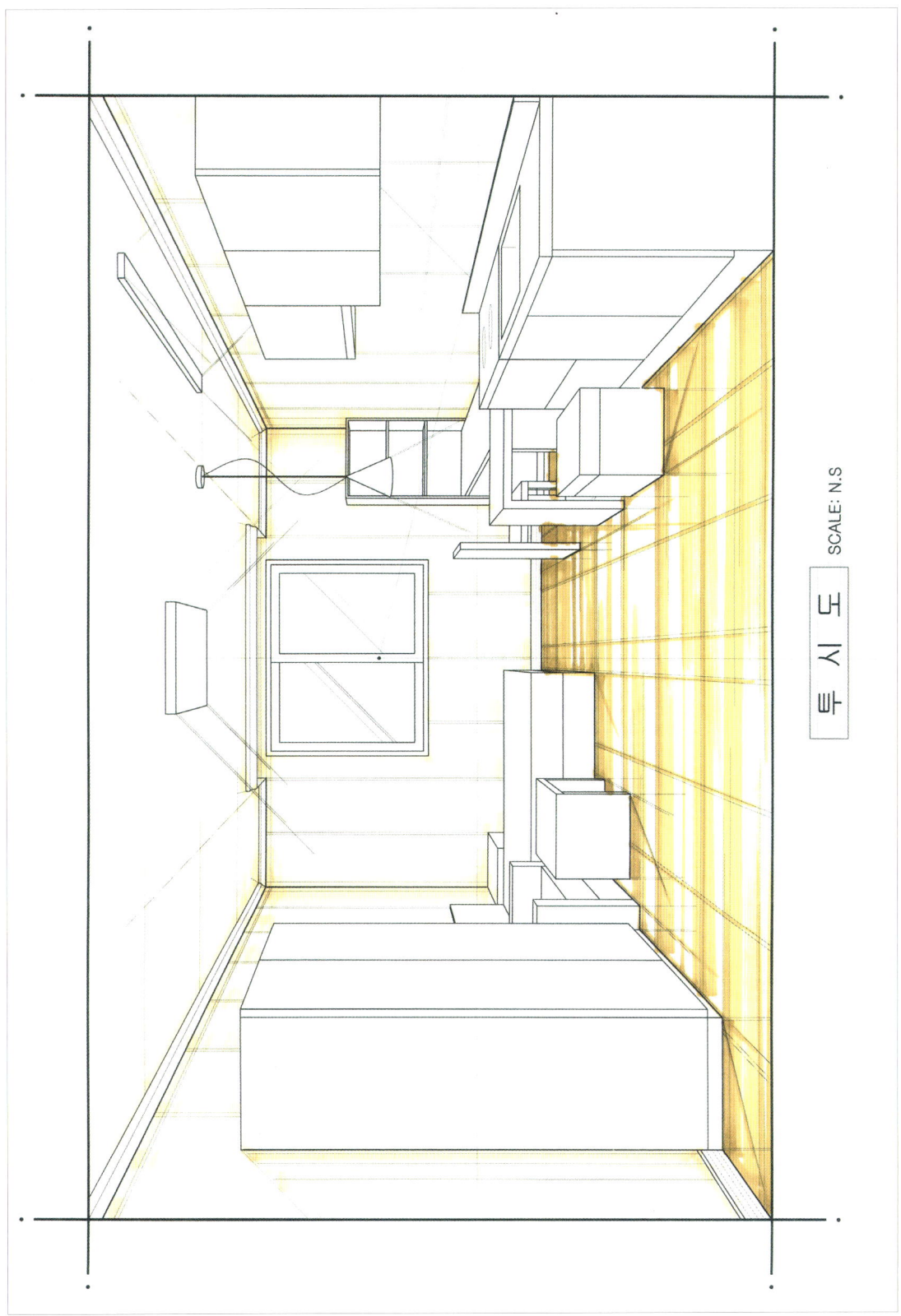

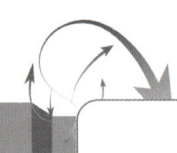

4. 가구를 작업한다.

투 시 도 SCALE: N.S

5. 창문과 몰딩, 걸레받이를 작업한다.

투 시 도 SCALE: N.S

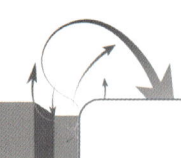

실내건축기능사 실기

6. 명암을 작업한다.

투 시 도 SCALE: N.S

7. 조명효과를 작업하고 테두리선을 그린다.

PART 5

기출문제

국가기술자격검정 실기시험문제

자격종목	실내건축기능사	작품명	원룸형 주택
비번호 :			

◉ 시험 시간 : 표준시간 – 5시간 30분

1. 요구사항
* 주어진 도면은 도심지 저층규모의 독신자용 원룸 평면도이다.
다음의 요구조건에 따라 도면을 작성하시오.

2. 요구조건
① 설계면적 : 4,500×6,600×2,600mm(H)
② 개구부 크기 : 출입문 – 1,000×2,100mm(H)   욕실문 – 800×2,000mm(H)
　　　　　　　　창문 – 1,800×2,000mm(H)(2중창)
③ 벽체 : 외벽 – 두께 1.5B의 붉은벽돌 공간쌓기로 한다.
　　　　내벽 – 시멘트 벽돌 두께 1.0B쌓기로 한다.
　　　　욕실벽은 0.5B쌓기로 한다.
④ 인적 구성 : 20대 대학생(여성)
⑤ 필요공간 및 가구 : 싱글침대, 책장, 신발장, 옷장
　　　　　　　　　　1인용 소파 및 테이블, TV 및 테이블
　　　　　　　　　　컴퓨터 및 책상
　　　　　　　　　　냉장고, 2인용 식탁 및 의자
　　　　　　　　　　1인이 취사할 수 있는 최소한의 주방기구

(* 이상 제시된 가구는 필수적이며, 이외에 필요한 가구와 실내장식이 있다면 수검자가 임의로 추가할 수 있음)

3. 요구도면
1) 평면도 : 가구배치 및 바닥마감재 표기(창문 쪽은 외벽임) – S=1/30
2) 내부 입면도 : B방향(벽면재료 표기) – S=1/30
3) 천장도 : 설비조명기구 배치 및 범례표 작성 마감재료 표기 – S=1/30
4) 실내 투시도(채색작업 필수) : 계획의 포인트가 좋은 지점에서 1소점 투시도법으로 작성하되, 작성과정의 투시보조선을 남길 것 – S=N.S

※ 첫째장에 평면도, 둘째장에 내부 입면도와 천장도, 셋째장에 실내 투시도 작성

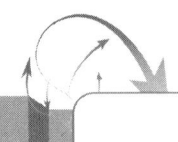

| 자격종목 | 실내건축기능사 | 작품명 | 원룸 | 척도 | N.S |

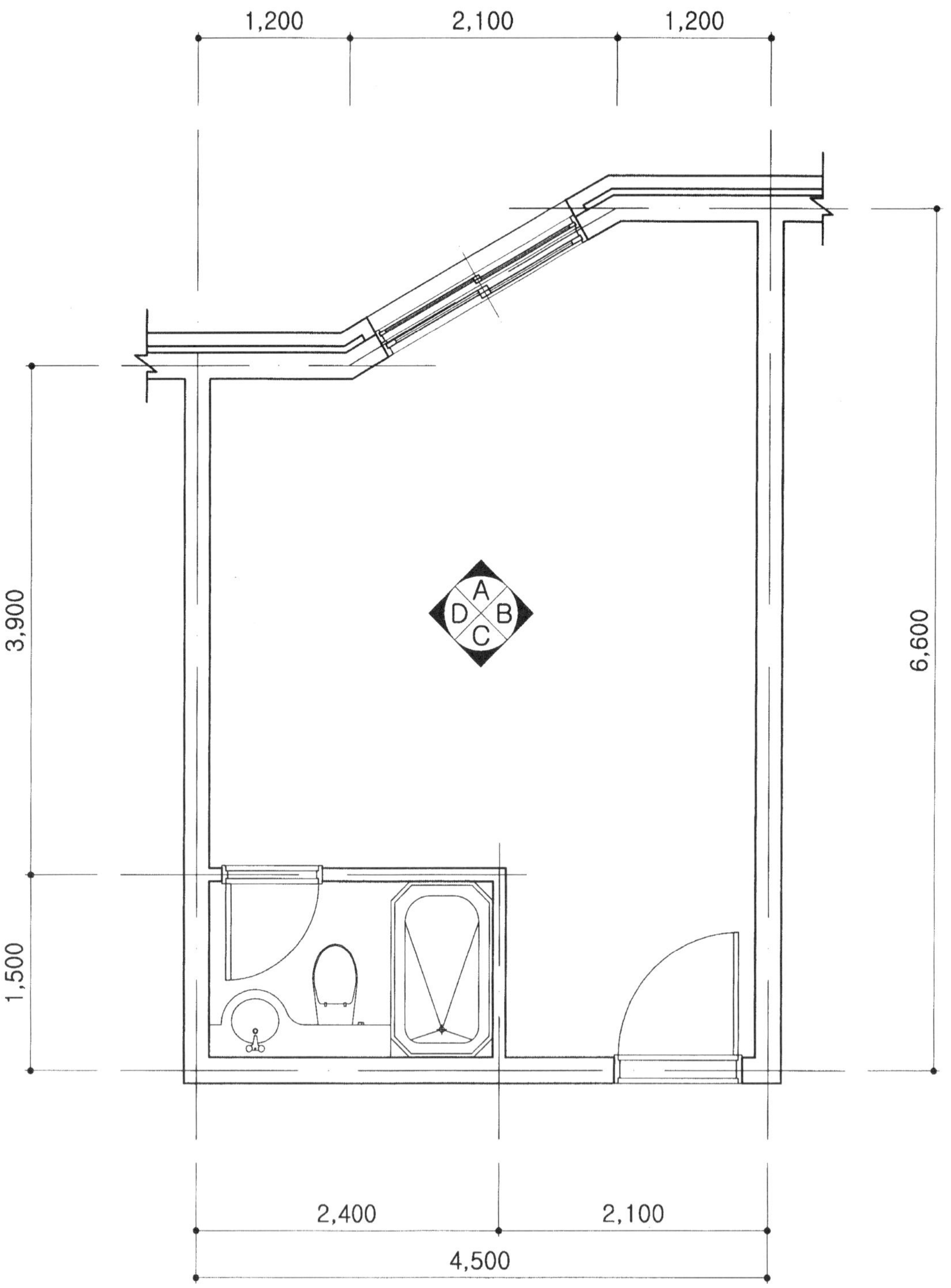

평 면 도

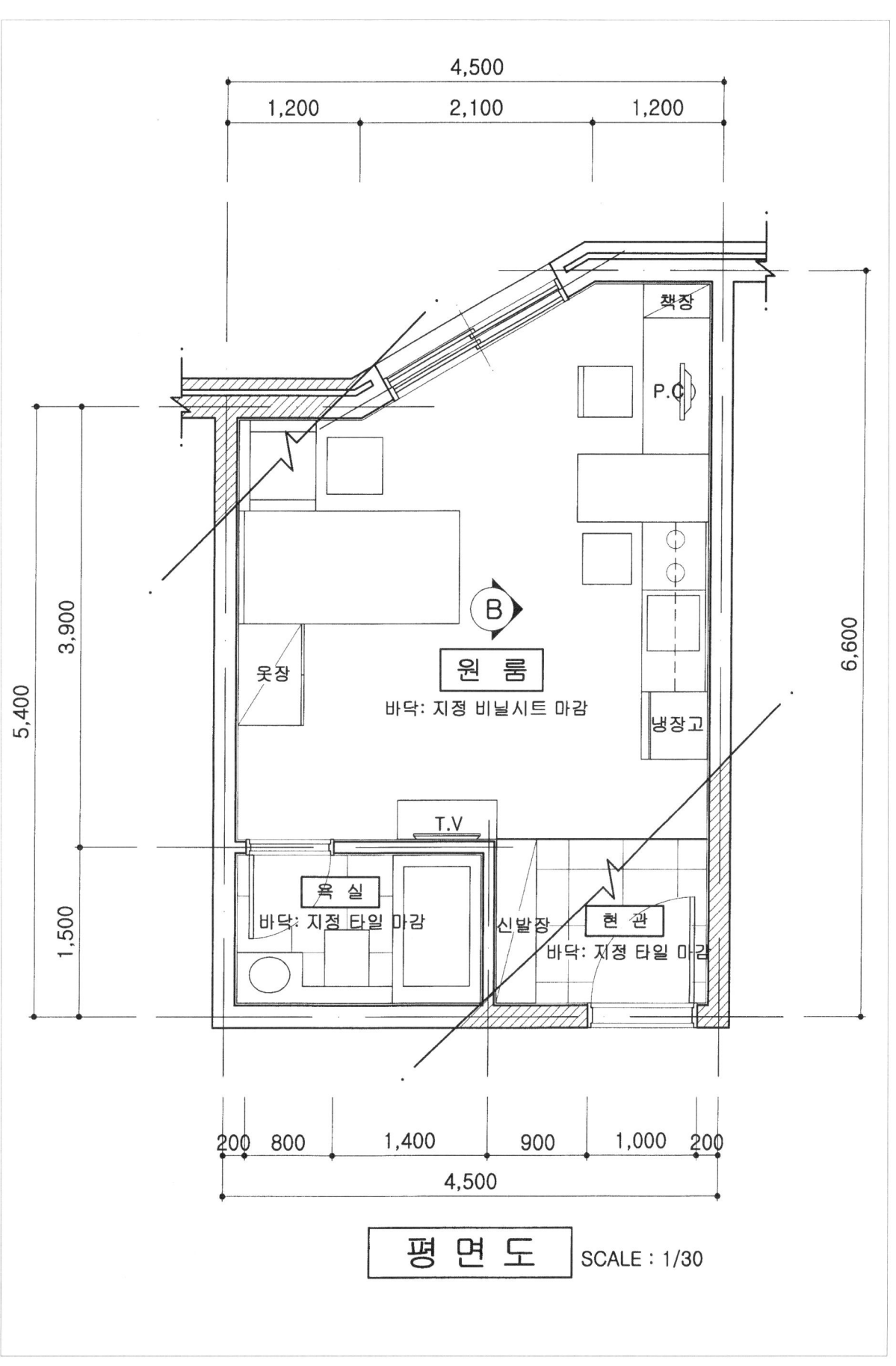

천 장 도 SCALE : 1/30

범 례

기호	명칭	개수
	직부등	1
	펜던트	1
	형광등	1
	센서등	1
	방습등	1

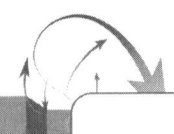

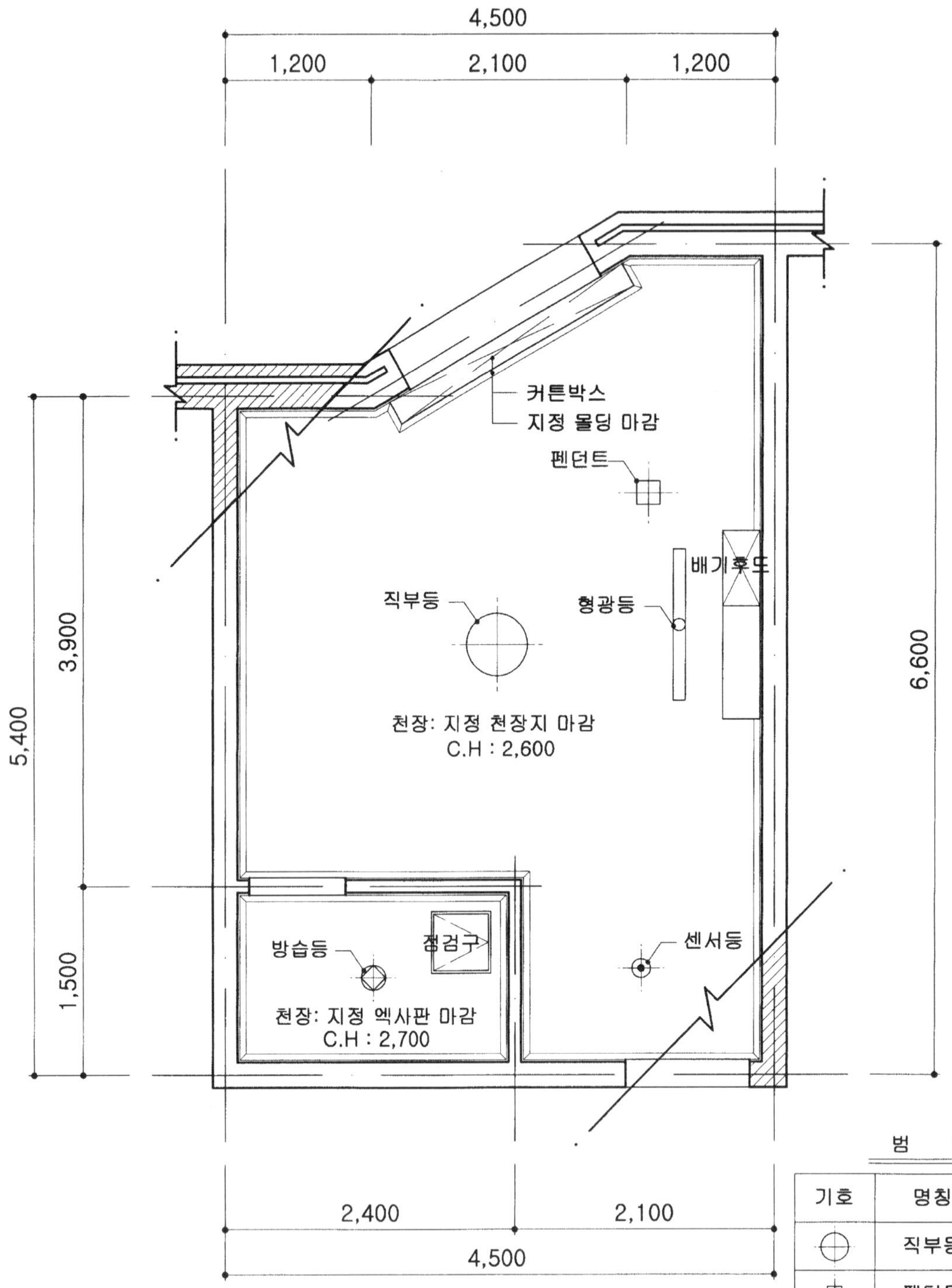

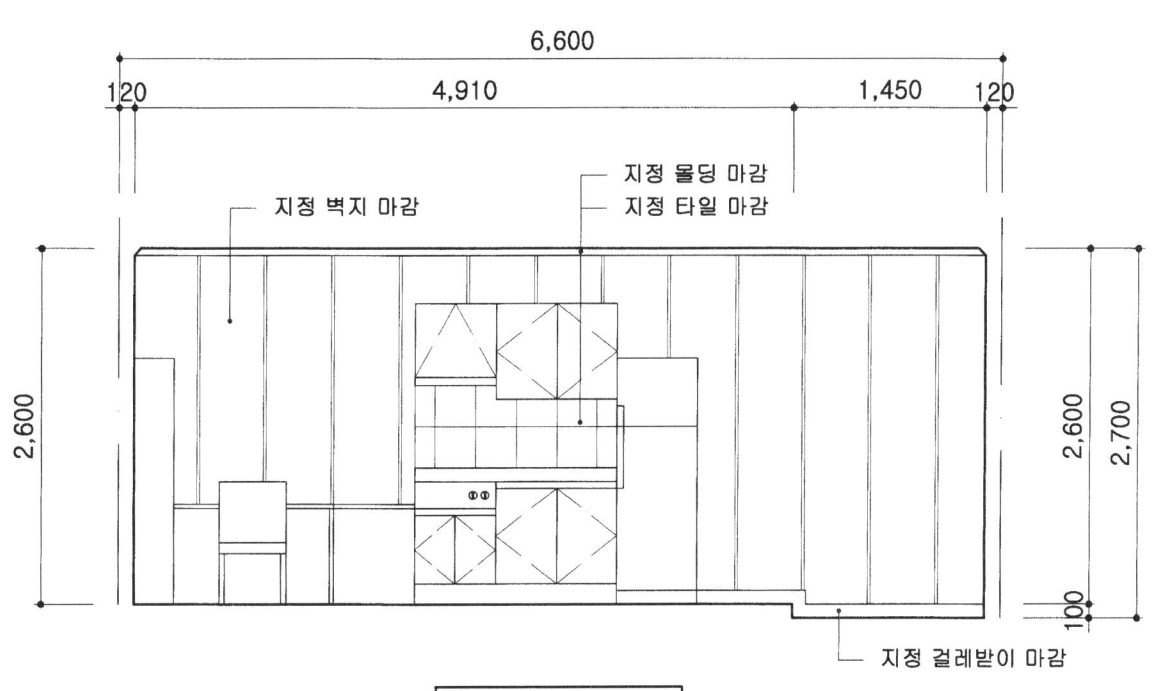

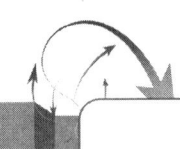

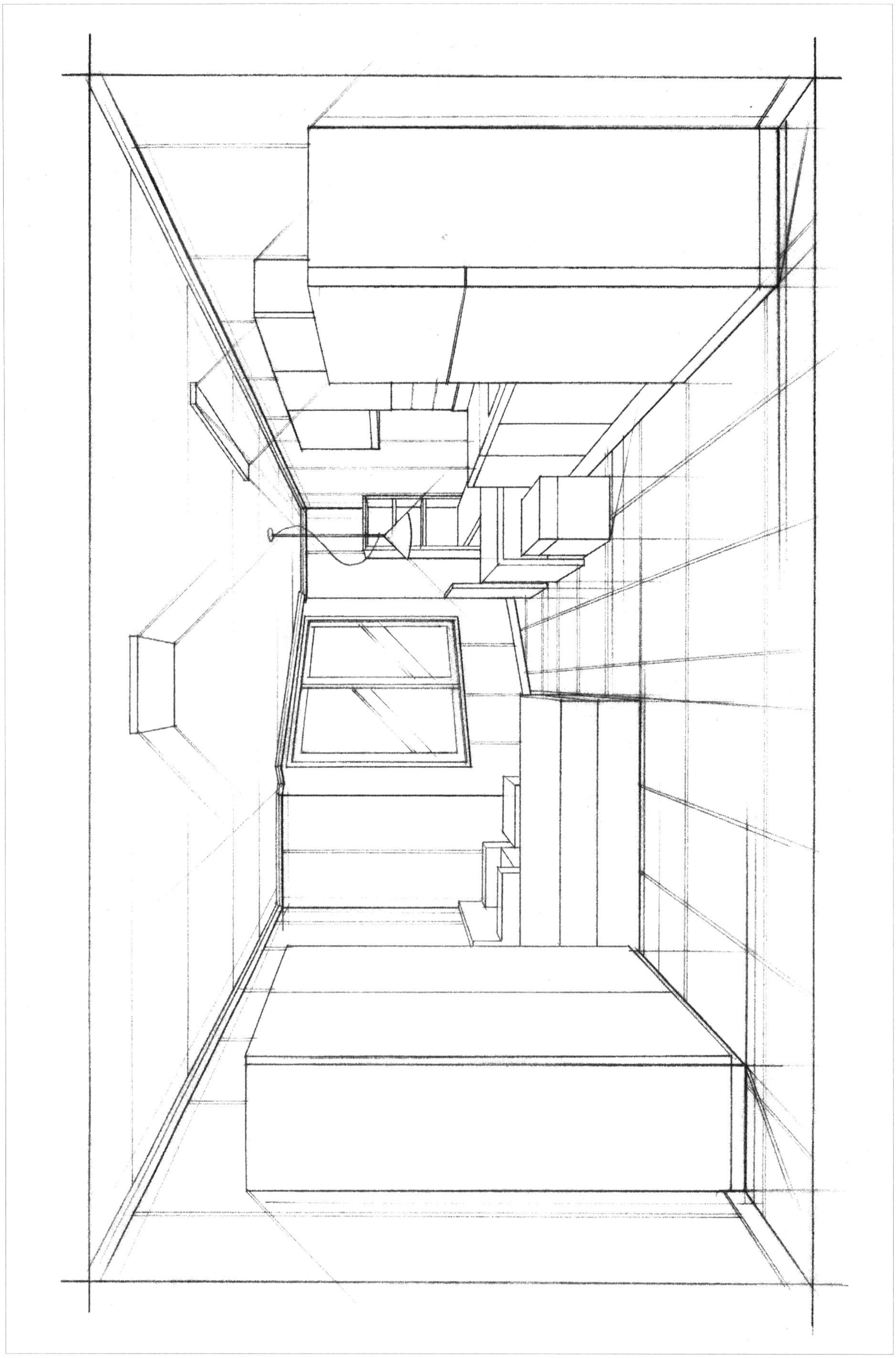

실내건축기능사 실기

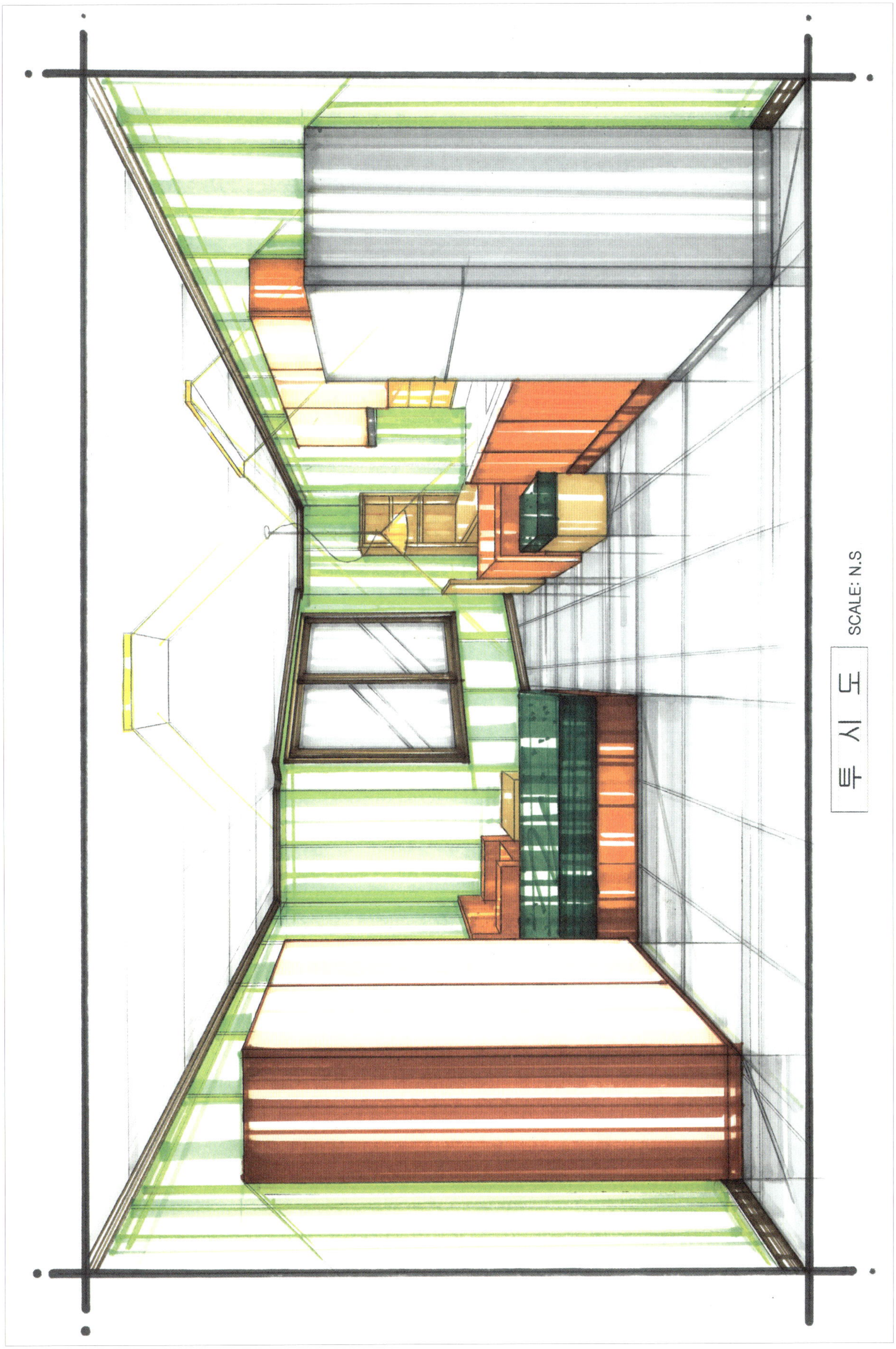

PART 05 기출문제

01

투시도 SCALE: N.S

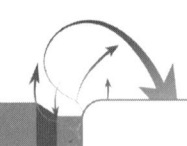

② 국가기술자격검정 실기시험문제

자격종목	실내건축기능사	작품명	원룸형 주택
비번호 :			

● 시험 시간 : 표준시간 – 5시간 30분

1. 요구사항
* 주어진 도면은 도심지 저층규모의 독신자용 원룸 평면도이다.
  다음의 요구조건에 따라 도면을 작성하시오.

2. 요구조건
① 설계면적 : 4,200×5,400×2,600mm(H)

② 개구부 크기 : 출입문 – 1,000×2,100mm(H) 욕실문 – 800×2,000mm(H)
   창문 – 1,500×2,000mm(H)(2중창)

③ 벽체 : 외벽 – 두께 1.5B의 붉은벽돌 공간쌓기로 한다.
   내벽 – 시멘트 벽돌 두께 1.0B쌓기로 한다.
   욕실벽은 0.5B쌓기로 한다.

④ 인적 구성 : 20대 대학생(여성)

⑤ 필요공간 및 가구 : 싱글침대, 책장, 신발장, 옷장, 장식장
   1인용 소파 및 테이블, TV 및 테이블
   컴퓨터 및 책상
   냉장고, 2인용 식탁 및 의자
   1인이 취사할 수 있는 최소한의 주방기구

 (* 이상 제시된 가구는 필수적이며, 이외에 필요한 가구와 실내장식이 있다면 수검자가
    임의로 추가할 수 있음)

3. 요구도면
1) 평면도 : 가구배치 및 바닥마감재 표기(창문 쪽은 외벽임) – S=1/30

2) 내부 입면도 : B방향(벽면재료 표기) – S=1/30

3) 천장도 : 설비조명기구 배치 및 범례표 작성 마감재료 표기 – S=1/30

4) 실내 투시도(채색작업 필수) : 계획의 포인트가 좋은 지점에서 1소점 투시도법으로 작성하되,
   작성과정의 투시보조선을 남길 것 – S=N.S

※ 첫째장에 평면도, 둘째장에 내부 입면도와 천장도, 셋째장에 실내 투시도 작성

자격종목	실내건축기능사	작품명	원룸	척도	N.S

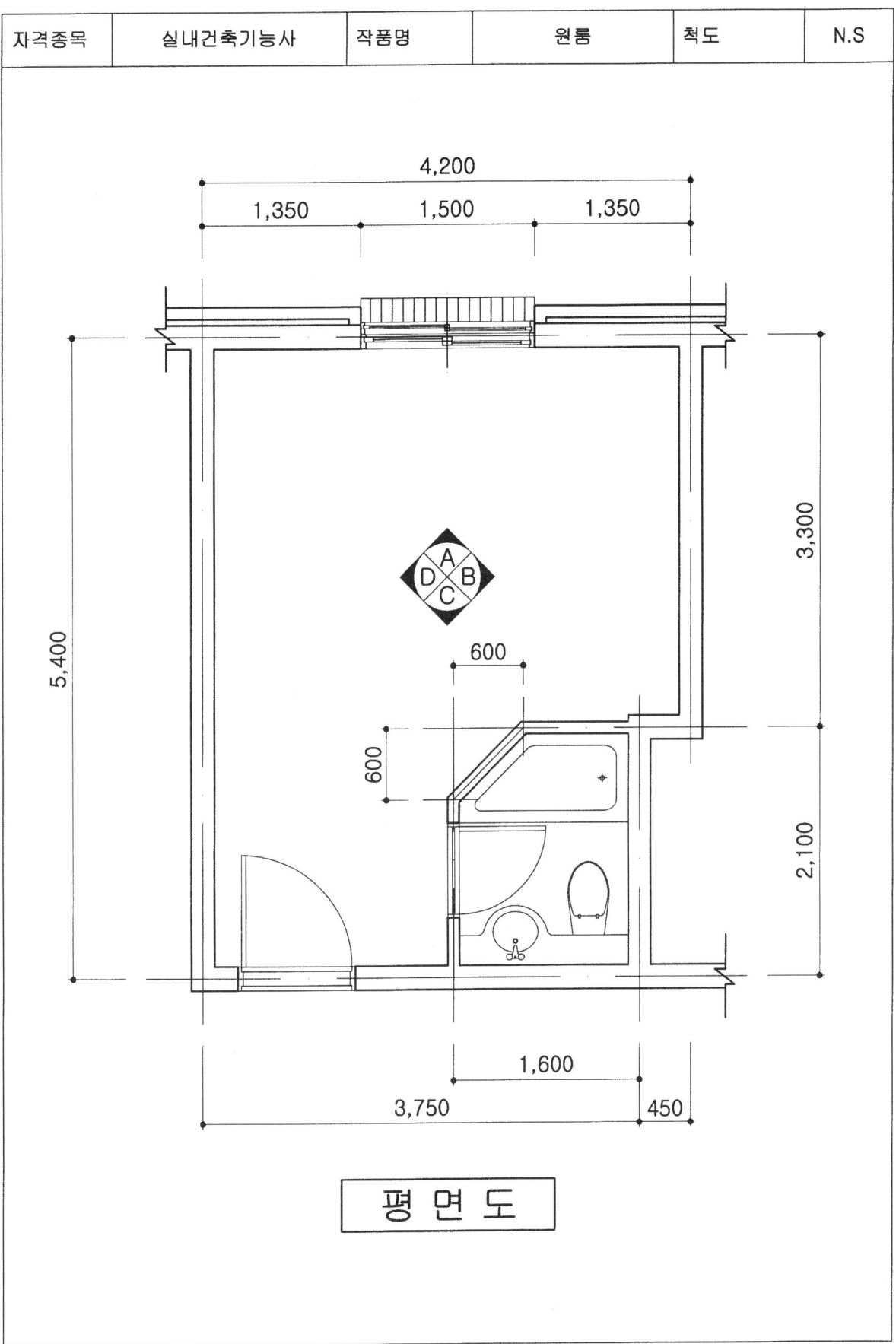

평 면 도

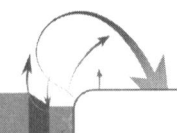

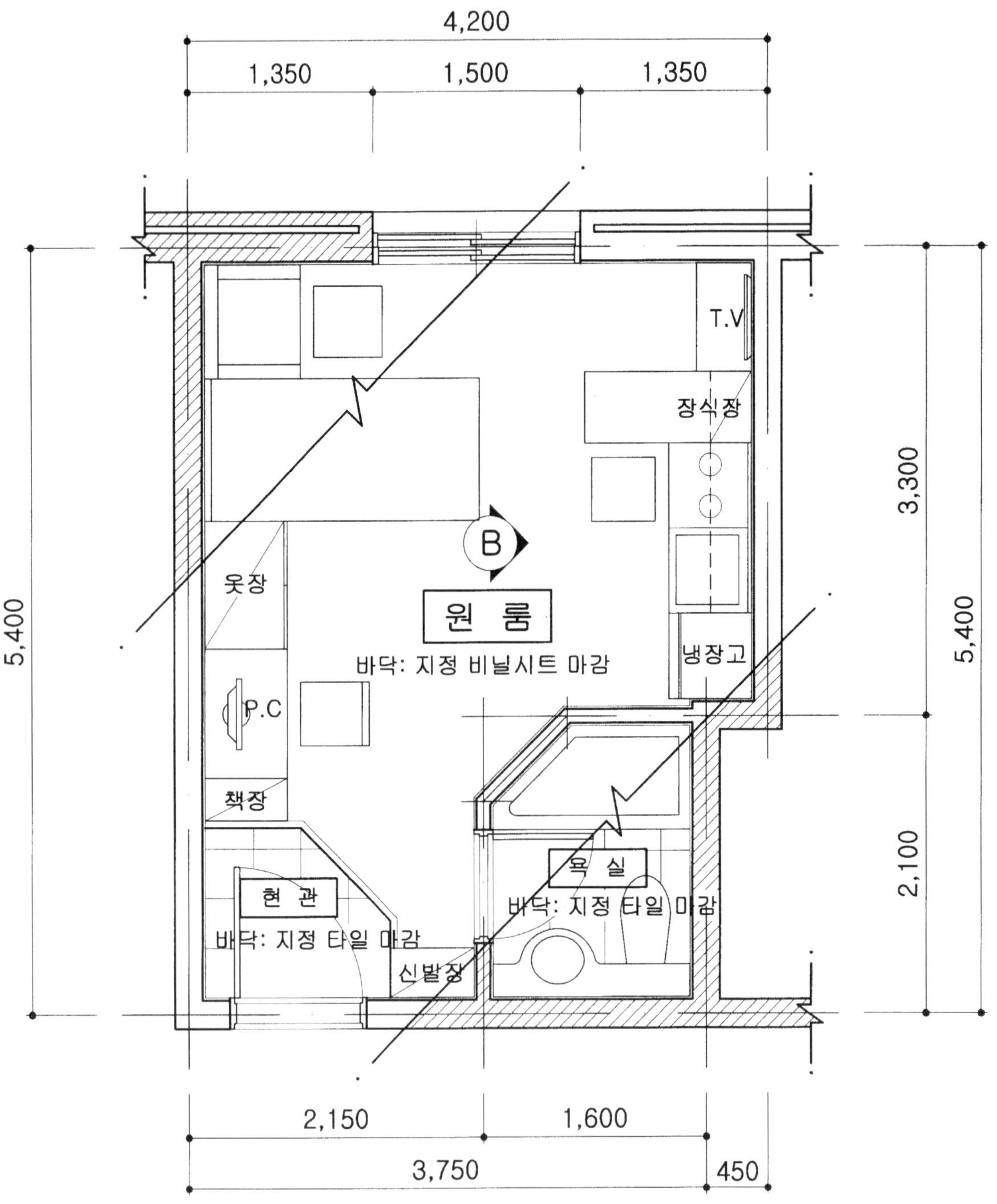

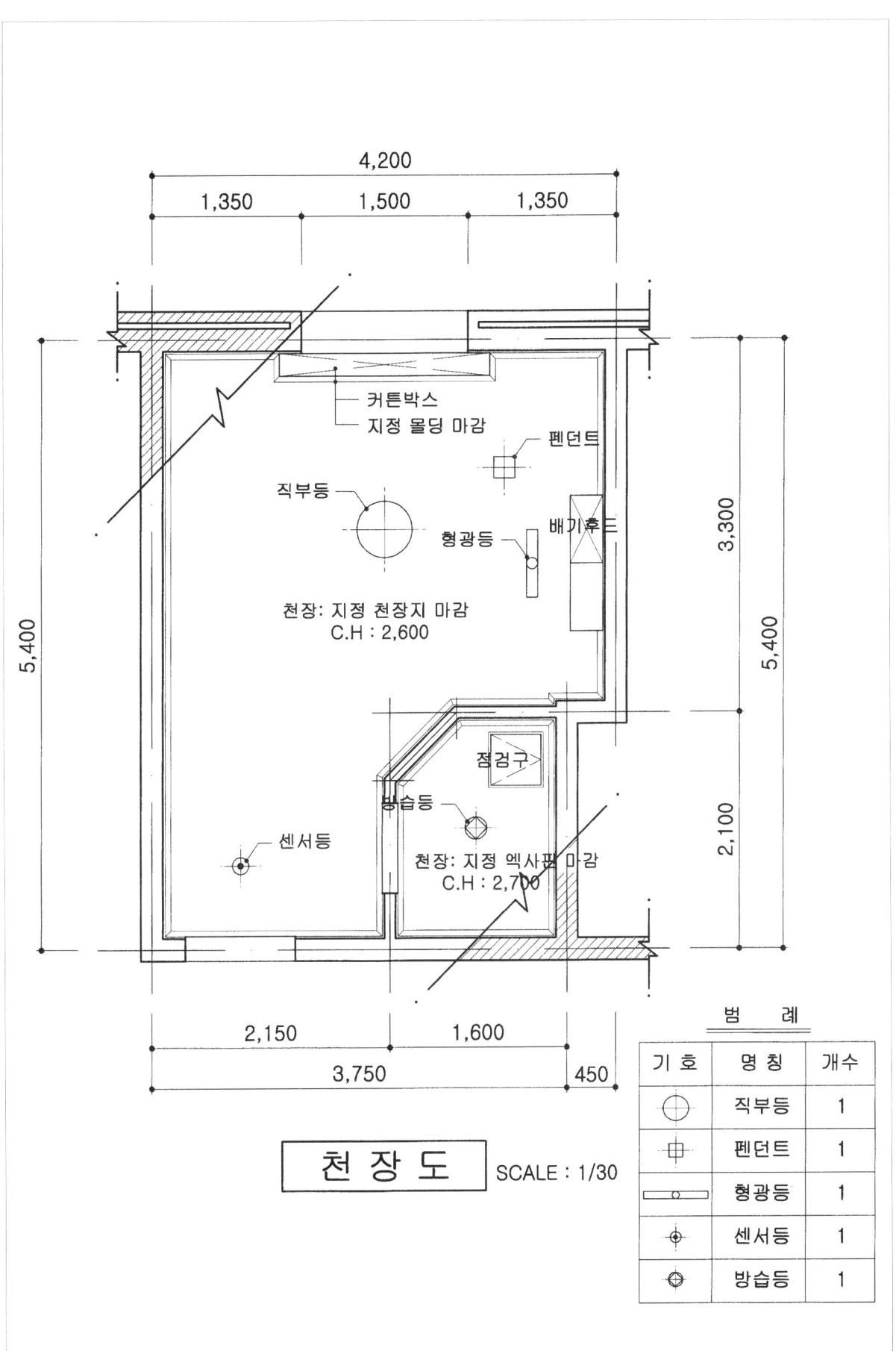

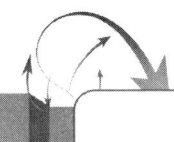

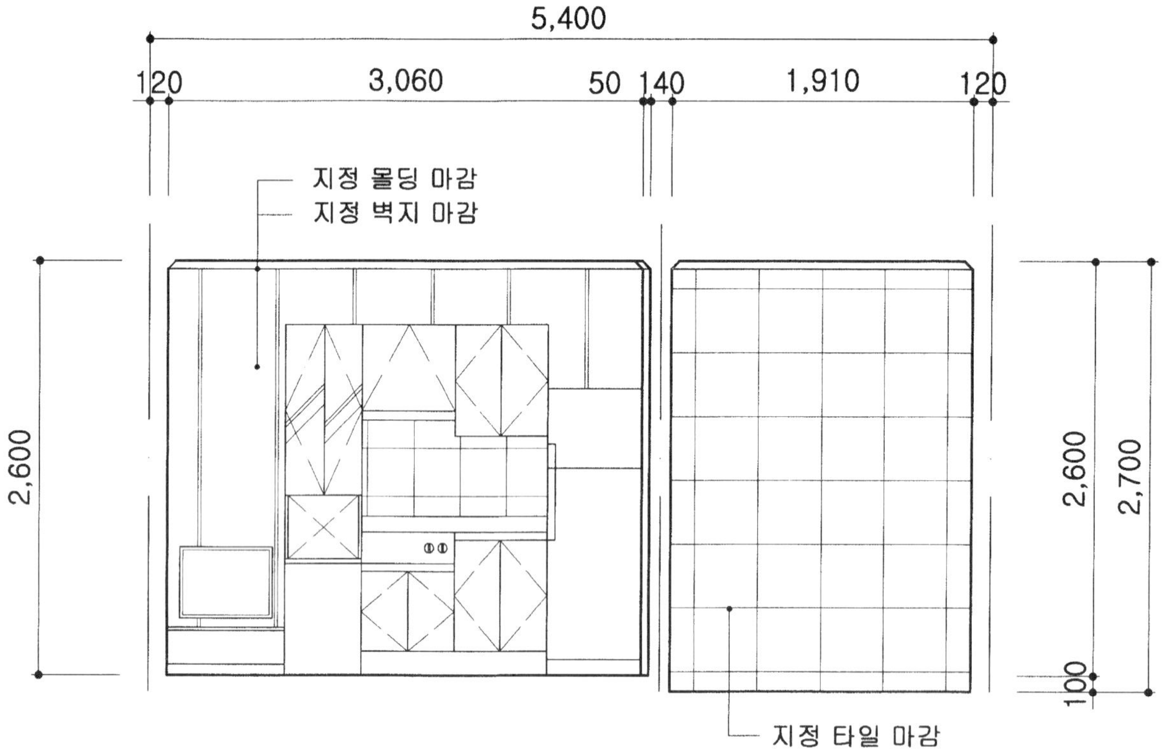

입면도 B SCALE : 1/30

- 지정 몰딩 마감
- 지정 벽지 마감
- 지정 타일 마감

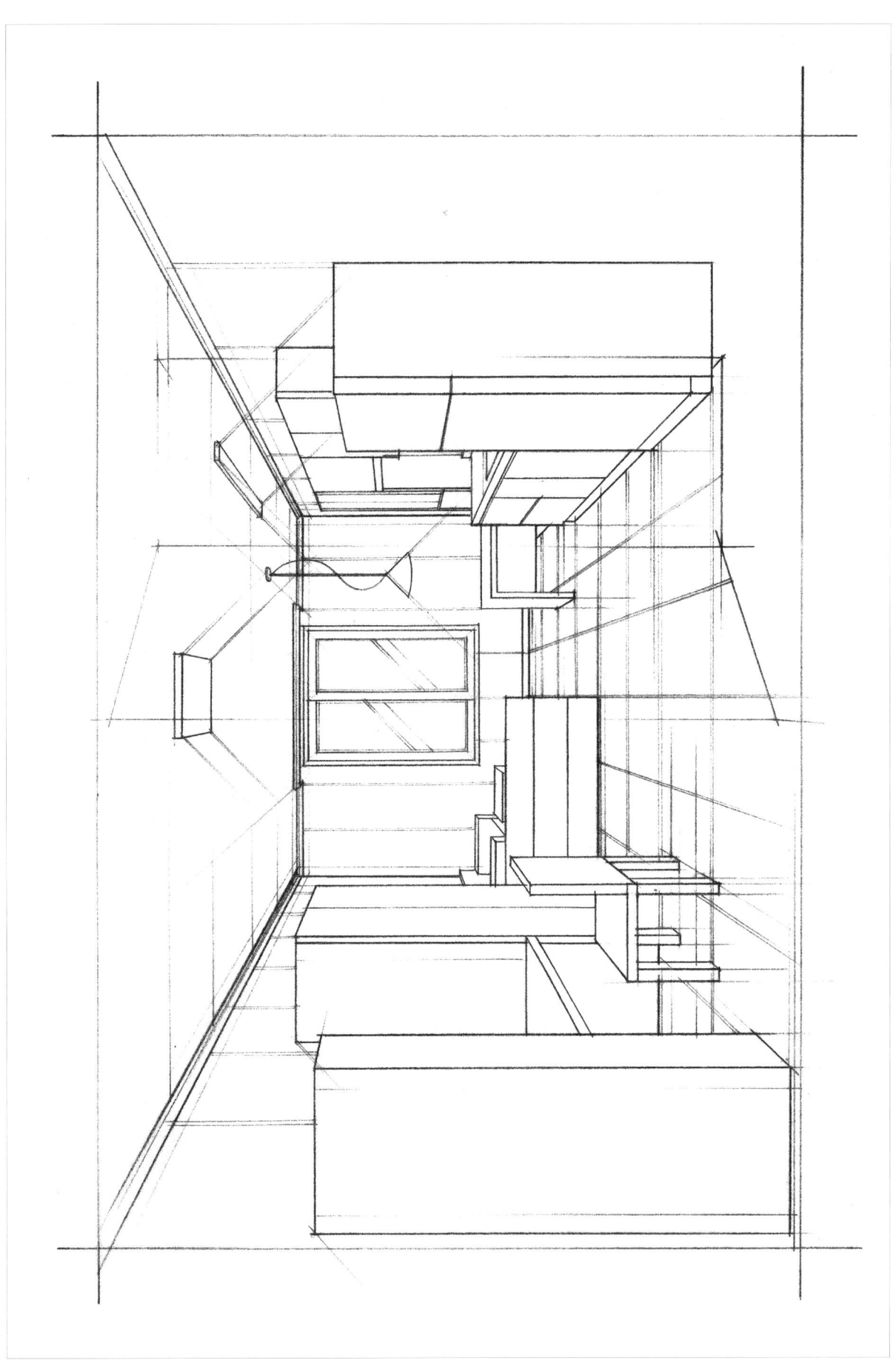

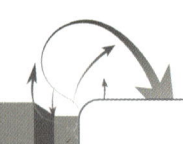

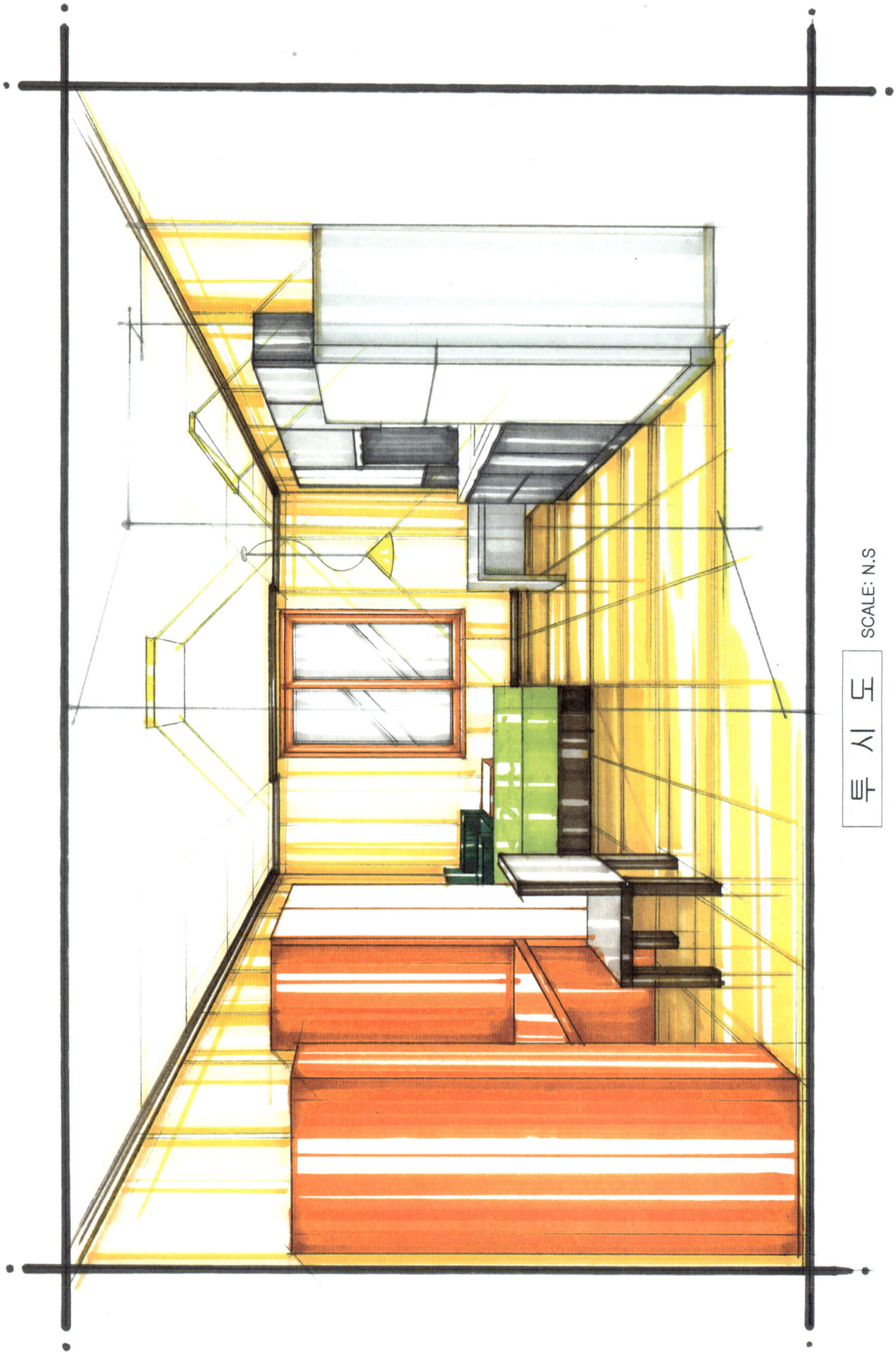

실내건축기능사 실기

투 시 도   SCALE: N.S

국가기술자격검정 실기시험문제

자격종목	실내건축기능사	작품명	원룸형 주택
비번호 :			

◉ 시험 시간 : 표준시간 - 5시간 30분

1. 요구사항

* 주어진 도면은 도심지 단독세대형 원룸형 주택 평면도이다.
  다음의 요구조건에 따라 도면을 작성하시오.

2. 요구조건

① 설계면적 : 6,100×6,000×2,400mm(H)

② 개구부 크기 : 현관 출입문 - 1,000×2,100mm(H)
　　　　　　　욕실문 - 800×2,000mm(H)
　　　　　　　창문의 높이는 1,500mm(H)로 함

③ 벽체 : 내·외벽은 철근콘크리트 옹벽 150mm로 하며 기타 벽은 도면축척에 준한다.

④ 인적 구성 : 신혼부부

⑤ 필요공간 및 가구 : 침대, 책장, 신발장, 옷장, 서랍장, 소파
　　　　　　　　　　TV 및 오디오테이블, 컴퓨터 및 책상, 장식장
　　　　　　　　　　에어컨, 식탁 및 의자
　　　　　　　　　　주방에는 주방설비기구

(* 이상 제시된 가구는 필수적이며, 이외에 필요한 가구와 실내장식이 있다면 수검자가 임의로 추가할 수 있음)

3. 요구도면

1) 평면도 : 가구배치 및 바닥마감재 표기(창문 쪽은 외벽임) - S=1/30

2) 내부 입면도 : B방향(벽면재료 표기) - S=1/30

3) 천장도 : 설비조명기구 배치 및 범례표 작성, 마감재료 표기 - S=1/50

4) 실내 투시도(채색작업 필수) : A에서 C방향으로 1소점 투시도법으로 작성한다.
   작성과정의 투시보조선을 남길 것 - S=N.S

※ 첫째장에 평면도, 둘째장에 내부 입면도와 천장도, 셋째장에 실내 투시도 작성

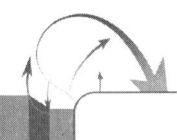

| 자격종목 | 실내건축기능사 | 작품명 | 원룸 | 척도 | N.S |

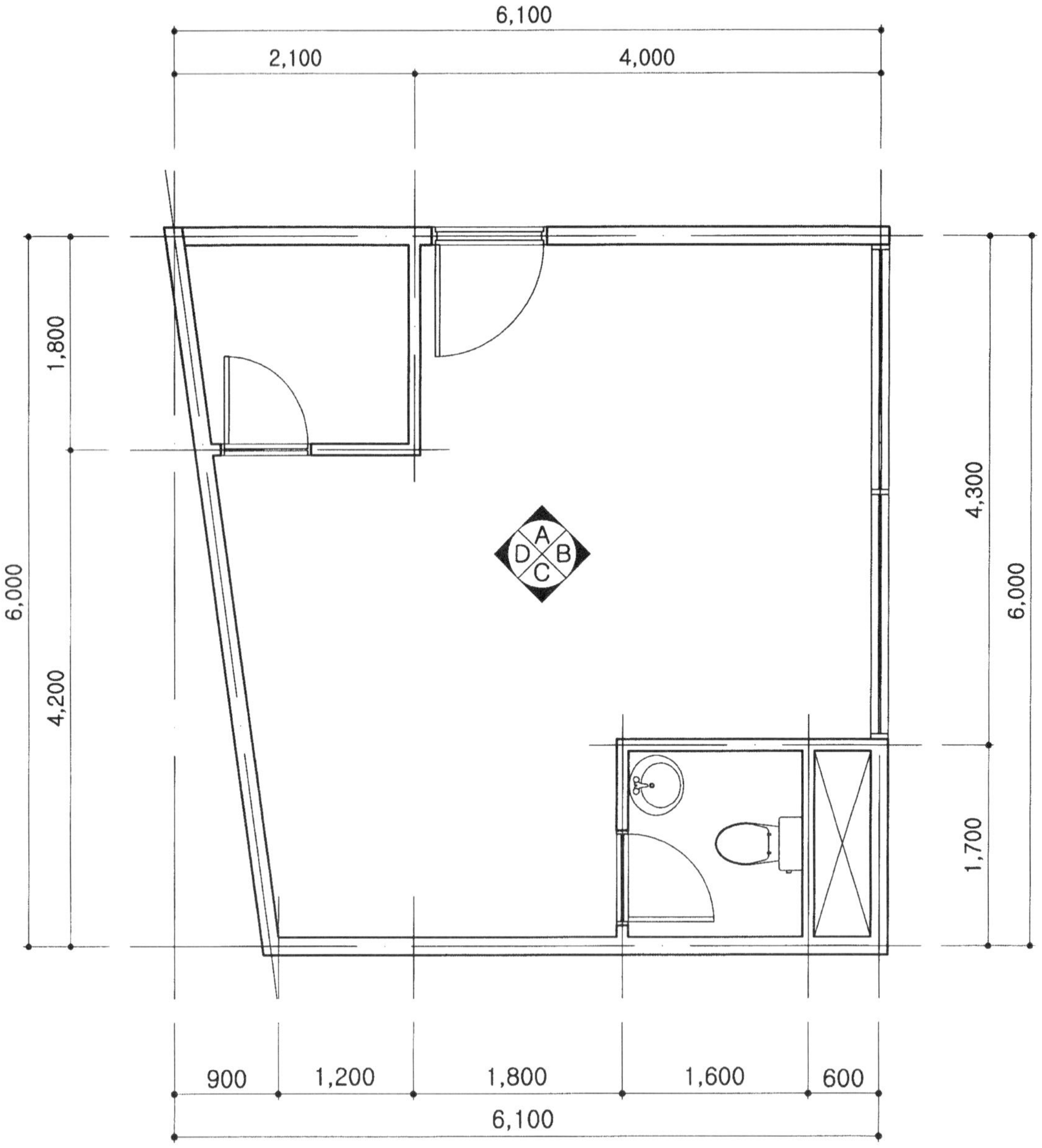

평 면 도

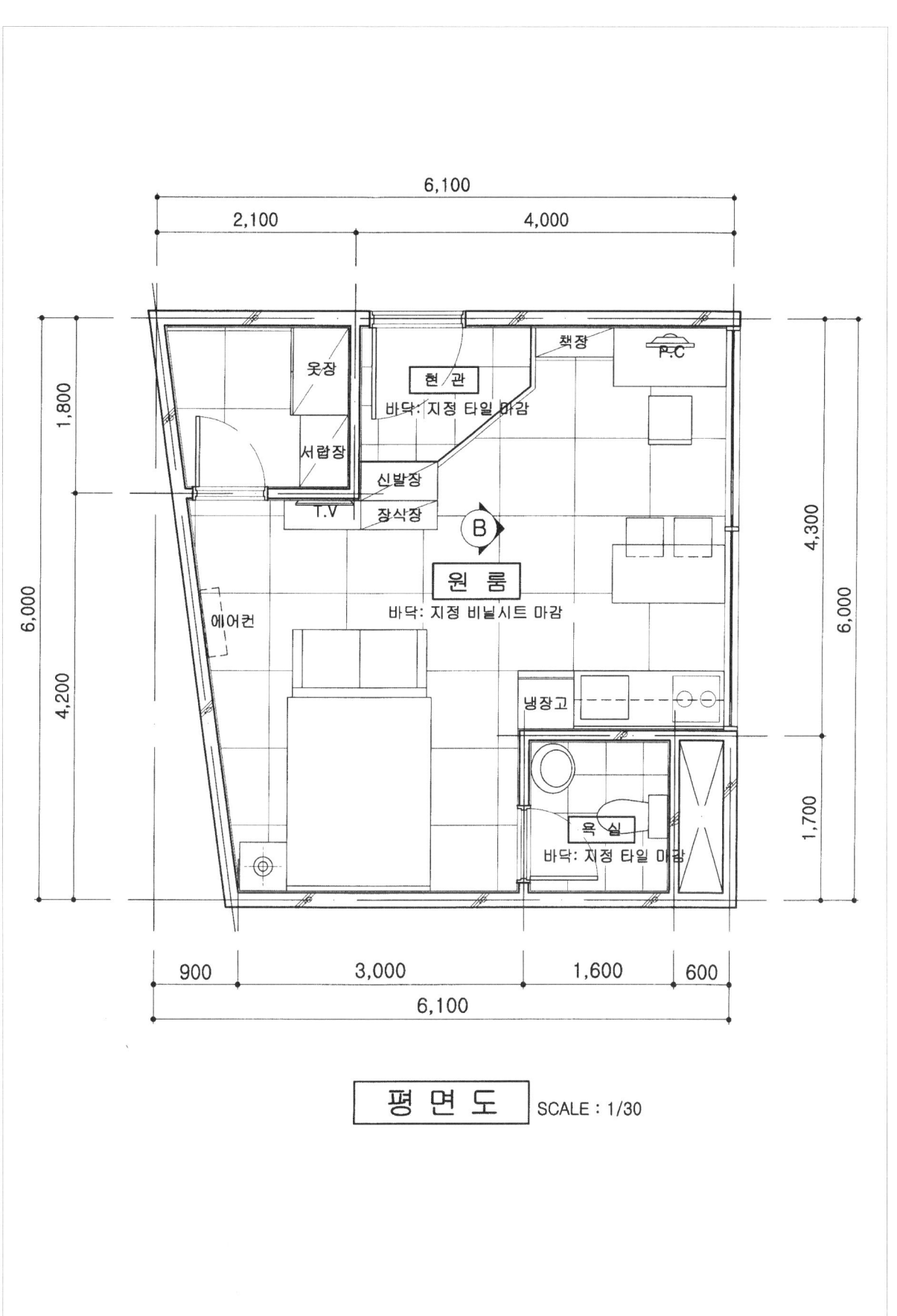

평 면 도 SCALE : 1/30

범 례

기호	명칭	개수
⊕	직부등	2
⊞	펜던트	1
▭	형광등	1
⊙	센서등	1
◎	방습등	1

천 장 도 SCALE : 1/50

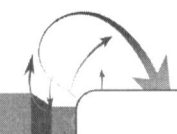

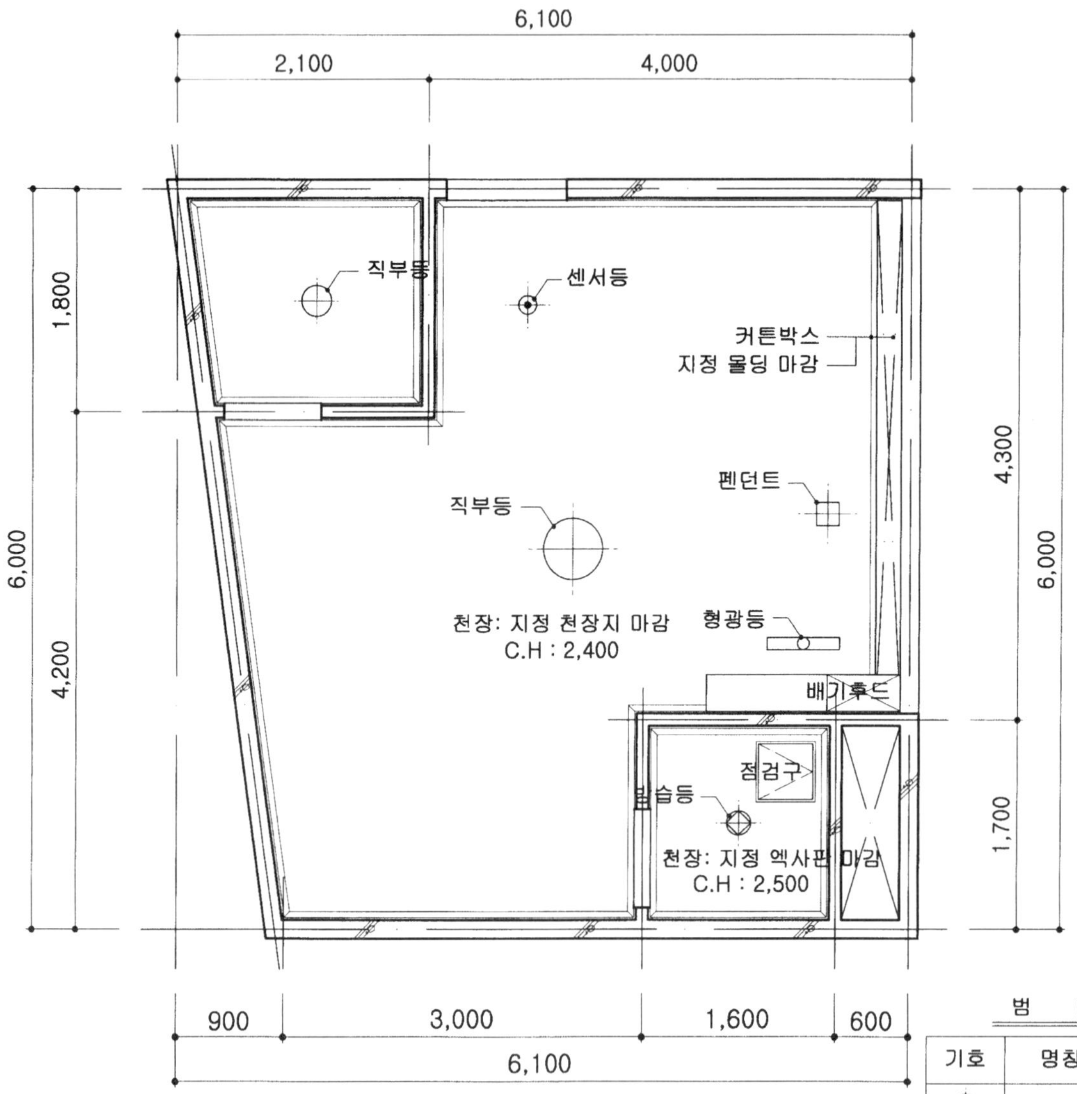

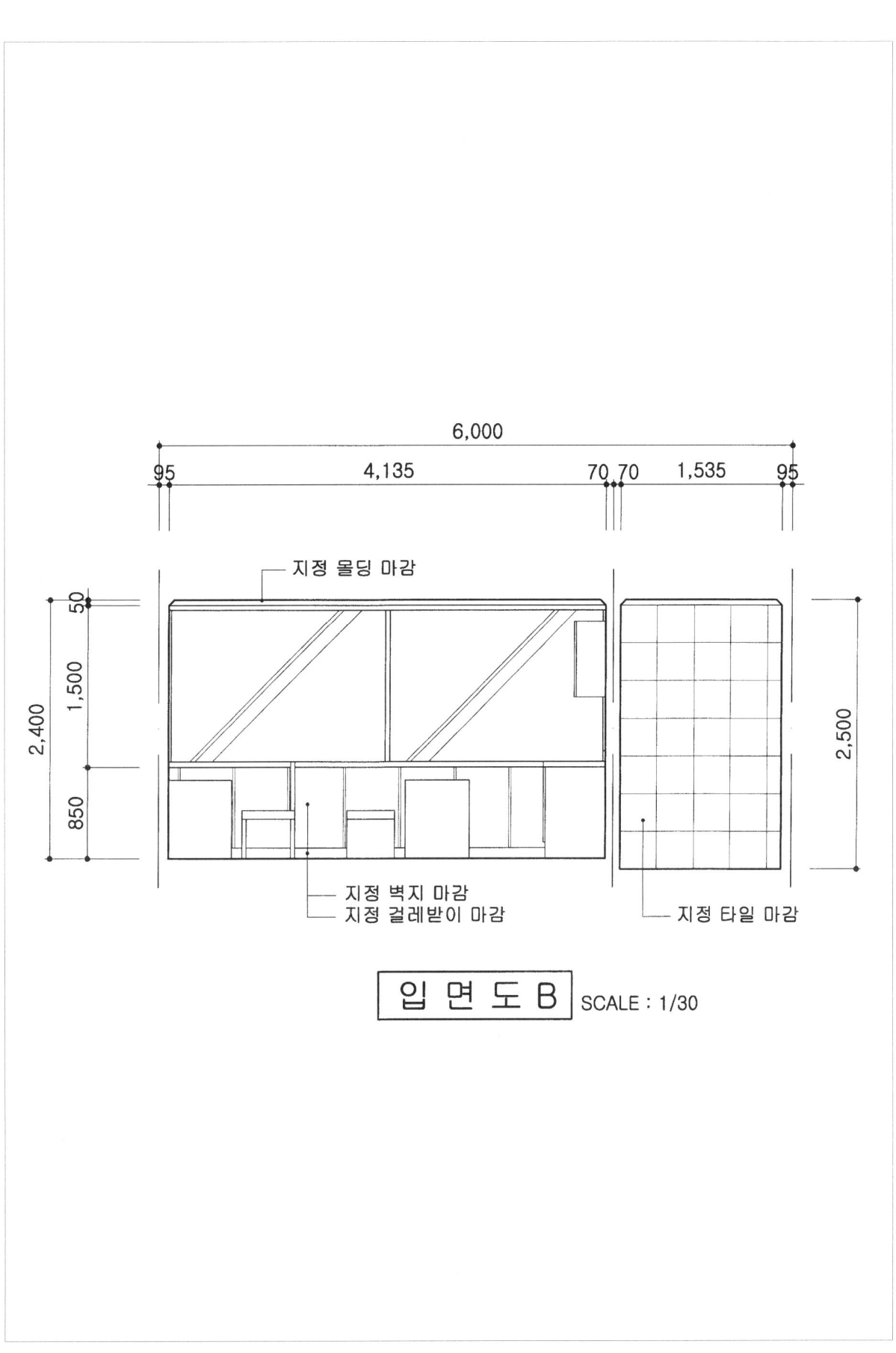

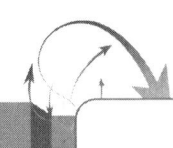

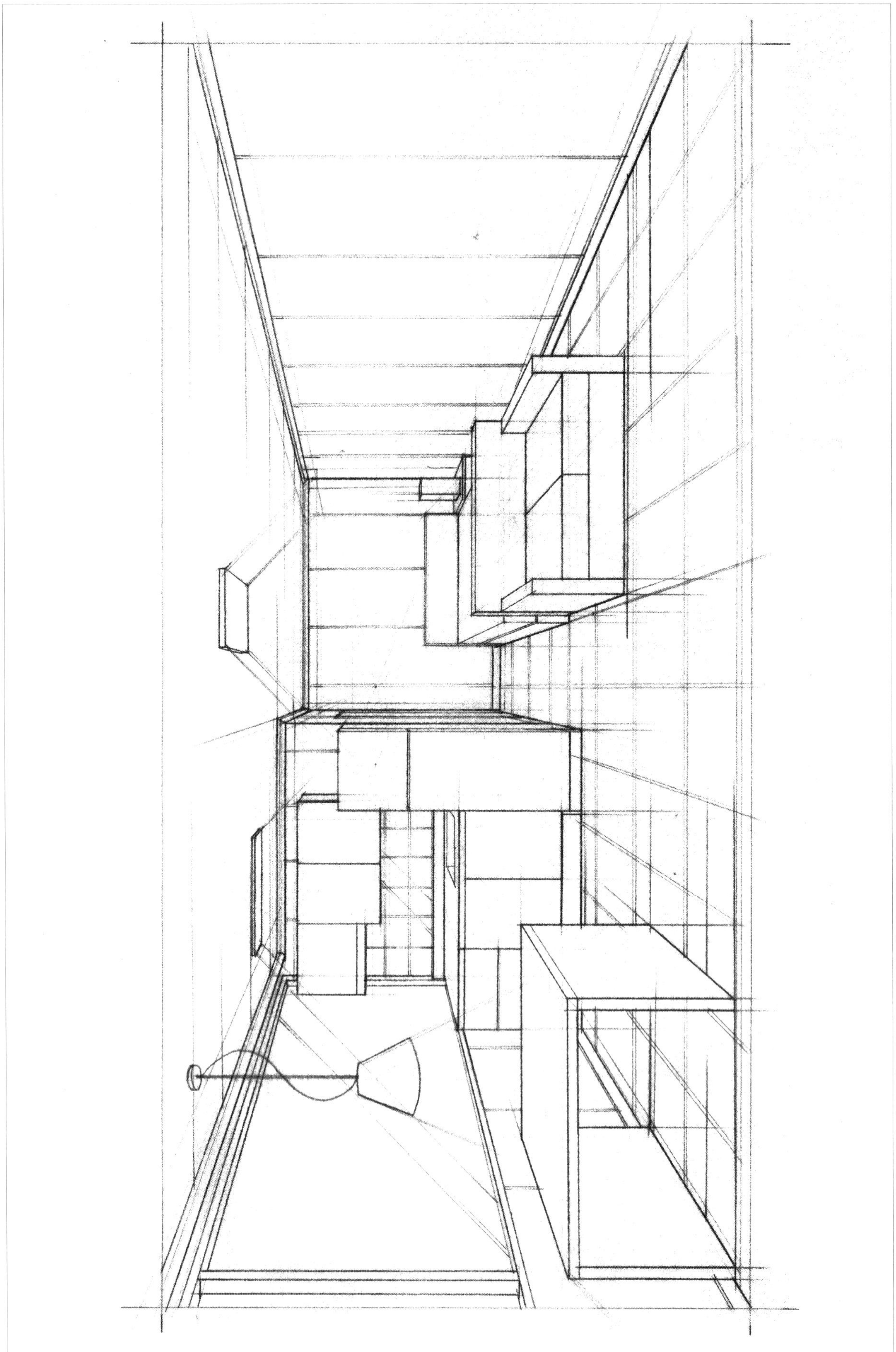

PART 05 기출문제

03

투 시 도 SCALE: N.S

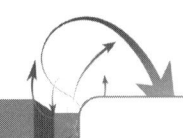

④ 국가기술자격검정 실기시험문제

자격종목	실내건축기능사	작품명	원 룸
비번호 :			

● 시험 시간 : 표준시간 – 5시간 30분

1. 요구사항
* 주어진 도면은 도심지 단독세대형 원룸형 주택 평면도이다.
  다음의 요구조건에 따라 도면을 작성하시오.

2. 요구조건
① 설계면적 : 6,500×5,700×2,400mm(H)
② 개구부 크기 : 현관 출입문 – 1,000×2,100mm(H)
　　　　　　　욕실문 – 800×2,000mm(H)
　　　　　　　창문의 높이는 1,500mm(H)로 함
③ 벽체 : 내·외벽은 철근콘크리트 옹벽 150mm로 하며 기타 벽은 도면축척에 준한다.
④ 인적 구성 : 대학원생
⑤ 필요공간 및 가구 : 침대, 책장, 신발장, 옷장, 서랍장
　　　　　　　　　　TV 및 오디오테이블, 장식장
　　　　　　　　　　컴퓨터 및 책상, 식탁 및 의자
　　　　　　　　　　주방에는 주방설비기구
(* 이상 제시된 가구는 필수적이며, 이외에 필요한 가구와 실내장식이 있다면 수검자가 임의로 추가할 수 있음)

3. 요구도면
1) 평면도 : 가구배치 및 바닥마감재 표기(창문 쪽은 외벽임) – S=1/30
2) 내부 입면도 : D방향(벽면재료 표기) – S=1/30
3) 천장도 : 설비조명기구 배치 및 범례표 작성, 마감재료 표기 – S=1/50
4) 실내 투시도(채색작업 필수) : A에서 C방향으로 1소점 투시도법으로 작성한다.
　 작성과정의 투시보조선을 남길 것 – S=N.S

※ 첫째장에 평면도, 둘째장에 내부 입면도와 천장도, 셋째장에 실내 투시도 작성

자격종목	실내건축기능사	작품명	원룸	척도	N.S

평 면 도

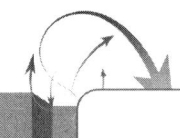

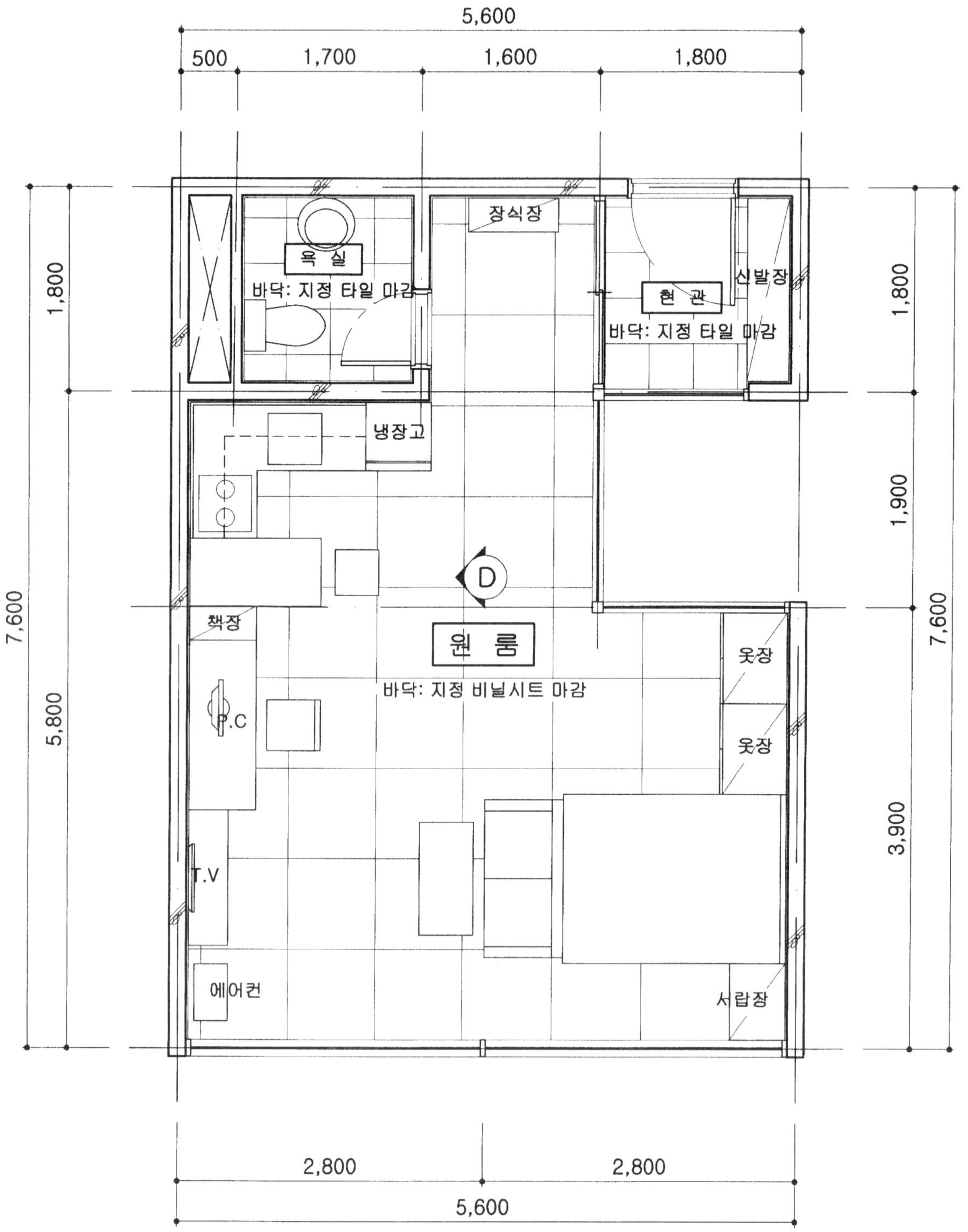

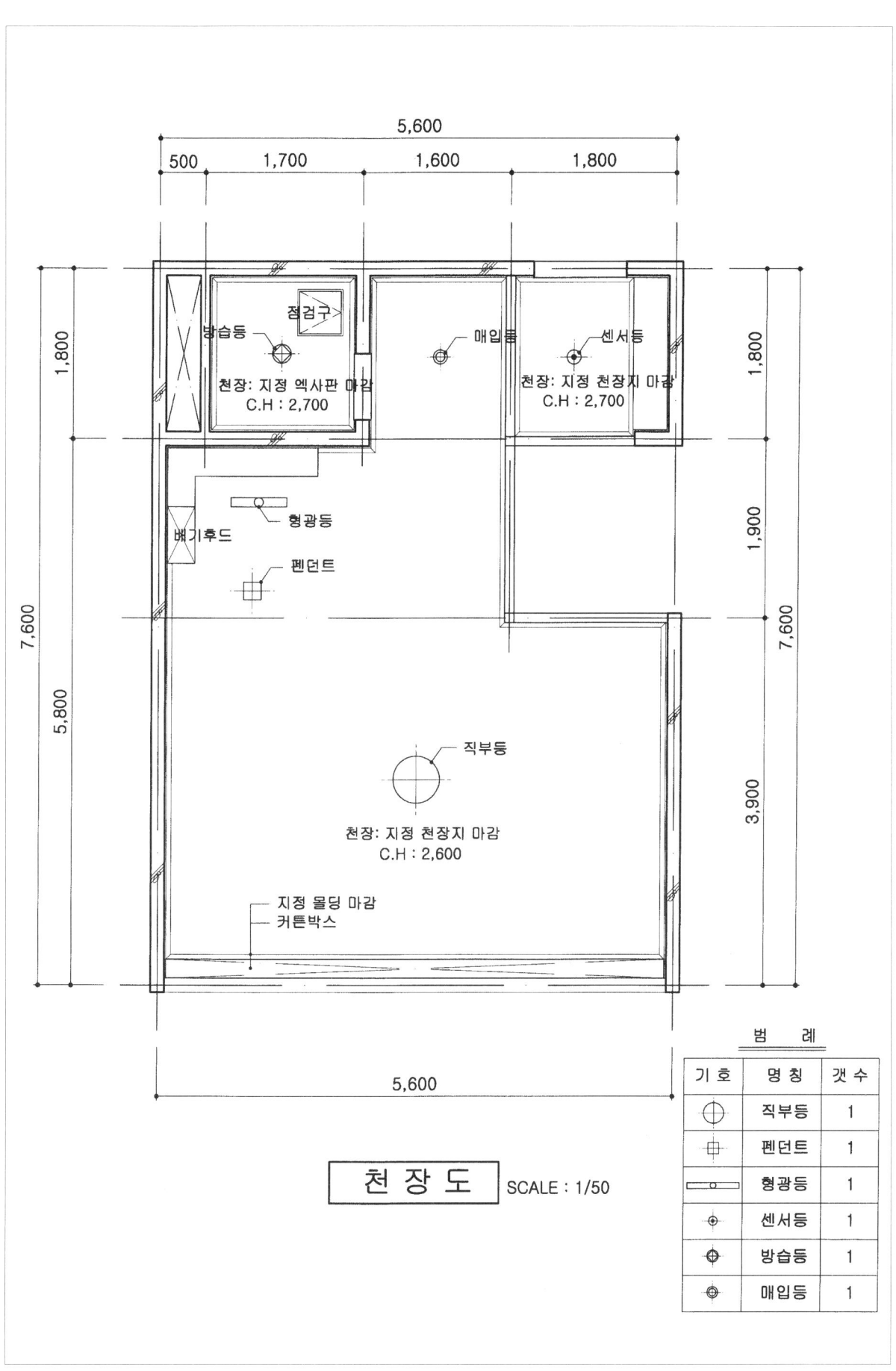

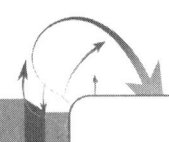

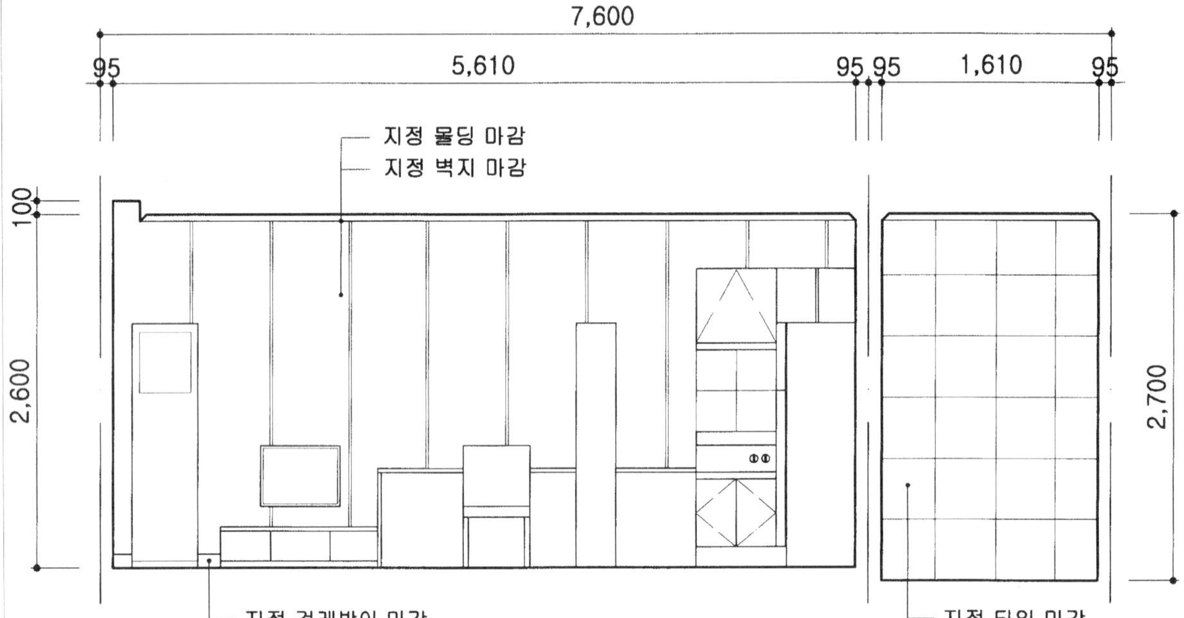

입 면 도 D SCALE : 1/30

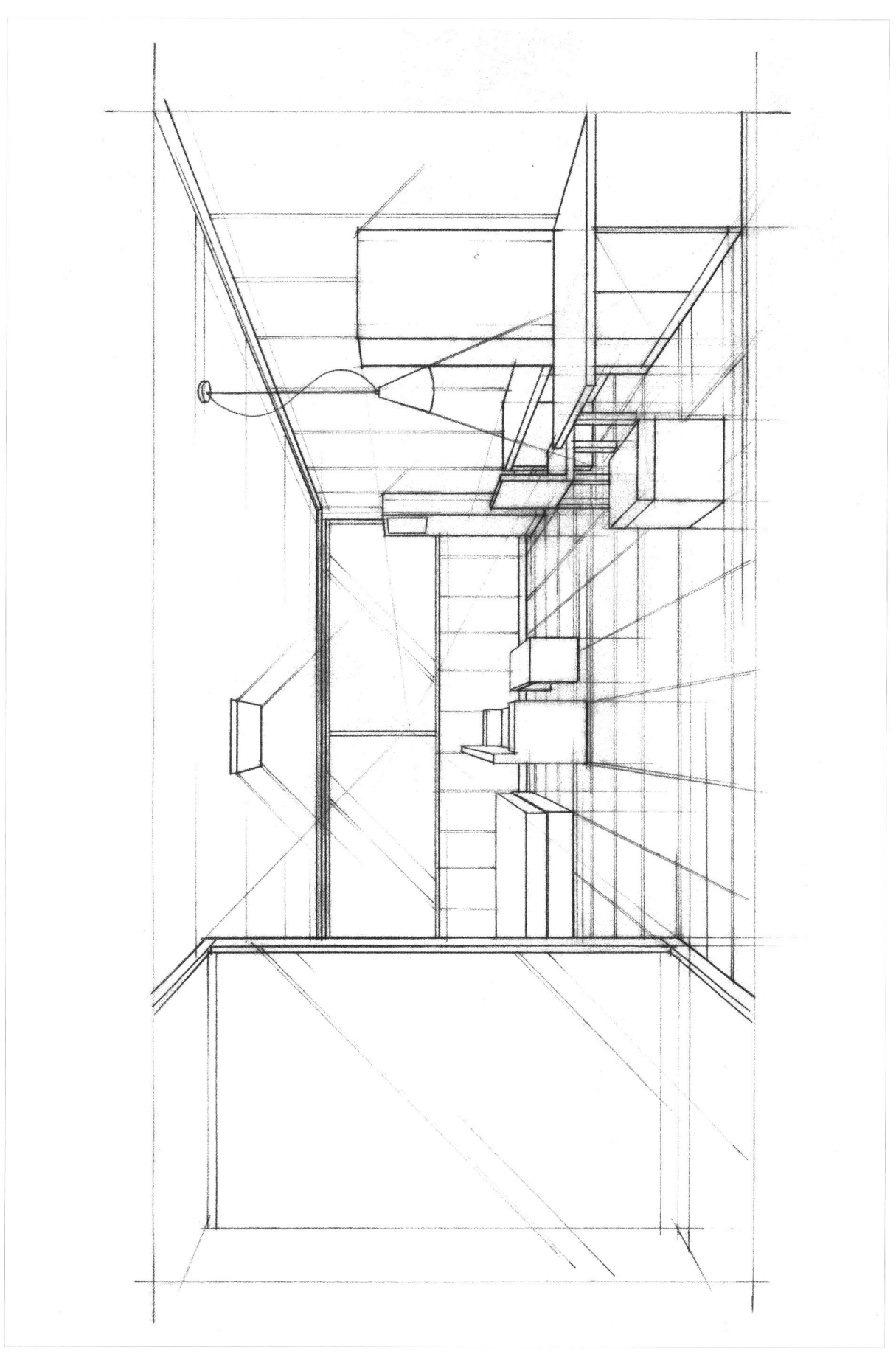

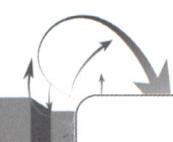

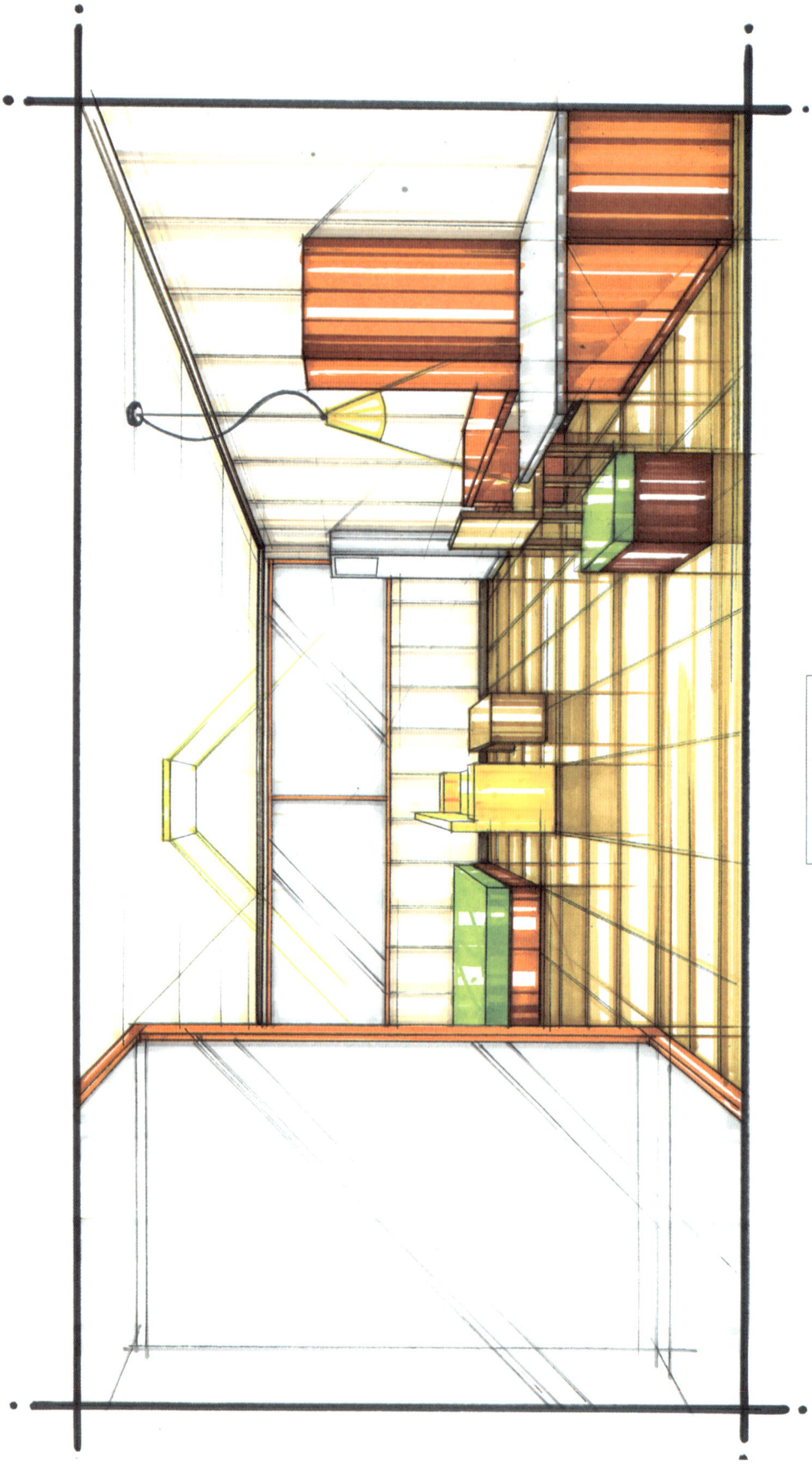

실내건축기능사 실기

투시도 SCALE: N.S

⑤ 국가기술자격검정 실기시험문제

자격종목	실내건축기능사	작품명	원 룸
비번호 :			

◉ 시험 시간 : 표준시간 – 5시간 30분

1. 요구사항

* 주어진 도면은 도심지 단독세대형 원룸형 주택 평면도이다.
  다음의 요구조건에 따라 도면을 작성하시오.

2. 요구조건

① 설계면적 : 6,700×5,000×2,400mm(H)

② 개구부 크기 : 현관 출입문 – 1,000×2,100mm(H)
　　　　　　　　창문의 높이는 1,500mm(H)으로 함
　　　　　　　　기타 개구부는 도면 축척에 준함

③ 벽체 : 내.외벽은 철근코크리트 옹벽 150mm로 하며 기타 벽은 도면축척에 준함

④ 인적구성 : 회사원 1인

⑤ 필요공간 및 가구 : 침대, 책장, 신발장, 옷장, 서랍장
　　　　　　　　　　TV 및 오디오테이블, 장식장
　　　　　　　　　　컴퓨터 및 책상, 식탁 및 의자
　　　　　　　　　　주방에는 각종 주방설비기구

(* 이상 제시된 가구는 필수적이며, 이외에 필요한 가구와 실내장식이 있다면 수검자가 임의로 추가할 수 있음)

3. 요구도면

1) 평면도 : 가구배치 및 바닥마감재 표기 (창문쪽은 외벽임) – S=1/30

2) 내부 입면도 : B 방향 (벽면재료 표기) – S=1/30

3) 천장도 : 설비조명기구 배치 및 범례표작성, 마감재료 표기 – S=1/50

4) 실내 투시도(채색작업필수) : A에서 C 방향으로 1소점 투시도법으로 작성한다.
　　　　　　　　　　작성과정의 투시보조선을 남길 것 – S=N.S

※ 첫째장에 평면도, 둘째장에 내부 입면도와 천장도, 셋째장에 실내 투시도 작성

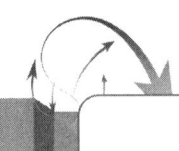

| 자격종목 | 실내건축기능사 | 작품명 | 원룸 | 척도 | N.S |

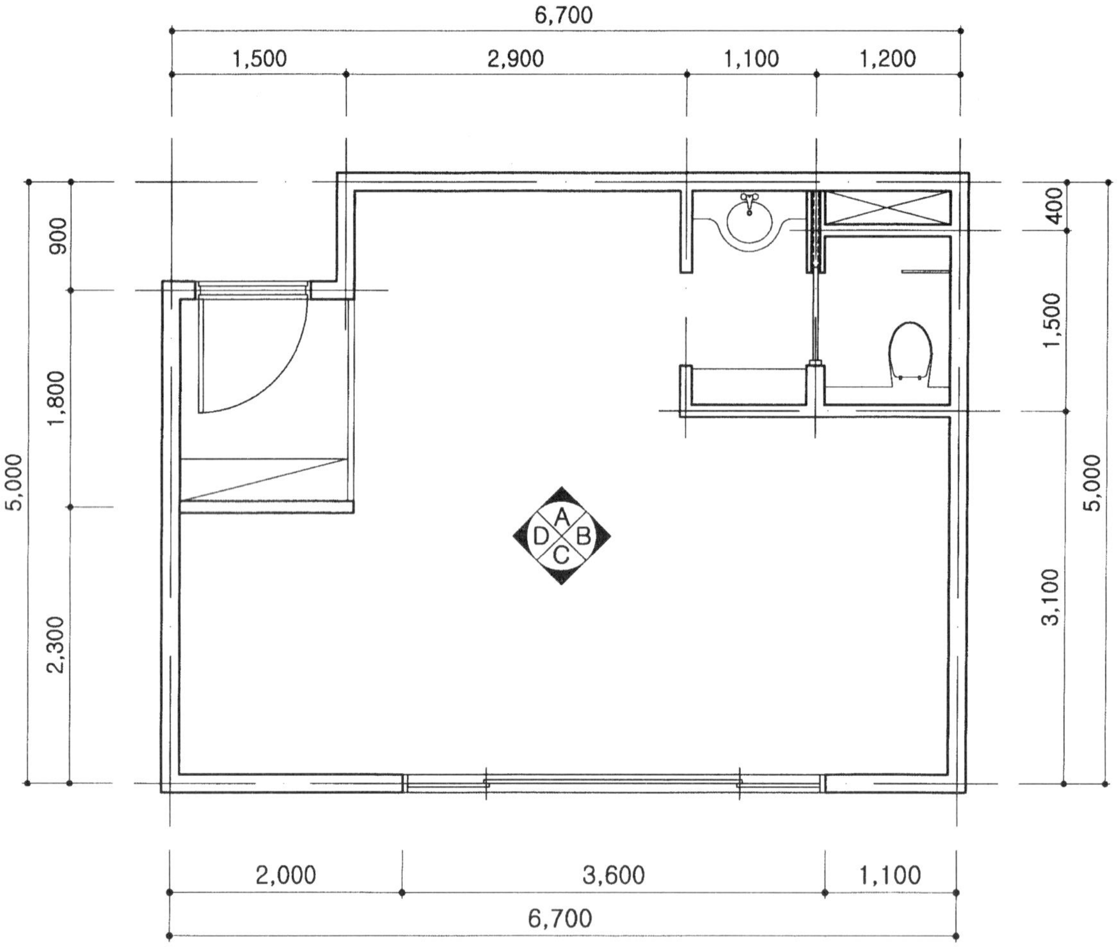

평 면 도

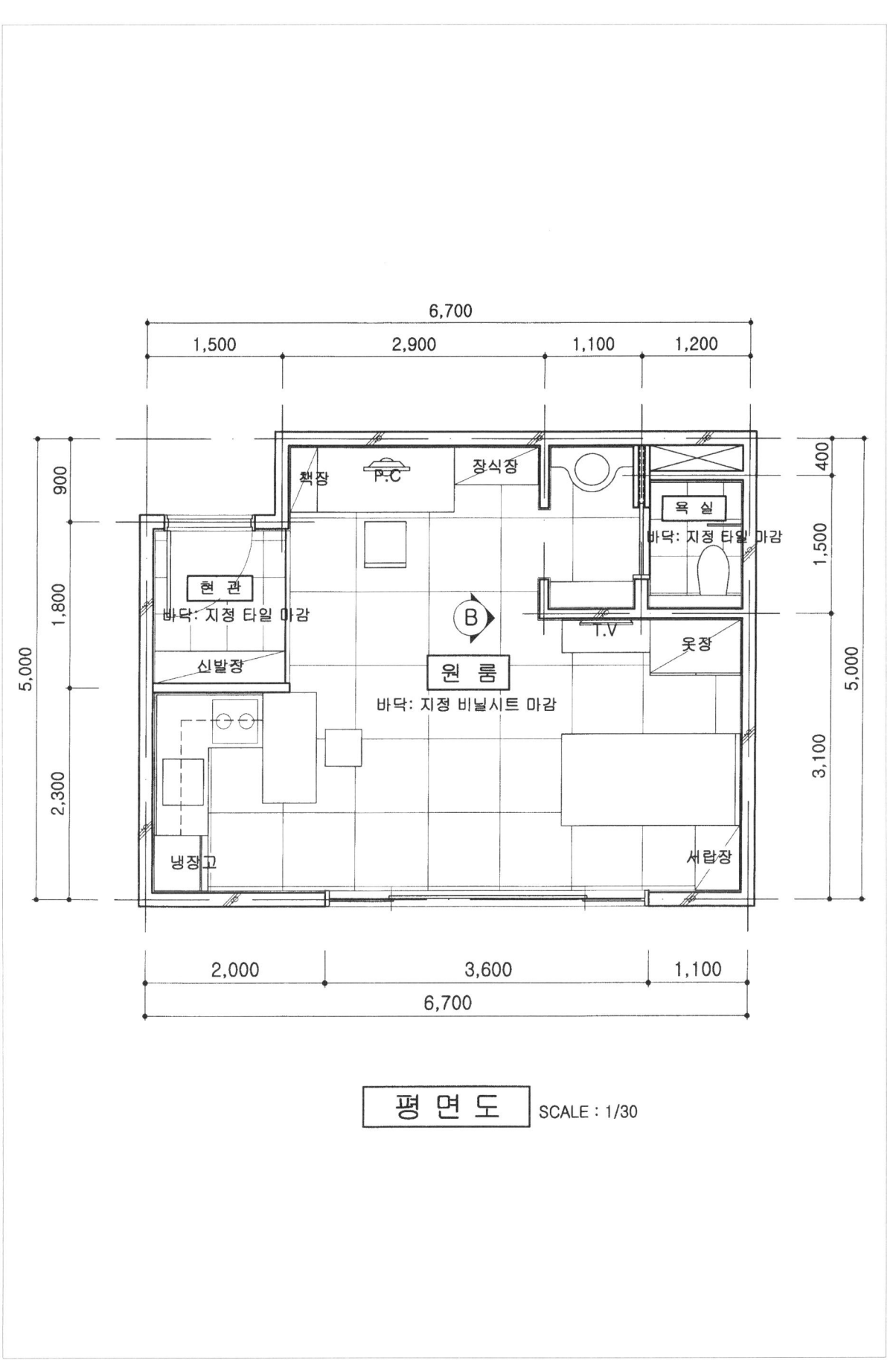

평면도　SCALE : 1/30

천 장 도 SCALE : 1/50

범 례

기호	명칭	개수
○	직부등	1
⊞	펜던트	1
▭	형광등	1
⊕	센서등	1
◉	매입등	2
⊕	방습등	1

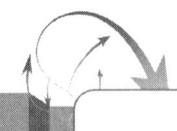

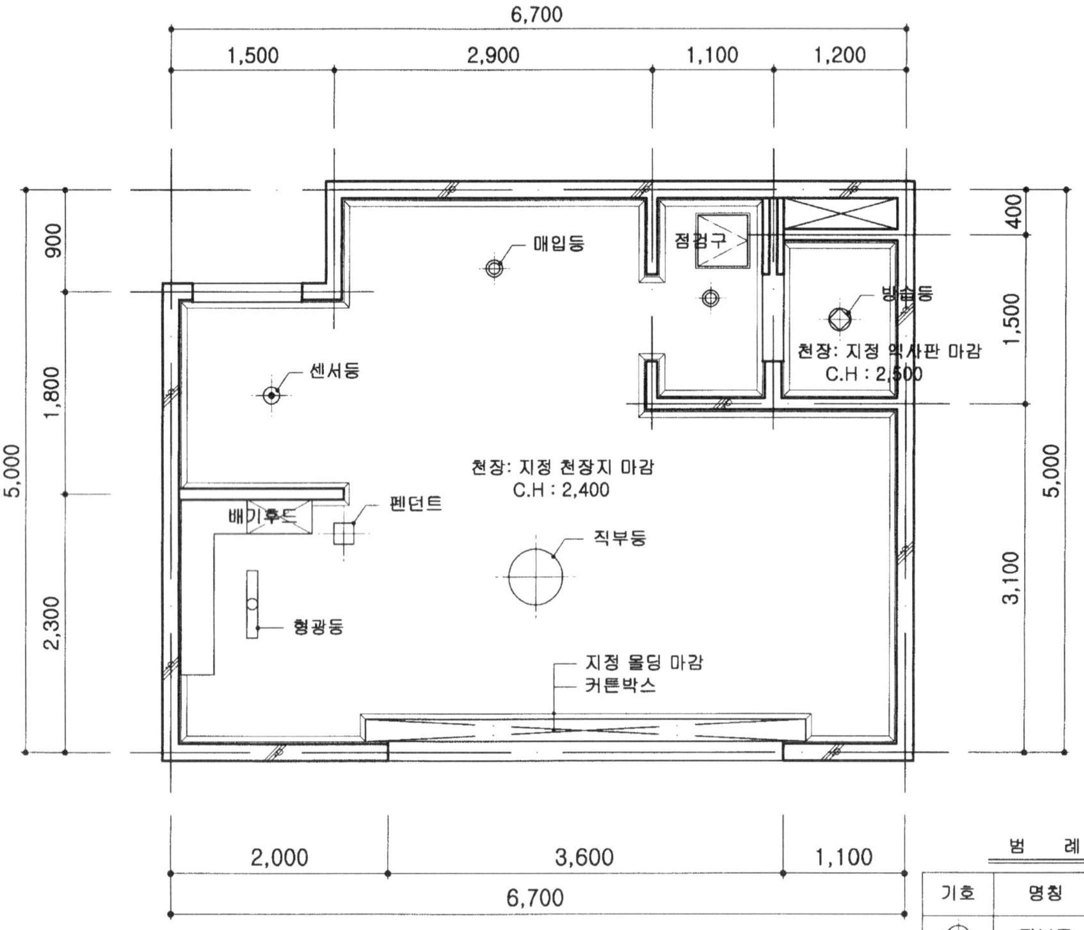

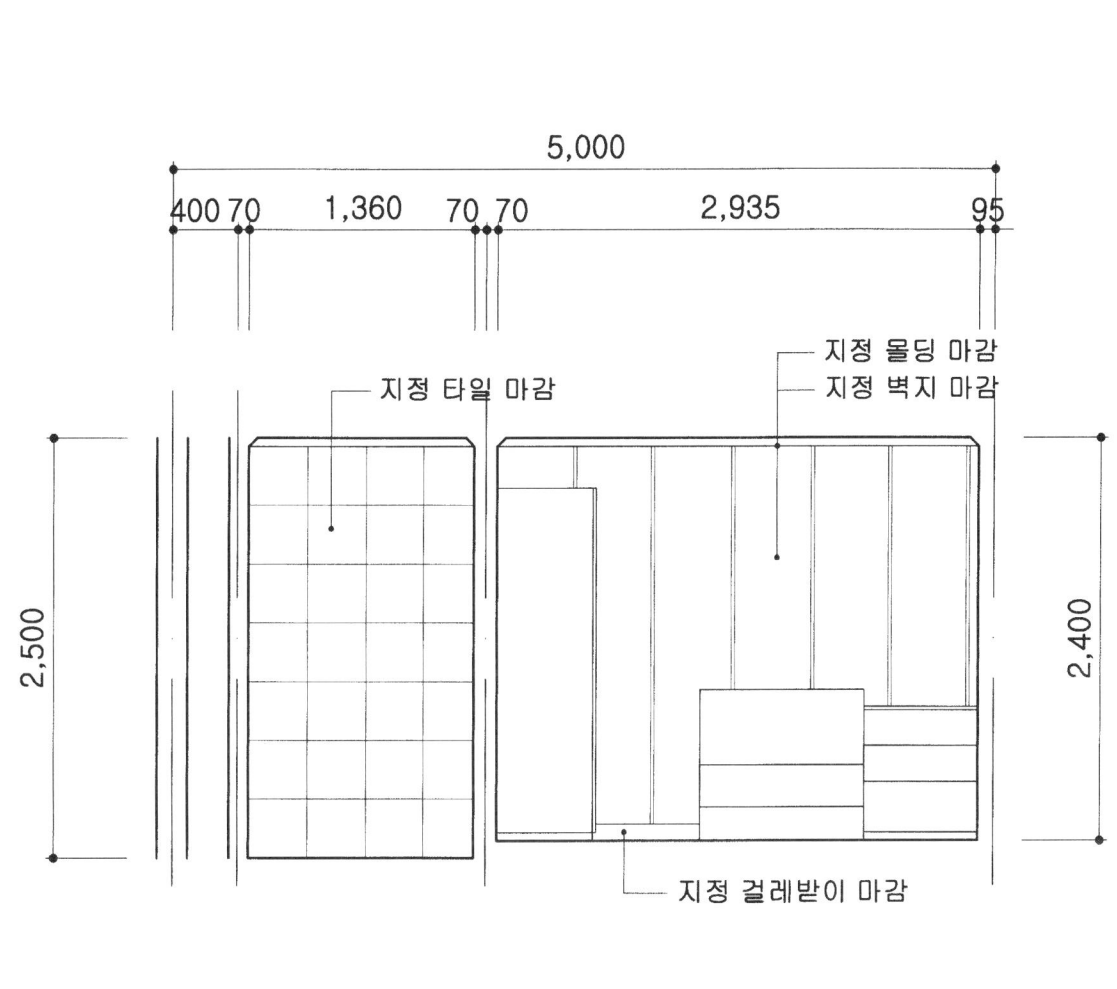

입면도 B SCALE : 1/30

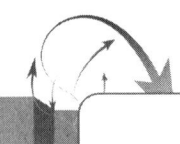
실내건축기능사 실기

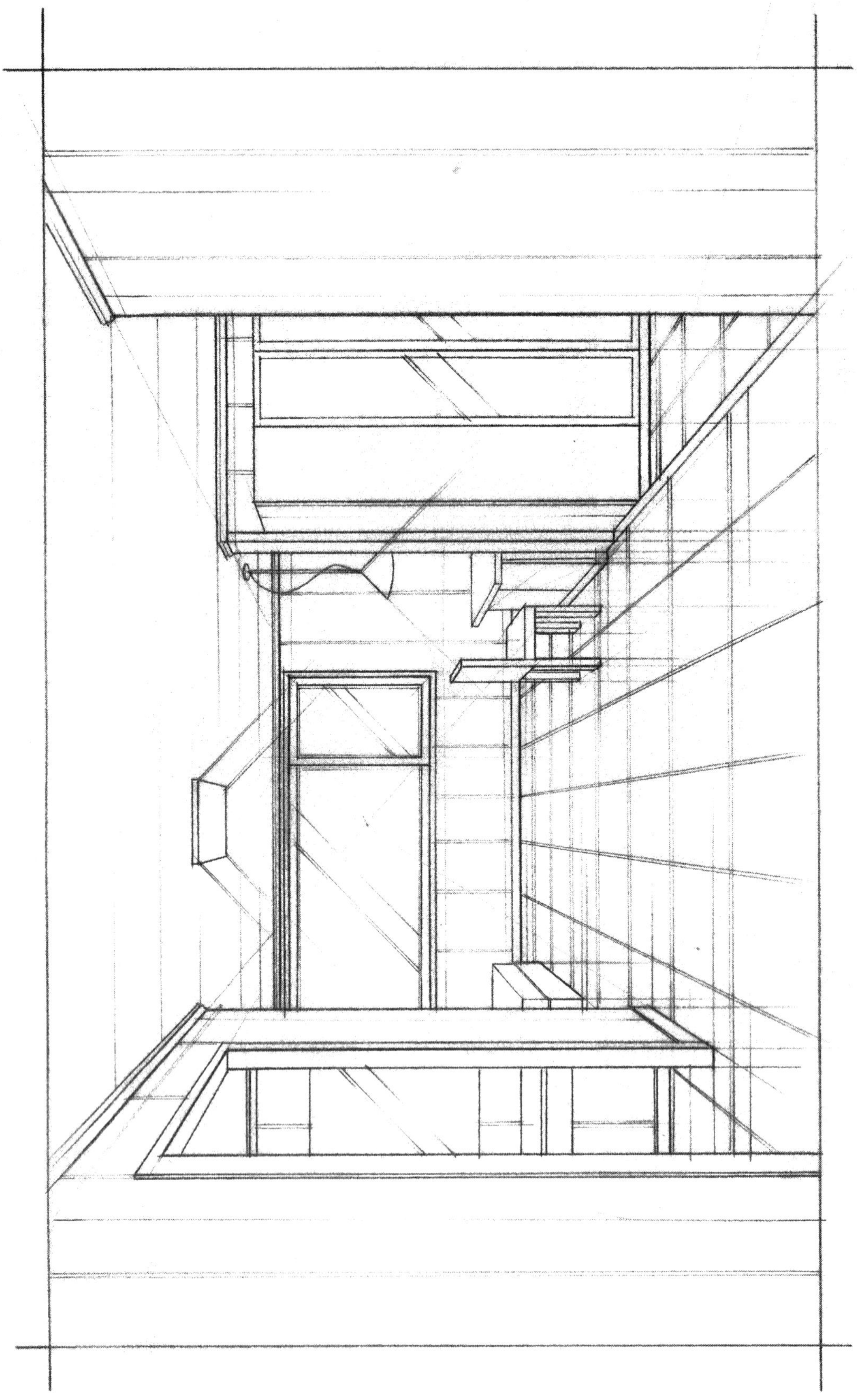

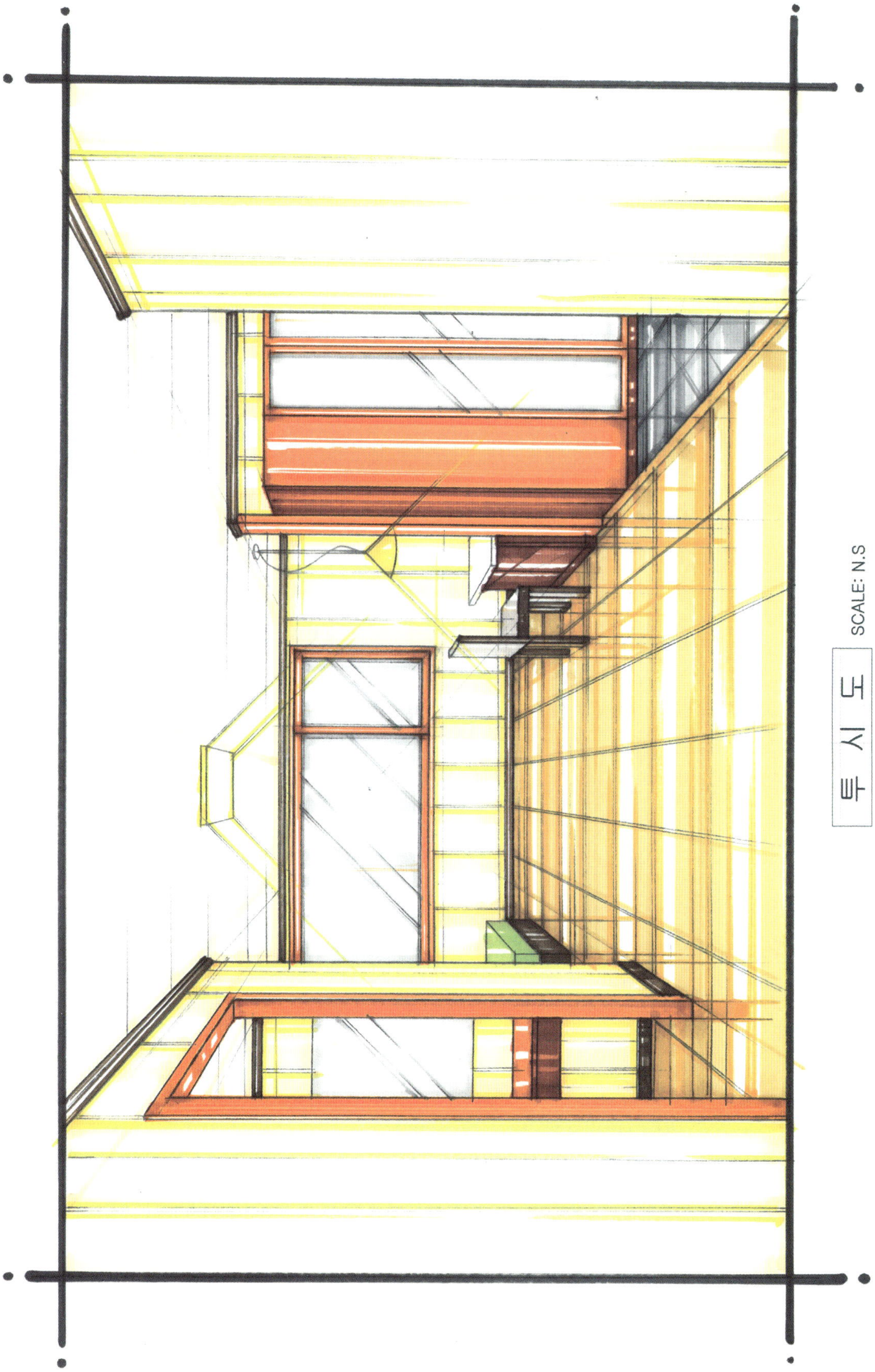

PART 05 기출문제

투 시 도 SCALE: N.S

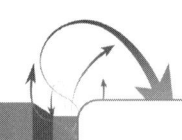

⑥ 국가기술자격검정 실기시험문제

자격종목	실내건축기능사	작품명	원 룸
비번호 :			

● 시험 시간 : 표준시간 – 5시간 30분

1. 요구사항

* 주어진 도면은 도심지 단독세대형 원룸형 주택 평면도이다.
  다음의 요구조건에 따라 도면을 작성하시오.

2. 요구조건

① 설계면적 : 5,000×6,700×2,400mm(H)

② 개구부 크기 : 현관 출입문 – 1,000×2,100mm(H)

　　　　　　　욕실문 및 기타 문 – 800×2,000mm(H)

　　　　　　　창문의 높이는 1,500mm(H)으로 함

③ 벽체 : 내.외벽은 철근코크리트 옹벽 150mm로 하며 기타 벽은 도면축척에 준한다.

④ 인적구성 : 회사원 1인

⑤ 필요공간 및 가구 : 침대, 책장, 신발장, 옷장, 서랍장,

　　　　　　　　　TV 및 오디오테이블, 장식장

　　　　　　　　　컴퓨터 및 책상, 식탁 및 의자

　　　　　　　　　주방에는 주방설비기구

(* 이상 제시된 가구는 필수적이며, 이외에 필요한 가구와 실내장식이 있다면 수검자가 임의로 추가할 수 있음)

3. 요구도면

1) 평면도 : 가구배치 및 바닥마감재 표기 (창문쪽은 외벽임) – S=1/30

2) 내부 입면도 : C 방향 (벽면재료 표기) – S=1/30

3) 천장도 : 설비조명기구 배치 및 범례표작성, 마감재료 표기 – S=1/50

4) 실내 투시도(채색작업 필수) : A에서 C 방향으로 1소점 투시도법으로 작성한다.

　　　　　　　　　작성과정의 투시보조선을 남길 것 – S=N.S

※ 첫째장에 평면도, 둘째장에 내부 입면도와 천장도, 셋째장에 실내 투시도 작성

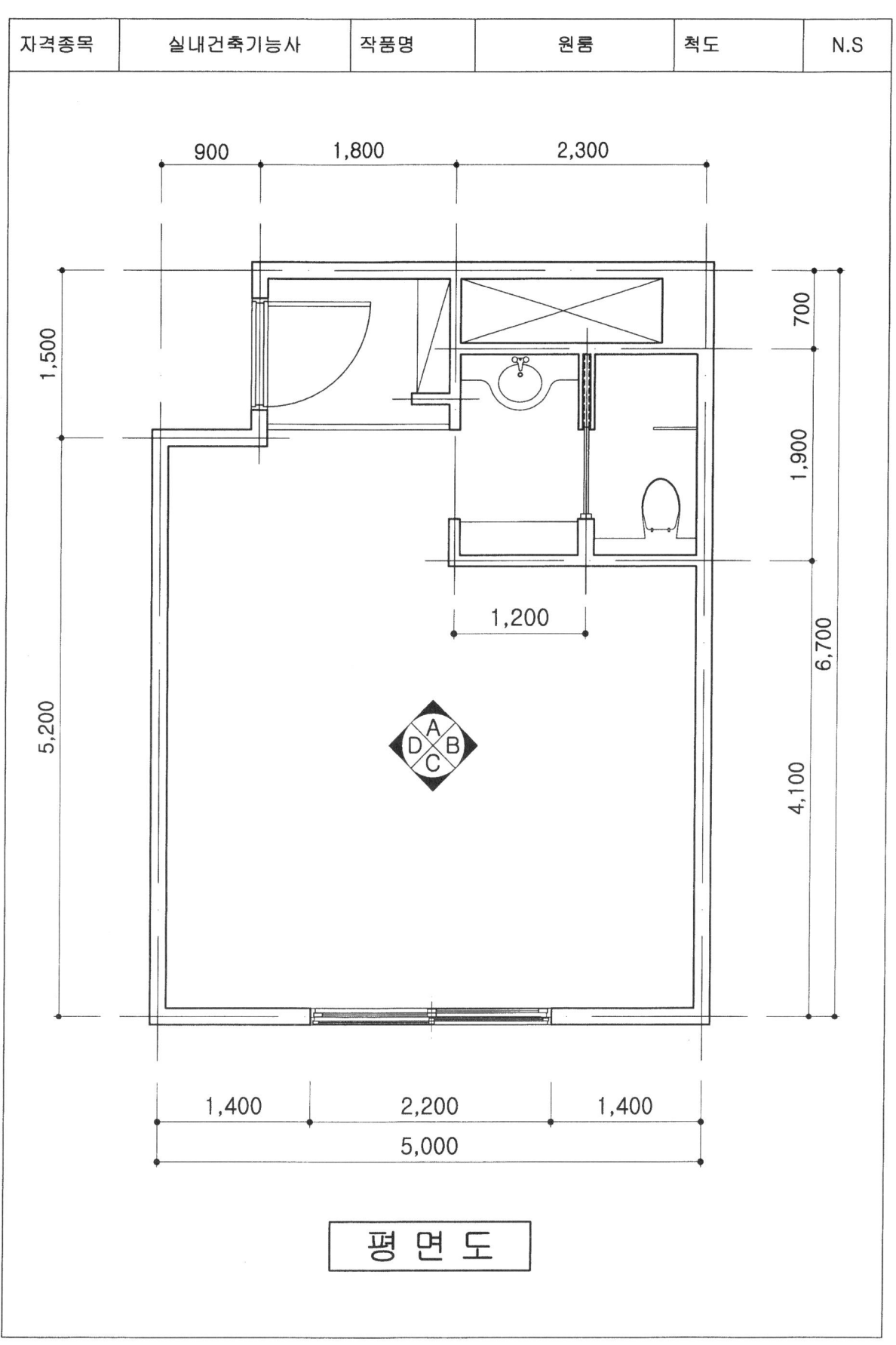

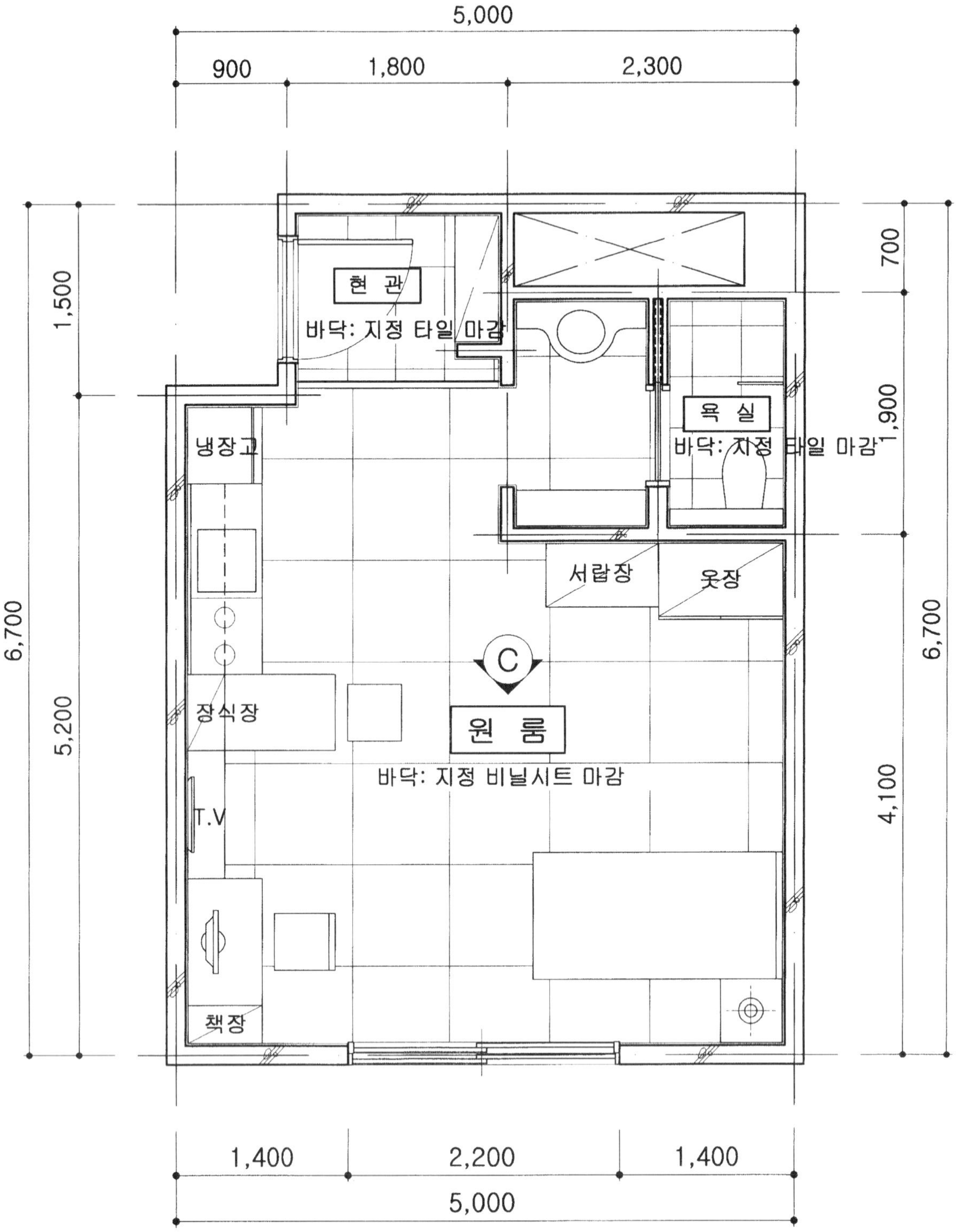

평 면 도 SCALE : 1/30

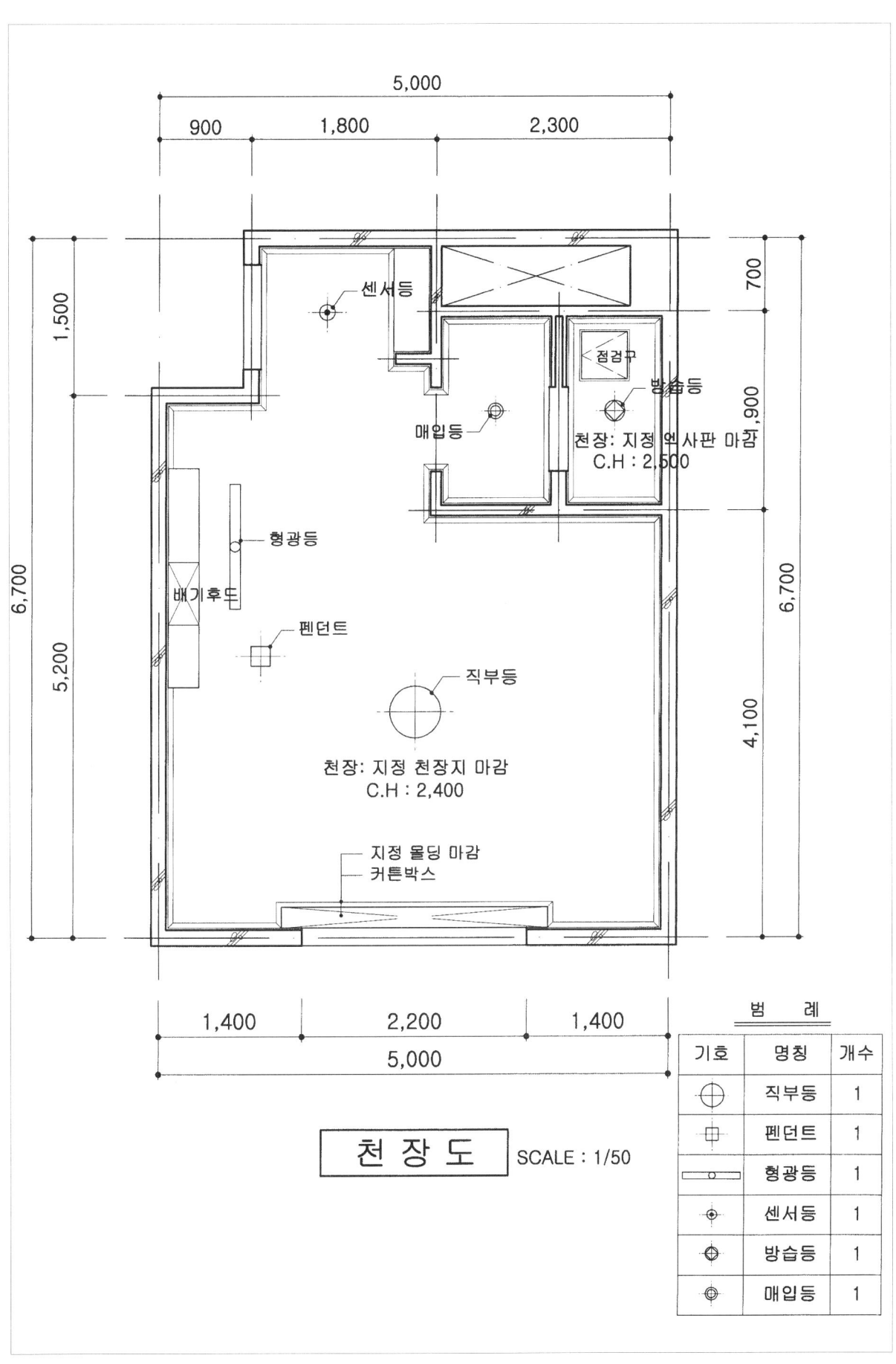

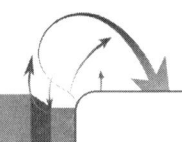

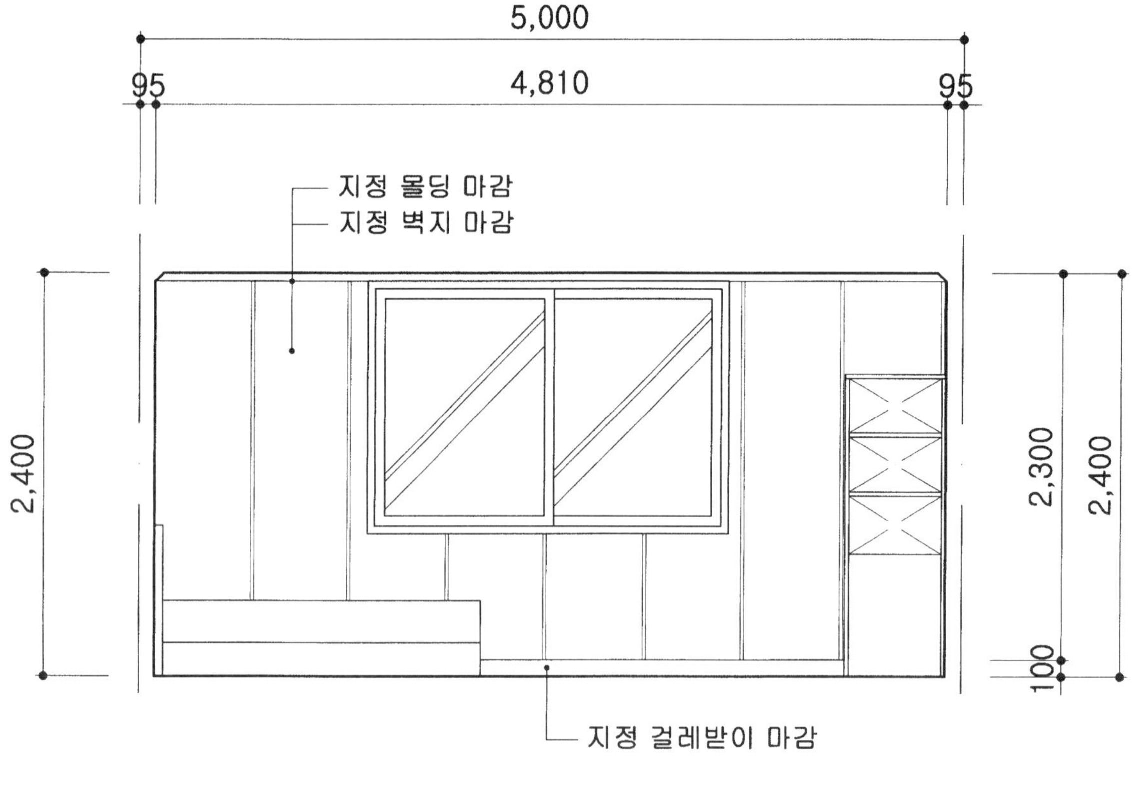

```
         5,000
  95    4,810    95

         ┌ 지정 몰딩 마감
         ┌ 지정 벽지 마감

2,400                    2,300  2,400
                          100

              └ 지정 걸레받이 마감
```

입 면 도 C SCALE : 1/30

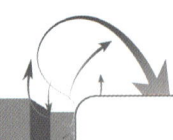

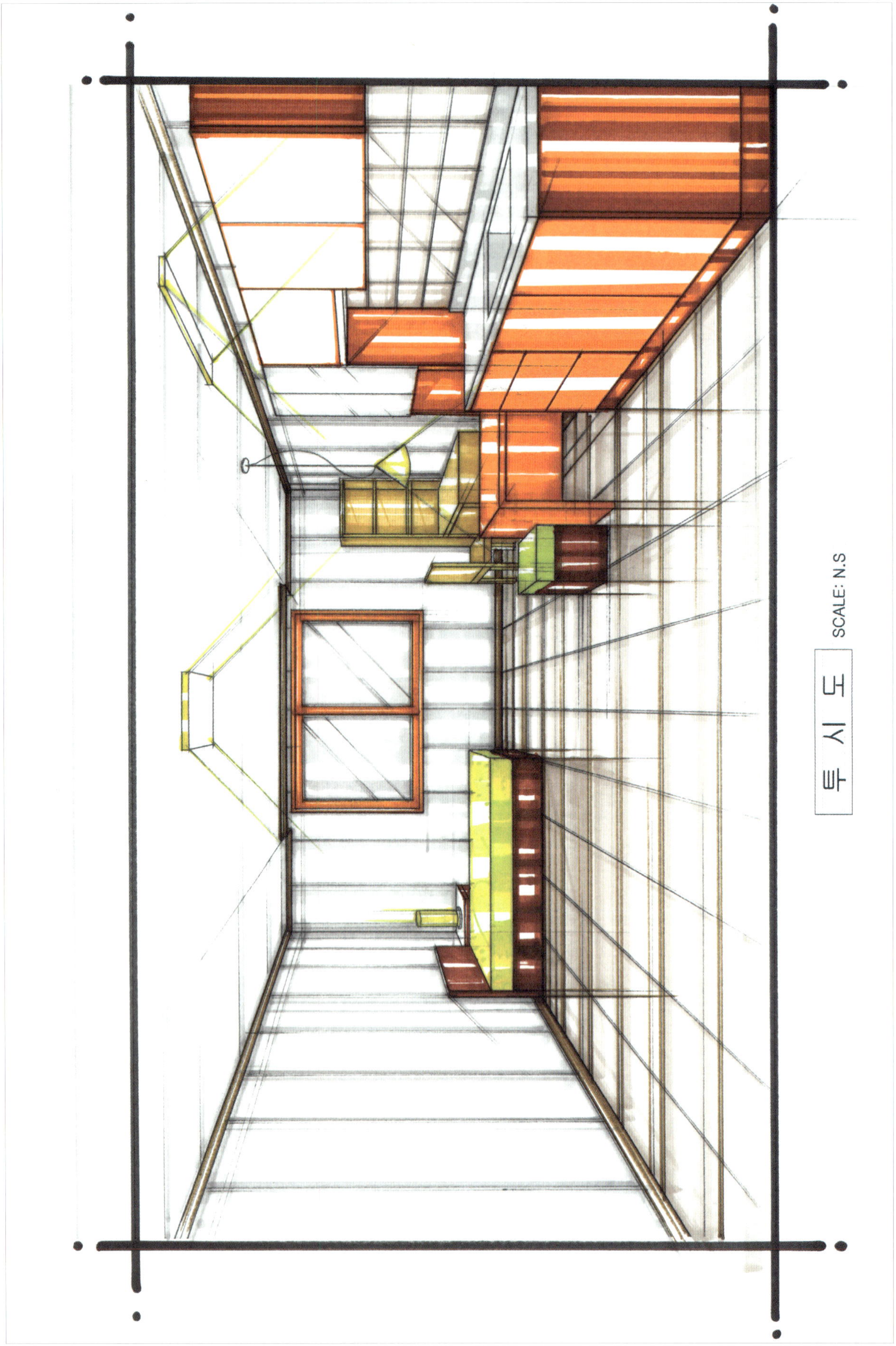

투 시 도　SCALE: N.S

⑦ 국가기술자격검정 실기시험문제

자격종목	실내건축기능사	작품명	원 룸

비번호 :

◉ 시험 시간 : 표준시간 - 5시간 30분

1. 요구사항
* 주어진 도면은 도심지 단독세대형 원룸형 주택 평면도이다.
  다음의 요구조건에 따라 도면을 작성하시오.

2. 요구조건
① 설계면적 : 5,300×6,900×2,400mm(H)
② 개구부 크기 : 현관 출입문 - 1,000×2,100mm(H)
　　　　　　　　욕실문 및 기타 문 - 800×2,000mm(H)
　　　　　　　　창문의 높이는 1,500mm(H)으로 함
③ 벽체 : 내.외벽은 철근콘크리트 옹벽 150mm로 하며 기타 벽은 도면축척에 준한다.
④ 인적구성 : 회사원 1인
⑤ 필요공간 및 가구 : 침대, 책장, 신발장, 옷장, 서랍장,
　　　　　　　　　　 TV 및 오디오테이블, 장식장
　　　　　　　　　　 컴퓨터 및 책상, 식탁 및 의자
　　　　　　　　　　 주방에는 주방설비기구

(* 이상 제시된 가구는 필수적이며, 이외에 필요한 가구와 실내장식이 있다면 수검자가 임의로 추가할 수 있음)

3. 요구도면
1) 평면도 : 가구배치 및 바닥마감재 표기 (창문쪽은 외벽임) - S=1/30
2) 내부 입면도 : B 방향 (벽면재료 표기) - S=1/30
3) 천장도 : 설비조명기구 배치 및 범례표작성, 마감재료 표기 - S=1/50
4) 실내 투시도(채색작업 필수) : A에서 C 방향으로 1소점 투시도법으로 작성한다.
　　　　　　　　　　작성과정의 투시보조선을 남길 것 - S=N.S

※ 첫째장에 평면도, 둘째장에 내부 입면도와 천장도, 셋째장에 실내 투시도 작성

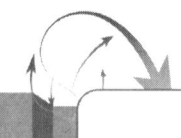

| 자격종목 | 실내건축기능사 | 작품명 | 원룸 | 척도 | N.S |

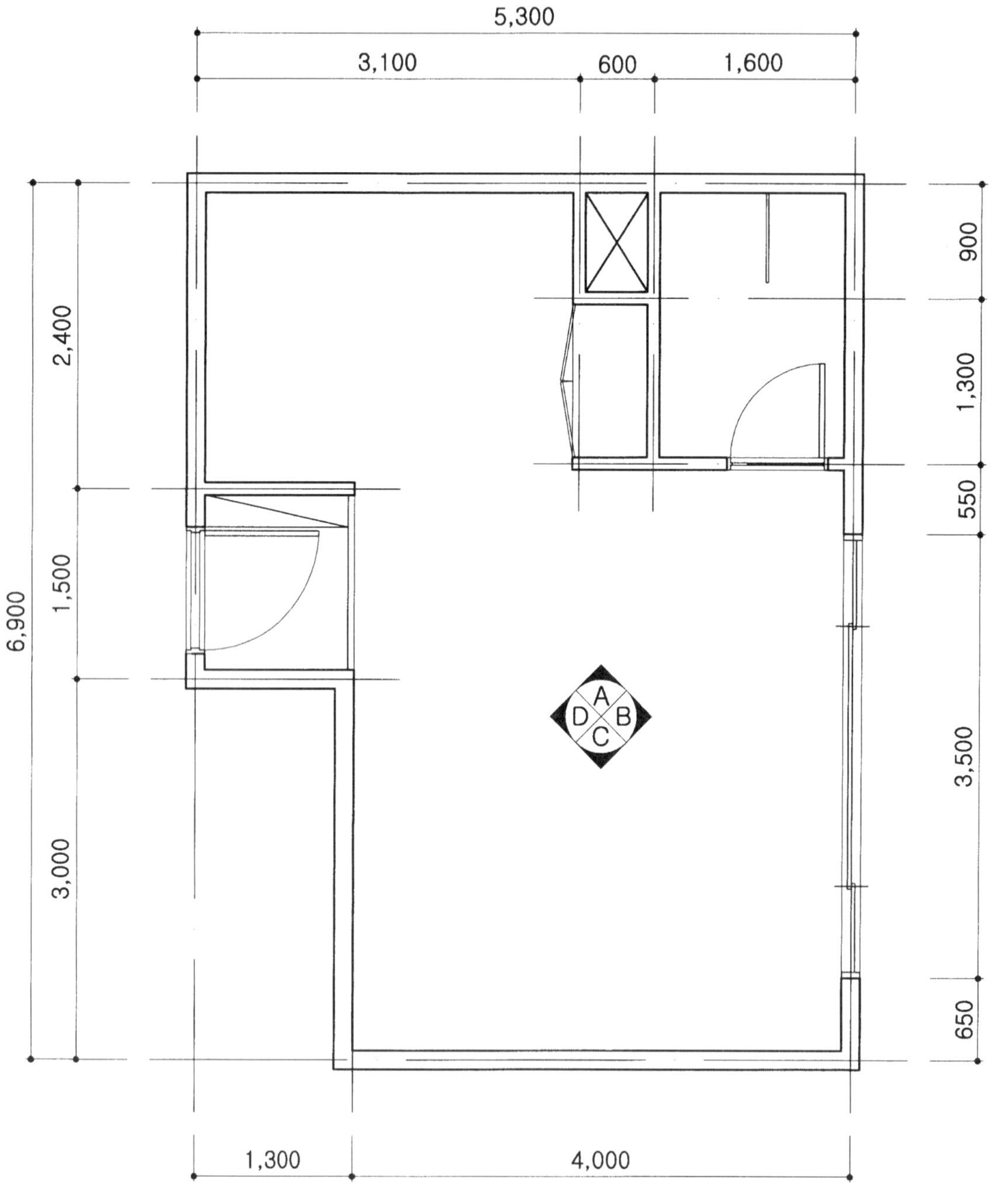

평 면 도

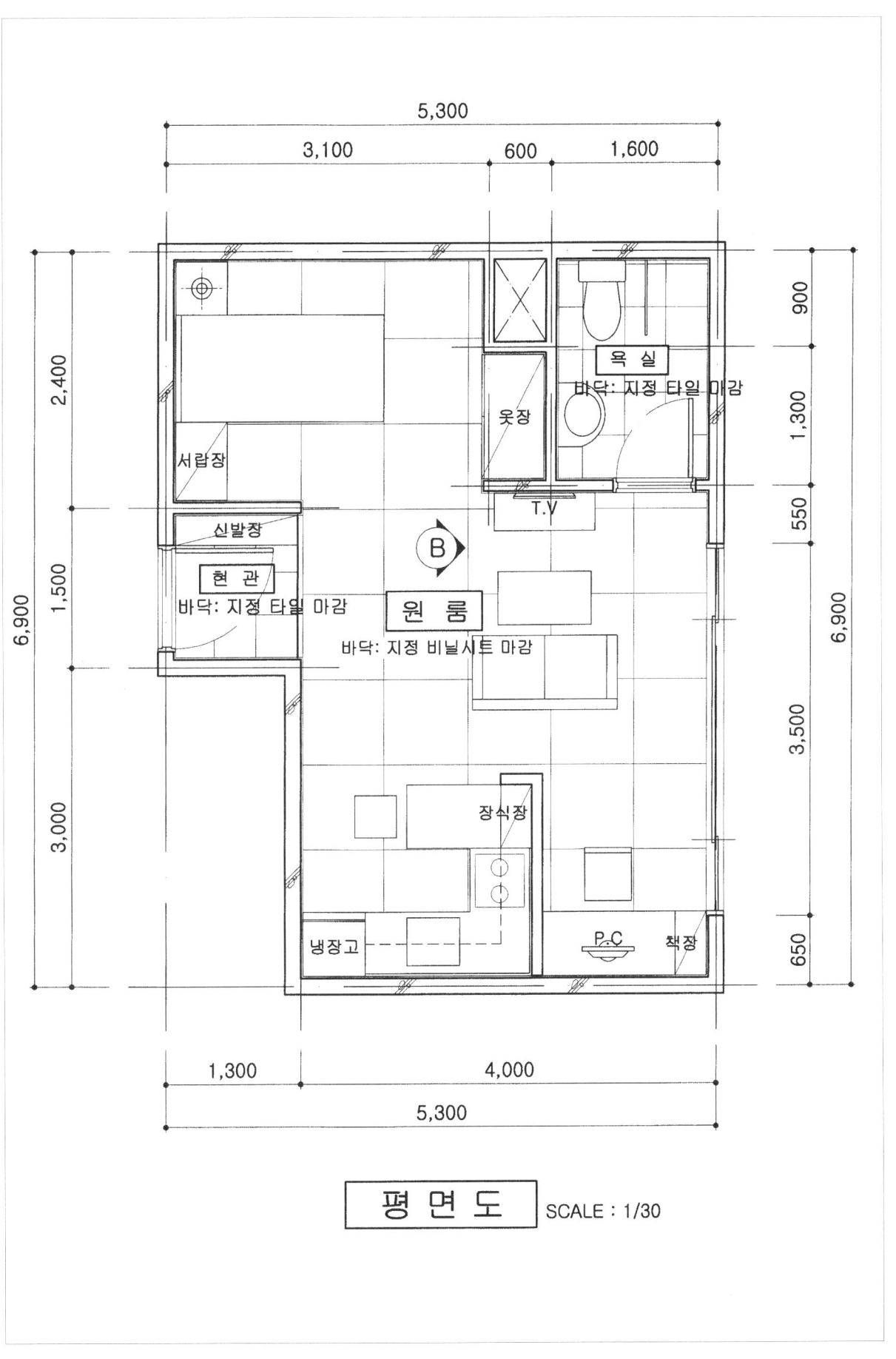

평 면 도   SCALE : 1/30

천 장 도 SCALE : 1/50

범 례

기호	명칭	개수
	직부등	1
	펜던트	1
	형광등	1
	센서등	1
	방습등	1
	매입등	2

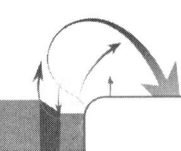

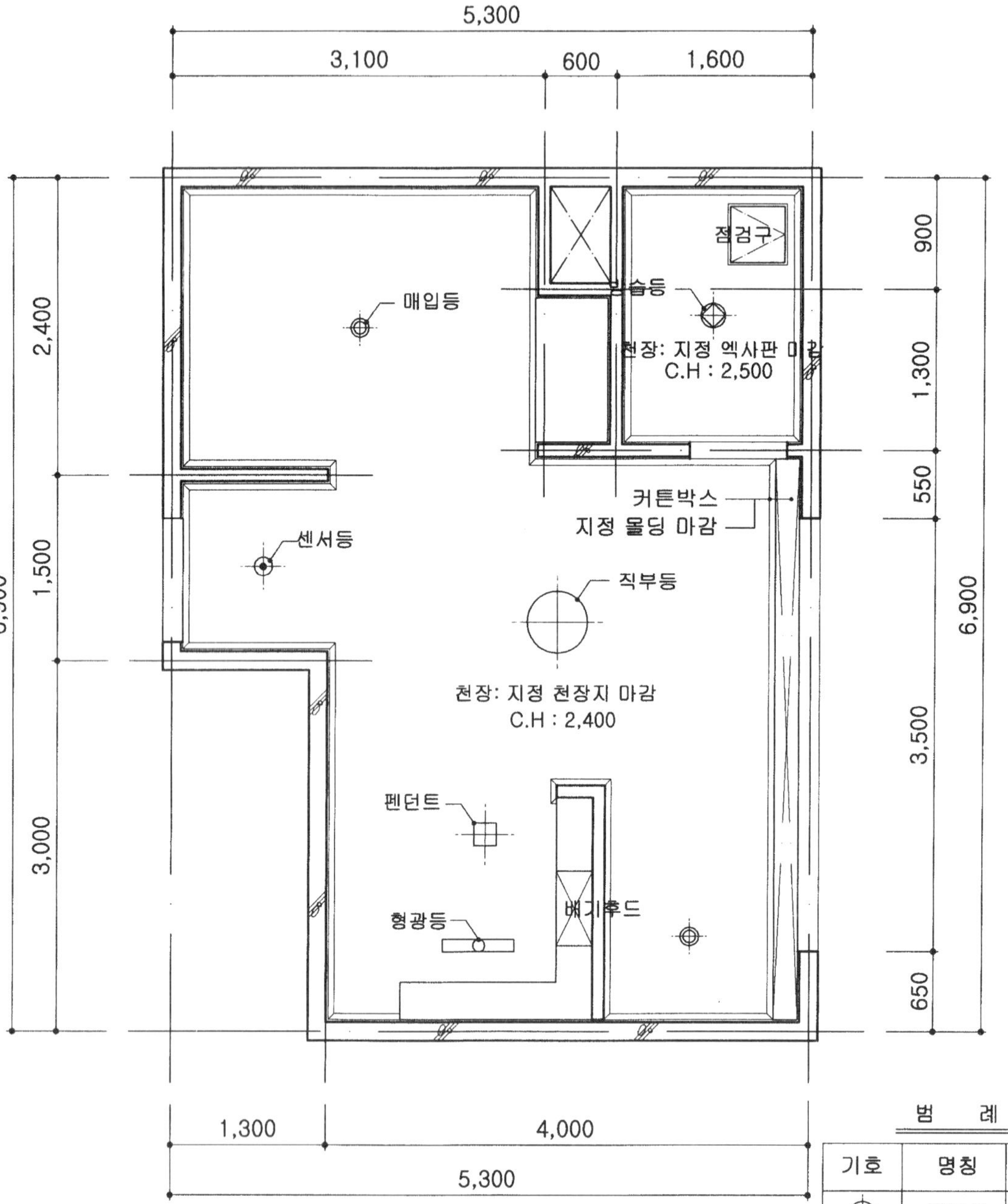

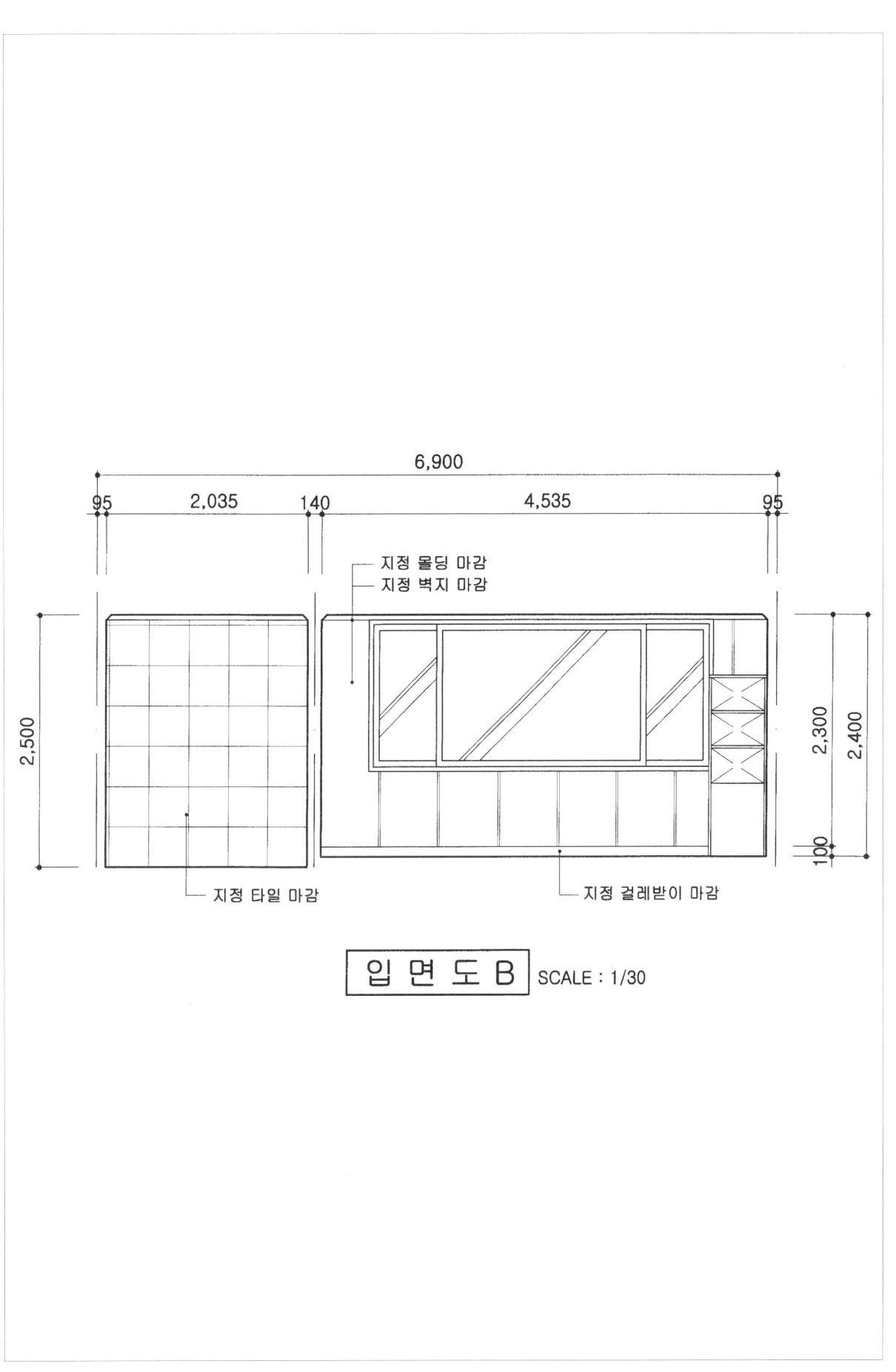

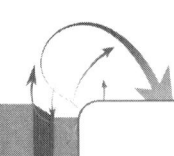

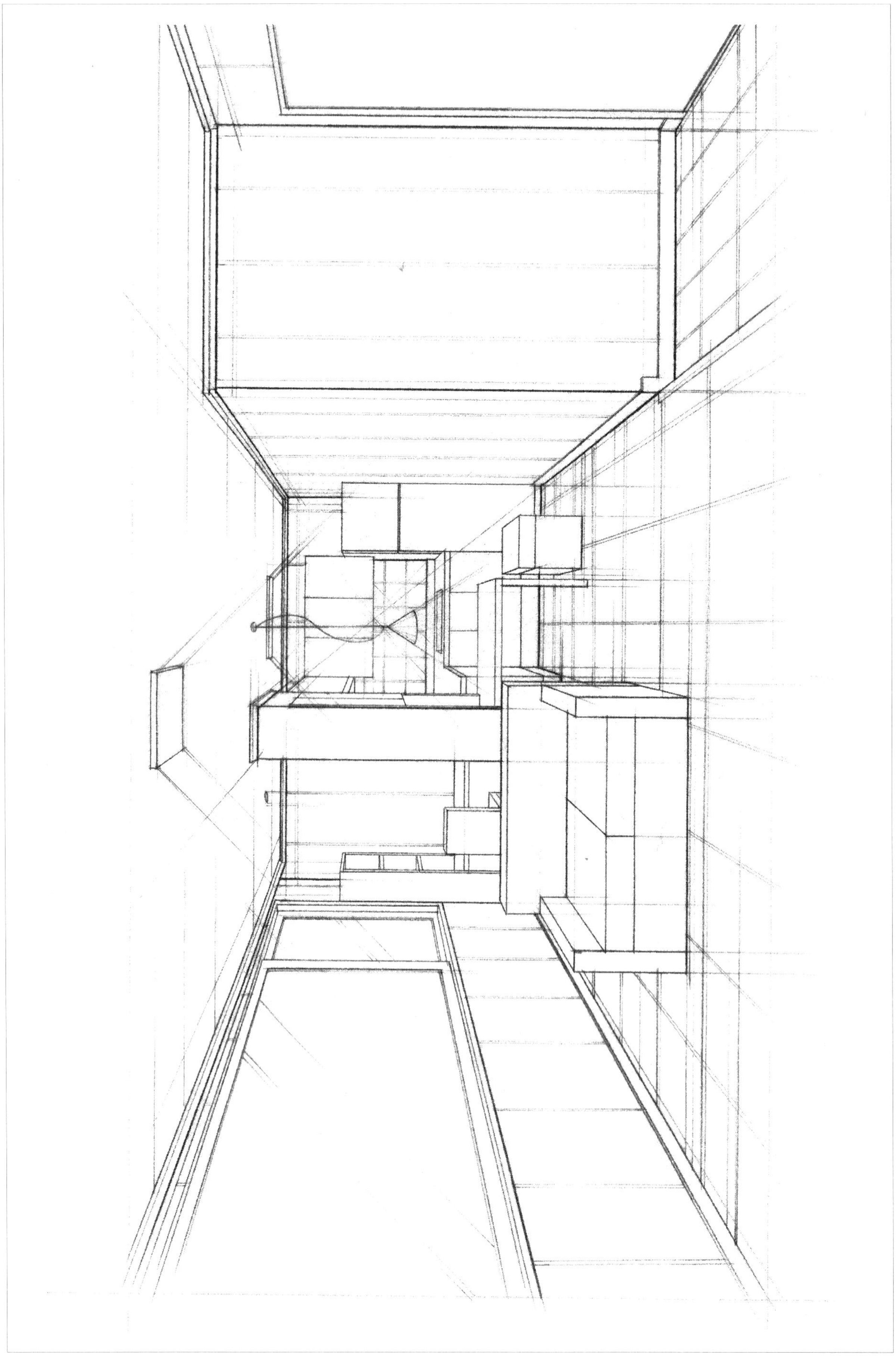

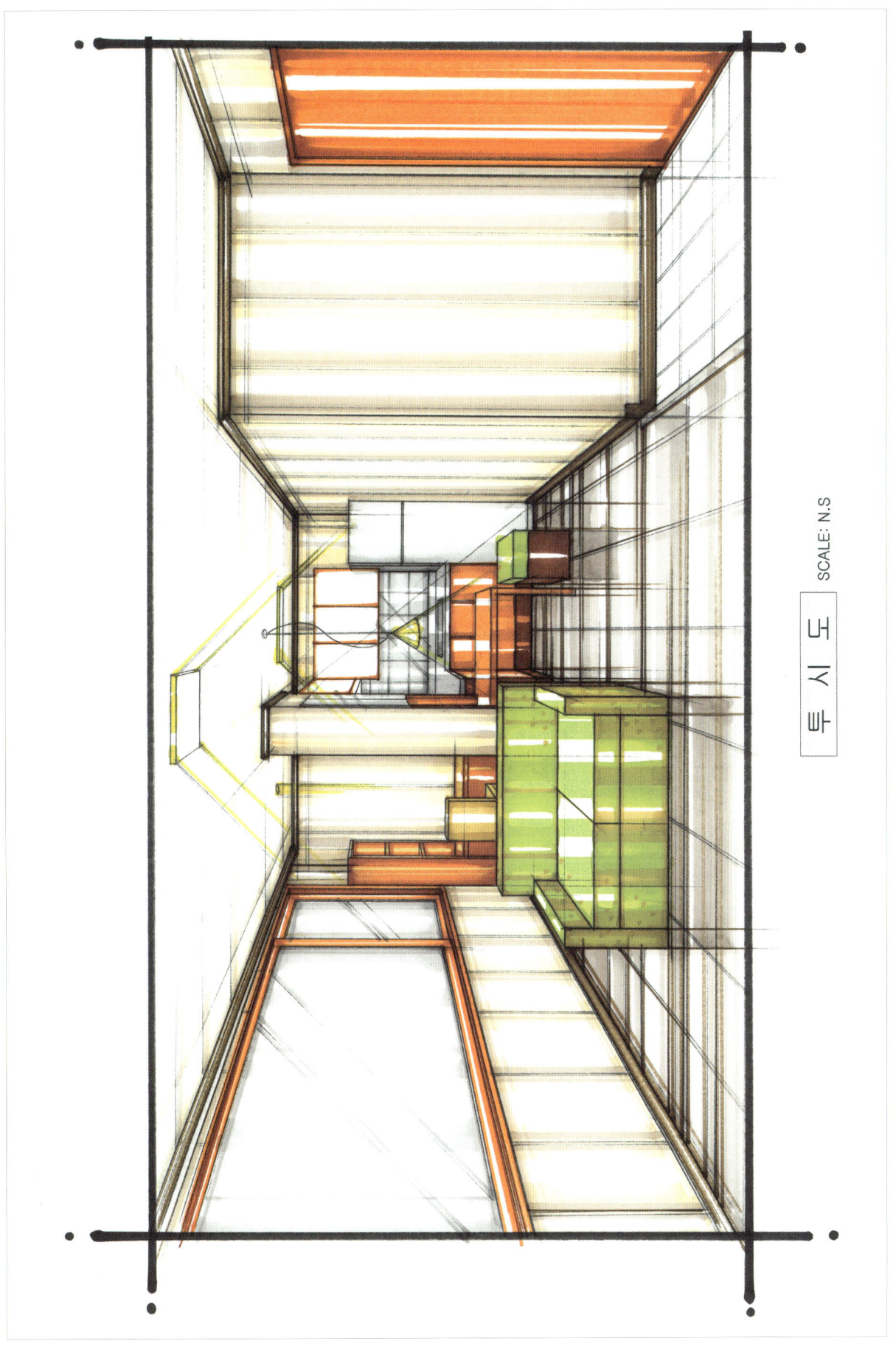

투시도 SCALE: N.S

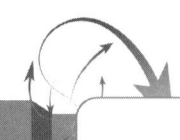

⑧ 국가기술자격검정 실기시험문제

자격종목	실내건축기능사	작품명	원 룸

비번호 :

● 시험 시간 : 표준시간 – 5시간 30분

1. 요구사항
* 주어진 도면은 도심지 단독세대형 원룸형 주택 평면도이다.
  다음의 요구조건에 따라 도면을 작성하시오.

2. 요구조건
① 설계면적 : 5,400×7,600×2,600mm(H)
② 개구부 크기 : 현관 출입문 – 1,000×2,100mm(H)
   욕실문 – 800×2,000mm(H)
   창문의 높이는 2,400×1,500mm(H)
   기타 창문의 높이는 1,500mm(H)으로 함
③ 벽체 : 내.외벽은 철근코크리트 옹벽 150mm로 하며 기타 벽은 도면축척에 준한다.
④ 인적구성 : 회사원 1인
⑤ 필요공간 및 가구 : 침대, 책장, 신발장, 옷장, 서랍장,
   TV 및 오디오테이블, 장식장
   컴퓨터 및 책상, 식탁 및 의자
   주방에는 주방설비기구

(* 이상 제시된 가구는 필수적이며, 이외에 필요한 가구와 실내장식이 있다면 수검자가 임의로 추가할 수 있음)

3. 요구도면
1) 평면도 : 가구배치 및 바닥마감재 표기 (창문쪽은 외벽임) – S=1/30
2) 내부 입면도 : D 방향 (벽면재료 표기) – S=1/30
3) 천장도 : 설비조명기구 배치 및 범례표작성, 마감재료 표기 – S=1/50
4) 실내 투시도(채색작업 필수) : A에서 C 방향으로 1소점 투시도법으로 작성한다.
   작성과정의 투시보조선을 남길 것 – S=N.S

※ 첫째장에 평면도, 둘째장에 내부 입면도와 천장도, 셋째장에 실내 투시도 작성

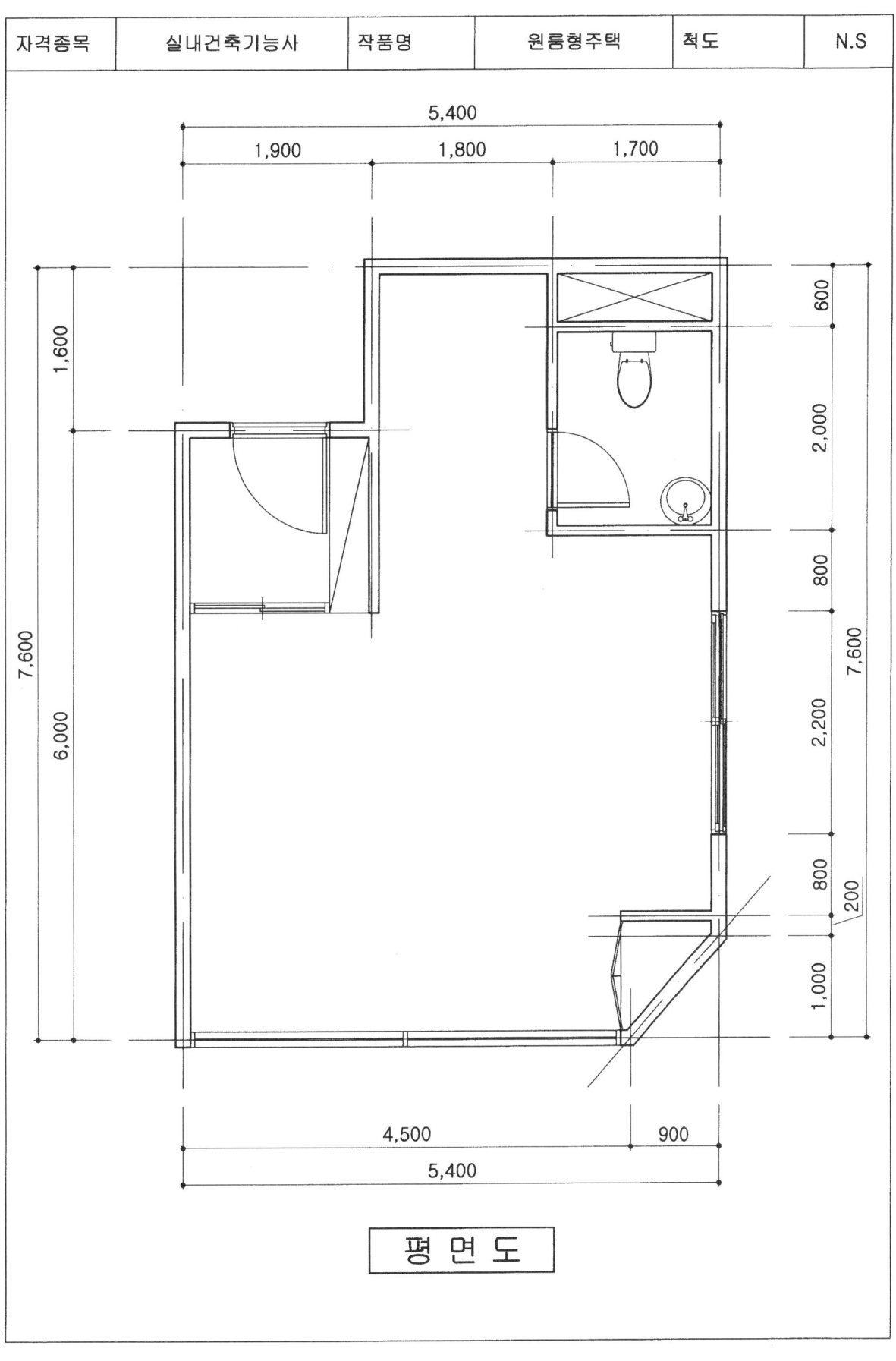

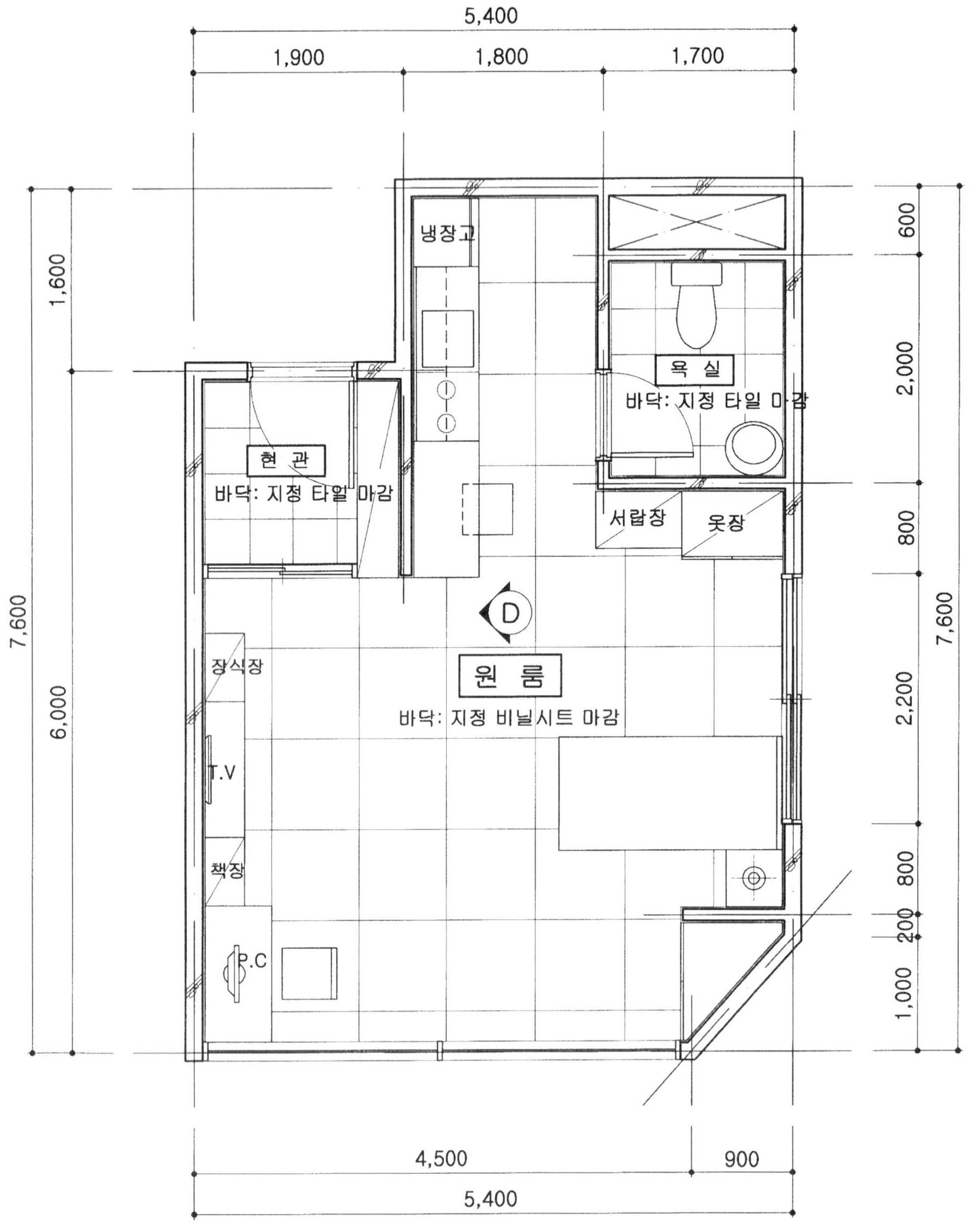

평 면 도　SCALE : 1/30

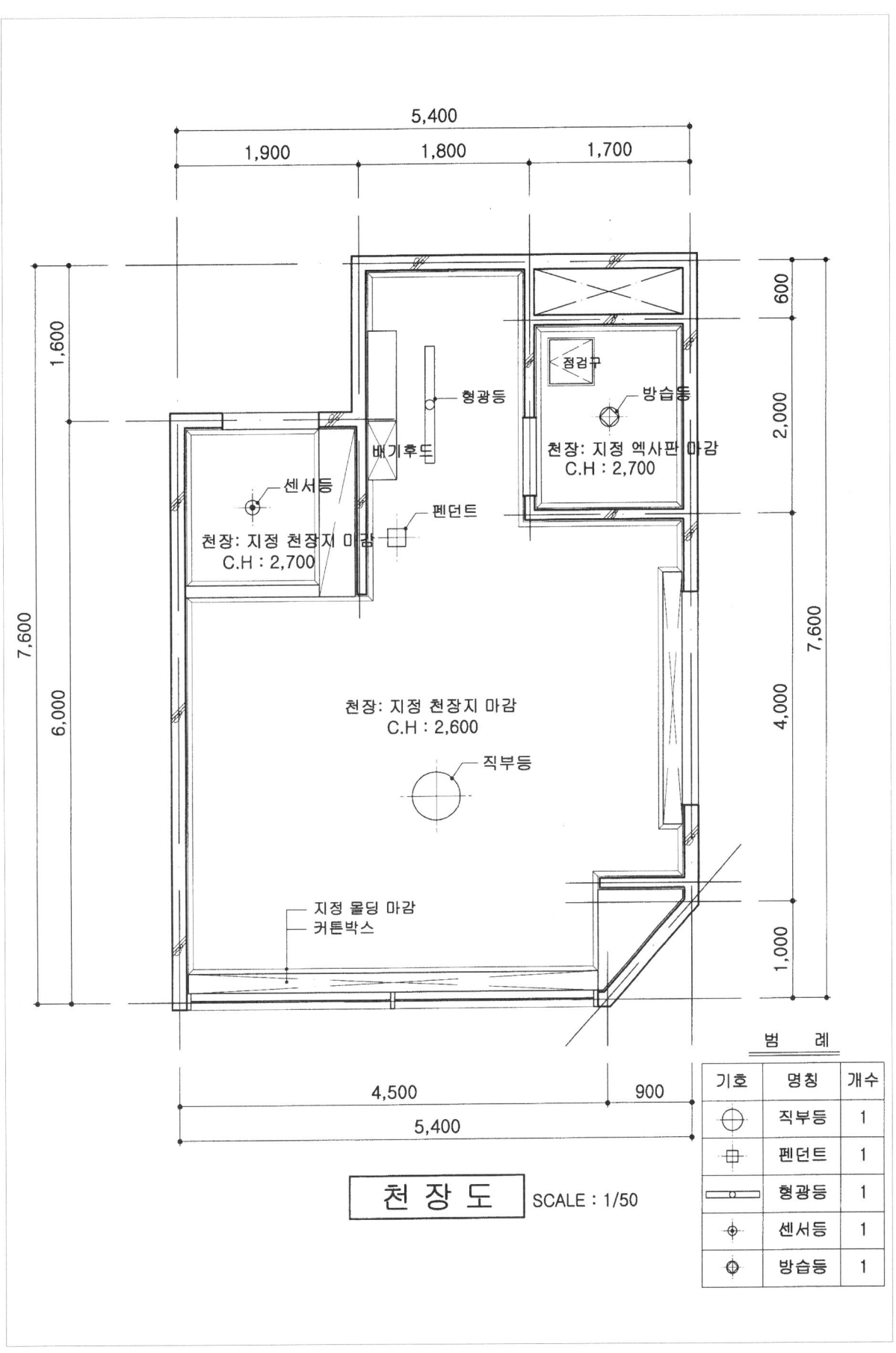

천 장 도 SCALE : 1/50

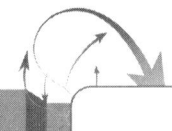

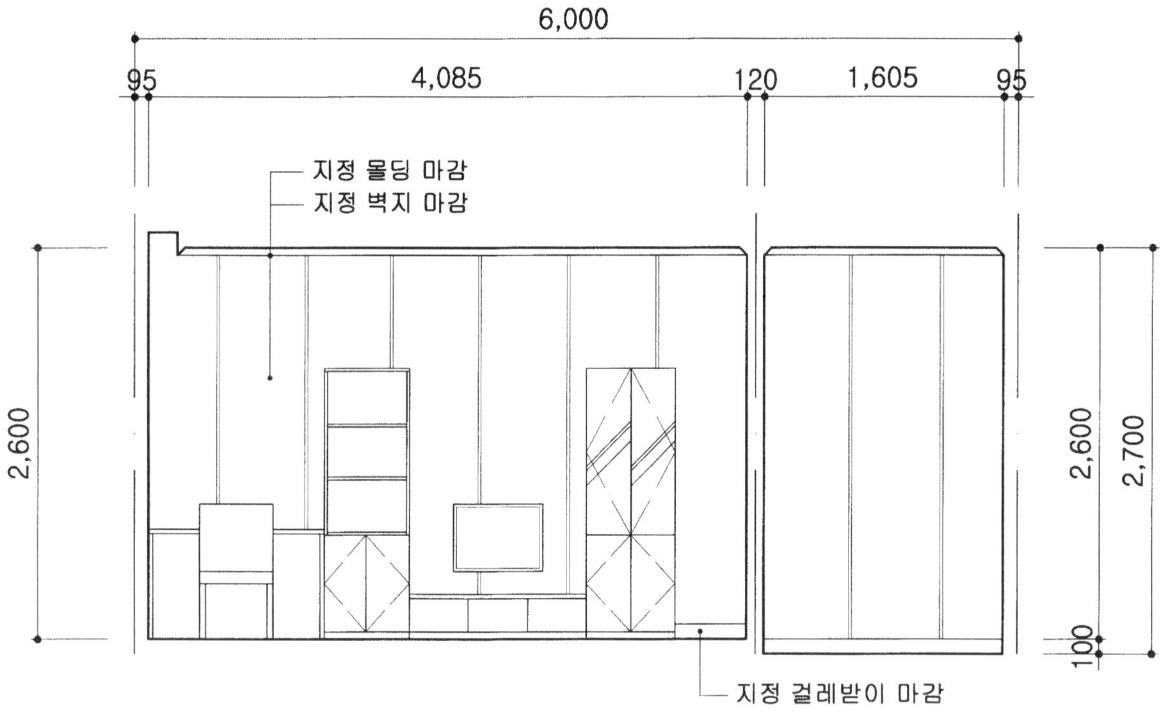

입면도 D SCALE : 1/30

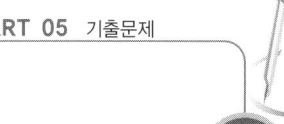

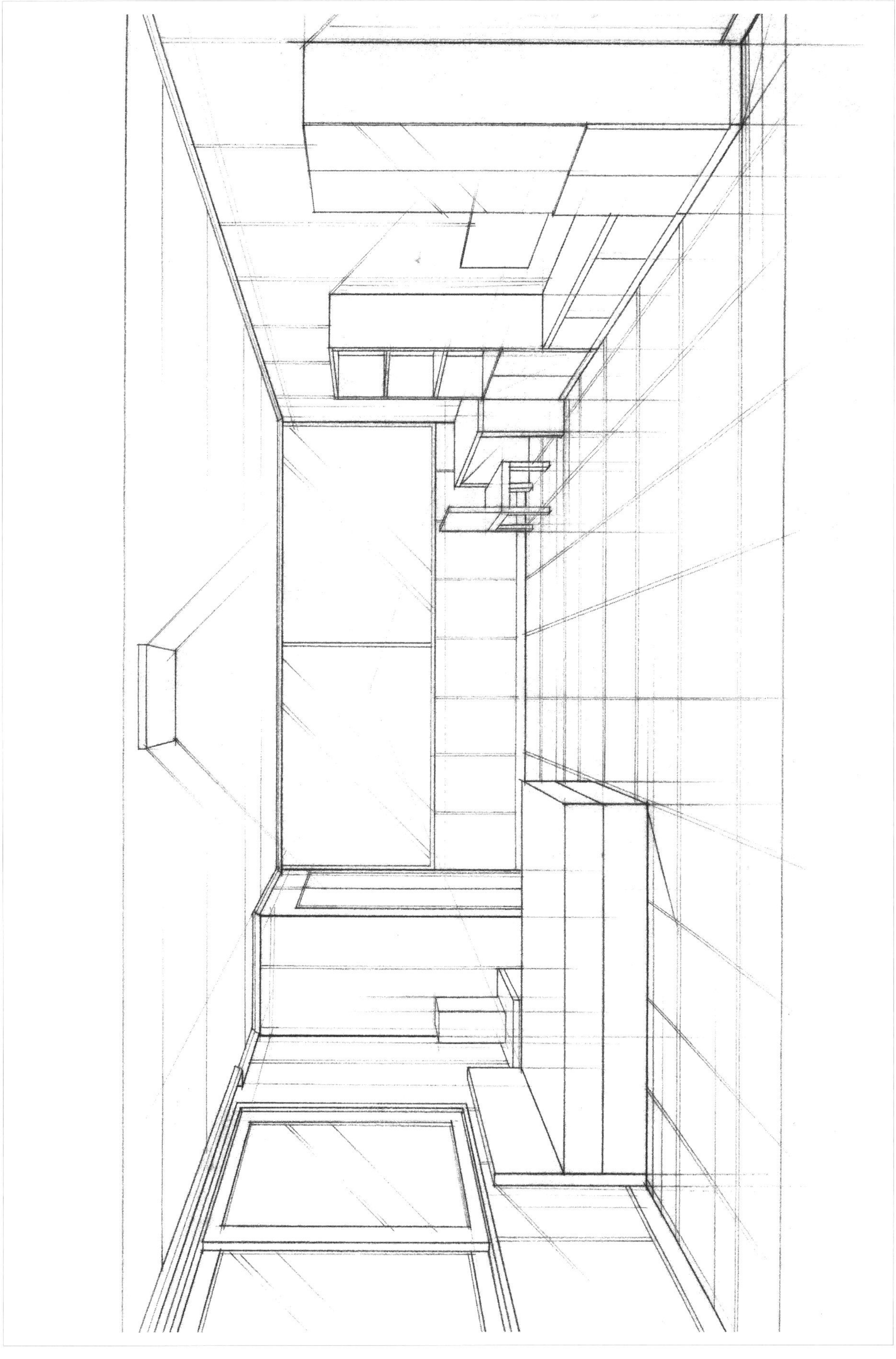

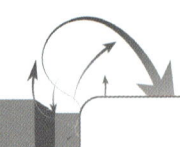

투 시 도 SCALE: N.S

⑨ 국가기술자격검정 실기시험문제

자격종목	실내건축기능사	작품명	원 룸
비번호 :			

● 시험 시간 : 표준시간 – 5시간 30분

1. 요구사항
* 주어진 도면은 도심지 단독세대형 원룸형 주택 평면도이다.
  다음의 요구조건에 따라 도면을 작성하시오.

2. 요구조건
① 설계면적 : 6,500×5,700×2,400mm(H)
② 개구부 크기 : 현관 출입문 – 1,000×2,100mm(H)
　　　　　　　　욕실문 – 800×2,000mm(H)
　　　　　　　　창문의 높이는 1,500mm(H)으로 함
③ 벽체 : 내.외벽은 철근코크리트 옹벽 150mm로 하며 기타 벽은 도면축척에 준한다.
④ 인적구성 : 대학원생
⑤ 필요공간 및 가구 : 침대, 책장, 신발장, 옷장, 서랍장,
　　　　　　　　　　TV 및 오디오테이블, 장식장
　　　　　　　　　　컴퓨터 및 책상, 식탁 및 의자
　　　　　　　　　　주방에는 주방설비기구

(＊ 이상 제시된 가구는 필수적이며, 이외에 필요한 가구와 실내장식이 있다면 수검자가
　임의로 추가할 수 있음)

3. 요구도면
1) 평면도 : 가구배치 및 바닥마감재 표기 (창문쪽은 외벽임) – S=1/30
2) 내부 입면도 : C 방향 (벽면재료 표기) – S=1/30
3) 천장도 : 설비조명기구 배치 및 범례표작성, 마감재료 표기 – S=1/50
4) 실내 투시도(채색작업 필수) : A에서 C 방향으로 1소점 투시도법으로 작성한다.
　　　　　　　　　　　　작성과정의 투시보조선을 남길 것 – S=N.S

※ 첫째장에 평면도, 둘째장에 내부 입면도와 천장도, 셋째장에 실내 투시도 작성

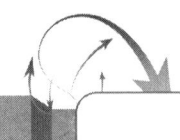

자격종목	실내건축기능사	작품명	원룸	척도	N.S

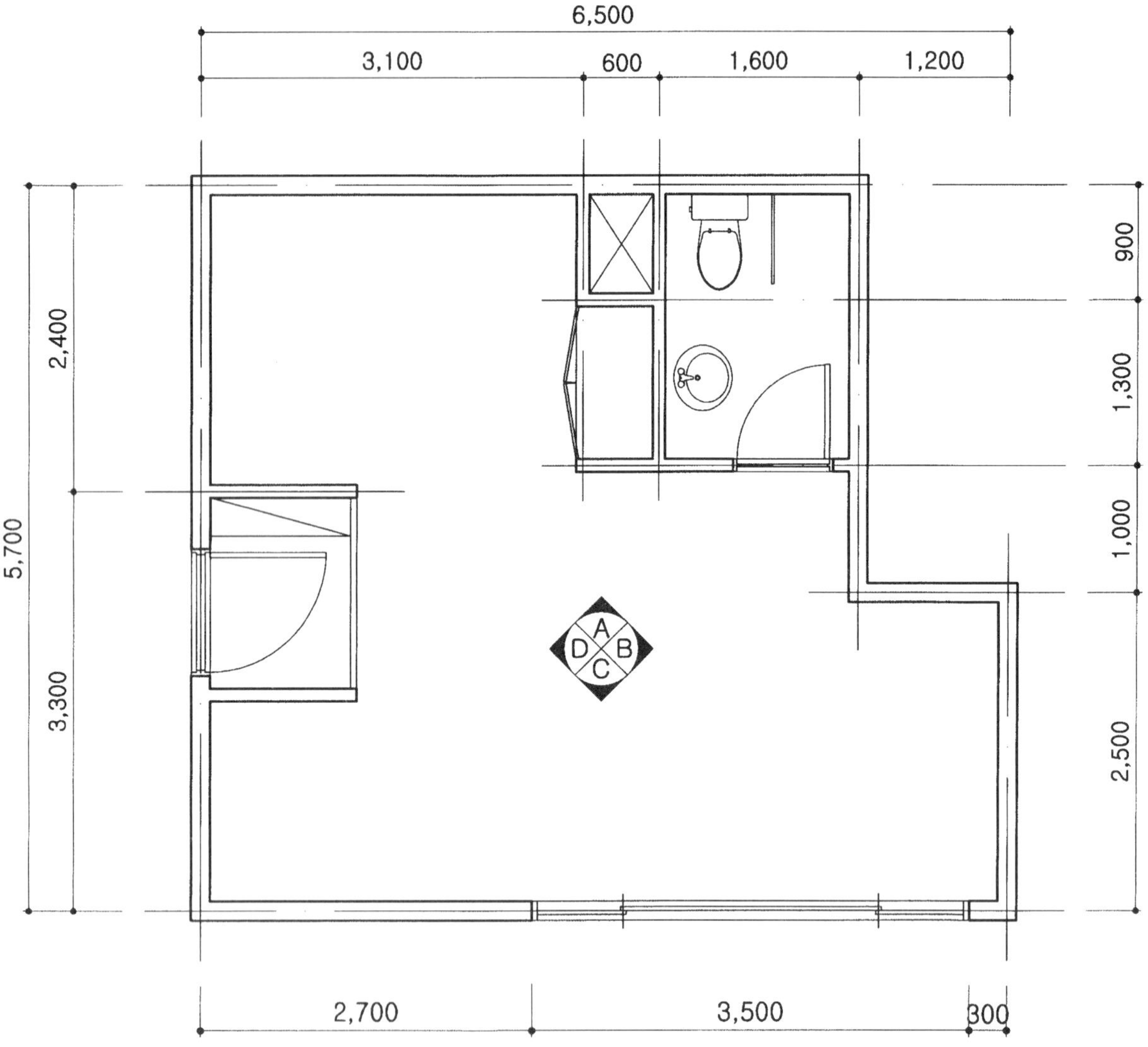

평 면 도

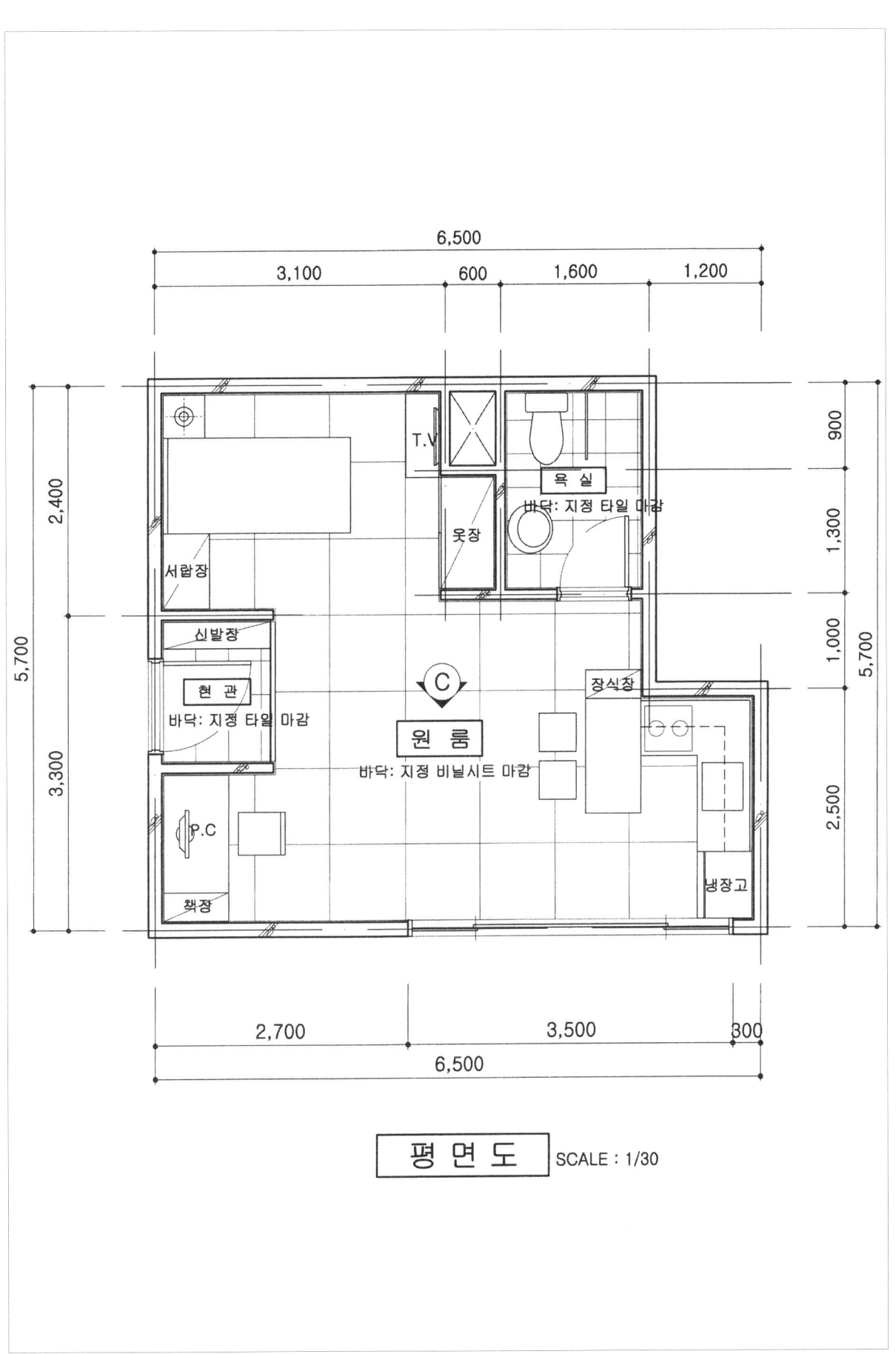

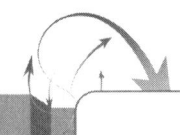

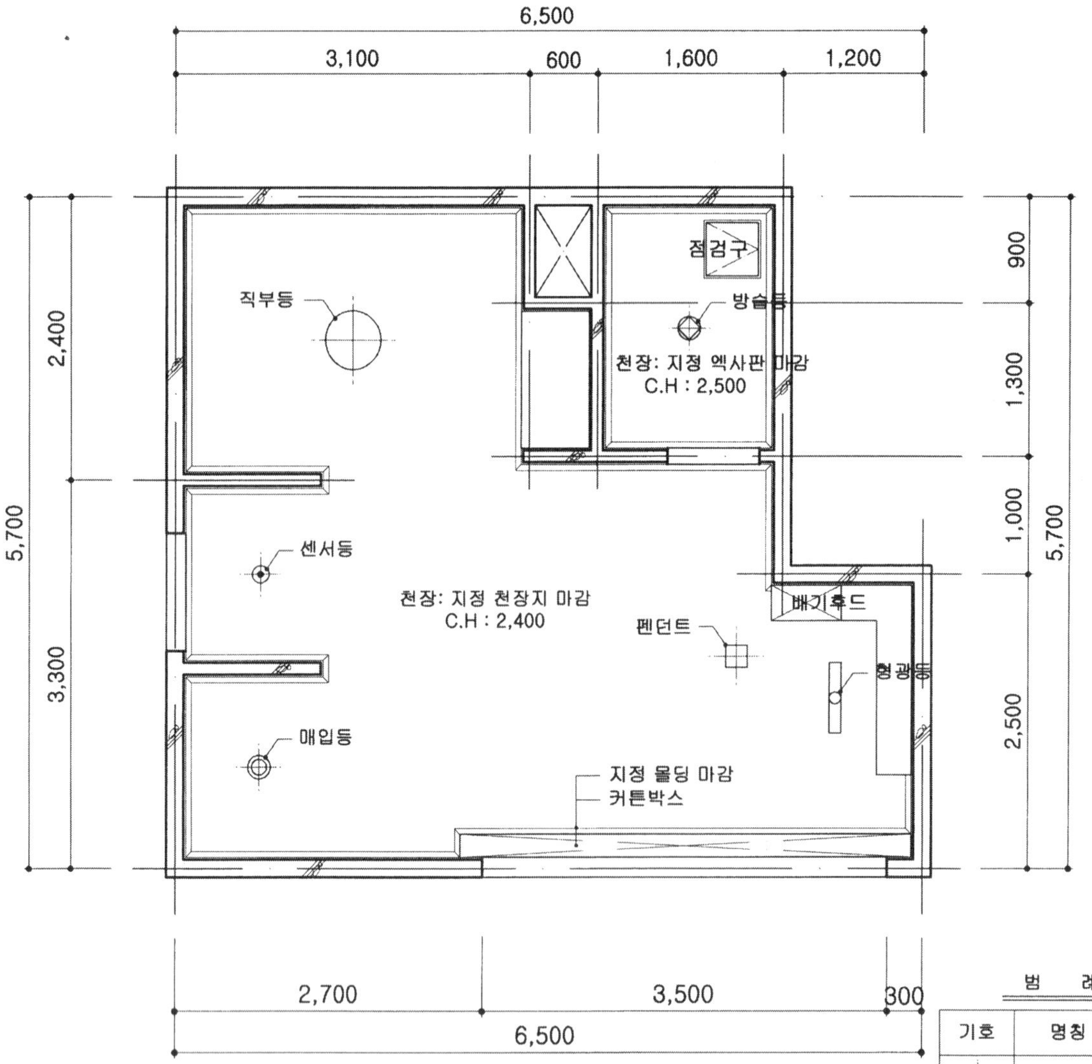

실내건축기능사 실기

천장도 SCALE : 1/50

기호	명칭	개수
⊕	직부등	1
⊕	펜던트	1
▭	형광등	1
⊕	센서등	1
⊕	매입등	1
⊕	방습등	1

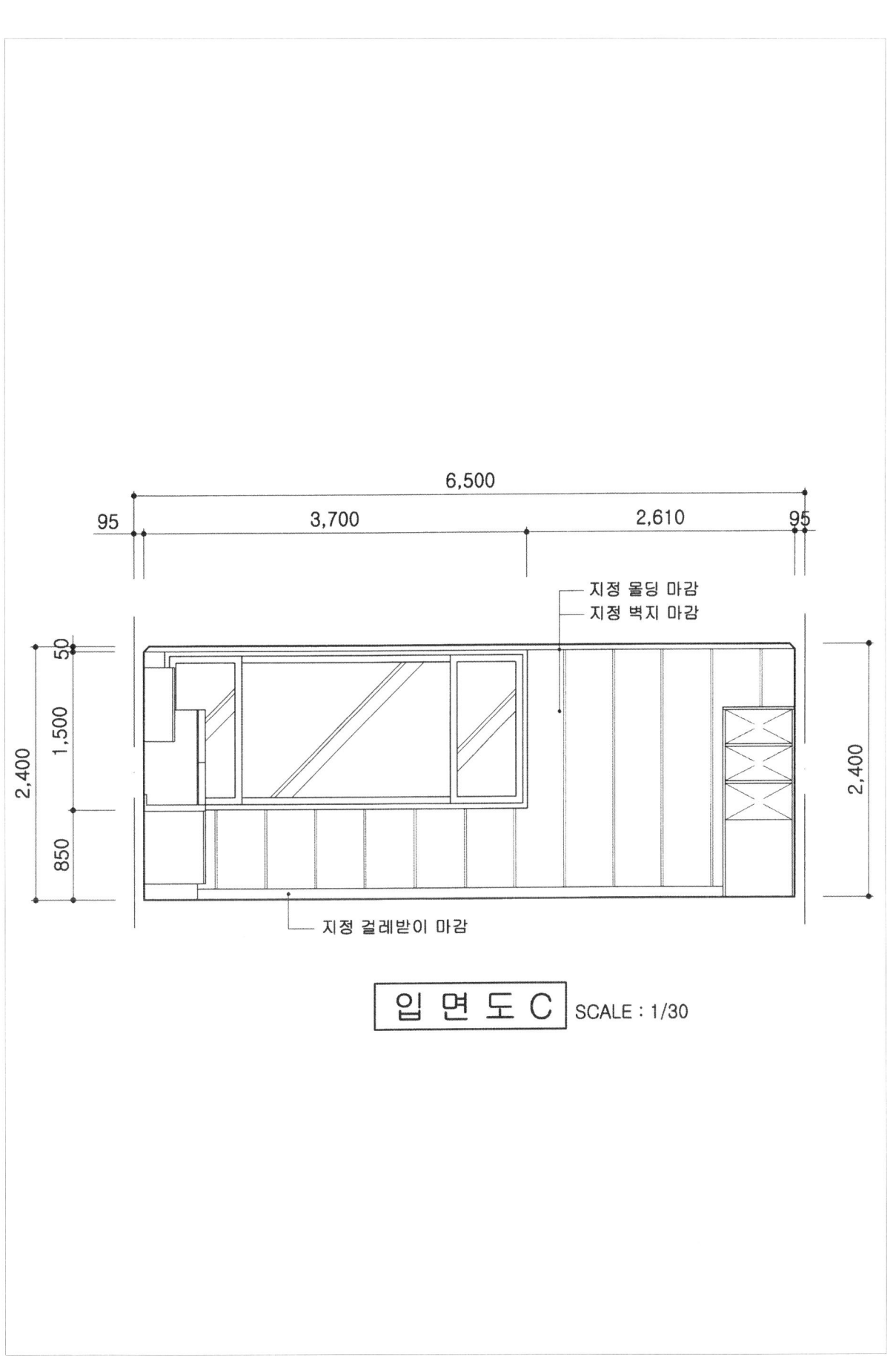

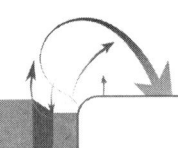
실내건축기능사 실기

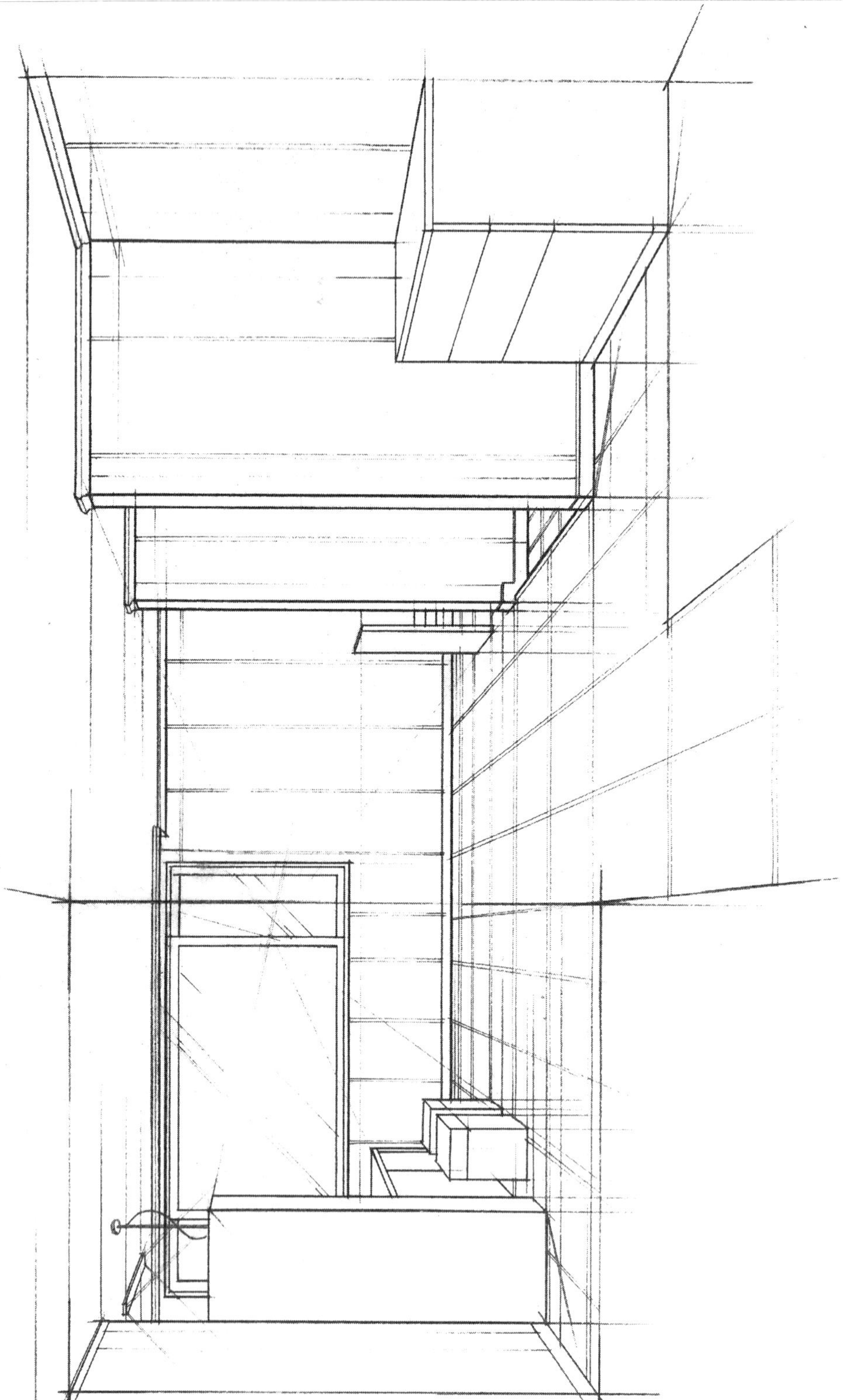

PART 05 기출문제

09

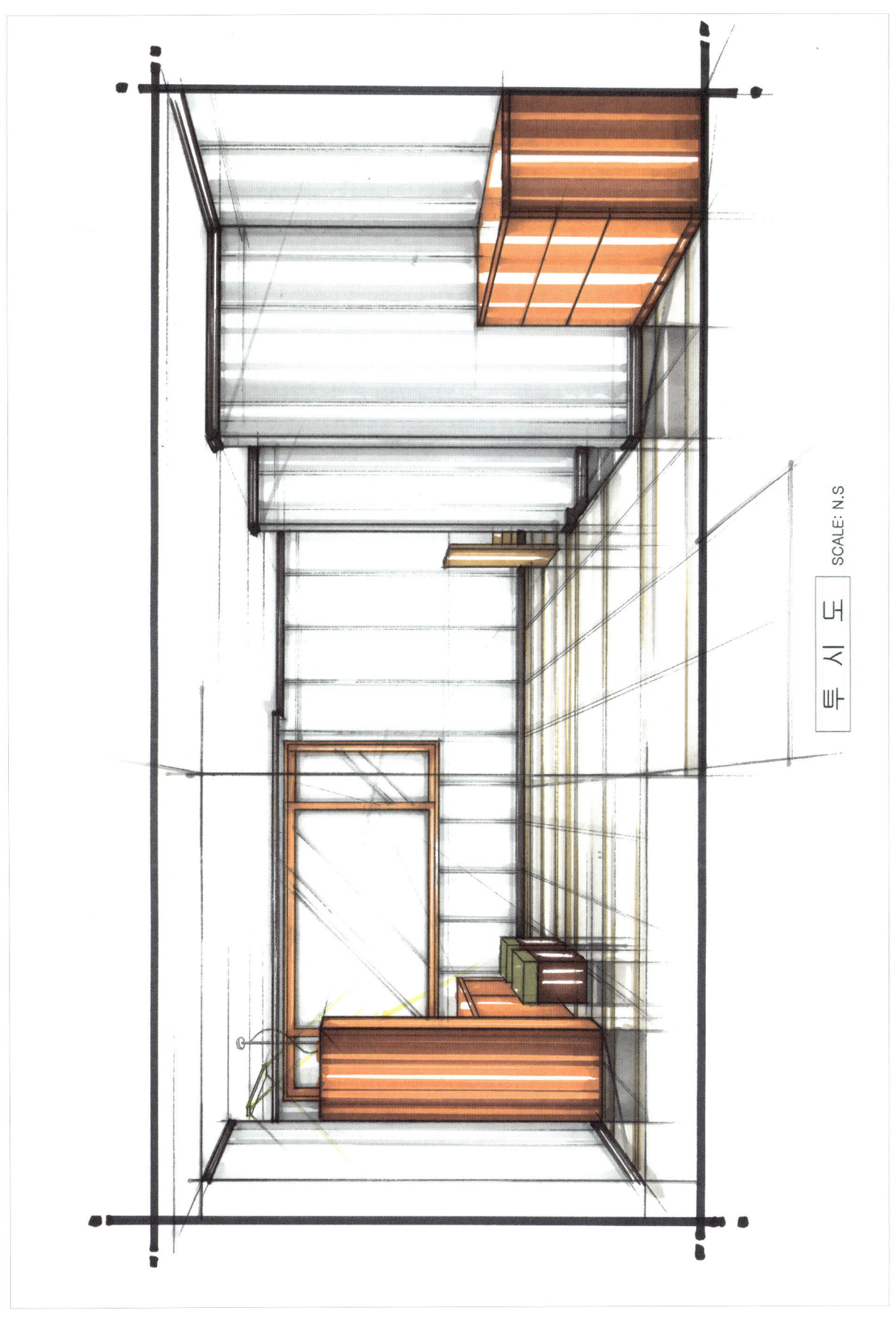

투시도 SCALE: N.S

253

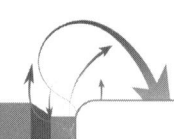

⑩ 국가기술자격검정 실기시험문제

자격종목	실내건축기능사	작품명	원 룸

비번호 :			

● 시험 시간 : 표준시간 – 5시간 30분

1. 요구사항
* 주어진 도면은 도심지 저층규모의 독신자용 원룸 평면도이다.
  다음의 요구조건에 따라 도면을 작성하시오.

2. 요구조건
① 설계면적 : 4,300×6,600×2,600mm(H)

② 개구부 크기 : 현관 출입문 – 1,000×2,100mm(H) 욕실문 – 800×2,000mm(H)
　　　　　　　창문 – 2,500×2,000mm(H)

③ 벽체 : 외벽 – 두께 1.5B의 붉은벽돌 공간쌓기로 한다.
　　　　내벽 – 시멘트 벽돌 두께 1.0B쌓기로 한다.
　　　　욕실벽은 0.5B쌓기로 한다.

④ 인적구성 : 20대 대학생(남성)

⑤ 필요공간 및 가구 : 싱글침대, 책장, 신발장, 옷장, 장식장,
　　　　　　　　　　1인용 소파 및 테이블, TV 및 테이블
　　　　　　　　　　컴퓨터 및 책상, 냉장고 2인용 식탁 및 의자
　　　　　　　　　　1인이 취사 할 수 있는 최소한의 주방기구

(* 이상 제시된 가구는 필수적이며, 이외에 필요한 가구와 실내장식이 있다면 수검자가 임의로 추가할 수 있음)

3. 요구도면
1) 평면도 : 가구배치 및 바닥마감재 표기 (창문쪽은 외벽임) – S=1/30

2) 내부 입면도 : D 방향 (벽면재료 표기) – S=1/30

3) 천장도 : 설비조명기구 배치 및 범례표작성, 마감재료 표기 – S=1/30

4) 실내 투시도(채색작업 필수) : 계획의 포인트가 좋은 지점에서 1소점 투시도법으로 작성하되, 작성과정의 투시보조선을 남길 것 – S=N.S

※ 첫째장에 평면도, 둘째장에 내부 입면도와 천장도, 셋째장에 실내 투시도 작성

자격종목	실내건축기능사	작품명	원룸	척도	N.S

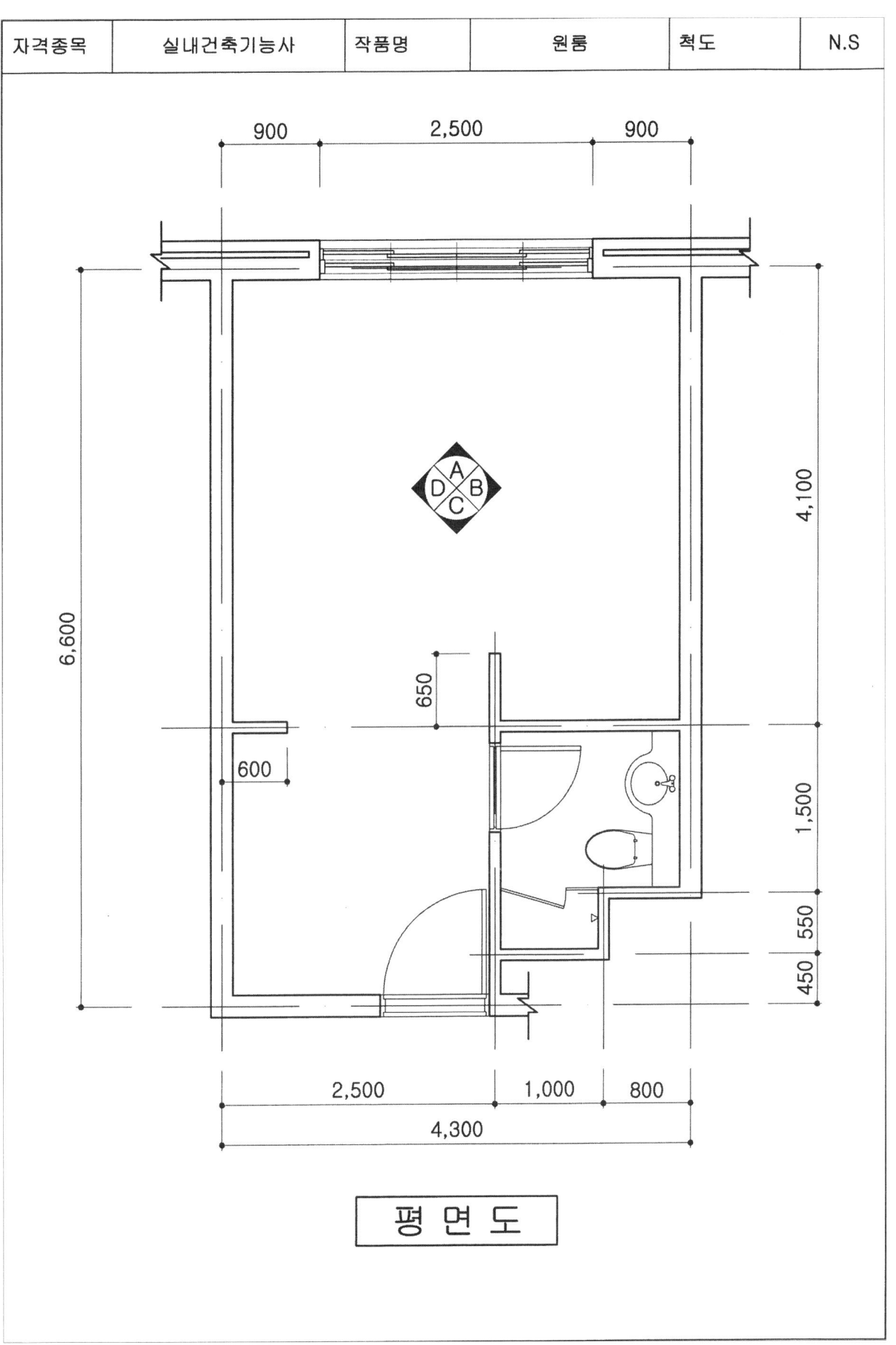

평면도

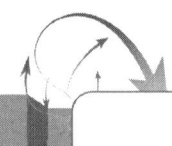

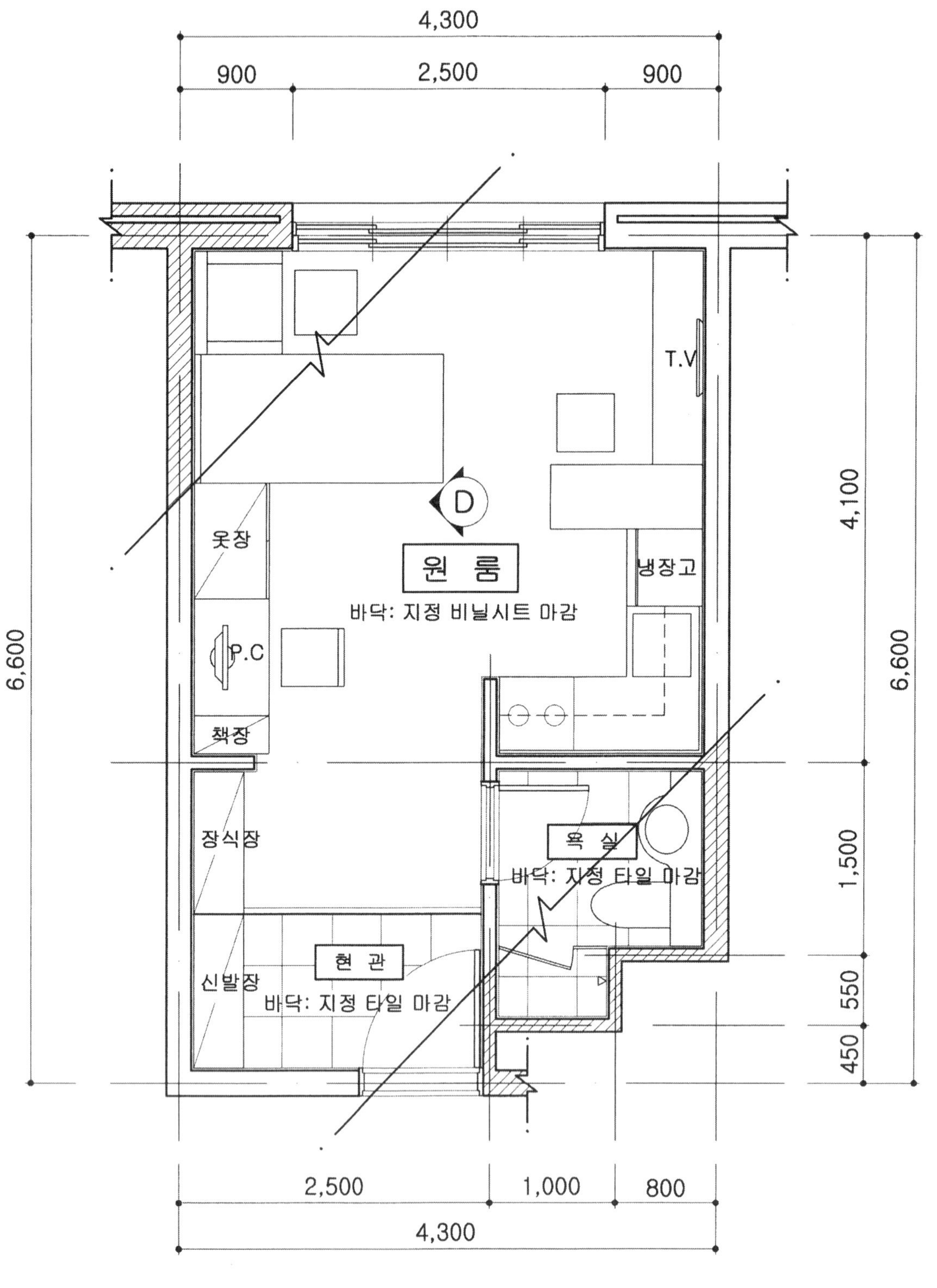

실내건축기능사 실기

평면도 SCALE : 1/30

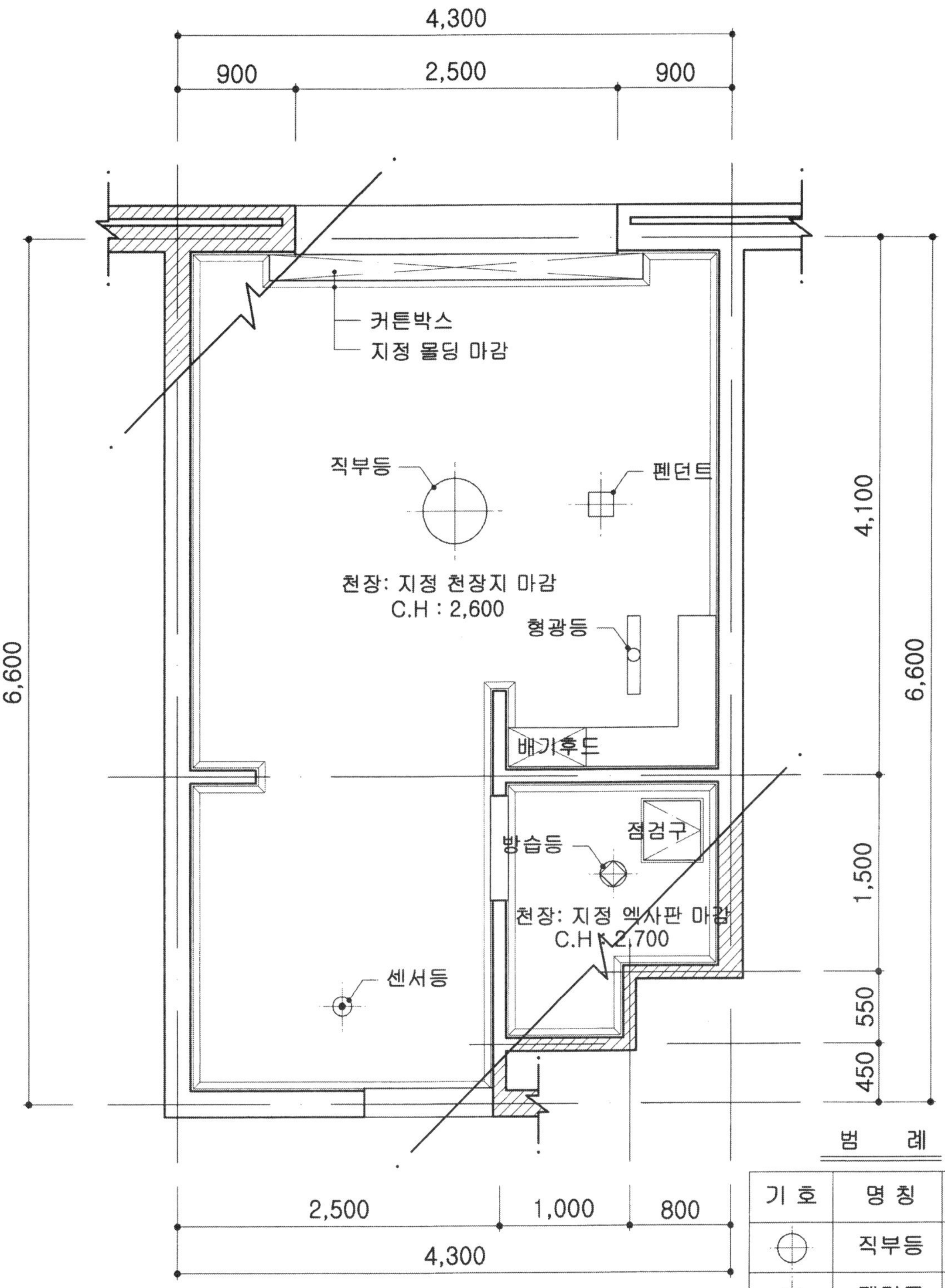

천 장 도

SCALE : 1/30

천장: 지정 천장지 마감
C.H : 2,600

천장: 지정 엑사판 마감
C.H : 2,700

커튼박스
지정 몰딩 마감

직부등
펜던트
형광등
배기후드
점검구
방습등
센서등

범 례

기호	명칭	개수
⊕	직부등	1
⊞	펜던트	1
▬	형광등	1
⊕	센서등	1
⊘	방습등	1

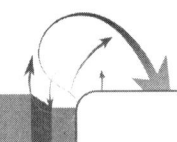

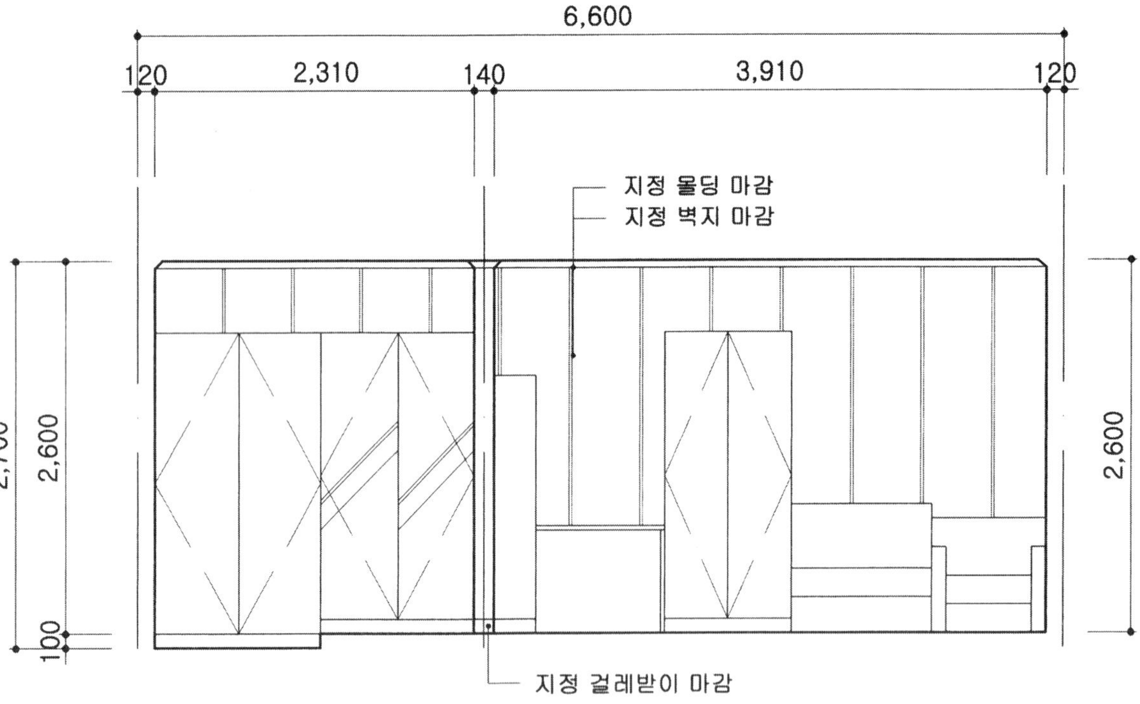

지정 몰딩 마감
지정 벽지 마감

지정 걸레받이 마감

입 면 도 D SCALE : 1/30

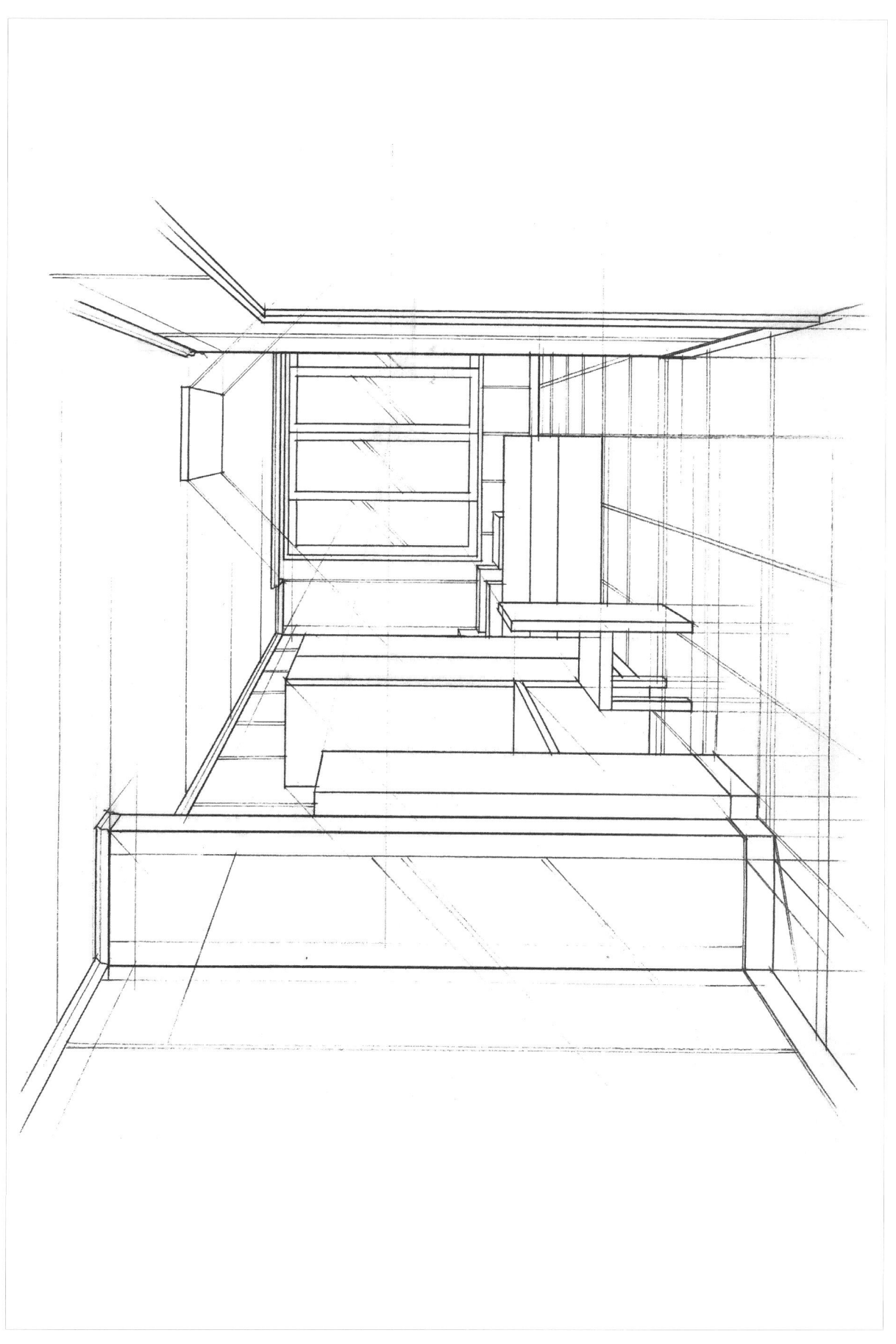

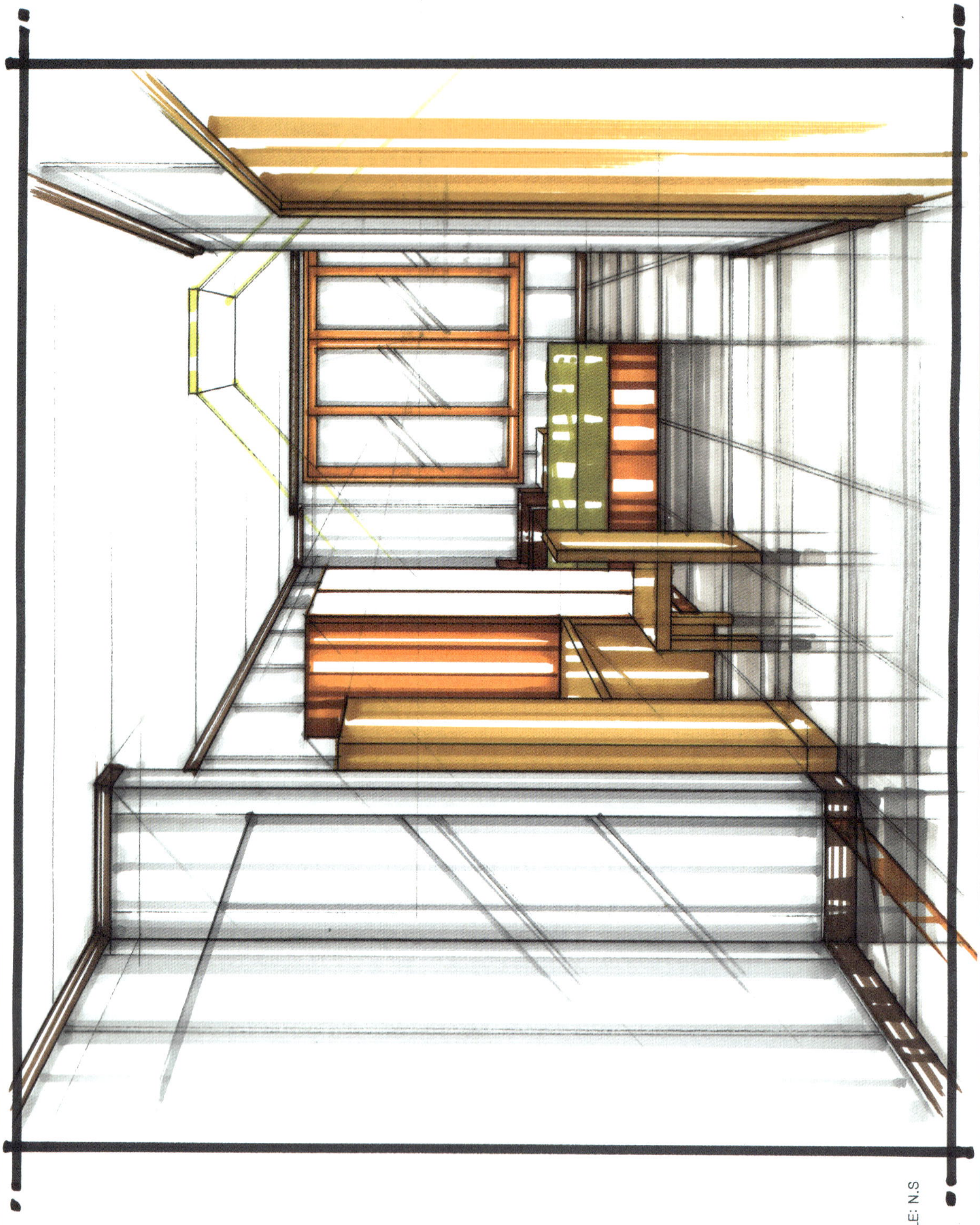

실내건축기능사 실기

투시도 SCALE: N.S

국가기술자격검정 실기시험문제

자격종목	실내건축기능사	작품명	원룸형 주택

비번호 :			

◉ 시험 시간 : 표준시간 – 5시간 30분

1. 요구사항
* 주어진 도면은 도심지 단독세대형 원룸형 주택 평면도이다.
  다음의 요구조건에 따라 도면을 작성하시오.

2. 요구조건
① 설계면적 : 6,040×7,660×2,600mm(H)

② 개구부 크기 : 현관 출입문 – 1,000×2,100mm(H) 욕실문 – 700×2,000mm(H)
　　　　　　　　창문(2중창 또는 복층유리 단창) – 1,800×1,500mm(H),
　　　　　　　　1,500×1,500mm(H), 600×1,500mm(H), 500×1,500mm(H),
　　　　　　　　주방 출입구는 아치형

③ 벽체 : 외벽 – 두께 1.5B의 붉은벽돌 공간쌓기로 한다.
　　　　내벽 – 시멘트 벽돌 두께 1.0B쌓기로 한다.
　　　　기타 벽은 0.5B쌓기로 한다.
　　　　※ 철근콘크리트 기둥의 크기는 도면 축척에 준함

④ 인적 구성 : 전문직 종사자 2인

⑤ 필요공간 및 가구 : 트윈침대, 책장, 신발장, 옷장, 장식장
　　　　　　　　　소파세트 및 테이블, TV 및 테이블
　　　　　　　　　컴퓨터 및 책상
　　　　　　　　　냉장고, 식탁 및 의자
　　　　　　　　　주방에는 최소한의 주방설비기구
　　　　　　　　　그 외 가구 및 실내장식은 수검자가 임의로 넣을 수 있다.

(* 이상 제시된 가구는 필수적이며, 이외에 필요한 가구와 실내장식이 있다면 수검자가 임의로 추가할 수 있음)

3. 요구도면
1) 평면도 : 가구배치 및 바닥마감재 표기(창문 쪽은 외벽임) – S=1/30
2) 내부 입면도 : C방향(벽면재료 표기) – S=1/30
3) 천장도 : 설비조명기구 배치 및 범례표 작성, 마감재료 표기 – S=1/50
4) 실내 투시도 : A에서 C방향으로 1소점 투시도법으로 작성한다.
　　　　　　　작성과정의 투시보조선을 남길 것(채색작업 포함) – S=N.S

※ 첫째장에 평면도, 둘째장에 내부 입면도와 천장도, 셋째장에 실내 투시도 작성

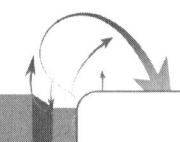

| 자격종목 | 실내건축기능사 | 작품명 | 원룸형주택 | 척도 | N.S |

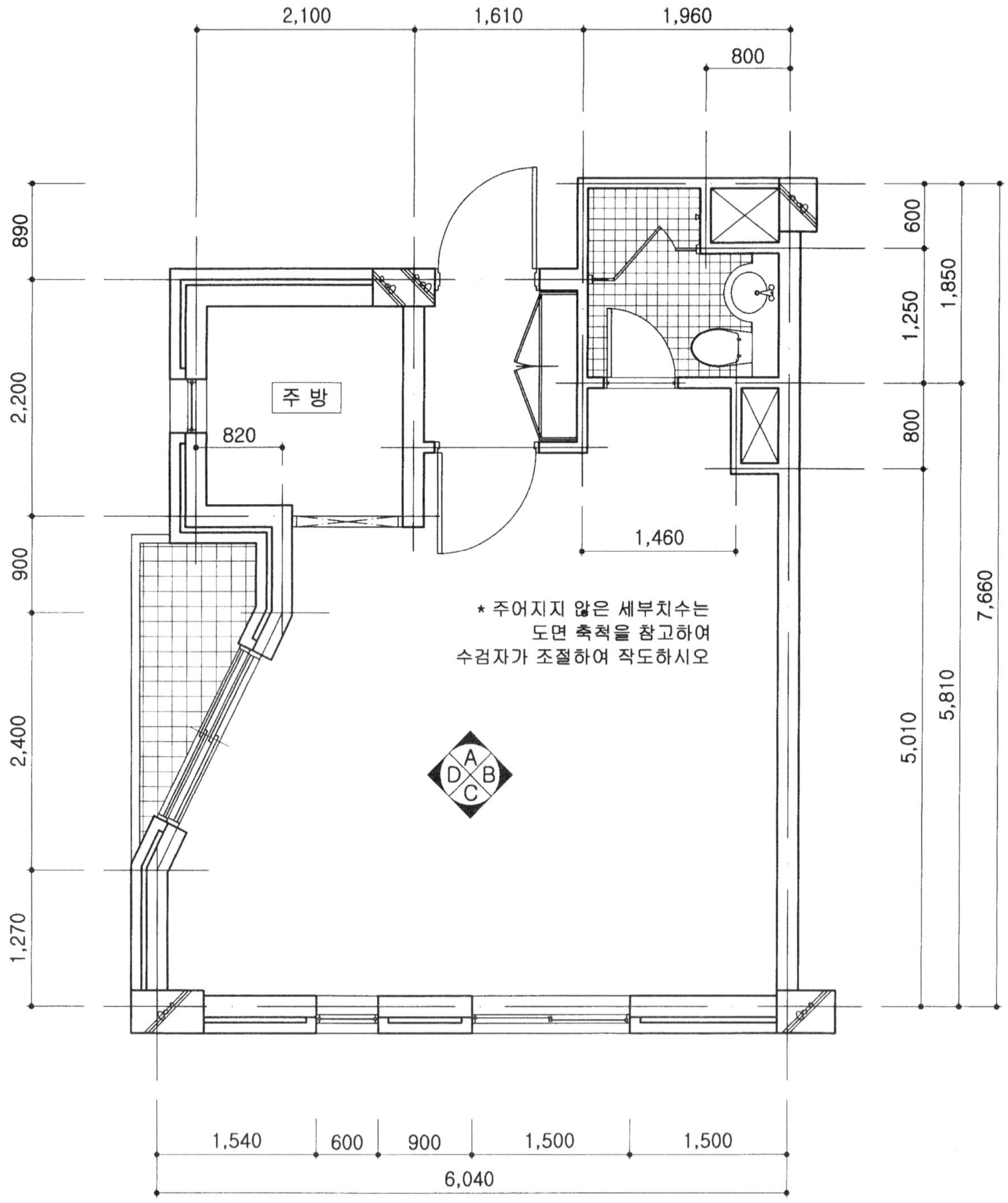

평면도

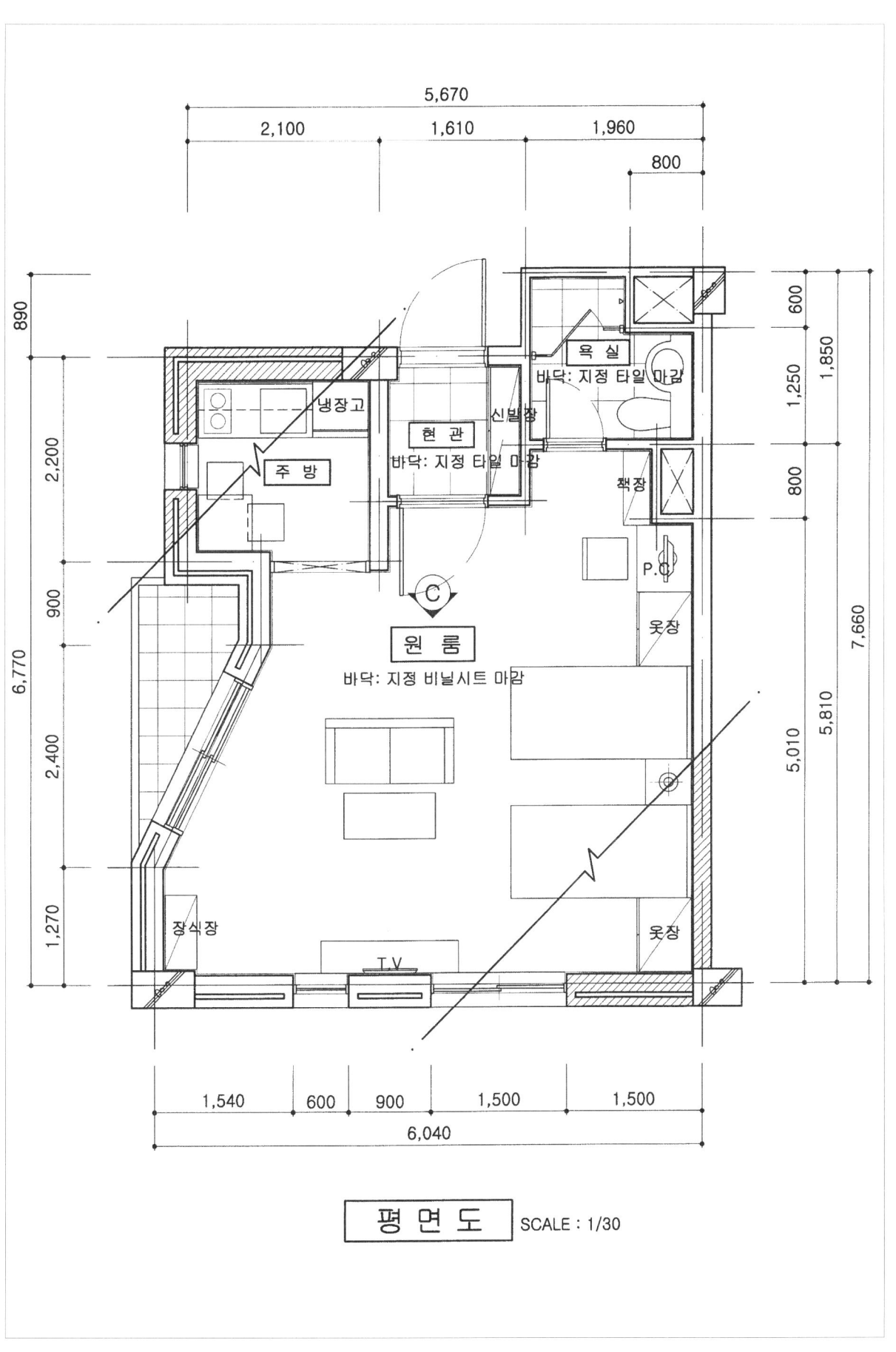

평면도 SCALE : 1/30

천 장 도 SCALE : 1/50

범 례

기호	명칭	개수
	직부등	1
	펜던트	1
	형광등	1
	센서등	1
	방습등	1

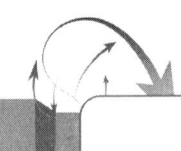

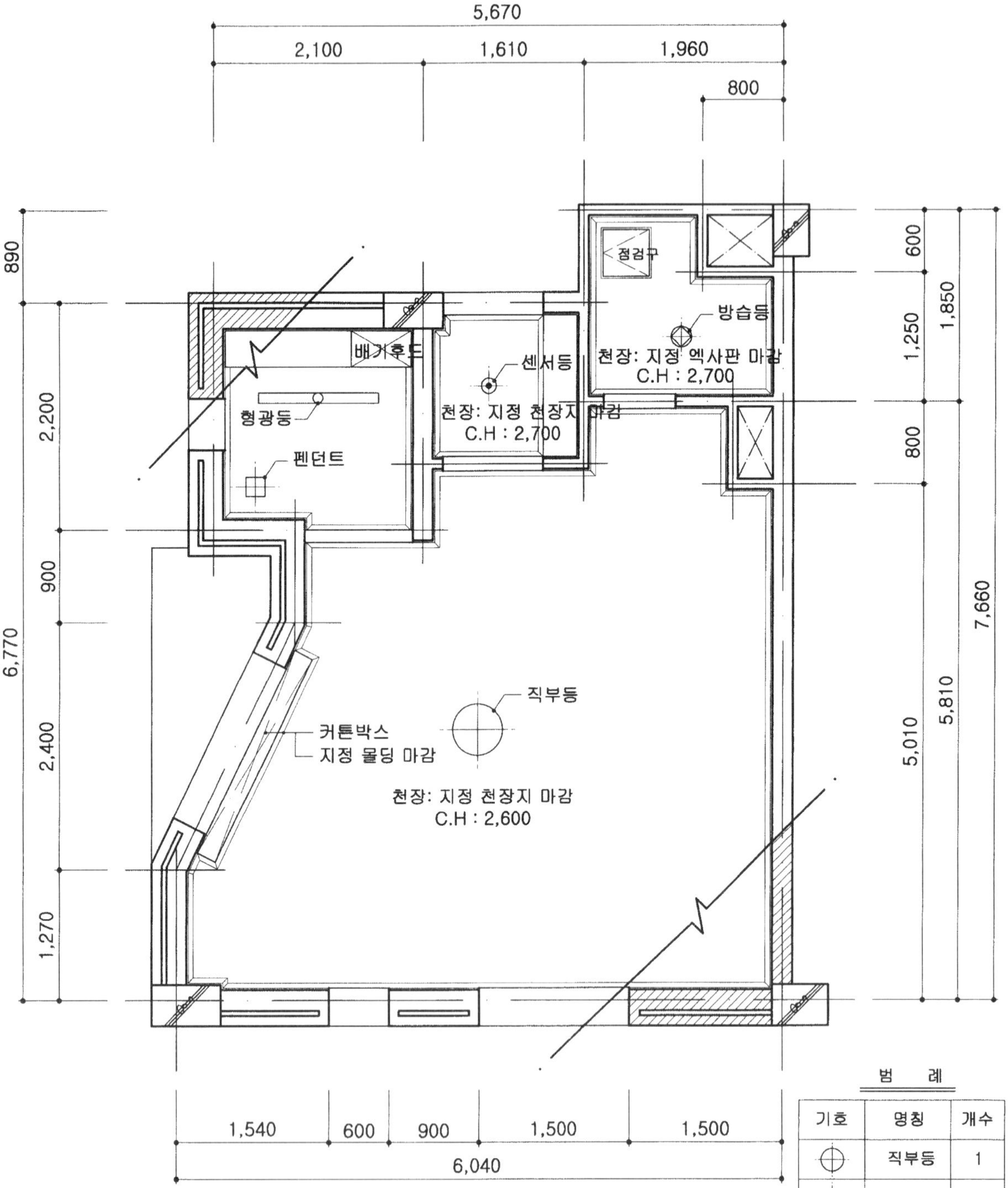

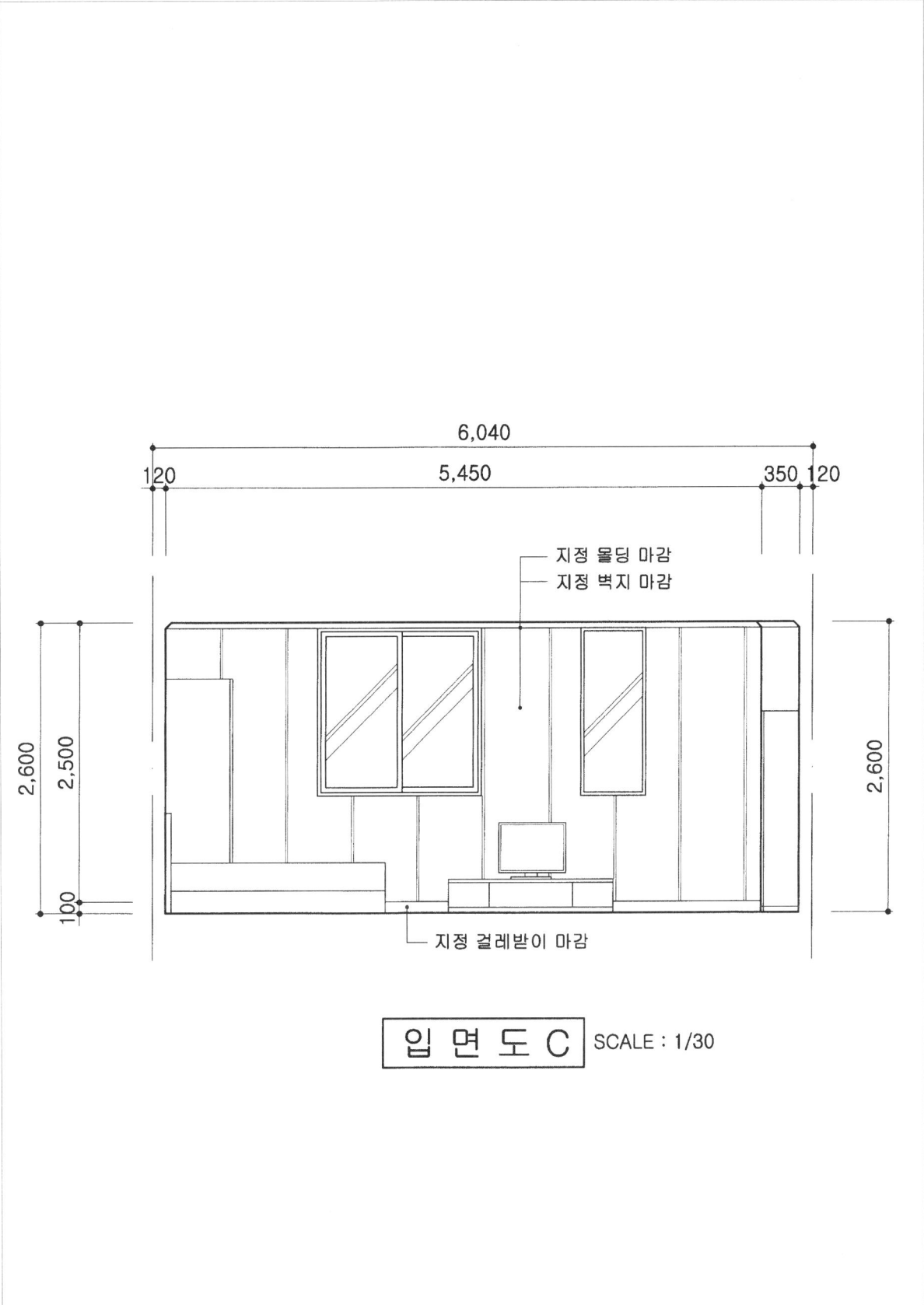

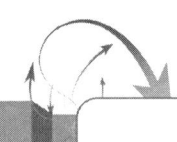

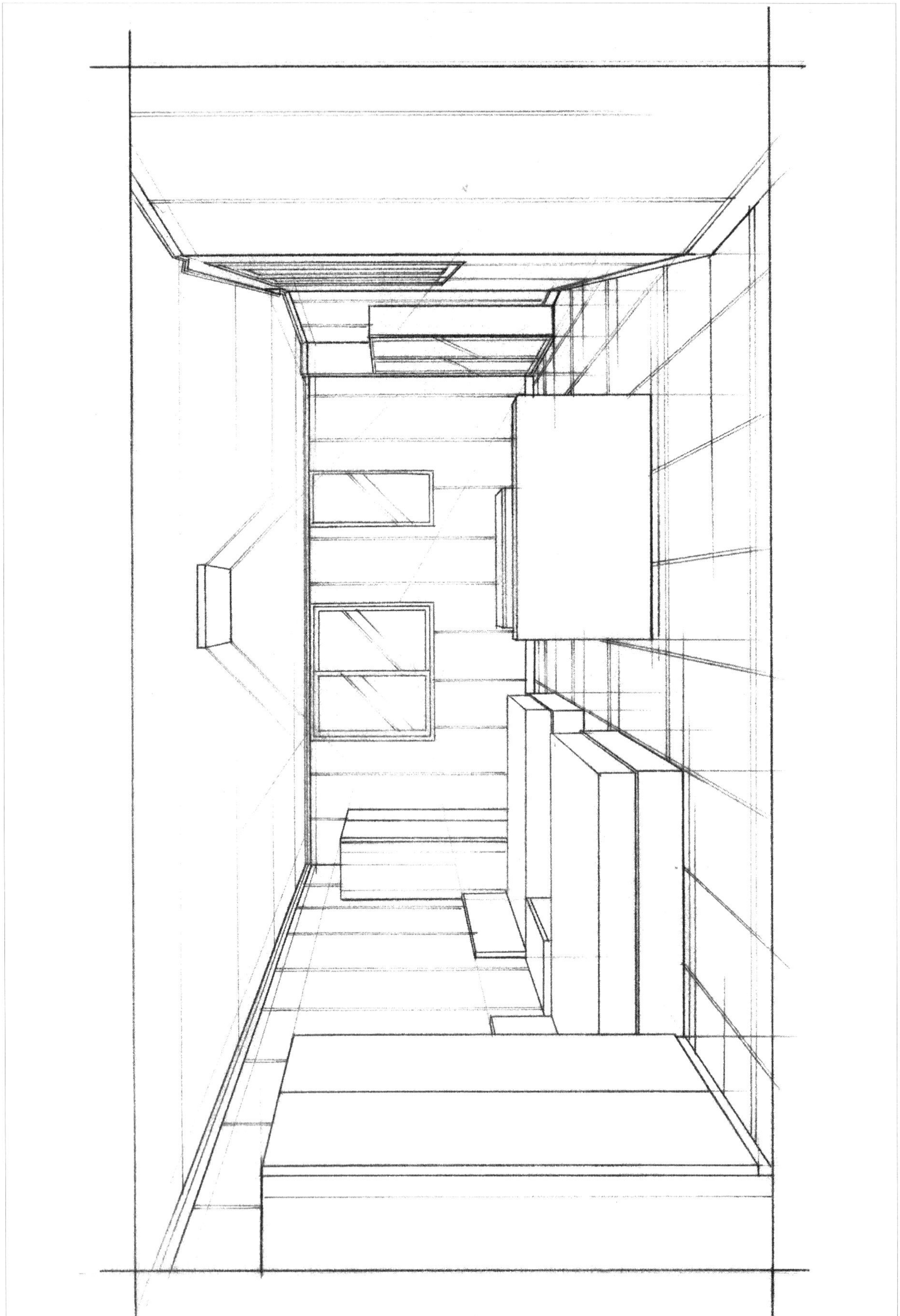

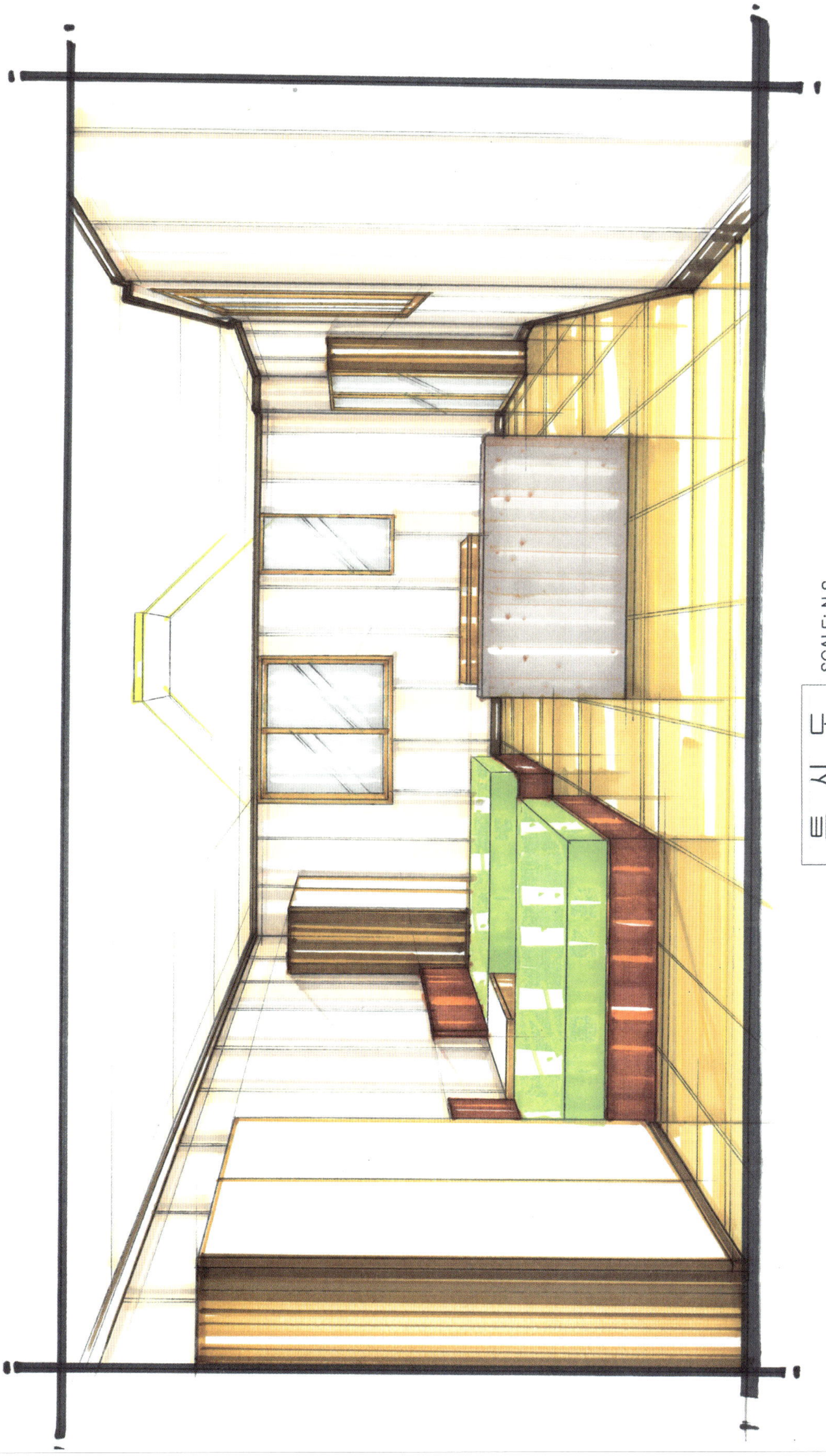

투 시 도 SCALE: N.S

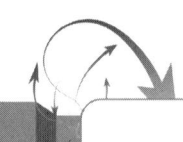

⑫ 국가기술자격검정 실기시험문제

자격종목	실내건축기능사	작품명	원룸형 주택

비번호 :			

● 시험 시간 : 표준시간 – 5시간 30분

1. 요구사항

* 주어진 도면은 도심지 단독세대형 원룸형 주택 평면도이다.
다음의 요구조건에 따라 도면을 작성하시오.

2. 요구조건

① 설계면적 : 6,500×8,700×2,600mm(H)

② 개구부 크기 : 현관 출입문 – 1,000×2,100mm(H) 욕실문 – 700×2,000mm(H)
　　　　　　　창문(2중창 또는 복층유리 단창) – 2,400×1,500mm(H), 600×1,500mm(H),
　　　　　　　주방 출입구는 아치형

③ 벽체 : 외벽 – 두께 1.5B의 붉은벽돌 공간쌓기로 한다.
　　　　내벽 – 시멘트 벽돌 두께 1.0B쌓기로 한다.
　　　　기타 벽은 0.5B쌓기로 한다.
　　　　※ 철근콘크리트 기둥의 크기는 도면 축척에 준함

④ 인적 구성 : 30대 실내건축 전문가

⑤ 필요공간 및 가구 : 싱글침대, 책장, 신발장, 옷장, 장식장
　　　　　　　　　　소파세트 및 테이블, TV 및 테이블
　　　　　　　　　　컴퓨터 및 책상
　　　　　　　　　　냉장고 식탁 및 의자
　　　　　　　　　　주방에는 최소한의 주방설비기구
　　　　　　　　　　그 외 가구 및 실내장식은 수검자가 임의로 넣을 수 있다.

(* 이상 제시된 가구는 필수적이며, 이외에 필요한 가구와 실내장식이 있다면 수검자가 임의로
추가할 수 있음)

3. 요구도면

1) 평면도 : 가구배치 및 바닥마감재 표기(창문 쪽은 외벽임) – S=1/30

2) 내부 입면도 : C방향(벽면재료 표기) – S=1/30

3) 천장도 : 설비조명기구 배치 및 범례표 작성, 마감재료 표기 – S=1/50

4) 실내 투시도 : A에서 C방향으로 1소점 투시도법으로 작성한다.
　　　　　　　작성과정의 투시보조선을 남길 것(채색작업 포함) – S=N.S

※ 첫째장에 평면도, 둘째장에 내부 입면도와 천장도, 셋째장에 실내 투시도 작성

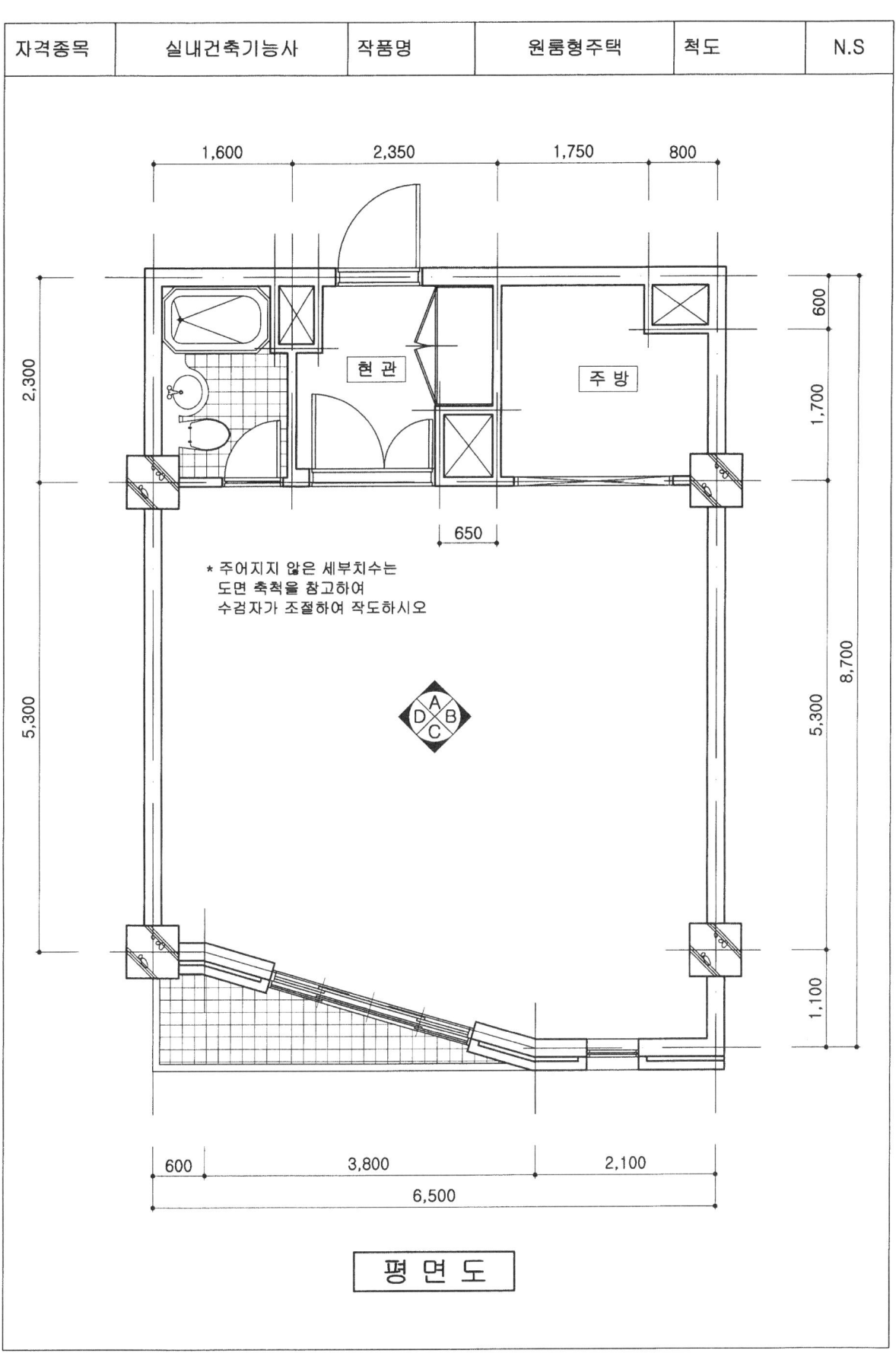

평 면 도

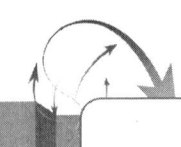

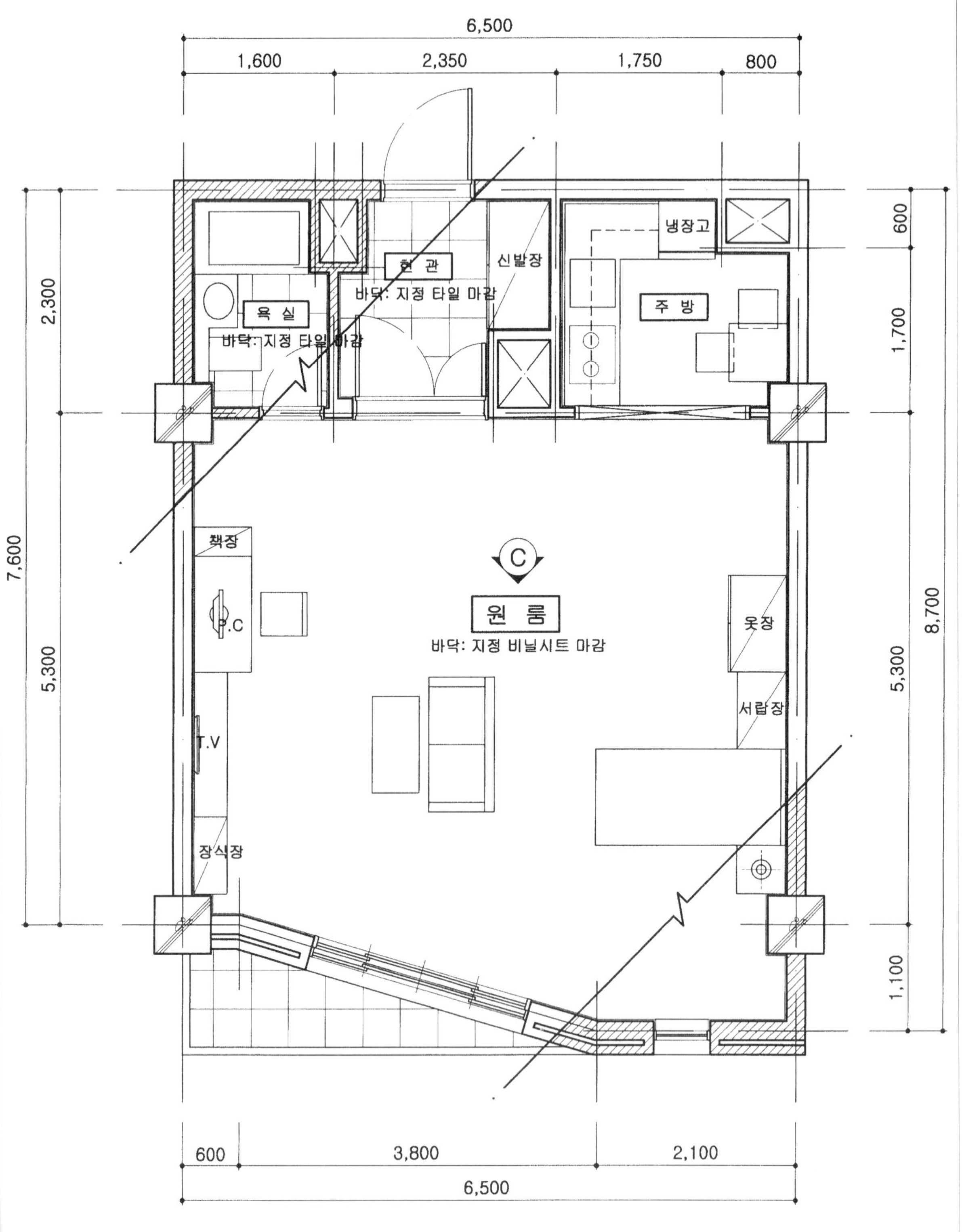

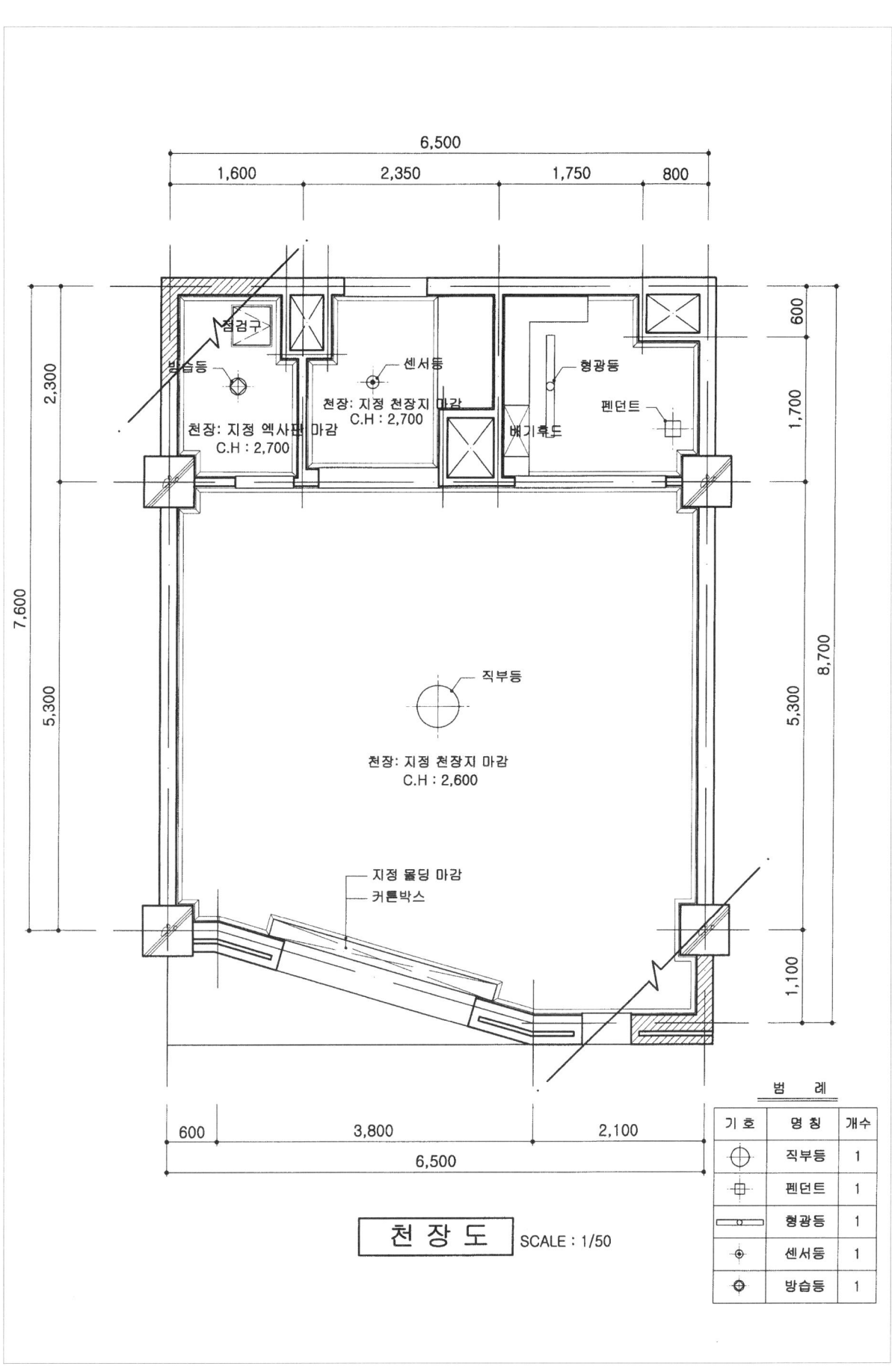

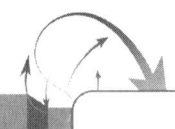

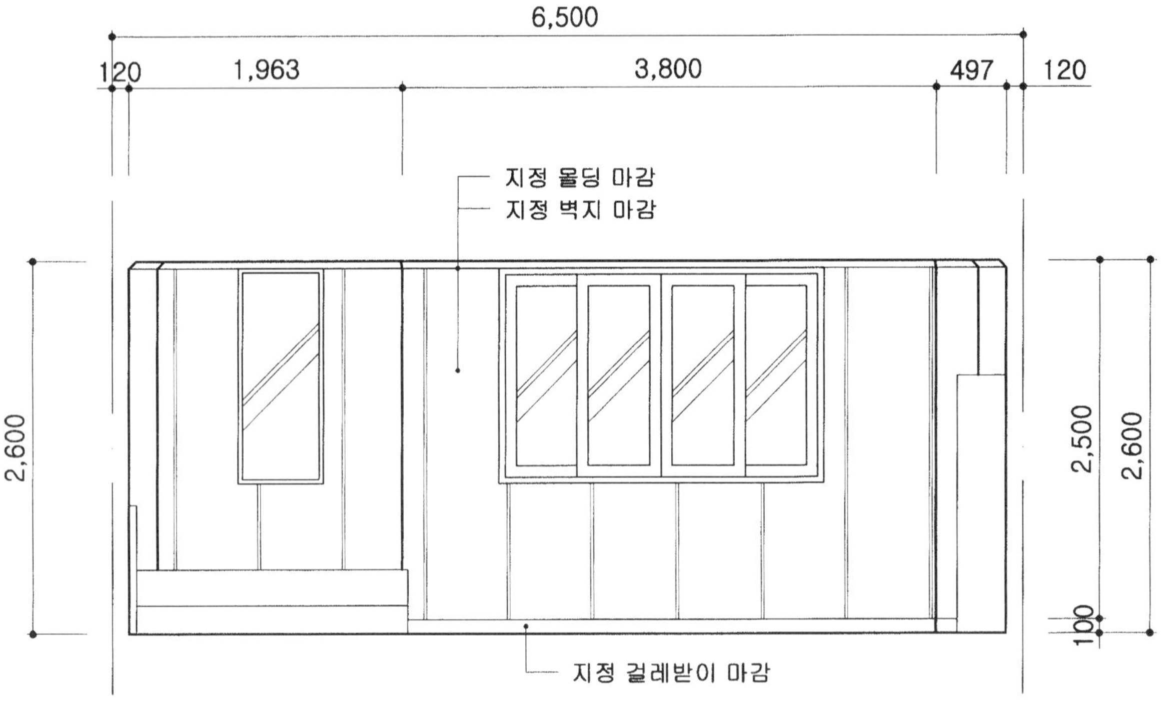

입 면 도 C SCALE : 1/30

— 지정 몰딩 마감
— 지정 벽지 마감
— 지정 걸레받이 마감

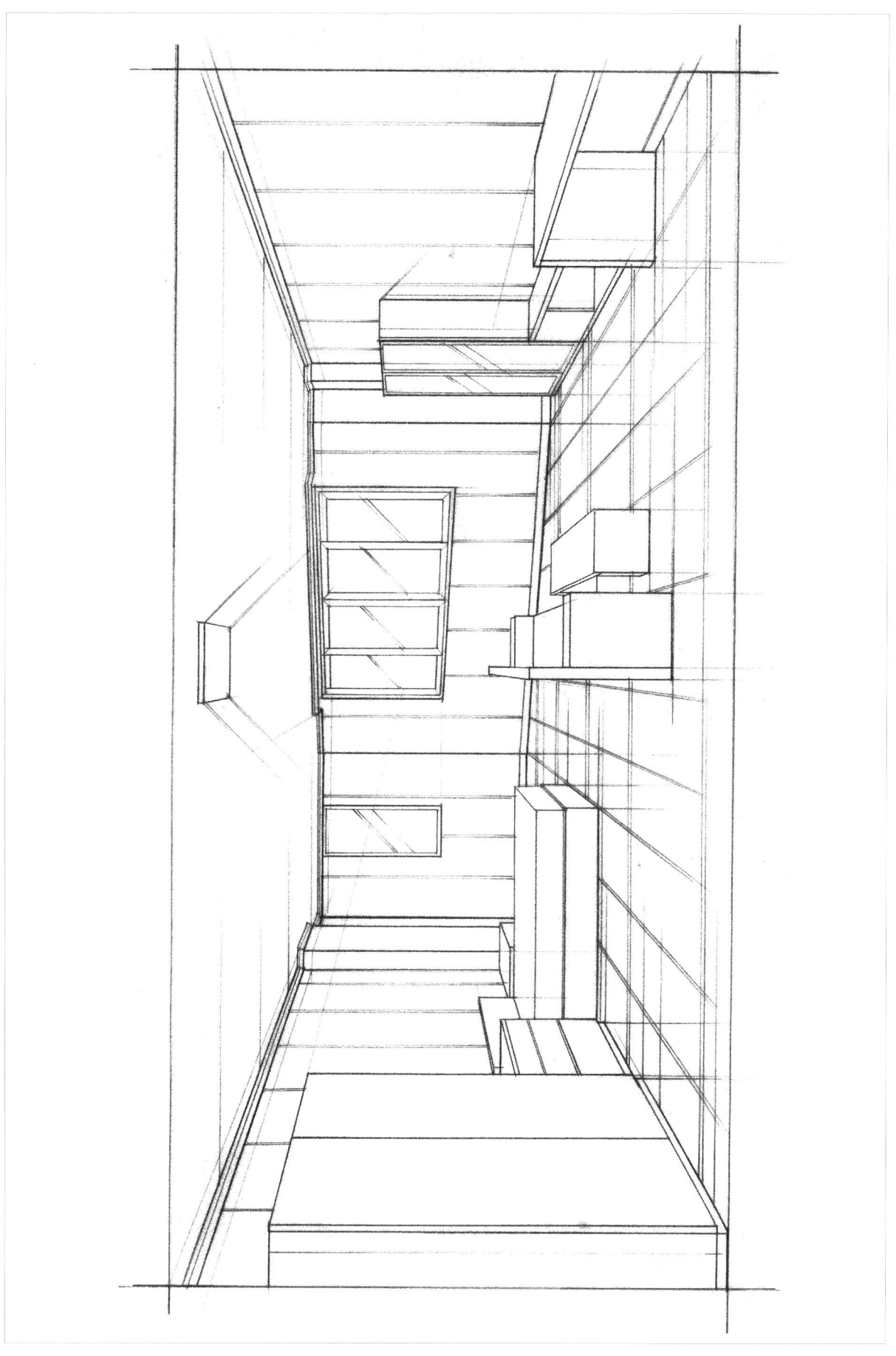

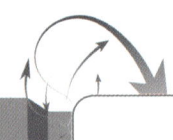
실내건축기능사 실기

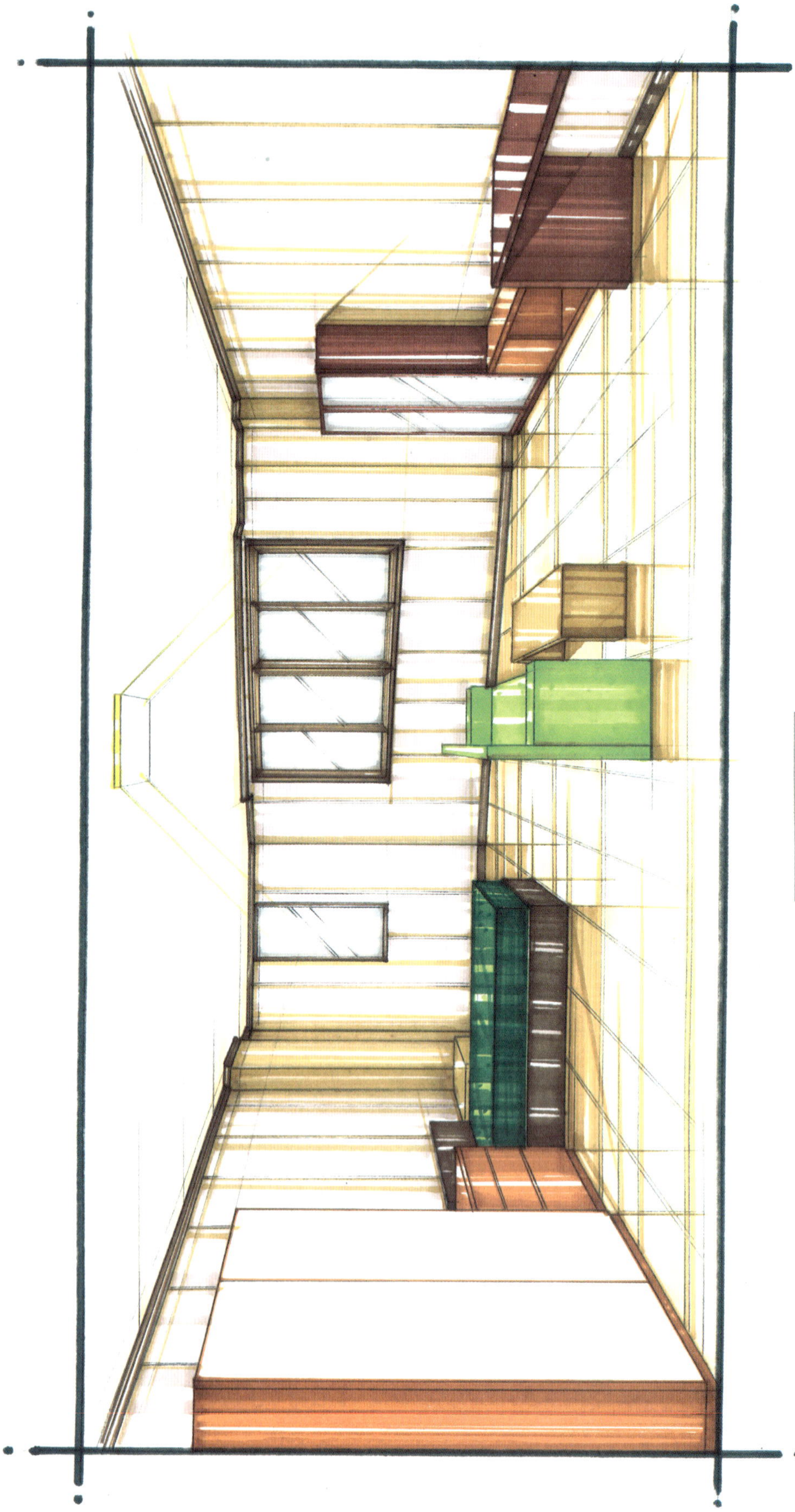

투 시 도 SCALE: N.S

국가기술자격검정 실기시험문제

자격종목	실내건축기능사	작품명	원룸형 주택

비번호 :

◉ 시험 시간 : 표준시간 – 5시간 30분

1. 요구사항
* 주어진 도면은 도심지 단독세대형 원룸형 주택 평면도이다.
다음의 요구조건에 따라 도면을 작성하시오.

2. 요구조건
① 설계면적 : 8,000×8,700×2,600mm(H)

② 개구부 크기 : 현관 출입문 – 1,000×2,100mm(H) 욕실문 – 700×2,000mm(H)
　　　　　　　　창문(2중창 또는 복층유리 단창) – 2,400×1,500mm(H), 1,000×1,500mm(H),
　　　　　　　　600×1,500mm(H), 주방 출입구는 아치형

③ 벽체 : 외벽 – 두께 1.5B의 붉은벽돌 공간쌓기로 한다.
　　　　내벽 – 시멘트 벽돌 두께 1.0B쌓기로 한다.
　　　　기타 벽은 0.5B쌓기로 한다.
　　　　※ 철근콘크리트 기둥의 크기는 도면 축척에 준함

④ 인적 구성 : 신혼부부

⑤ 필요공간 및 가구 : 침대, 책장, 신발장, 옷장, 서랍장
　　　　　　　　　소파세트, TV 및 오디오 테이블
　　　　　　　　　컴퓨터 및 책상, 장식장, 에어컨
　　　　　　　　　식탁 및 의자
　　　　　　　　　주방에는 최소한의 주방설비기구
　　　　　　　　　그 외 가구 및 실내장식은 수검자가 임의로 넣을 수 있다.

(* 이상 제시된 가구는 필수적이며, 이외에 필요한 가구와 실내장식이 있다면 수검자가 임의로 추가할 수 있음)

3. 요구도면
1) 평면도 : 가구배치 및 바닥마감재 표기(창문 쪽은 외벽임) – S=1/30

2) 내부 입면도 : B방향(벽면재료 표기) – S=1/30

3) 천장도 : 설비조명기구 배치 및 범례표 작성, 마감재료 표기 – S=1/50

4) 실내 투시도(채색작업 필수) : A에서 C방향으로 1소점 투시도법으로 작성한다.
　　작성과정의 투시보조선을 남길 것 – S=N.S

※ 첫째장에 평면도, 둘째장에 내부 입면도와 천장도, 셋째장에 실내 투시도 작성

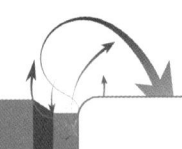

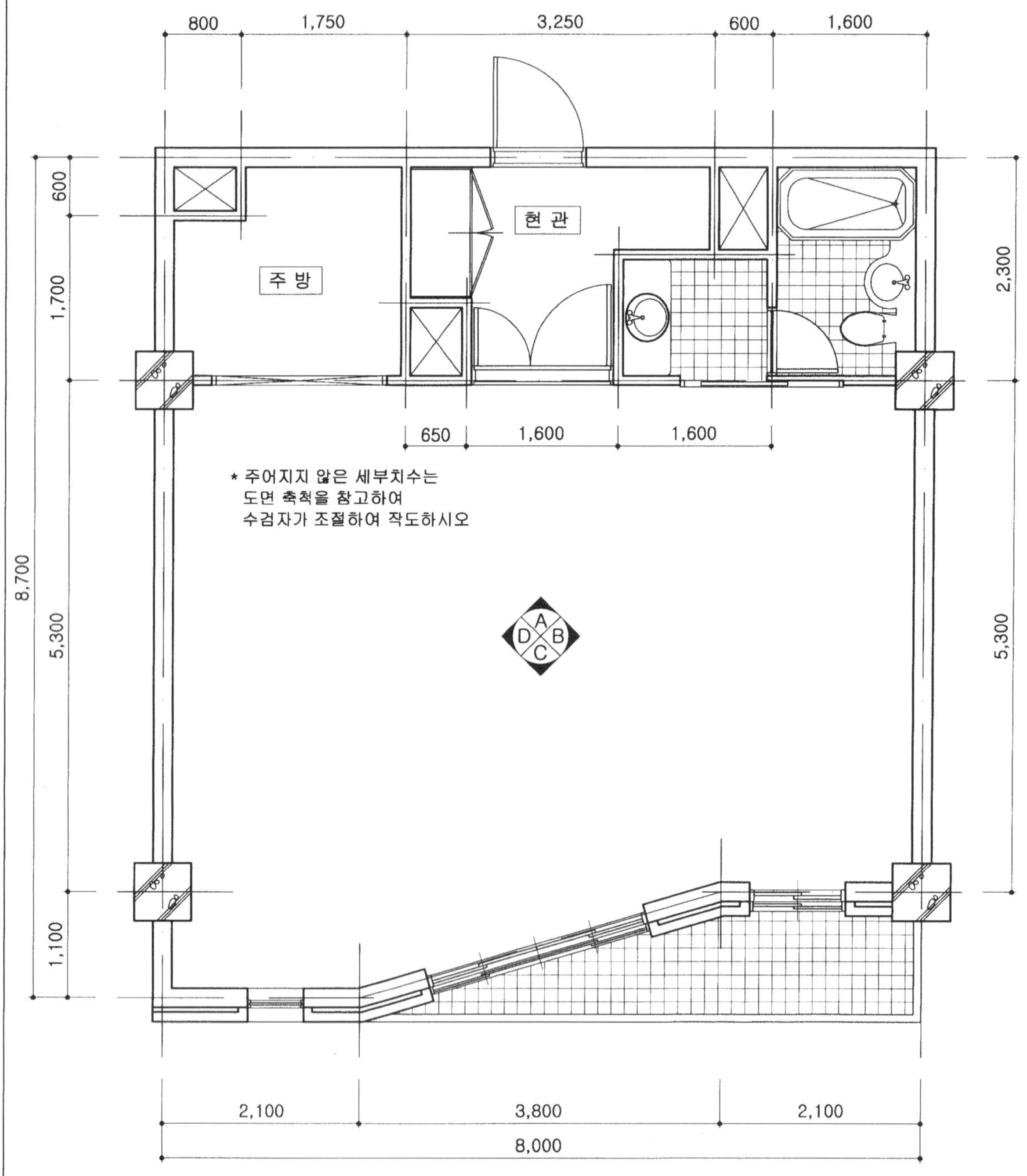

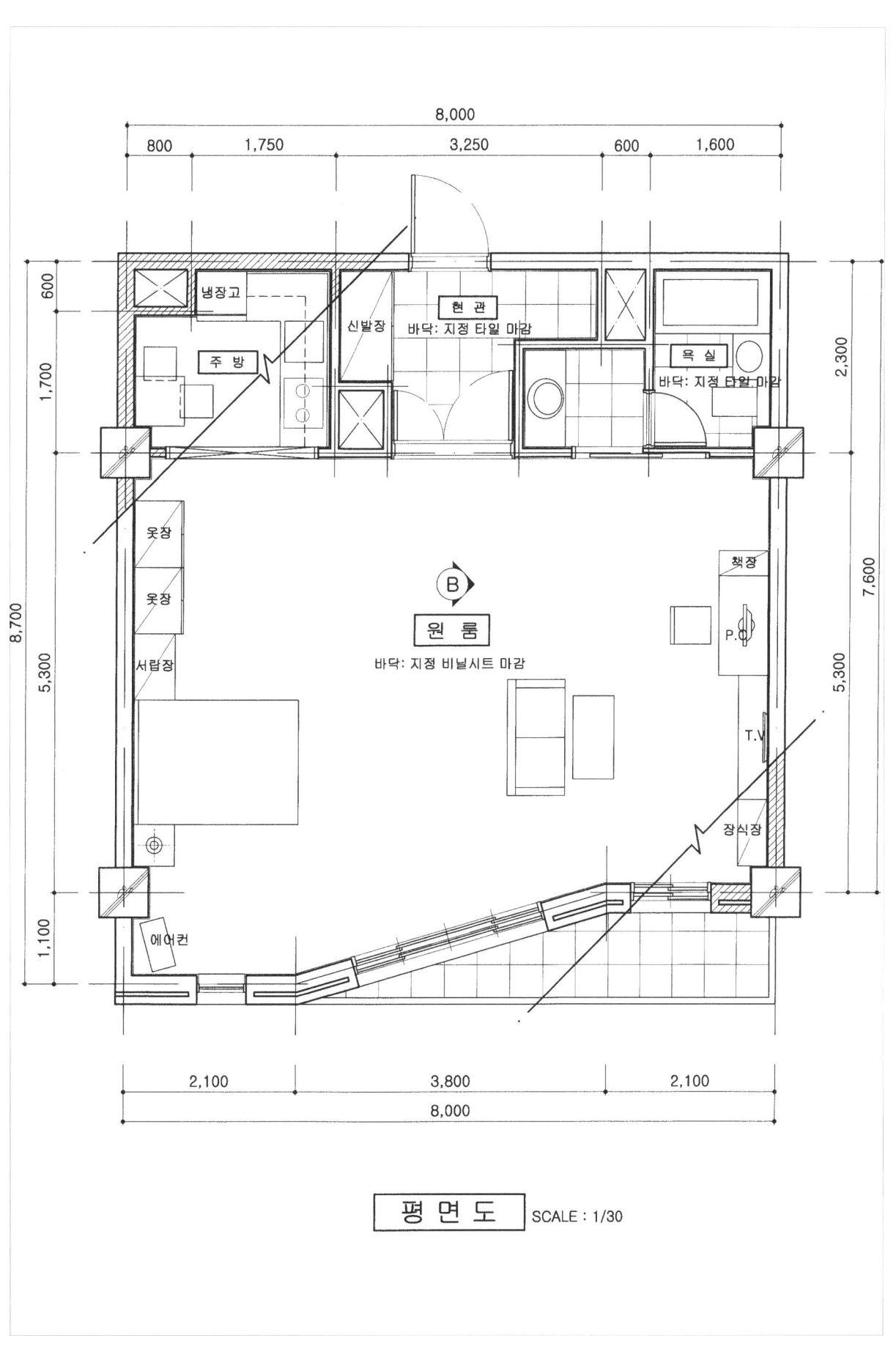

범 례

기호	명칭	개수
⊕	직부등	1
⊞	펜던트	1
▭	형광등	1
◎	센서등	1
◈	매입등	1
⊙	방습등	1

천 장 도 SCALE : 1/50

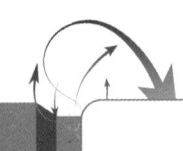

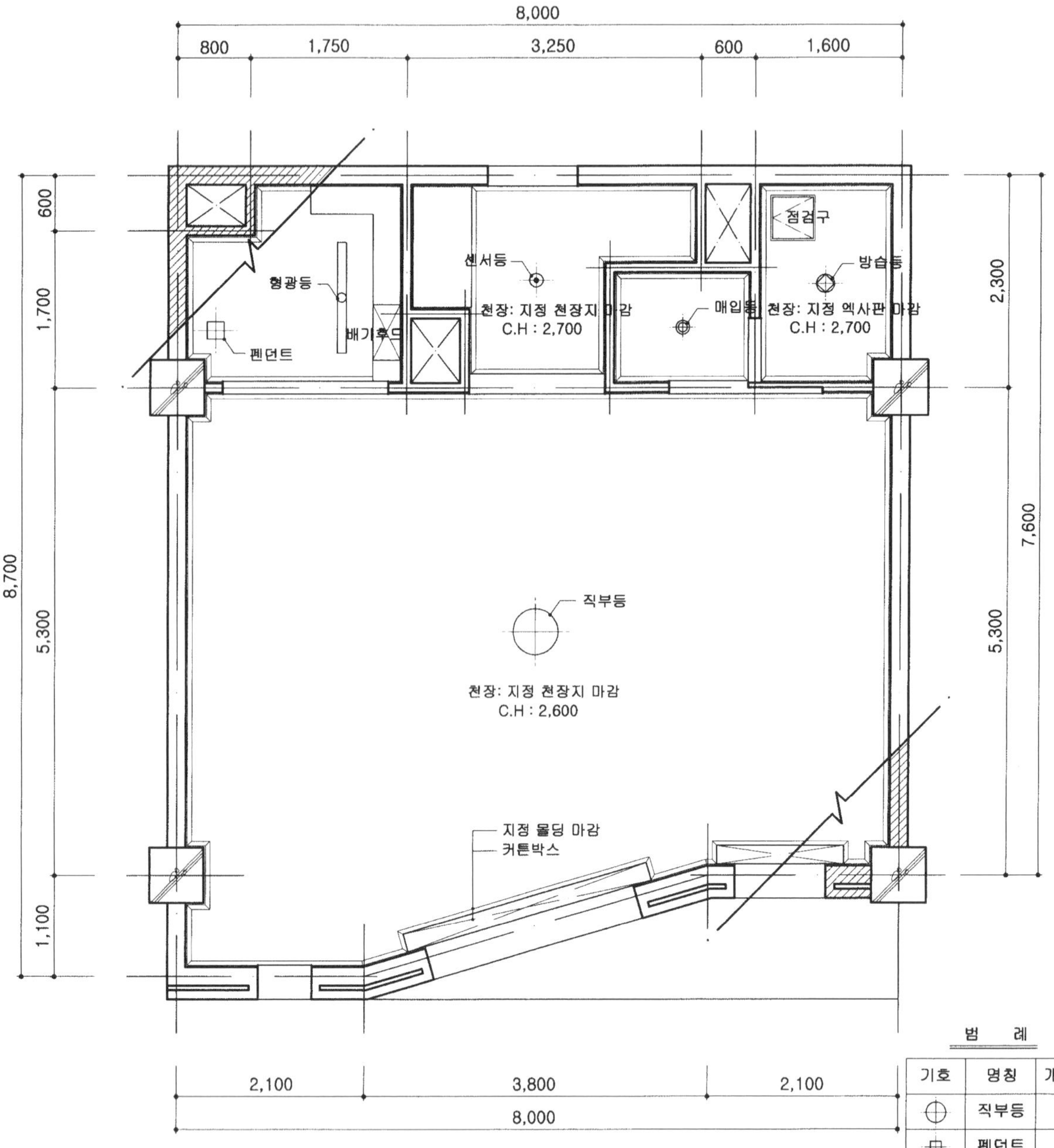

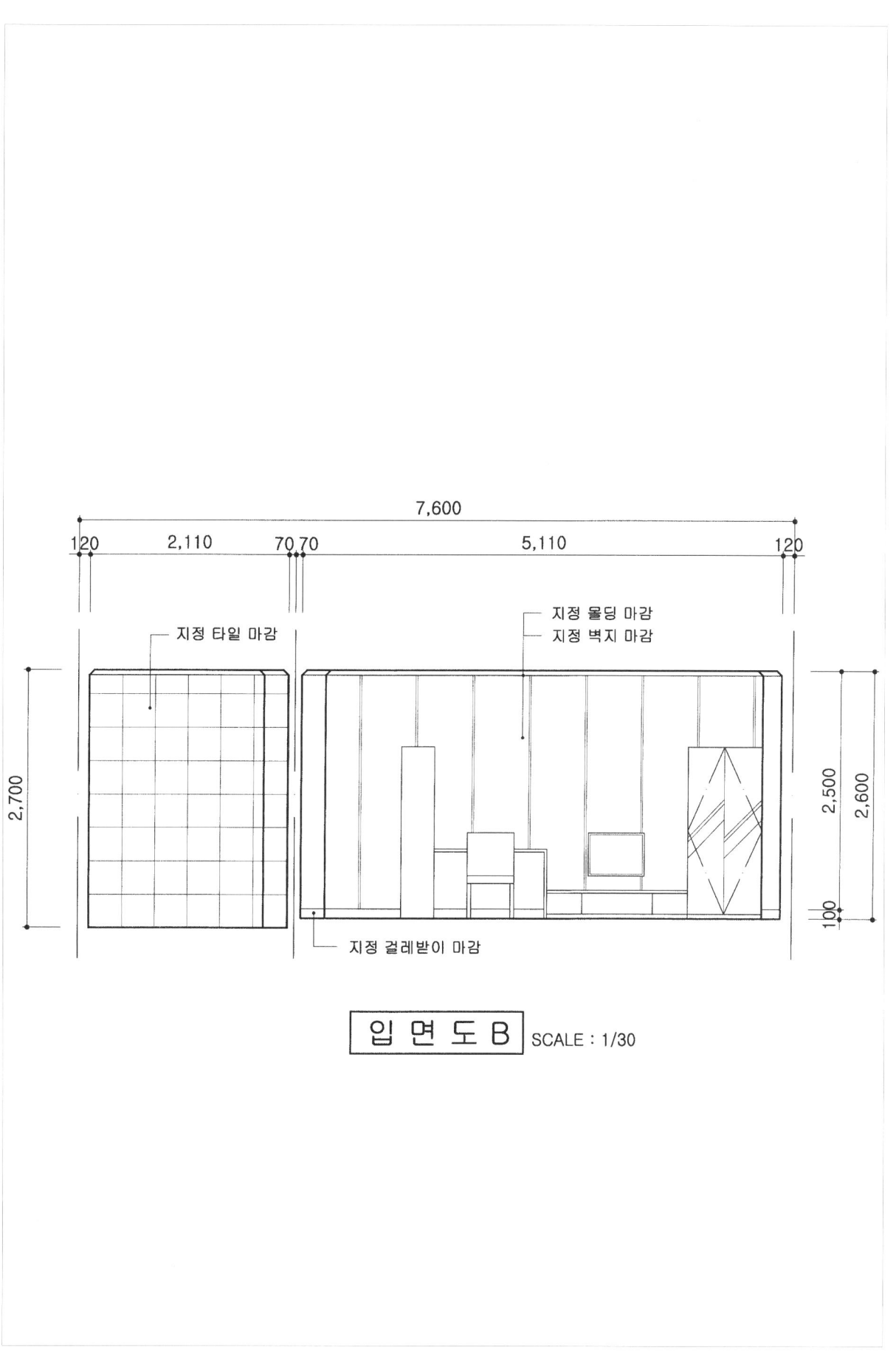

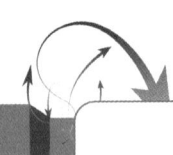
실내건축기능사 실기

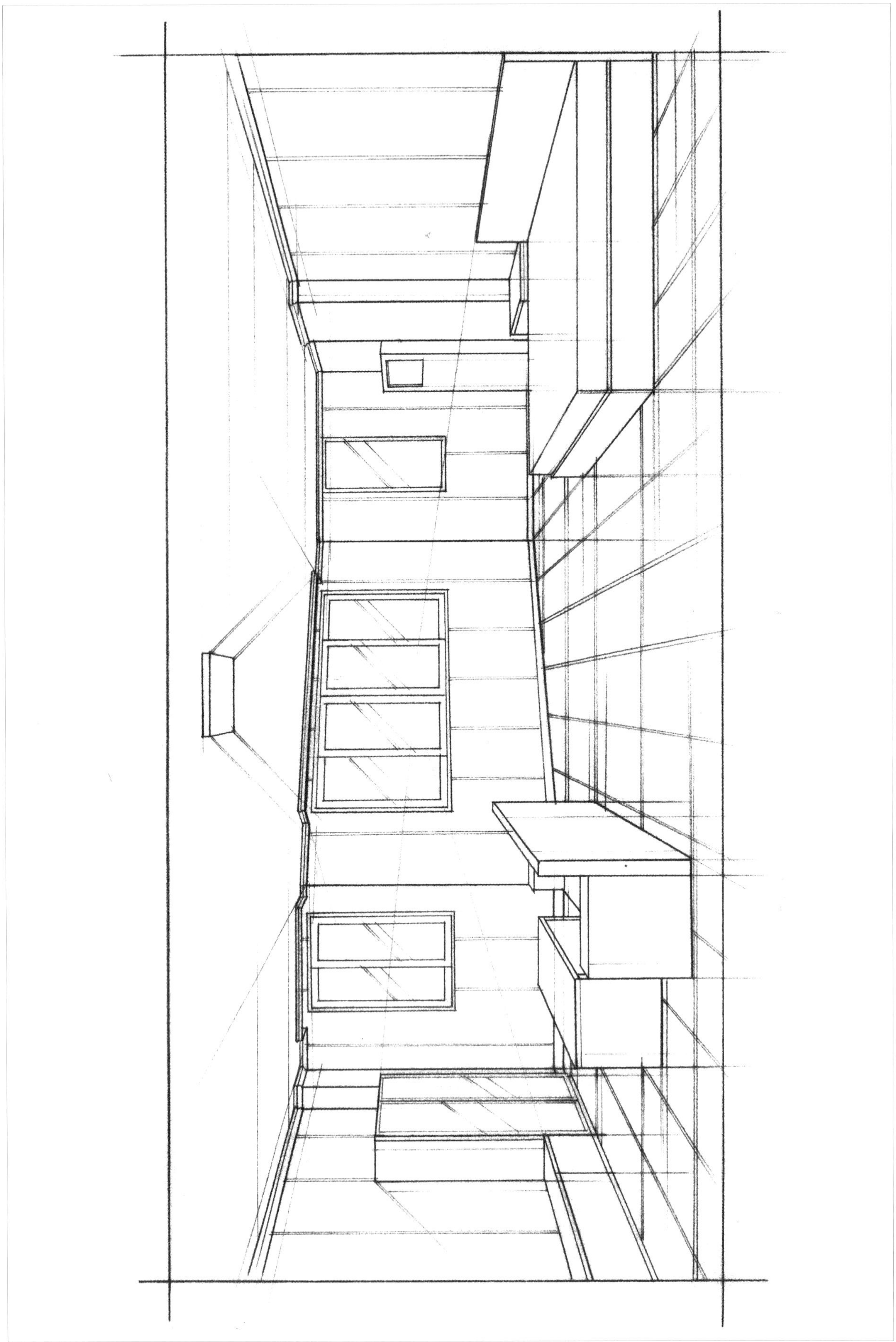

실내건축기능사 실기

1판 1쇄 발행	2015년 1월 5일	1판 2쇄 발행	2015년 9월 1일
2판 1쇄 발행	2017년 2월 15일	3판 1쇄 발행	2018년 1월 5일
3판 2쇄 발행	2020년 7월 1일	3판 3쇄 발행	2024년 2월 15일

지은이 백연우, 정범철
펴낸이 김주성
펴낸곳 도서출판 엔플북스
주 소 경기도 구리시 체육관로 113번길 45, 114-204(교문동, 두산아파트)
전 화 (031) 554-9334
F A X (031) 554-9335

등 록 2009. 6. 16 제398-2009-000006호

인지

정가 **25,000**원

ISBN 978 – 89 – 6813 – 197 – 4   13540

※ 파손된 책은 교환하여 드립니다.
　본 도서의 내용 문의 및 궁금한 점은 저희 카페에 오셔서 글을 남겨주시면 성의껏 답변해 드립니다.
　http://cafe.daum.net/enplebooks